同济大学数学科学学院　张华隆　周朝晖◎编著

同济大学出版社·上海

内 容 提 要

本书是在2014年11月第2版的基础上修订而成.它是按照教育部于2009年制定的《工科类本科数学基础课程教学基本要求》而编写的,分上、下两册,共11章.此为下册(5章),内容包括向量代数与空间解析几何,多元函数微分法及其应用,重积分,曲线积分与曲面积分,无穷级数(5章).书中每节后配有适量的习题,每章之末均配有复习题.为方便读者查阅参考,在所附习题和复习题之后,都附有答案或提示.

本书条理清晰,论述确切;由浅入深,循序渐进;重点突出,难点分散;例题较多,典型性强;深广度恰当,便于教和学.本书可作为普通高等院校或成人高校工科类本科或专升本专业的"高等数学"课程的教材,也可供工程技术人员或参加国家自学考试及学历文凭考试的读者作为自学用书或参考书.

图书在版编目(CIP)数据

高等数学:理工类.下册 / 张华隆,周朝晖编著. -- 3版. -- 上海:同济大学出版社,2022.11

ISBN 978-7-5765-0219-0

Ⅰ.①高… Ⅱ.①张… ②周… Ⅲ.①高等数学—高等学校—教材 Ⅳ.①O13

中国版本图书馆CIP数据核字(2022)第072605号

同济数学系列丛书

高等数学(理工类)下册(第3版)

同济大学数学科学学院 张华隆 周朝晖 编著

策划编辑 张 莉 **责任编辑** 陈佳蔚 **责任校对** 徐逢乔 **封面设计** 渲彩轩

出版发行 同济大学出版社 www.tongjipress.com.cn

(地址:上海市四平路1239号 邮编:200092 电话:021-65985622)

经 销 全国各地新华书店

印 刷 启东市人民印刷有限公司

开 本 710 mm×1000 mm 1/16

印 张 18.5

字 数 370 000

版 次 2022年11月第3版

印 次 2022年11月第1次印刷

书 号 ISBN 978-7-5765-0219-0

定 价 68.00元

前 言

由同济大学出版社出版的《高等数学》(理工类)教材自 2011 年第 1 版问世以来，特别是 2014 年修订出版第 2 版以来，得到了广大读者的厚爱，编者倍感欣慰和鞭策.根据教材使用的实际情况，我们对原书第 2 版上、下册再作修订，本书是其中的下册.

这次修订继续保留第 2 版的体系结构和内容特色，主要涉及以下三个方面:

(1) 对数学概念的叙述和数学名词的使用，力求做到更加精准、科学和规范化；向量的坐标表示全部改成圆括号的形式；多元函数的概念作了适当简化；方向导数的定义改成较为直观的用方向余弦进行定义的方式；将教材第 2 版中“常数项级数与幂级数”“傅里叶级数”两章合并成新的一章“无穷级数”.

(2) 按照“教学内容重应用、弱理论，以应用为目的”的要求，对某些理论证明部分再作删减；个别例题与习题也作了一些简化处理.

(3) 适当压缩教材篇幅，将某些可以选读的内容编入电子版，读者可以通过扫“二维码”，查看学习电子版的内容.

考虑到本书前两版的两位编者年事已高，为使本教材能保持延续，经协商，由同济大学数学科学学院张华隆教授、周朝晖教授主要承担此次修订工作.张华隆、周朝晖两位教授长期工作在教学第一线，有着丰富的教学经验，也有编写出版其他各类数学教材的经验，使得本次的改版工作得以顺利完成.

由于时间较为仓促，以及编者的能力所限，书中错误及不当之处仍在所难免，真诚地希望得到广大读者和同行批评指正!

编　者

2022 年 6 月于同济大学

第2版前言

本书是在2011年8月第1版的基础上修订而成. 这次改版，没有改变原书的内容体系及章节目次，只着重于修改现已发现的不当或错误之处，以提高本书的质量，更加方便于教学使用.

这次修订改版，主要涉及以下几个方面：

(1) 从内容上，修改了某些内容表述不当或不够确切之处，删去了某些多余而烦琐的叙述，使文字表述更为简练. 同时，对个别内容也作了调整或更新. 如在“二重积分的应用”中，就把“计算平面图形的面积”更新为“计算曲面的面积”.

(2) 对原书中的某些例题作了调整或修改，使它更符合知识的循序渐进原则及知识的系统性与科学性.

(3) 对原书中所附习题及复习题，再次逐题复核，删去或更换了个别不太恰当或前后重复之题，既降低了习题运算的难度，也改正了某些错误的答案.

由于这次改版工作时间较为匆促，加上编者水平有限，错误或不当之处仍在所难免，恳请广大读者及同行老师们批评指正！

编　者

2014年10月于同济大学

第1版前言

随着我国高等教育的迅速发展，为适应部分普通高等院校理工科专业（"二本"、"三本"）的教学需要，我们应同济大学出版社之约，按照教育部最新制定的"工科类本科数学基础课程教学基本要求"（以下简称"教学基本要求"）编写了这套《高等数学》（理工类）教材．本教材仍分上、下两册，共12章．上册为6章，内容包括函数、极限与连续，导数与微分，中值定理与导数的应用，不定积分，定积分及其应用，常微分方程等；下册为6章，内容包括向量代数与空间解析几何，多元函数微分法及其应用，重积分，曲线积分与曲面积分，常数项级数与幂级数，傅里叶级数等．

编写本套教材的基本思路：精简冗余内容，压缩叙述篇幅；降低教学难度，突出应用特色．为使教材具有科学性、知识性、可读性和实用性，我们着重采用了以下一些做法：

(1) 内容"少而精"，取材更加紧扣"教学基本要求"．对于某些超出"教学基本要求"，而属于教学中可讲或可不讲的内容，即使编入也均以 * 号标记或用小号字排版，以供不同专业选用或参考．

(2) 在着重讲清数学知识概念和有关理论方法的同时，适当淡化某些定理的证明或公式推导的严密性．例如，根据"教学基本要求"，我们对三个微分中值定理的严格证明均予省略，只叙述定理的条件和结论，并借助于几何图形较为直观地解释其几何意义．此外，对于某些较为繁复的计算或公式推导，能删去的就删去，不能删去的便略去其计算或推导的过程．

(3) 相对传统的教材，本教材对章节体系安排作了一些新的尝试．例如，由于略去了"函数"中与中学知识较多重复的内容，从而压缩了篇幅，把"函数"和"极限与连续"合并为一章．类似地，把"中值定理"与"导数的应用"合并为一章，把"定积分"与"定积分的应用"也合并为一章．又如，为使内容安排得紧凑些，我们把"无穷小和无穷大"与"无穷小的比较"也合并为一节．考虑到学习"常微分方程"与求不定积分的联系较为紧密，同时也为后续课程及早应用数学工具提供方便，我们把传统教材下册中的"常微分方程"一章移到了本教材上册之末．

(4) 在对教材中各章、节内容的组织安排上，考虑到应具有科学性和可读性，除了书写的文字应通顺流畅外，还尽量注意做到由浅入深，循序渐进；重点突出，难点分散．即使是每节中所选配的例题安排，也均遵循"由简单到复杂，由具体到抽象"的原则．当引入某种新的数学概念时，尽量按照"实践—认识—实践"的认识规律，先由实际引例出发，抽象出数学概念，从而上升到理论阶段（包括有关性质和计算方法等），再回到实践中去应用. 为体现教材的科学性,我们特别注意防止前后内容的脱节,即使遇到个别地方要提前用到后面的知识内容时,也都以"注释"加以交代说明. 例如,因"常微分方程"提前放到上册中,当用到欧拉公式时,只能以"注释"说明,而将它放在下册有关幂级数中加以介绍.

(5) 为使教材富有知识性与实用性,我们在某些章节中选用了一些较有实际意义的例题. 特别是在"常微分方程"中,我们特地选编了有关"冷却问题",涉及"第二宇宙速度"及产生"共振现象"等知识内容的例题,虽然都以小号字排版,但可供读者参阅,以扩大知识面、提高在日常生活和工程技术中应用数学知识的能力.

(6) 在精简冗余内容、压缩叙述篇幅的同时,对于数学在几何及物理力学或工程技术中的应用并未减弱,只是为降低难度而选用了一些好学易懂的例题,以充分体现理工类教材应具有理论联系实际、重视实际应用的特色.

(7) 按照"学练结合,学以致用"的原则,本教材在各节之后均配置了适量的习题作业,在每章之末也都选配了复习题,且为方便读者查阅参考,在每次习题或复习题之后,均附有答案或提示.

本书由北京航空航天大学李心灿教授主审. 他虽年事已高,工作繁忙,但仍在百忙中详细审读了本书,并提出了许多宝贵建议和具体的修改意见,我们深受感动,谨此表示诚挚而衷心的感谢!

我们在编写这套教材时,主要参考了同济大学数学系刘浩荣、郭景德等编著,由同济大学出版社已经出版的《高等数学》(第4版);同时也参考了同济大学数学系编、由高等教育出版社出版的《高等数学》(第6版)以及由教育部高等教育司组编,北京航空航天大学李心灿教授主编、高等教育出版社出版的《高等数学》等教材. 此外,这套教材的编写和出版,得到了同济大学出版社曹建副总编辑的大力鼎助. 在此,我们一并表示衷心的感谢!

本教材条理清晰,论述确切;由浅入深,循序渐进;重点突出,难点分散;例题较多,典型性强;深度、广度恰当,便于教和学. 它可作为普通高校(特别是"二本"及"三本"院校)或成人高校工科类本科或专升本专业的"高等数学"课程的教材,也可供工程技术人员或参加国家自学考试及学历文凭考试的读者作为自学用书或参考书.

由于编者水平有限,难免有不当或错误之处,敬请广大读者和同行批评指正.

编　者

2011年7月于同济大学

目　录

第 7 章

向量代数与空间解析几何

向量及其运算是解决许多数学、物理、力学及工程技术问题的有用工具，在空间解析几何中也有着重要的作用. 本章首先介绍如何在空间直角坐标系中建立向量的坐标，用向量坐标讨论向量的运算，然后介绍平面和直线的方程，一般的空间曲面和空间曲线的方程.

7.1 空间直角坐标系

7.1.1 空间内点的直角坐标

在空间内取定一个点 O，过点 O 作三条具有相同的长度单位，且相互垂直的数轴——x 轴、y 轴和 z 轴，这样就称建立了一个空间直角坐标系 $O-xyz$.

点 O 称为坐标原点，简称原点. 此三条数轴统称为坐标轴. x 轴、y 轴、z 轴又分别称为横轴、纵轴、竖轴. 由任意两条坐标轴所确定的平面称为坐标面，由 x 轴和 y 轴所确定的坐标面称为 xOy 面，由 y 轴和 z 轴所确定的坐标面称为 yOz 面，由 z 轴和 x 轴所确定的坐标面称为 zOx 面.

通常是把 xOy 面放置在水平面上，并规定 x 轴、y 轴和 z 轴的位置关系遵循右手系. 所谓右手系，是指：当右手的四个手指指向 x 轴的正向，然后握拳转向 y 轴的正向时，大拇指所指的方向应是 z 轴的正向(图 7-1).

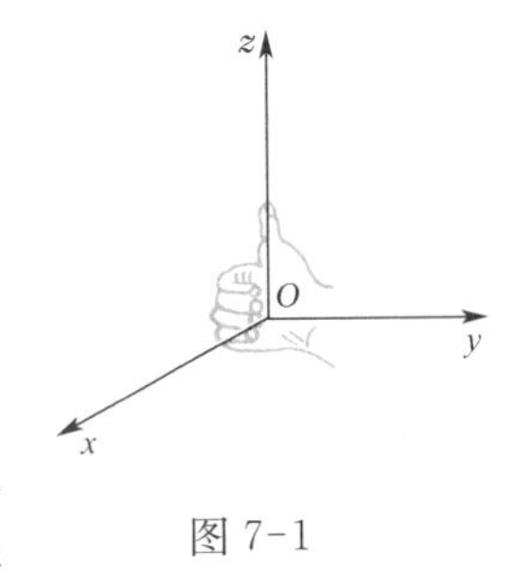

图 7-1

三个坐标面把空间分隔成 8 个部分，每个部分称为卦限，这八个卦限依次称为第一卦限、……、第八卦限，它们的位置是第一卦限至第四卦限在 xOy 面上方，按逆时针方向排列，第五卦限至第八卦限在 xOy 面下方，也按逆时针方向排列，其中第五卦限在第一卦限下方.

现在讨论在空间直角坐标系中，空间内的点与三个数组成的有序数组之间的对应关系.

设 M 是空间内任一定点，过点 M 分别作垂直于三条坐标轴的平面，它们分别交 x 轴、y 轴、z 轴于点 P, Q, R. 设点 P, Q, R 在三条坐标轴上的坐标依次为 x, y, z (图 7-2)，于是，按上面的作法，空间内的点 M 唯一确定了一组有序数组：x, y, z. 反

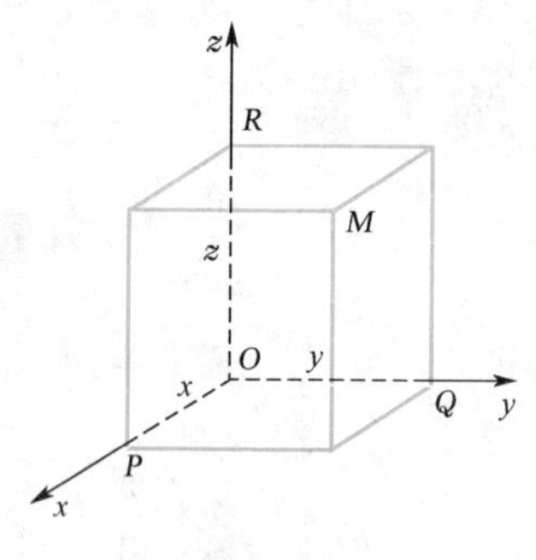

图 7-2

之,如果任意给定一组有序数组:x, y, z,在三条坐标轴上可找到分别以它们为坐标的点 P, Q, R,过这三个点分别作垂直于三条坐标轴的平面,这三个平面必然相交于一点 M. 由此可见,空间内的点 M 与有序数组:x, y, z 之间是一一对应关系. x, y, z 称为点 M 的坐标,分别称为点 M 的横坐标、纵坐标、竖坐标. 这时,点 M 可记作 $M(x, y, z)$.

由图 7-2 可看到,若点 M 在 x 轴上,则有 $y=0, z=0$,点 M 可记作 $M(x, 0, 0)$. 类似地,若点 M 在 y 轴或 z 轴上,则点 M 可记作 $M(0, y, 0)$ 或 $M(0, 0, z)$. 若点 M 在坐标面上,则必有一个坐标为零,例如,若点 M 在 xOy 面时,则有 $z=0$,点 M 可记作 $M(x, y, 0)$. 规定在第一卦限内的点的坐标均大于 0,即 $x>0, y>0, z>0$.

7.1.2 空间内两点间的距离公式

设 $M_1(x_1, y_1, z_1)$ 和 $M_2(x_2, y_2, z_2)$ 是空间内两点,它们的连线与三条坐标轴都不平行. 过点 M_1 和 M_2,分别作三个垂直于坐标轴的平面,这六个平面围成一个以线段 M_1M_2 为对角线的长方体,其中长方体的棱 M_1P, M_1Q, M_1R 分别平行于 x 轴、y 轴、z 轴(图 7-3). 根据几何知识,长方体的对角线 M_1M_2 的长的平方应等于三条棱长的平方和. 于是有

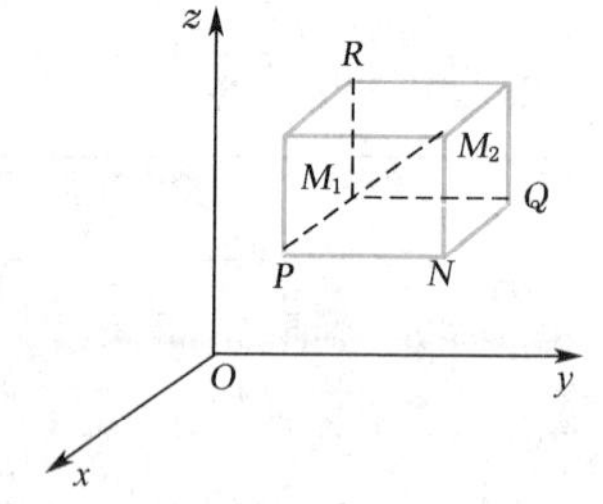

图 7-3

$$|M_1M_2|^2=|M_1P|^2+|M_1Q|^2+|M_1R|^2.$$

由于线段 M_1P 与 x 轴平行,且点 M_1 与点 P 的横坐标分别为 x_1 与 x_2,故有 $|M_1P|=|x_2-x_1|$. 同理,有 $|M_1Q|=|y_2-y_1|$, $|M_1R|=|z_2-z_1|$. 将它们代入上式,就得到空间内两点 $M_1(x_1, y_1, z_1)$ 和 $M_2(x_2, y_2, z_2)$ 间的距离公式:

$$d=|M_1M_2|=\sqrt{(x_2-x_1)^2+(y_2-y_1)^2+(z_2-z_1)^2}. \tag{7.1}$$

若 M_1, M_2 两点的连线平行于某条坐标轴,则不难验证公式(7.1)也同样成立.
特殊地,点 $M(x, y, z)$ 与坐标原点 $O(0, 0, 0)$ 的距离为

$$d=|OM|=\sqrt{x^2+y^2+z^2}. \tag{7.1$'$}$$

例 1 求点 $M(x, y, z)$ 到三条坐标轴及三个坐标面的距离.

解 过点 M 作垂直于 x 轴的平面,交 x 轴于点 P,则点 P 为 $P(x, 0, 0)$,且线段 MP 的长就是点 M 到 x 轴的距离. 由式(7.1)得

$$|MP|=\sqrt{(x-x)^2+(y-0)^2+(z-0)^2}=\sqrt{y^2+z^2}.$$

同理可得,点 M 到 y 轴,z 轴的距离分别为$\sqrt{x^2+z^2}$,$\sqrt{x^2+y^2}$.

过点 M 作垂直于 xOy 面的直线,设垂足为 A. 于是点 A 的坐标为$(x, y, 0)$,且线段 MA 的长就是点 M 到 xOy 面的距离. 由式(7.1)得

$$|MA|=\sqrt{(x-x)^2+(y-y)^2+(z-0)^2}=|z|.$$

同理可得,点 M 到 yOz 面和 zOx 面的距离分别为$|x|$和$|y|$.

例 2 在 y 轴上求与点 $A(1, -3, 7)$和 $B(5, 7, -5)$等距离的点.

解 因为所求的点在 y 轴上,故可设它为 $M(0, y, 0)$. 根据题意有

$$|MA|=|MB|,$$

于是有

$$\sqrt{(1-0)^2+(-3-y)^2+(7-0)^2}=\sqrt{(5-0)^2+(7-y)^2+(-5-0)^2},$$

两边平方去根号,整理后得 $$20y=40,$$

从而 $$y=2,$$

所以,所求的点为点 $M(0, 2, 0)$.

习题 7.1

1. 在空间直角坐标系中,指出下列各点位置的特点.

$A(0, -1, 0)$, $B(2, -2, 0)$, $C(5, 0, -2)$, $D(3, 0, 0)$, $E(0, 3, -4)$, $F(0, 0, -7)$.

2. 求点 $M(-1, 3, -2)$在各坐标轴上及在各坐标面上的垂足的坐标.

3. 设有两点坐标为 $A(4, -7, 1)$, $B(6, 2, z)$,它们间的距离为$|AB|=11$,求点 B 的竖坐标 z.

4. 求点$(3, -1, -2)$关于(1)各坐标面;(2)各坐标轴;(3)坐标原点的对称点的坐标.

5. 求点 $A(4, -3, 5)$到坐标原点及到各坐标轴的距离.

6. 在 y 轴上求与点 $A(-3, 2, 7)$和 $B(3, 1, -7)$等距离的点.

7. 在 xOy 面上求与点 $A(1, -1, 5)$, $B(3, 4, 4)$和 $C(4, 6, 1)$等距离的点.

8. 证明以点 $A(4, 1, 9)$, $B(10, -1, 6)$, $C(2, 4, 3)$为顶点的三角形是等腰直角三角形.

答 案

1. 点 A 在 y 轴上;点 B 在 xOy 面上;点 C 在 zOx 面上;点 D 在 x 轴上;点 E 在 yOz 面上;点 F 在 z 轴上.

2. $(-1, 0, 0)$, $(0, 3, 0)$, $(0, 0, -2)$; $(-1, 3, 0)$, $(0, 3, -2)$; $(-1, 0, -2)$.

3. $z=7$ 或 $z=-5$.

4. (1)(3, −1, 2), (−3, −1, −2), (3, 1, −2); (2)(3, 1, 2), (−3, −1, 2), (−3, 1, −2); (3)(−3, 1, 2).

5. $5\sqrt{2}$, $\sqrt{34}$, $\sqrt{41}$, 5.　　6. $\left(0, \frac{3}{2}, 0\right)$.　　7. (16, −5, 0).　　8. 证略.

7.2 向量的概念及其几何运算

7.2.1 向量的概念

在日常生活中,常常会遇见两种不同类型的量:一类是只有大小的量,如长度、面积、体积、温度等,称为数量或标量;另一类量,不仅有大小,而且有方向,如速度、加速度、力、位移等,称为向量或矢量.

几何上,常用一条规定了起点和终点的有方向的线段(又称为有向线段)来表示向量.有向线段的长度表示向量的大小,有向线段的方向表示向量的方向.以点 A 为起点,点 B 为终点的向量,记作$\overrightarrow{AB}$(图 7-4).有时也常用一个黑体字母来表示向量,如 $\boldsymbol{a}$, $\boldsymbol{b}$, $\boldsymbol{i}$, $\boldsymbol{F}$ 等,为了书写方便,常在字母上方加箭头来表示向量,如$\vec{a}$, $\vec{b}$, $\vec{i}$, $\vec{F}$等.

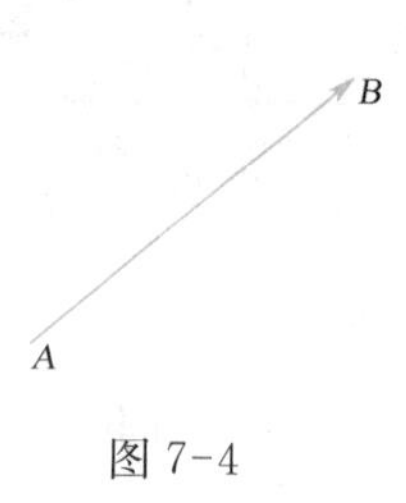

图 7-4

向量的大小称为向量的模,向量$\overrightarrow{AB}$和 $\boldsymbol{a}$ 的模分别记作$|\overrightarrow{AB}|$和$|\boldsymbol{a}|$(书写时记作$|\vec{a}|$).

起点和终点重合,即模等于零的向量称为零向量,记作 $\mathbf{0}$(或$\vec{0}$).规定,零向量的方向是可以任意的.

模等于 1 的向量称为单位向量.特别地,与非零向量 $\boldsymbol{a}$ 的方向相同的单位向量称为 $\boldsymbol{a}$ 的单位向量,记作 $\boldsymbol{e}_a$(书写时记作$\vec{e_a}$).

以坐标原点 O 为起点,空间内一点 M 为终点的向量称为点 M 的向径或矢径,常用黑体字母 $\boldsymbol{r}$ 表示(书写时记作$\vec{r}$).

在实际问题中,有的向量与其起点有关,有的向量与其起点无关,但是,它们都有一个共同的特征:都有大小和方向.因此,数学上研究向量时,通常只考虑向量的大小和方向,并不关心向量的起点在何处,这种与起点无关的向量称为自由向量.

由于只讨论自由向量,所以如果两个向量 $\boldsymbol{a}$ 和 $\boldsymbol{b}$ 的大小相等,且方向相同,则称向量 $\boldsymbol{a}$ 和 $\boldsymbol{b}$ 是相等的,记作 $\boldsymbol{a}=\boldsymbol{b}$.这就是说,经过平行移动后能完全重合的向量是相等的.

如果一个向量与向量 $\boldsymbol{a}$ 的模相等、方向相反,则称它是向量 $\boldsymbol{a}$ 的负向量,记作 $-\boldsymbol{a}$.

如果两个非零向量 $\boldsymbol{a}$ 和 $\boldsymbol{b}$ 的方向相同或者相反,则称向量 $\boldsymbol{a}$ 与 $\boldsymbol{b}$ 平行,记作 $\boldsymbol{a}\parallel\boldsymbol{b}$.由于零向量的方向可以是任意的,因此可以认为零向量与任何向量都平行.

下面介绍两个向量夹角的概念. 设给定两个非零向量 $\boldsymbol{a}$ 和 $\boldsymbol{b}$，将向量 $\boldsymbol{a}$ 或 $\boldsymbol{b}$ 平移，使它们的起点重合，它们所在射线的夹角 θ ($0 \leqslant \theta \leqslant \pi$) 称为向量 $\boldsymbol{a}$ 和 $\boldsymbol{b}$ 的夹角(图 7-5)，记作 $(\widehat{\boldsymbol{a}, \boldsymbol{b}})$ 或 $(\widehat{\boldsymbol{b}, \boldsymbol{a}})$. 显然，当 $\theta = 0$ 或 $\theta = \pi$ 时，$\boldsymbol{a} \parallel \boldsymbol{b}$；当 $\theta = \frac{\pi}{2}$ 时，称为 $\boldsymbol{a}$ 与 $\boldsymbol{b}$ 垂直，记作 $\boldsymbol{a} \perp \boldsymbol{b}$. 当 $\boldsymbol{a}$ 与 $\boldsymbol{b}$ 有一个是零向量时，规定它们的夹角可以在 $[0, \pi]$ 中任意取值.

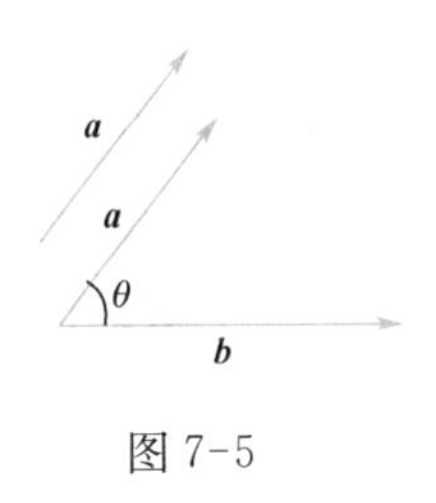

图 7-5

7.2.2　向量的加、减运算

中学物理已讲到，作用在同一点的两个不平行的力 $\boldsymbol{F}_1$ 和 $\boldsymbol{F}_2$，它们的合力 $\boldsymbol{F}$ 可以用平行四边形法则来确定(图 7-6)，向量的加法也是用相同的方法规定的.

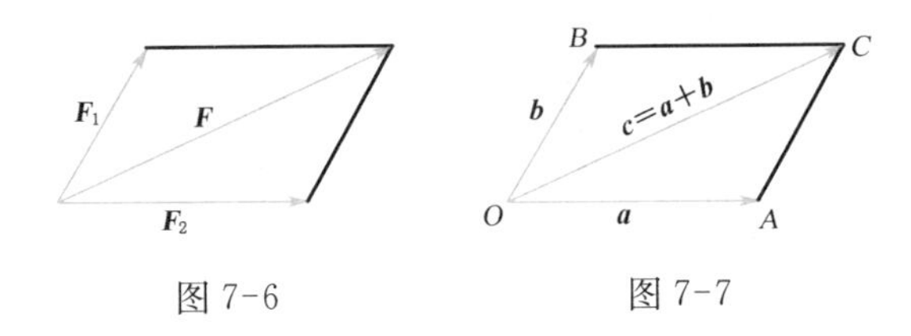

图 7-6　　图 7-7

设有两个不平行的非零向量 $\boldsymbol{a}$ 和 $\boldsymbol{b}$. 将向量 $\boldsymbol{a}$(或 $\boldsymbol{b}$) 平移，使它的起点与向量 $\boldsymbol{b}$(或 $\boldsymbol{a}$) 的起点重合，记 $\overrightarrow{OA} = \boldsymbol{a}$，$\overrightarrow{OB} = \boldsymbol{b}$，以 OA 和 OB 为边作一个平行四边形 $OACB$，记对角线的向量 $\overrightarrow{OC} = \boldsymbol{c}$(图 7-7)，则称向量 $\boldsymbol{c}$ 为向量 $\boldsymbol{a}$ 与 $\boldsymbol{b}$ 的和，记作

$$\boldsymbol{c} = \boldsymbol{a} + \boldsymbol{b}.$$

这种规定向量加法的方法称为向量加法的平行四边形法则.

由图 7-7 看到，向量 $\overrightarrow{AC} = \overrightarrow{OB} = \boldsymbol{b}$，所以也可以这样来规定向量的加法：将向量 $\boldsymbol{b}$ 平移，使它的起点与向量 $\boldsymbol{a}$ 的终点重合，把以向量 $\boldsymbol{a}$ 的起点为起点，向量 $\boldsymbol{b}$ 的终点为终点的向量记为 $\boldsymbol{c}$(图 7-8)，那么，向量 $\boldsymbol{c}$ 就是向量 $\boldsymbol{a}$ 与 $\boldsymbol{b}$ 的和. 这种方法称为向量加法的三角形法则.

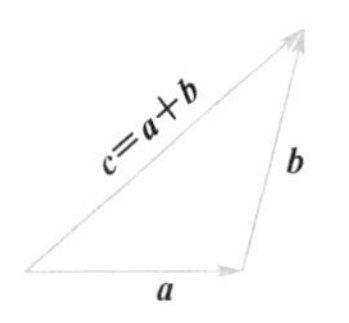

图 7-8

当向量 $\boldsymbol{a}$ 与 $\boldsymbol{b}$ 平行时，仍然按照向量加法的三角形法则来规定向量 $\boldsymbol{a}$ 与 $\boldsymbol{b}$ 的和：将向量 $\boldsymbol{b}$ 平移，使它的起点与向量 $\boldsymbol{a}$ 的终点重合，记 $\overrightarrow{OA} = \boldsymbol{a}$，$\overrightarrow{AB} = \boldsymbol{b}$，那么，向量 $\overrightarrow{OB} = \boldsymbol{c}$ 就称为向量 $\boldsymbol{a}$ 与 $\boldsymbol{b}$ 的和.

两个向量加法的三角形法则可以推广到多个向量相加的情形. 例如，已知四个向量 $\boldsymbol{a}$, $\boldsymbol{b}$, $\boldsymbol{c}$, $\boldsymbol{d}$，以向量 $\boldsymbol{a}$ 的终点为起点作出向量 $\boldsymbol{b}$(即将向量 $\boldsymbol{b}$ 平移，使它的起点与 $\boldsymbol{a}$ 的终点重合)，再以向量 $\boldsymbol{b}$ 的终点为起点作出向量 $\boldsymbol{c}$，然后以向量 $\boldsymbol{c}$ 的终点为起点作出向量 $\boldsymbol{d}$，则以向量 $\boldsymbol{a}$ 的起点为起点，向量 $\boldsymbol{d}$ 的终点为终点的向量 $\boldsymbol{e}$ 就称为向量 $\boldsymbol{a}$, $\boldsymbol{b}$, $\boldsymbol{c}$, $\boldsymbol{d}$ 的和，记作

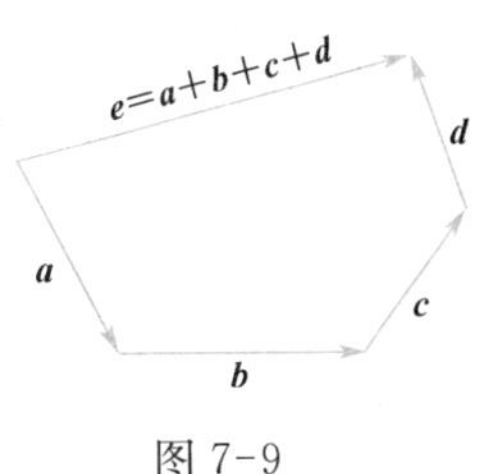

图 7-9

$$\boldsymbol{e}=\boldsymbol{a}+\boldsymbol{b}+\boldsymbol{c}+\boldsymbol{d},$$

如图 7-9 所示. 这种方法称为向量加法的多边形法则.

向量加法满足以下运算性质(证明从略):

(1) 交换律 $\boldsymbol{a}+\boldsymbol{b}=\boldsymbol{b}+\boldsymbol{a}$;

(2) 结合律 $(\boldsymbol{a}+\boldsymbol{b})+\boldsymbol{c}=\boldsymbol{a}+(\boldsymbol{b}+\boldsymbol{c})=\boldsymbol{a}+\boldsymbol{b}+\boldsymbol{c}$;

(3) $\boldsymbol{a}+\boldsymbol{0}=\boldsymbol{a}$;

(4) $\boldsymbol{a}+(-\boldsymbol{a})=\boldsymbol{0}$.

利用负向量的概念,可以规定两个向量 $\boldsymbol{a}$ 与 $\boldsymbol{b}$ 的差为

$$\boldsymbol{a}-\boldsymbol{b}=\boldsymbol{a}+(-\boldsymbol{b}).$$

由图 7-10 可看到,$\overrightarrow{AB}=\overrightarrow{OC}=\boldsymbol{a}+(-\boldsymbol{b})=\boldsymbol{a}-\boldsymbol{b}$,因此,向量 $\boldsymbol{a}$ 与 $\boldsymbol{b}$ 的差可这样作出:把向量 $\boldsymbol{a}$ 与 $\boldsymbol{b}$ 移至同一个起点,那么,以向量 $\boldsymbol{b}$ 的终点为起点,向量 $\boldsymbol{a}$ 的终点为终点的向量 $\overrightarrow{AB}$ 就是向量 $\boldsymbol{a}$ 与 $\boldsymbol{b}$ 的差 $\boldsymbol{a}-\boldsymbol{b}$. 特别是当 $\boldsymbol{a}=\boldsymbol{b}$ 时,点 A 与 B 重合,所以,$\boldsymbol{a}-\boldsymbol{b}=\boldsymbol{0}$;反之,若 $\boldsymbol{a}-\boldsymbol{b}=\boldsymbol{0}$ 时,则有 $\boldsymbol{a}=\boldsymbol{b}$.

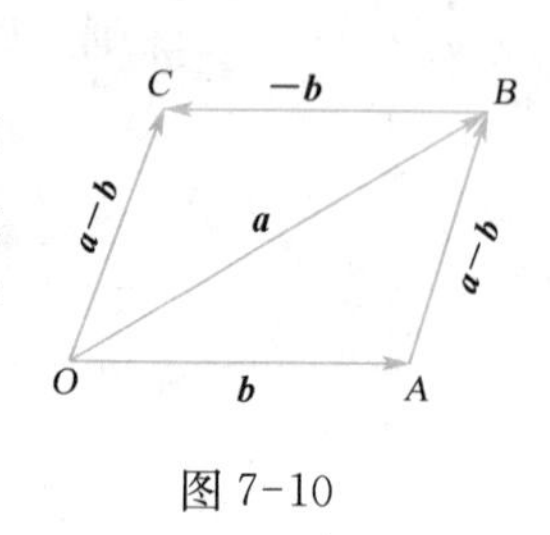

图 7-10

7.2.3 数与向量的乘法

规定:实数 λ 和向量 $\boldsymbol{a}$ 的乘积 $\lambda\boldsymbol{a}$ 是一个平行于向量 $\boldsymbol{a}$ 的向量,它的模是向量 $\boldsymbol{a}$ 的模的 $|\lambda|$ 倍,即

$$|\lambda\boldsymbol{a}|=|\lambda||\boldsymbol{a}|,$$

它的方向由 λ 的符号所决定:

当 $\lambda>0$ 时,$\lambda\boldsymbol{a}$ 与 $\boldsymbol{a}$ 的方向相同;

当 $\lambda<0$ 时,$\lambda\boldsymbol{a}$ 与 $\boldsymbol{a}$ 的方向相反;

当 $\lambda=0$ 时,$\lambda\boldsymbol{a}$ 是零向量,即 $\lambda\boldsymbol{a}=\boldsymbol{0}$.

数与向量的乘法满足以下运算性质(证明从略):

(1) 结合律 $\lambda(\mu\boldsymbol{a})=(\lambda\mu)\boldsymbol{a}=\mu(\lambda\boldsymbol{a})$ (λ, μ 是实数);

(2) 分配律 $(\lambda+\mu)\boldsymbol{a}=\lambda\boldsymbol{a}+\mu\boldsymbol{a}$ (λ, μ 是实数);

$\lambda(\boldsymbol{a}+\boldsymbol{b})=\lambda\boldsymbol{a}+\lambda\boldsymbol{b}$ (λ 是实数).

前面已指出,非零向量 $\boldsymbol{a}$ 的单位向量 $\boldsymbol{e}_a$ 是与 $\boldsymbol{a}$ 方向相同的单位向量. 根据数与向量的乘法知,向量 $\frac{1}{|\boldsymbol{a}|}\boldsymbol{a}$ 与向量 $\boldsymbol{a}$ 方向相同,且 $\frac{1}{|\boldsymbol{a}|}\boldsymbol{a}$ 的模为 $\frac{1}{|\boldsymbol{a}|}|\boldsymbol{a}|=1$,因此,它是 $\boldsymbol{a}$ 的单位向量,即

$$\boldsymbol{e}_a=\frac{1}{|\boldsymbol{a}|}\boldsymbol{a}.$$

习惯上,对于数 $\lambda\neq0$,数 $\frac{1}{\lambda}$ 与向量 $\boldsymbol{a}$ 的乘积 $\frac{1}{\lambda}\boldsymbol{a}$ 也写成 $\frac{\boldsymbol{a}}{\lambda}$ 的形式,因此,$\boldsymbol{e}_a$ 也可写

成

$$\boxed{e_a = \frac{a}{|a|}.} \tag{7.2}$$

例 1　设 M_1 和 M_2 为数轴上坐标分别为 x_1 和 x_2 的两点，e 为与数轴正向一致的单位向量(图 7-11)，验证 $\overrightarrow{M_1M_2} = (x_2 - x_1)e$.

证明　当 $x_2 - x_1 > 0$ 时，$\overrightarrow{M_1M_2}$ 与 e 同方向(图 7-11(a))，且 $|\overrightarrow{M_1M_2}| = x_2 - x_1$，所以，$\overrightarrow{M_1M_2} = (x_2 - x_1)e$；

图 7-11

当 $x_2 - x_1 < 0$ 时，$\overrightarrow{M_1M_2}$ 与 e 反向(图 7-11(b))，且 $|\overrightarrow{M_1M_2}| = x_1 - x_2$，所以有 $\overrightarrow{M_1M_2} = -(x_1 - x_2)e = (x_2 - x_1)e$；

当 $x_2 - x_1 = 0$ 时，$\overrightarrow{M_1M_2} = \mathbf{0}$，而 $(x_2 - x_1)e = \mathbf{0}$，从而也有 $\overrightarrow{M_1M_2} = (x_2 - x_1)e$.

综上所述，即证得 $\overrightarrow{M_1M_2} = (x_2 - x_1)e$.

根据数与向量相乘的法则，还能得到两个向量平行的充要条件.

定理　设向量 $b \neq \mathbf{0}$，则向量 a 和 b 平行的充分必要条件：存在实数 λ，使得等式

$$a = \lambda b \tag{7.3}$$

成立.

证明　充分性是显然的. 下面证明必要性.

设向量 a 和 b 平行. 若 $a = \mathbf{0}$，则取 $\lambda = 0$，即有 $a = \mathbf{0} = 0b = \lambda b$.

若 $a \neq \mathbf{0}$，且向量 a 和 b 有相同的方向，取 $\lambda = \frac{|a|}{|b|}$，则 λb 与 b 有相同的方向，故它与 a 也有相同的方向，又 λb 的模为

$$|\lambda b| = |\lambda|\,|b| = \frac{|a|}{|b|}\,|b| = |a|,$$

所以

$$a = \lambda b.$$

若 $a \neq \mathbf{0}$，且向量 a 和 b 的方向相反，这时只要取 $\lambda = -\frac{|a|}{|b|}$，则 λb 与 b 的方向相反，故它与 a 的方向相同，又 λb 的模为 $|\lambda b| = |\lambda|\,|b| = |a|$，所以仍有 $a = \lambda b$.

例 2　在 $\triangle ABC$ 中(图 7-12)，D，E 分别为边 AC 和 BC 的中点，证明 $\overrightarrow{DE} = \frac{1}{2}\overrightarrow{AB}$.

证明　设$\overrightarrow{BC}=\boldsymbol{a}$, $\overrightarrow{AC}=\boldsymbol{b}$,则由向量加法的三角形法则,有

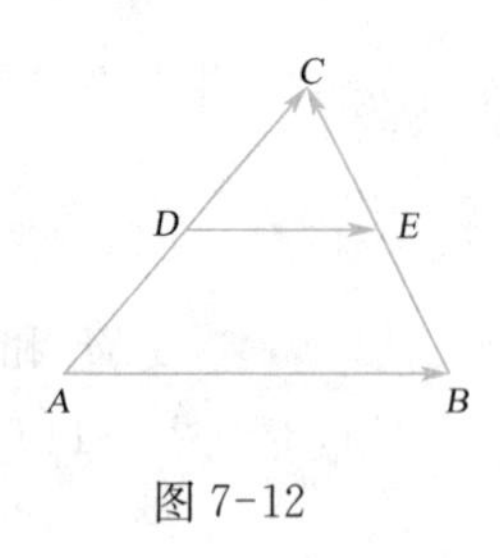

图 7-12

$$\overrightarrow{AB}=\overrightarrow{AC}+\overrightarrow{CB}=\overrightarrow{AC}-\overrightarrow{BC}=\boldsymbol{b}-\boldsymbol{a}.$$

又因为D, E分别为AC和BC的中点,所以

$$\overrightarrow{DC}=\frac{1}{2}\overrightarrow{AC}=\frac{1}{2}\boldsymbol{b},\quad \overrightarrow{EC}=\frac{1}{2}\overrightarrow{BC}=\frac{1}{2}\boldsymbol{a}.$$

在$\triangle DEC$中,

$$\overrightarrow{DE}=\overrightarrow{DC}+\overrightarrow{CE}=\overrightarrow{DC}-\overrightarrow{EC}=\frac{1}{2}\boldsymbol{b}-\frac{1}{2}\boldsymbol{a}=\frac{1}{2}(\boldsymbol{b}-\boldsymbol{a}).$$

即证得$\overrightarrow{DE}=\frac{1}{2}\overrightarrow{AB}$.

本题结论说明:$\overrightarrow{DE}$与$\overrightarrow{AB}$平行,且$|\overrightarrow{DE}|=\frac{1}{2}|\overrightarrow{AB}|$.这就是平面几何中的中位线定理:三角形两边中点的连线必平行于第三边且等于第三边的一半.

习题 7.2

1. 已知向量$\boldsymbol{a}=3\boldsymbol{m}-2\boldsymbol{n}$, $\boldsymbol{b}=\boldsymbol{m}+\boldsymbol{n}$,试用向量$\boldsymbol{m}$, $\boldsymbol{n}$表示$2\boldsymbol{a}-3\boldsymbol{b}$.

2. 已知平行四边形$ABCD$的对角线向量为$\overrightarrow{AC}=\boldsymbol{a}$, $\overrightarrow{BD}=\boldsymbol{b}$,试用向量$\boldsymbol{a}$和$\boldsymbol{b}$表示向量$\overrightarrow{AB}$, $\overrightarrow{BC}$, $\overrightarrow{CD}$, $\overrightarrow{DA}$.

3. 设$ABCDEF$是一个正六边形,$\overrightarrow{AB}=\boldsymbol{a}$, $\overrightarrow{AF}=\boldsymbol{b}$,试用$\boldsymbol{a}$, $\boldsymbol{b}$表示$\overrightarrow{BC}$, $\overrightarrow{CD}$, $\overrightarrow{DE}$, $\overrightarrow{EF}$.

4. 试用向量的方法证明:对角线互相平分的四边形是平行四边形.

5. 已知平行四边形$ABCD$的两条对角线AC与BD交于E,又O是任意一点,试证$\overrightarrow{OA}+\overrightarrow{OB}+\overrightarrow{OC}+\overrightarrow{OD}=4\overrightarrow{OE}$.

6. 根据向量加法的平行四边形法则说明$|\boldsymbol{a}+\boldsymbol{b}|\leqslant|\boldsymbol{a}|+|\boldsymbol{b}|$,并指出等号何时成立.

答　案

1. $3\boldsymbol{m}-7\boldsymbol{n}$.

2. $\overrightarrow{AB}=\frac{1}{2}(\boldsymbol{a}-\boldsymbol{b})$, $\overrightarrow{BC}=\frac{1}{2}(\boldsymbol{a}+\boldsymbol{b})$, $\overrightarrow{CD}=\frac{1}{2}(\boldsymbol{b}-\boldsymbol{a})$, $\overrightarrow{DA}=-\frac{1}{2}(\boldsymbol{a}+\boldsymbol{b})$.

3. $\overrightarrow{BC}=\boldsymbol{a}+\boldsymbol{b}$, $\overrightarrow{CD}=\boldsymbol{b}$, $\overrightarrow{DE}=-\boldsymbol{a}$, $\overrightarrow{EF}=-(\boldsymbol{a}+\boldsymbol{b})$.

4. 证略.　5. 证略.　6. 当$\boldsymbol{a}$与$\boldsymbol{b}$方向相同时等号成立.

7.3　向量的坐标

为了更方便地使用向量工具,引入向量的坐标,从而可用数量来研究向量,把向

量的运算转化为数量的运算.

7.3.1 向量的坐标

1. 向径的坐标表示式

在空间直角坐标系中,设 $\boldsymbol{i}$, $\boldsymbol{j}$, $\boldsymbol{k}$ 分别表示与 x, y, z 轴正向一致的单位向量,并称它们为坐标系的基向量(或基本单位向量).

设 $M(x, y, z)$为空间内一点,则$\overrightarrow{OM}$为点 M 的向径. 过点 M 作三个分别与 x, y, z 轴垂直的平面,依次交 x, y, z 轴于点 P, Q, R(图 7-13).

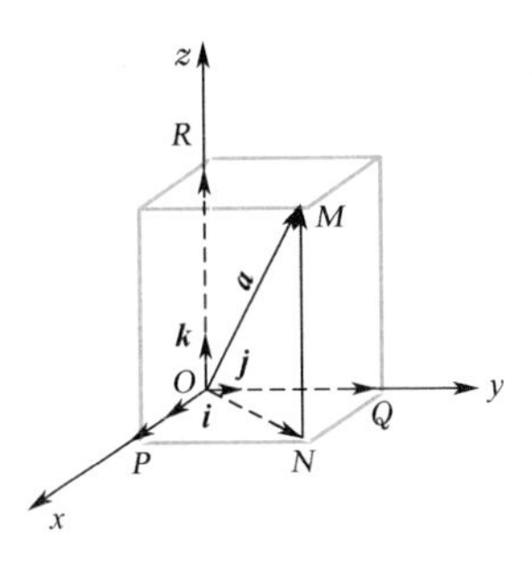

图 7-13

根据向量加法的法则,可得

$$\overrightarrow{OM} = \overrightarrow{ON} + \overrightarrow{OR},$$

而

$$\overrightarrow{ON} = \overrightarrow{OP} + \overrightarrow{OQ},$$

故得

$$\overrightarrow{OM} = \overrightarrow{OP} + \overrightarrow{OQ} + \overrightarrow{OR}.$$

由于点 M 的坐标为(x, y, z),故点 P 的坐标为$(x, 0, 0)$,又原点 O 的坐标为$(0, 0, 0)$,于是,由 7.2 节中例 1 的结果,可得$\overrightarrow{OP} = x\boldsymbol{i}$. 同理可得$\overrightarrow{OQ} = y\boldsymbol{j}$, $\overrightarrow{OR} = z\boldsymbol{k}$. 因此,

$$\boxed{\overrightarrow{OM} = x\boldsymbol{i} + y\boldsymbol{j} + z\boldsymbol{k}.} \tag{7.4}$$

式(7.4)称为向径$\overrightarrow{OM}$按基向量的分解式. 显然,向径$\overrightarrow{OM}$与有序数组 x, y, z 之间存在着一一对应关系. 据此,有序数组 x, y, z 称为向径$\overrightarrow{OM}$的坐标,$\overrightarrow{OM}$也常记作

$$\boxed{\overrightarrow{OM} = (x, y, z).} \tag{7.5}$$

式(7.5)称为向径$\overrightarrow{OM}$的坐标表示式.

注意 记号(x, y, z)既表示点 M 的坐标,又表示向径$\overrightarrow{OM}$的坐标,可从上下文中加以区别.

2. 一般向量的坐标表示式

设有一向量$\boldsymbol{a} = \overrightarrow{M_1M_2}$,其中,起点为$M_1(x_1, y_1, z_1)$,终点为 $M_2(x_2, y_2, z_2)$. 分别作向径 $\overrightarrow{OM_1}$ 和 $\overrightarrow{OM_2}$(图 7-14),则由向量减法法则可得

$$\overrightarrow{M_1M_2} = \overrightarrow{OM_2} - \overrightarrow{OM_1}.$$

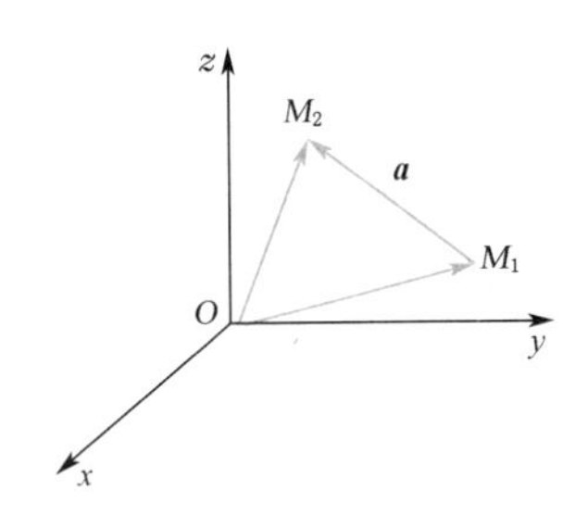

图 7-14

由式(7.4)可得

$$\overrightarrow{OM_1} = x_1\boldsymbol{i} + y_1\boldsymbol{j} + z_1\boldsymbol{k}, \quad \overrightarrow{OM_2} = x_2\boldsymbol{i} + y_2\boldsymbol{j} + z_2\boldsymbol{k},$$

于是有

$$\begin{aligned}\overrightarrow{M_1M_2} &= (x_2\boldsymbol{i}+y_2\boldsymbol{j}+z_2\boldsymbol{k})-(x_1\boldsymbol{i}+y_1\boldsymbol{j}+z_1\boldsymbol{k})\\ &= (x_2-x_1)\boldsymbol{i}+(y_2-y_1)\boldsymbol{j}+(z_2-z_1)\boldsymbol{k},\end{aligned}$$

即

$$\boxed{\boldsymbol{a}=\overrightarrow{M_1M_2}=a_x\boldsymbol{i}+a_y\boldsymbol{j}+a_z\boldsymbol{k}.} \tag{7.6}$$

$\boldsymbol{a}=\overrightarrow{M_1M_2}$ 也常记作

$$\boxed{\boldsymbol{a}=(a_x,\ a_y,\ a_z).} \tag{7.7}$$

其中,$a_x=x_2-x_1$, $a_y=y_2-y_1$, $a_z=z_2-z_1$. a_x, a_y, a_z 称为向量 $\boldsymbol{a}$ 的坐标. 式(7.7) 称为向量 $\boldsymbol{a}$ 的坐标表示式,式(7.6) 称为向量 $\boldsymbol{a}$ 按基向量的分解式.

显然,向量 $\boldsymbol{a}$ 与它的三个坐标之间是一一对应的,故若 $\boldsymbol{a}=(a_x,\ a_y,\ a_z)$, $\boldsymbol{b}=(b_x,\ b_y,\ b_z)$,那么,向量 $\boldsymbol{a}$ 与 $\boldsymbol{b}$ 相等的充分必要条件是

$$a_x=b_x,\quad a_y=b_y,\quad a_z=b_z.$$

7.3.2 向量线性运算的坐标表示式

向量的加法、减法及数与向量的乘法,统称为向量的线性运算. 通过向量的坐标,可以得到向量的线性运算的坐标表示式.

设 $\boldsymbol{a}=a_x\boldsymbol{i}+a_y\boldsymbol{j}+a_z\boldsymbol{k}$, $\boldsymbol{b}=b_x\boldsymbol{i}+b_y\boldsymbol{j}+b_z\boldsymbol{k}$,或表示为

$$\boldsymbol{a}=(a_x,\ a_y,\ a_z),\quad \boldsymbol{b}=(b_x,\ b_y,\ b_z),$$

根据向量线性运算的运算性质,有

$$\begin{aligned}\boldsymbol{a}\pm\boldsymbol{b}&=(a_x\pm b_x)\boldsymbol{i}+(a_y\pm b_y)\boldsymbol{j}+(a_z\pm b_z)\boldsymbol{k},\\ \lambda\boldsymbol{a}&=(\lambda a_x)\boldsymbol{i}+(\lambda a_y)\boldsymbol{j}+(\lambda a_z)\boldsymbol{k}\quad(\lambda\text{ 为实数}),\end{aligned}$$

或表示为

$$\boldsymbol{a}\pm\boldsymbol{b}=(a_x\pm b_x,\ a_y\pm b_y,\ a_z\pm b_z), \tag{7.8}$$

$$\lambda\boldsymbol{a}=(\lambda a_x,\ \lambda a_y,\ \lambda a_z)\quad(\lambda\text{ 为实数}). \tag{7.9}$$

在 7.2 节中已知,当向量 $\boldsymbol{b}\neq\boldsymbol{0}$ 时,向量 $\boldsymbol{a}$ 和 $\boldsymbol{b}$ 平行的充分必要条件: 存在实数 λ,使等式 $\boldsymbol{a}=\lambda\boldsymbol{b}$ 成立. 坐标表示式为

$$(a_x,\ a_y,\ a_z)=\lambda(b_x,\ b_y,\ b_z), \tag{7.10}$$

这也就相当于向量 $\boldsymbol{a}$ 与 $\boldsymbol{b}$ 对应的坐标成比例:

$$\frac{a_x}{b_x}=\frac{a_y}{b_y}=\frac{a_z}{b_z}. \tag{7.11}$$

注意　当 b_x, b_y, b_z 中有一个为零时，例如 $b_x \neq 0$, $b_y = 0$, $b_z \neq 0$，这时式(7.11)应理解为

$$\begin{cases} a_y = 0, \\ \dfrac{a_x}{b_x} = \dfrac{a_z}{b_z}; \end{cases}$$

当 b_x, b_y, b_z 中有两个为零时，例如 $b_x \neq 0$, $b_y = b_z = 0$，这时式(7.11)应理解为

$$\begin{cases} a_y = 0, \\ a_z = 0. \end{cases}$$

例 1　已知点 $M(1, 0, -1)$ 是向量 $\boldsymbol{a}$ 的终点，向量 $\boldsymbol{b} = (-3, 4, 7)$, $\boldsymbol{c} = (1, -1, 2)$ 与 $\boldsymbol{a}$ 有如下关系：

$$\boldsymbol{a} = 3\boldsymbol{b} - 2\boldsymbol{c},$$

求向量 $\boldsymbol{a}$ 及它的起点坐标.

解　设 $\boldsymbol{a} = (a_x, a_y, a_z)$，由于 $\boldsymbol{a} = 3\boldsymbol{b} - 2\boldsymbol{c}$，于是

$$\begin{aligned} \boldsymbol{a} = (a_x, a_y, a_z) &= 3(-3, 4, 7) - 2(1, -1, 2) \\ &= (-9, 12, 21) - (2, -2, 4) = (-11, 14, 17). \end{aligned}$$

设向量 $\boldsymbol{a}$ 的起点为 $M_1(x, y, z)$，则

$$\boldsymbol{a} = \overrightarrow{M_1M} = (1 - x, -y, -1 - z),$$

于是，有

$$(-11, 14, 17) = (1 - x, -y, -1 - z),$$

从而

$$-11 = 1 - x, \quad 14 = -y, \quad 17 = -1 - z.$$

由上面三式解得

$$x = 12, \quad y = -14, \quad z = -18,$$

因此，向量 $\boldsymbol{a}$ 的起点为 $M_1(12, -14, -18)$.

例 2　已知两点 $A(x_1, y_1, z_1)$ 和 $B(x_2, y_2, z_2)$，以及实数 $\lambda \neq -1$. 在直线 AB 上求一点 M，使

$$\overrightarrow{AM} = \lambda \overrightarrow{MB}.$$

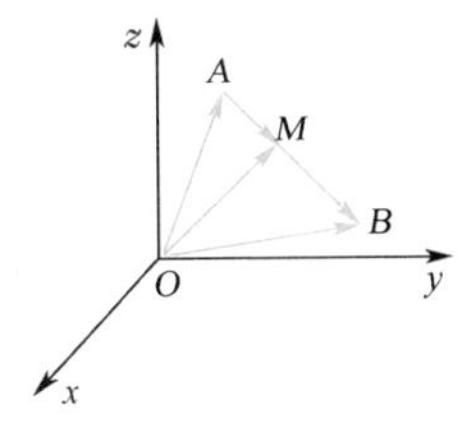

图 7-15

解　如图 7-15 所示，由于 $\overrightarrow{AM} = \overrightarrow{OM} - \overrightarrow{OA}$, $\overrightarrow{MB} = \overrightarrow{OB} - \overrightarrow{OM}$，因此

$$\overrightarrow{OM}-\overrightarrow{OA}=\lambda(\overrightarrow{OB}-\overrightarrow{OM}),$$

从而有 $\overrightarrow{OM}=\frac{1}{1+\lambda}(\overrightarrow{OA}+\lambda\overrightarrow{OB})$，即

$$\begin{aligned}\overrightarrow{OM}&=\frac{1}{1+\lambda}[(x_1, y_1, z_1)+\lambda(x_2, y_2, z_2)]\\&=\frac{1}{1+\lambda}(x_1+\lambda x_2, y_1+\lambda y_2, z_1+\lambda z_2).\end{aligned}$$

故得点 M 的坐标为

$$x=\frac{x_1+\lambda x_2}{1+\lambda},\quad y=\frac{y_1+\lambda y_2}{1+\lambda},\quad z=\frac{z_1+\lambda z_2}{1+\lambda}\quad(\lambda\neq-1).$$

本例中点 M 称为有向线段 $\overrightarrow{AB}$ 的**定比分点**. 特别地，当 $\lambda=1$ 时，点 M 是线段 AB 的中点，其坐标为

$$x=\frac{x_1+x_2}{2},\quad y=\frac{y_1+y_2}{2},\quad z=\frac{z_1+z_2}{2}.$$

例 3　已知向量 $\boldsymbol{a}=\alpha\boldsymbol{i}+2\boldsymbol{j}-\boldsymbol{k}$ 与向量 $\boldsymbol{b}=-\boldsymbol{j}+\beta\boldsymbol{k}$ 平行. 求 $\boldsymbol{a}$ 与 $\boldsymbol{b}$ 中的未知坐标 α 和 β.

解　因为向量 $\boldsymbol{a}\parallel\boldsymbol{b}$，故由两向量平行的充要条件式(7.11)得

$$\frac{\alpha}{0}=\frac{2}{-1}=\frac{-1}{\beta},\quad 即\quad \alpha=0,\quad \frac{2}{-1}=\frac{-1}{\beta},$$

所以

$$\alpha=0,\quad \beta=\frac{1}{2}.$$

7.3.3　向量的模及方向余弦的坐标表示式

向量的模及方向也可用向量的坐标来表示.

设有一向量 $\boldsymbol{a}=\overrightarrow{M_1M_2}$，起点 $M_1(x_1, y_1, z_1)$，终点 $M_2(x_2, y_2, z_2)$，于是

$$\boldsymbol{a}=\overrightarrow{M_1M_2}=(x_2-x_1, y_2-y_1, z_2-z_1)=(a_x, a_y, a_z),$$

由两点间的距离公式，可得向量 $\boldsymbol{a}=\overrightarrow{M_1M_2}$ 的模的坐标表示式为

$$\boxed{|\boldsymbol{a}|=\sqrt{a_x^2+a_y^2+a_z^2},}\tag{7.12}$$

其中，$a_x=x_2-x_1$，$a_y=y_2-y_1$，$a_z=z_2-z_1$ 是向量 $\boldsymbol{a}$ 的三个坐标.

设非零向量 $\boldsymbol{a}=\overrightarrow{M_1M_2}$ 与三条坐标轴正向的夹角分别为 $\alpha, \beta, \gamma(0\leqslant\alpha\leqslant\pi,$

$0\leqslant\beta\leqslant\pi$, $0\leqslant\gamma\leqslant\pi$)(图7-16),称 α, β, γ 为向量 $\boldsymbol{a}$ 的方向角.它们的余弦 $\cos\alpha$, $\cos\beta$, $\cos\gamma$ 称为向量 $\boldsymbol{a}$ 的方向余弦.通常也用向量的方向余弦来表示向量的方向.

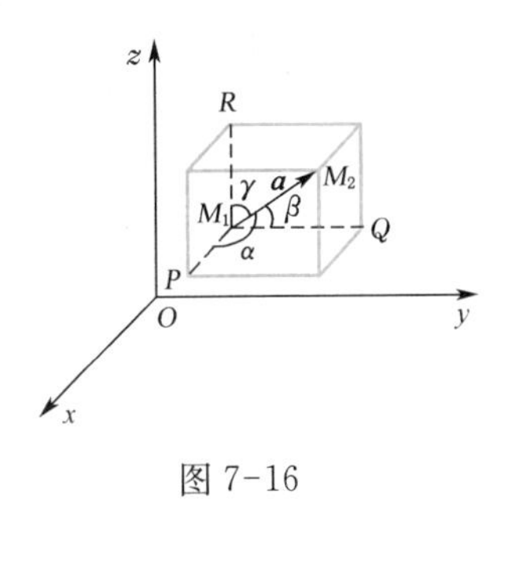

图7-16

向量 $\boldsymbol{a}=(a_x, a_y, a_z)$ 与它的方向余弦有如下关系:

$$\begin{cases}\cos\alpha=\dfrac{a_x}{|\boldsymbol{a}|}=\dfrac{a_x}{\sqrt{a_x^2+a_y^2+a_z^2}},\\ \cos\beta=\dfrac{a_y}{|\boldsymbol{a}|}=\dfrac{a_y}{\sqrt{a_x^2+a_y^2+a_z^2}},\\ \cos\gamma=\dfrac{a_z}{|\boldsymbol{a}|}=\dfrac{a_z}{\sqrt{a_x^2+a_y^2+a_z^2}}.\end{cases} \tag{7.13}$$

这就是向量 $\boldsymbol{a}$ 的方向余弦的坐标表示式.

把式(7.13)中的三个等式两端分别平方后相加,便得

$$\boxed{\cos^2\alpha+\cos^2\beta+\cos^2\gamma=1.} \tag{7.14}$$

这就是说,任何一个向量的方向余弦的平方和等于1.这也表明,不是任意三个角 α, β, γ 都可以构成向量的方向角的.

由于与非零向量 $\boldsymbol{a}$ 同方向的单位向量为

$$\boldsymbol{e}_a=\frac{\boldsymbol{a}}{|\boldsymbol{a}|}=\left(\frac{a_x}{|\boldsymbol{a}|}, \frac{a_y}{|\boldsymbol{a}|}, \frac{a_z}{|\boldsymbol{a}|}\right),$$

于是,由式(7.13)可得

$$\boxed{\boldsymbol{e}_a=(\cos\alpha, \cos\beta, \cos\gamma).} \tag{7.15}$$

这表明,单位向量 $\boldsymbol{e}_a$ 的坐标分别是向量 $\boldsymbol{a}$ 的三个方向余弦.这也表示,利用向量的方向角或方向余弦,可以确定向量的方向.

例4 设点 $M_1(1, 2, -1)$ 和 $M_2(-3, 3, 1)$,求向量 $\boldsymbol{a}=\overrightarrow{M_1M_2}$ 的模、方向余弦及与 $\overrightarrow{M_1M_2}$ 同方向的单位向量.

解 因为

$$\boldsymbol{a}=\overrightarrow{M_1M_2}=(-3-1)\boldsymbol{i}+(3-2)\boldsymbol{j}+(1+1)\boldsymbol{k}=-4\boldsymbol{i}+\boldsymbol{j}+2\boldsymbol{k},$$

所以,由式(7.12)即得

$$|\boldsymbol{a}|=|\overrightarrow{M_1M_2}|=\sqrt{(-4)^2+1^2+2^2}=\sqrt{21},$$

再由式(7.13),可得 $\overrightarrow{M_1M_2}$ 的方向余弦为

$$\cos\alpha=\frac{-4}{\sqrt{21}},\quad \cos\beta=\frac{1}{\sqrt{21}},\quad \cos\gamma=\frac{2}{\sqrt{21}}.$$

从而由式(7.15),即得所求单位向量为

$$\boldsymbol{e}_a=\left(-\frac{4}{\sqrt{21}},\frac{1}{\sqrt{21}},\frac{2}{\sqrt{21}}\right).$$

例5 已知向量 $\boldsymbol{a}$ 的模为 $|\boldsymbol{a}|=6$,它与 x, y 轴正向的夹角分别为 $\frac{2}{3}\pi$, $\frac{\pi}{4}$,求此向量与 z 轴正向的夹角及它的坐标表示式.

解 按已知条件有

$$\cos\alpha=\cos\frac{2}{3}\pi=-\frac{1}{2},\quad \cos\beta=\cos\frac{\pi}{4}=\frac{\sqrt{2}}{2},$$

于是,根据式(7.14),有

$$\left(-\frac{1}{2}\right)^2+\left(\frac{\sqrt{2}}{2}\right)^2+\cos^2\gamma=1,$$

由此方程解得

$$\cos\gamma=\pm\frac{1}{2},$$

所以,向量 $\boldsymbol{a}$ 与 z 轴正向的夹角为 $\gamma=\frac{\pi}{3}$ 或 $\gamma=\frac{2}{3}\pi$.

设向量 $\boldsymbol{a}=a_x\boldsymbol{i}+a_y\boldsymbol{j}+a_z\boldsymbol{k}$,由于

$$\cos\alpha=\frac{a_x}{|\boldsymbol{a}|},\quad \cos\beta=\frac{a_y}{|\boldsymbol{a}|},\quad \cos\gamma=\frac{a_z}{|\boldsymbol{a}|},$$

故

$$a_x=|\boldsymbol{a}|\cos\alpha=6\cos\frac{2}{3}\pi=6\times\left(-\frac{1}{2}\right)=-3,$$

$$a_y=|\boldsymbol{a}|\cos\beta=6\cos\frac{\pi}{4}=6\times\frac{\sqrt{2}}{2}=3\sqrt{2},$$

$$a_z=|\boldsymbol{a}|\cos\gamma=6\cos\frac{\pi}{3}=6\times\frac{1}{2}=3$$

或

$$a_z=|\boldsymbol{a}|\cos\gamma=6\cos\frac{2}{3}\pi=6\times\left(-\frac{1}{2}\right)=-3.$$

所以,向量 $\boldsymbol{a}$ 的坐标表示式为

$$\boldsymbol{a}=(-3,\ 3\sqrt{2},\ 3)\quad 或\quad \boldsymbol{a}=(-3,\ 3\sqrt{2},\ -3).$$

习题 7.3

1. 设向量 $\boldsymbol{a}=a_x\boldsymbol{i}+a_y\boldsymbol{j}+a_z\boldsymbol{k}$，若它满足下列条件之一：

(1) $\boldsymbol{a}$ 垂直于 z 轴；(2) $\boldsymbol{a}$ 垂直于 xOy 面；(3) $\boldsymbol{a}$ 平行于 yOz 面.

那么，它的坐标有何特征？

2. 已知向量 $\overrightarrow{AB}=(4,-4,7)$，它的终点为 $B(2,-1,7)$，求它的起点 A.

3. 已知向量 $\boldsymbol{a}=(6,1,-1)$，$\boldsymbol{b}=(1,2,0)$，求(1) 向量 $\boldsymbol{c}=\boldsymbol{a}-2\boldsymbol{b}$；(2) 向量 $\boldsymbol{c}$ 的方向余弦；(3) 与向量 $\boldsymbol{c}$ 同方向的单位向量 $\boldsymbol{e}_c$.

4. 已知点 $M_1(-2,0,5)$ 和 $M_2(2,0,2)$，求向量 $\boldsymbol{a}=\overrightarrow{M_1M_2}$ 的模和方向余弦.

5. 向量 $\boldsymbol{a}$ 与各坐标轴成相等的锐角，$|\boldsymbol{a}|=2\sqrt{3}$，求向量 $\boldsymbol{a}$ 的坐标表示式.

6. 试确定 m 和 n 的值，使向量 $\boldsymbol{a}=-2\boldsymbol{i}+3\boldsymbol{j}+n\boldsymbol{k}$ 和 $\boldsymbol{b}=m\boldsymbol{i}-6\boldsymbol{j}+2\boldsymbol{k}$ 平行.

7. 已知向量 $\boldsymbol{b}=(8,9,-12)$ 及点 $A(2,-1,7)$，由点 A 作向量 $\overrightarrow{AM}$，使 $|\overrightarrow{AM}|=34$，且 $\overrightarrow{AM}$ 与 $\boldsymbol{b}$ 的方向相同，求向量 $\overrightarrow{AM}$ 的坐标表示式及点 M 的坐标.

答案

1. (1) $a_z=0$；(2) $a_x=0$，$a_y=0$；(3) $a_x=0$.　　2. $A(-2,3,0)$.

3. (1) $\boldsymbol{c}=(4,-3,-1)$；(2) $\cos\alpha=\dfrac{4}{\sqrt{26}}$，$\cos\beta=\dfrac{-3}{\sqrt{26}}$，$\cos\gamma=\dfrac{-1}{\sqrt{26}}$；

(3) $\boldsymbol{e}_c=\left(\dfrac{4}{\sqrt{26}},\dfrac{-3}{\sqrt{26}},\dfrac{-1}{\sqrt{26}}\right)$.

4. $|\overrightarrow{M_1M_2}|=5$，$\cos\alpha=\dfrac{4}{5}$，$\cos\beta=0$，$\cos\gamma=-\dfrac{3}{5}$.

5. $\boldsymbol{a}=(2,2,2)$.　　6. $m=4$，$n=-1$.

7. $\overrightarrow{AM}=(16,18,-24)$，$M(18,17,-17)$.

7.4 向量的数量积与向量积

7.4.1 向量的数量积

1. 数量积的定义及其运算性质

数量积是从物理、力学问题中抽象出来的一个数学概念. 下面先看一个例子.

设有一个物体在常力 $\boldsymbol{F}$ 的作用下沿直线运动，产生了位移 $\boldsymbol{s}$. 实验证明，力 $\boldsymbol{F}$ 所做的功为

$$W=|\boldsymbol{F}||\boldsymbol{s}|\cos\theta,\tag{7.16}$$

其中，θ 为力 $\boldsymbol{F}$ 与位移 $\boldsymbol{s}$ 的夹角(图 7-17). 力 $\boldsymbol{F}$ 和位移 $\boldsymbol{s}$ 是两个向量，式(7.16)的右端可以看成是这两个向量进行某种运算的结果，这种运算在数学上就是两个向

量的数量积.

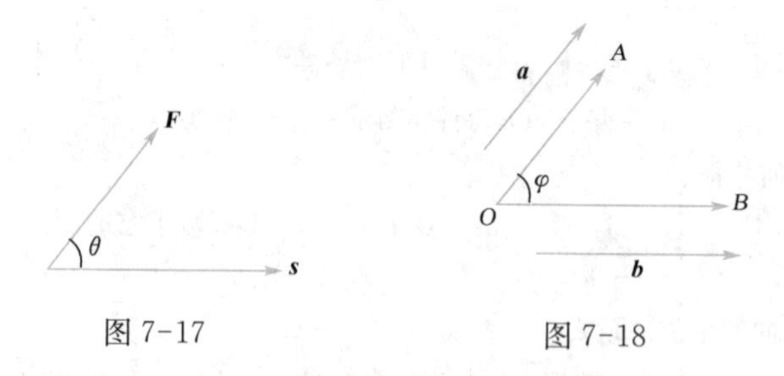

图 7-17　　图 7-18

两个向量 $\boldsymbol{a}$, $\boldsymbol{b}$ 的夹角为 $\varphi=(\widehat{\boldsymbol{a},\boldsymbol{b}})$(图 7-18),定义 $\boldsymbol{a}$ 与 $\boldsymbol{b}$ 的数量积如下.

定义 1　设 $\boldsymbol{a}$, $\boldsymbol{b}$ 是两个向量,它们的模 $|\boldsymbol{a}|$, $|\boldsymbol{b}|$ 及夹角的余弦 $\cos(\widehat{\boldsymbol{a},\boldsymbol{b}})$ 的乘积称为向量 $\boldsymbol{a}$ 与 $\boldsymbol{b}$ 的**数量积**,记作 $\boldsymbol{a}\cdot\boldsymbol{b}$,即

$$\boxed{\boldsymbol{a}\cdot\boldsymbol{b}=|\boldsymbol{a}||\boldsymbol{b}|\cos(\widehat{\boldsymbol{a},\boldsymbol{b}}).}\tag{7.17}$$

依照这个定义,上述问题中,力 $\boldsymbol{F}$ 所做的功 W 可简单地表示成

$$W=\boldsymbol{F}\cdot\boldsymbol{s}.$$

两个向量的数量积有以下运算性质(证明从略):

(1) $\boldsymbol{a}\cdot\boldsymbol{a}=|\boldsymbol{a}|^2$　($\boldsymbol{a}\cdot\boldsymbol{a}$ 有时简写成 $\boldsymbol{a}^2$,即 $\boldsymbol{a}^2=\boldsymbol{a}\cdot\boldsymbol{a}$);

(2) $\boldsymbol{a}\cdot\boldsymbol{0}=0$,其中,$\boldsymbol{0}$ 是零向量;

(3) 交换律　$\boldsymbol{a}\cdot\boldsymbol{b}=\boldsymbol{b}\cdot\boldsymbol{a}$;

(4) 结合律　$(\lambda\boldsymbol{a})\cdot\boldsymbol{b}=\boldsymbol{a}\cdot(\lambda\boldsymbol{b})=\lambda(\boldsymbol{a}\cdot\boldsymbol{b})$,其中,$\lambda$ 是实数;

(5) 分配律　$(\boldsymbol{a}+\boldsymbol{b})\cdot\boldsymbol{c}=\boldsymbol{a}\cdot\boldsymbol{c}+\boldsymbol{b}\cdot\boldsymbol{c}$.

例 1　已知 $(\widehat{\boldsymbol{a},\boldsymbol{b}})=\dfrac{2}{3}\pi$, $|\boldsymbol{a}|=3$, $|\boldsymbol{b}|=4$,求向量 $\boldsymbol{c}=3\boldsymbol{a}+2\boldsymbol{b}$ 的模.

解　根据数量积的性质及定义,得

$$\begin{aligned}|\boldsymbol{c}|^2&=\boldsymbol{c}\cdot\boldsymbol{c}=(3\boldsymbol{a}+2\boldsymbol{b})\cdot(3\boldsymbol{a}+2\boldsymbol{b})\\&=3\boldsymbol{a}\cdot(3\boldsymbol{a}+2\boldsymbol{b})+2\boldsymbol{b}\cdot(3\boldsymbol{a}+2\boldsymbol{b})\\&=9\boldsymbol{a}\cdot\boldsymbol{a}+6\boldsymbol{a}\cdot\boldsymbol{b}+6\boldsymbol{b}\cdot\boldsymbol{a}+4\boldsymbol{b}\cdot\boldsymbol{b}\\&=9|\boldsymbol{a}|^2+12\boldsymbol{a}\cdot\boldsymbol{b}+4|\boldsymbol{b}|^2\\&=9|\boldsymbol{a}|^2+12|\boldsymbol{a}||\boldsymbol{b}|\cos(\widehat{\boldsymbol{a},\boldsymbol{b}})+4|\boldsymbol{b}|^2,\end{aligned}$$

将 $|\boldsymbol{a}|=3$, $|\boldsymbol{b}|=4$, $(\widehat{\boldsymbol{a},\boldsymbol{b}})=\dfrac{2}{3}\pi$ 代入上式,得

$$|\boldsymbol{c}|^2=9\times3^2+12\times3\times4\times\cos\frac{2}{3}\pi+4\times4^2=81-72+64=73,$$

因此，向量 $\boldsymbol{c}=3\boldsymbol{a}+2\boldsymbol{b}$ 的模为

$$|\boldsymbol{c}|=\sqrt{73}.$$

2. 数量积的坐标表示式及两个向量垂直的充分必要条件

现在讨论如何用向量的坐标来表示向量的数量积.

设 $\boldsymbol{a}=a_x\boldsymbol{i}+a_y\boldsymbol{j}+a_z\boldsymbol{k}$，$\boldsymbol{b}=b_x\boldsymbol{i}+b_y\boldsymbol{j}+b_z\boldsymbol{k}$，利用数量积的运算性质，得

$$\begin{aligned}\boldsymbol{a}\cdot\boldsymbol{b}&=(a_x\boldsymbol{i}+a_y\boldsymbol{j}+a_z\boldsymbol{k})\cdot(b_x\boldsymbol{i}+b_y\boldsymbol{j}+b_z\boldsymbol{k})\\&=a_x\boldsymbol{i}\cdot(b_x\boldsymbol{i}+b_y\boldsymbol{j}+b_z\boldsymbol{k})+a_y\boldsymbol{j}\cdot(b_x\boldsymbol{i}+b_y\boldsymbol{j}+b_z\boldsymbol{k})+\\&\quad a_z\boldsymbol{k}\cdot(b_x\boldsymbol{i}+b_y\boldsymbol{j}+b_z\boldsymbol{k})\\&=a_xb_x(\boldsymbol{i}\cdot\boldsymbol{i})+a_yb_y(\boldsymbol{j}\cdot\boldsymbol{j})+a_zb_z(\boldsymbol{k}\cdot\boldsymbol{k})+a_xb_y(\boldsymbol{i}\cdot\boldsymbol{j})+a_xb_z(\boldsymbol{i}\cdot\boldsymbol{k})+\\&\quad a_yb_x(\boldsymbol{j}\cdot\boldsymbol{i})+a_yb_z(\boldsymbol{j}\cdot\boldsymbol{k})+a_zb_x(\boldsymbol{k}\cdot\boldsymbol{i})+a_zb_y(\boldsymbol{k}\cdot\boldsymbol{j}).\end{aligned}$$

因为 $\boldsymbol{i},\boldsymbol{j},\boldsymbol{k}$ 都是单位向量，所以

$$\boldsymbol{i}\cdot\boldsymbol{i}=|\boldsymbol{i}|^2=1,\quad \boldsymbol{j}\cdot\boldsymbol{j}=|\boldsymbol{j}|^2=1,\quad \boldsymbol{k}\cdot\boldsymbol{k}=|\boldsymbol{k}|^2=1.$$

又因为 $\boldsymbol{i},\boldsymbol{j},\boldsymbol{k}$ 两两互相垂直，所以根据数量积的定义，有

$$\boldsymbol{i}\cdot\boldsymbol{j}=|\boldsymbol{i}||\boldsymbol{j}|\cos(\widehat{\boldsymbol{i},\boldsymbol{j}})=1\times1\times\cos\frac{\pi}{2}=0,$$

同理，有

$$\boldsymbol{j}\cdot\boldsymbol{i}=\boldsymbol{i}\cdot\boldsymbol{k}=\boldsymbol{k}\cdot\boldsymbol{i}=\boldsymbol{j}\cdot\boldsymbol{k}=\boldsymbol{k}\cdot\boldsymbol{j}=0.$$

因此

$$\boxed{\boldsymbol{a}\cdot\boldsymbol{b}=a_xb_x+a_yb_y+a_zb_z.}\tag{7.18}$$

式(7.18)称为向量 $\boldsymbol{a}$ 与 $\boldsymbol{b}$ 的数量积的坐标表示式. 式(7.18)说明，两个向量的数量积等于它们的对应坐标乘积之和.

由式(7.17)和式(7.18)，不难推导得两个非零向量的夹角余弦的坐标表示式：

$$\boxed{\cos(\widehat{\boldsymbol{a},\boldsymbol{b}})=\frac{\boldsymbol{a}\cdot\boldsymbol{b}}{|\boldsymbol{a}||\boldsymbol{b}|}=\frac{a_xb_x+a_yb_y+a_zb_z}{\sqrt{a_x^2+a_y^2+a_z^2}\sqrt{b_x^2+b_y^2+b_z^2}}.}\tag{7.19}$$

从式(7.19)看到，当两个非零向量 $\boldsymbol{a}$ 与 $\boldsymbol{b}$ 垂直，即 $(\widehat{\boldsymbol{a},\boldsymbol{b}})=\frac{\pi}{2}$ 时，则有 $\boldsymbol{a}\cdot\boldsymbol{b}=a_xb_x+a_yb_y+a_zb_z=0$；反之，当 $\boldsymbol{a}\cdot\boldsymbol{b}=a_xb_x+a_yb_y+a_zb_z=0$ 时，有 $\cos(\widehat{\boldsymbol{a},\boldsymbol{b}})=0$，则 $(\widehat{\boldsymbol{a},\boldsymbol{b}})=\frac{\pi}{2}$，即 $\boldsymbol{a}$ 与 $\boldsymbol{b}$ 垂直. 以上结论对向量 $\boldsymbol{a}$ 与 $\boldsymbol{b}$ 中有一个为零向量的情形也成立，因为零向量的方向是任意的，所以可以认为它与任一向量都垂直. 由此可以得到

以下定理.

定理 1　两个向量 $\boldsymbol{a}=a_x\boldsymbol{i}+a_y\boldsymbol{j}+a_z\boldsymbol{k}$ 与 $\boldsymbol{b}=b_x\boldsymbol{i}+b_y\boldsymbol{j}+b_z\boldsymbol{k}$ 垂直的充分必要条件是它们的数量积等于零,即

$$\boxed{\boldsymbol{a}\cdot\boldsymbol{b}=a_xb_x+a_yb_y+a_zb_z=0.} \tag{7.20}$$

例 2　已知三点 $A(-1,2,3)$, $B(1,1,1)$, $C(0,0,5)$,求 $\angle ABC$.

解　$\angle ABC$ 就是向量 $\overrightarrow{BA}$ 与 $\overrightarrow{BC}$ 的夹角. 根据夹角余弦公式,有

$$\cos\angle ABC=\frac{\overrightarrow{BA}\cdot\overrightarrow{BC}}{|\overrightarrow{BA}||\overrightarrow{BC}|}.$$

由于

$$\overrightarrow{BA}=(-1-1,2-1,3-1)=(-2,1,2),$$
$$\overrightarrow{BC}=(0-1,0-1,5-1)=(-1,-1,4),$$

于是　$\overrightarrow{BA}\cdot\overrightarrow{BC}=(-2)\times(-1)+1\times(-1)+2\times4=9,$

$|\overrightarrow{BA}|=\sqrt{(-2)^2+1^2+2^2}=3,$

$|\overrightarrow{BC}|=\sqrt{(-1)^2+(-1)^2+4^2}=\sqrt{18}=3\sqrt{2}.$

$$\cos\angle ABC=\frac{\overrightarrow{BA}\cdot\overrightarrow{BC}}{|\overrightarrow{BA}||\overrightarrow{BC}|}=\frac{9}{3\times3\sqrt{2}}=\frac{1}{\sqrt{2}}=\frac{\sqrt{2}}{2},$$

因此

$$\angle ABC=\frac{\pi}{4}.$$

例 3　在 xOy 面上,求垂直于向量 $\boldsymbol{a}=(1,-1,4)$,且模与 $\boldsymbol{a}$ 的模相等的向量 $\boldsymbol{b}$.

解　向量 $\boldsymbol{b}$ 在 xOy 面上,可设 $\boldsymbol{b}=b_x\boldsymbol{i}+b_y\boldsymbol{j}$. 因为向量 $\boldsymbol{b}$ 与 $\boldsymbol{a}$ 垂直,所以

$$\boldsymbol{a}\cdot\boldsymbol{b}=b_x-b_y=0. \tag{①}$$

又因为 $|\boldsymbol{b}|=|\boldsymbol{a}|$,而 $|\boldsymbol{a}|=\sqrt{1^2+(-1)^2+4^2}=\sqrt{18}$,所以

$$\sqrt{b_x^2+b_y^2}=\sqrt{18}. \tag{②}$$

于是,由式①和式②,可解得

$$b_x=b_y=\pm3.$$

因此,所求向量为

$$\boldsymbol{b}=3\boldsymbol{i}+3\boldsymbol{j}\quad 或 \quad \boldsymbol{b}=-3\boldsymbol{i}-3\boldsymbol{j}.$$

7.4.2　向量的向量积

1. 向量积的定义及其运算性质

为了说明向量积的概念，先看一个具体例子. 设 O 为杠杆的支点，有一力 $\boldsymbol{F}$ 作用于这杠杆的点 A 处. 由力学知道，力 $\boldsymbol{F}$ 对支点 O 的力矩是一个向量 $\boldsymbol{M}$，它的模为

$$|\boldsymbol{M}|=|\boldsymbol{F}||\overrightarrow{OP}|=|\boldsymbol{F}||\overrightarrow{OA}|\sin(\widehat{\boldsymbol{F},\overrightarrow{OA}}).$$

其中，$|\overrightarrow{OP}|=|\overrightarrow{OA}|\sin(\widehat{\boldsymbol{F},\overrightarrow{OA}})$ 称为力臂(图 7-19).

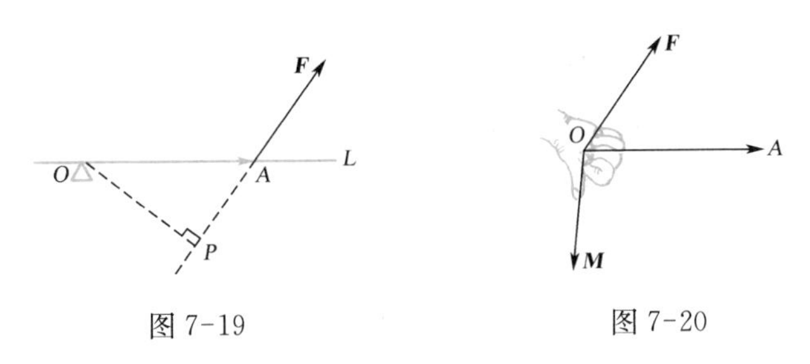

图 7-19　　　　图 7-20

力矩 $\boldsymbol{M}$ 的方向是这样确定的：$\boldsymbol{M}\perp\boldsymbol{F}$，$\boldsymbol{M}\perp\overrightarrow{OA}$，也就是 $\boldsymbol{M}$ 垂直于 $\boldsymbol{F}$ 和 $\overrightarrow{OA}$ 所确定的平面. 此外，向量 $\overrightarrow{OA}$，$\boldsymbol{F}$，$\boldsymbol{M}$ 构成右手系，也就是说，当右手的四个手指指向 $\overrightarrow{OA}$ 的方向握拳转向 $\boldsymbol{F}$ 时，大拇指所指的方向为力矩 $\boldsymbol{M}$ 的方向(图 7-20).

在物理学、力学中常会遇到由已知两个向量按上述方法确定另一个向量，数学上称这个向量是已知两个向量的向量积.

定义 2　设向量 $\boldsymbol{c}$ 由两个向量 $\boldsymbol{a}$ 与 $\boldsymbol{b}$ 按下列方式确定：

(1) $|\boldsymbol{c}|=|\boldsymbol{a}||\boldsymbol{b}|\sin(\widehat{\boldsymbol{a},\boldsymbol{b}})$；

(2) $\boldsymbol{c}\perp\boldsymbol{a}$，$\boldsymbol{c}\perp\boldsymbol{b}$；

(3) $\boldsymbol{a}$，$\boldsymbol{b}$，$\boldsymbol{c}$ 构成右手系(图 7-21)，则称向量 $\boldsymbol{c}$ 是向量 $\boldsymbol{a}$ 与 $\boldsymbol{b}$ 的**向量积**，记作

$$\boldsymbol{c}=\boldsymbol{a}\times\boldsymbol{b}.$$

依照这个定义，本目所提到的力矩 $\boldsymbol{M}$，便能简单地表示成

$$\boldsymbol{M}=\overrightarrow{OA}\times\boldsymbol{F}.$$

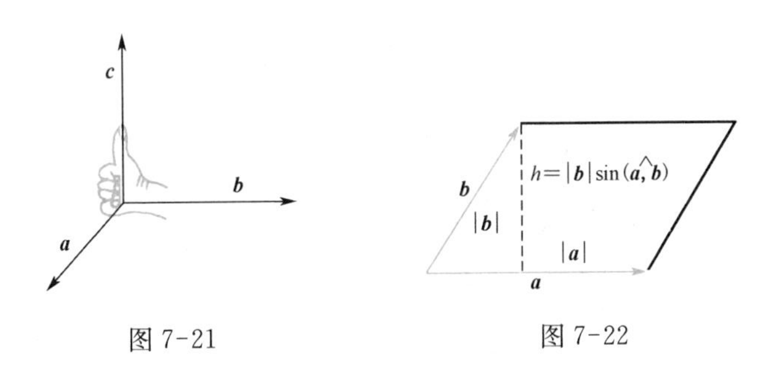

图 7-21　　　　图 7-22

在几何上,向量积的模 $|\boldsymbol{a}\times\boldsymbol{b}|=|\boldsymbol{a}||\boldsymbol{b}|\sin(\widehat{\boldsymbol{a},\boldsymbol{b}})$ 表示以向量 $\boldsymbol{a}$ 与 $\boldsymbol{b}$ 为邻边所构成的平行四边形的面积(图 7-22).

向量的向量积有以下运算性质(证明从略):

(1) $\boldsymbol{a}\times\boldsymbol{a}=\boldsymbol{0}$;

(2) $\boldsymbol{a}\times\boldsymbol{0}=\boldsymbol{0}$,其中,$\boldsymbol{0}$ 是零向量;

(3) 反交换律　$\boldsymbol{b}\times\boldsymbol{a}=-\boldsymbol{a}\times\boldsymbol{b}$;

(4) 结合律　$(\lambda\boldsymbol{a})\times\boldsymbol{b}=\boldsymbol{a}\times(\lambda\boldsymbol{b})$,其中,$\lambda$ 是实数;

(5) 分配律　$(\boldsymbol{a}+\boldsymbol{b})\times\boldsymbol{c}=\boldsymbol{a}\times\boldsymbol{c}+\boldsymbol{b}\times\boldsymbol{c}$.

例 4　设向量 $\boldsymbol{a}=\boldsymbol{m}+2\boldsymbol{n}$, $\boldsymbol{b}=2\boldsymbol{m}+\boldsymbol{n}$,这里 $\boldsymbol{m}$, $\boldsymbol{n}$ 是夹角为 $\frac{\pi}{6}$ 的单位向量. 求以 $\boldsymbol{a}$, $\boldsymbol{b}$ 为邻边所构成的平行四边形的面积.

解　所求的平行四边形的面积为 $|\boldsymbol{a}\times\boldsymbol{b}|$. 根据向量积的运算性质,得

$$\begin{aligned}\boldsymbol{a}\times\boldsymbol{b}&=(\boldsymbol{m}+2\boldsymbol{n})\times(2\boldsymbol{m}+\boldsymbol{n})=\boldsymbol{m}\times(2\boldsymbol{m}+\boldsymbol{n})+2\boldsymbol{n}\times(2\boldsymbol{m}+\boldsymbol{n})\\&=2\boldsymbol{m}\times\boldsymbol{m}+\boldsymbol{m}\times\boldsymbol{n}+4\boldsymbol{n}\times\boldsymbol{m}+2\boldsymbol{n}\times\boldsymbol{n}=\boldsymbol{m}\times\boldsymbol{n}-4\boldsymbol{m}\times\boldsymbol{n}\\&=-3\boldsymbol{m}\times\boldsymbol{n},\end{aligned}$$

而已知 $\boldsymbol{m}$, $\boldsymbol{n}$ 是单位向量,$(\widehat{\boldsymbol{m},\boldsymbol{n}})=\frac{\pi}{6}$,于是

$$|\boldsymbol{a}\times\boldsymbol{b}|=|-3\boldsymbol{m}\times\boldsymbol{n}|=3|\boldsymbol{m}||\boldsymbol{n}|\sin(\widehat{\boldsymbol{m},\boldsymbol{n}})=3\sin\frac{\pi}{6}=\frac{3}{2}.$$

因此,以 $\boldsymbol{a}$ 和 $\boldsymbol{b}$ 为邻边所构成的平行四边形的面积为

$$A=|\boldsymbol{a}\times\boldsymbol{b}|=\frac{3}{2}.$$

2. 向量积的坐标表示式及两个向量平行的充分必要条件

现在讨论如何用向量的坐标来表示向量的向量积.

设 $\boldsymbol{a}=a_x\boldsymbol{i}+a_y\boldsymbol{j}+a_z\boldsymbol{k}$, $\boldsymbol{b}=b_x\boldsymbol{i}+b_y\boldsymbol{j}+b_z\boldsymbol{k}$,根据向量积的运算性质得

$$\begin{aligned}\boldsymbol{a}\times\boldsymbol{b}&=(a_x\boldsymbol{i}+a_y\boldsymbol{j}+a_z\boldsymbol{k})\times(b_x\boldsymbol{i}+b_y\boldsymbol{j}+b_z\boldsymbol{k})\\&=a_x\boldsymbol{i}\times(b_x\boldsymbol{i}+b_y\boldsymbol{j}+b_z\boldsymbol{k})+a_y\boldsymbol{j}\times(b_x\boldsymbol{i}+b_y\boldsymbol{j}+b_z\boldsymbol{k})+\\&\quad a_z\boldsymbol{k}\times(b_x\boldsymbol{i}+b_y\boldsymbol{j}+b_z\boldsymbol{k})\\&=a_xb_x(\boldsymbol{i}\times\boldsymbol{i})+a_xb_y(\boldsymbol{i}\times\boldsymbol{j})+a_xb_z(\boldsymbol{i}\times\boldsymbol{k})+a_yb_x(\boldsymbol{j}\times\boldsymbol{i})+a_yb_y(\boldsymbol{j}\times\boldsymbol{j})+\\&\quad a_yb_z(\boldsymbol{j}\times\boldsymbol{k})+a_zb_x(\boldsymbol{k}\times\boldsymbol{i})+a_zb_y(\boldsymbol{k}\times\boldsymbol{j})+a_zb_z(\boldsymbol{k}\times\boldsymbol{k}).\end{aligned}$$

因为,$\boldsymbol{i}\times\boldsymbol{i}=\boldsymbol{j}\times\boldsymbol{j}=\boldsymbol{k}\times\boldsymbol{k}=\boldsymbol{0}$,又根据向量积的定义可直接验证

$$\boldsymbol{i}\times\boldsymbol{j}=\boldsymbol{k},\quad\boldsymbol{j}\times\boldsymbol{k}=\boldsymbol{i},\quad\boldsymbol{k}\times\boldsymbol{i}=\boldsymbol{j},\quad\boldsymbol{j}\times\boldsymbol{i}=-\boldsymbol{k},\quad\boldsymbol{k}\times\boldsymbol{j}=-\boldsymbol{i},\quad\boldsymbol{i}\times\boldsymbol{k}=-\boldsymbol{j},$$

因此

$$\boldsymbol{a}\times\boldsymbol{b}=(a_yb_z-a_zb_y)\boldsymbol{i}+(a_zb_x-a_xb_z)\boldsymbol{j}+(a_xb_y-a_yb_x)\boldsymbol{k}. \tag{7.21}$$

为了便于记忆,式(7.21)可以简写成如下三阶行列式的形式:

$$\boldsymbol{a}\times\boldsymbol{b}=\begin{vmatrix}\boldsymbol{i} & \boldsymbol{j} & \boldsymbol{k}\\ a_x & a_y & a_z\\ b_x & b_y & b_z\end{vmatrix}. \tag{7.22}$$

式(7.21)或式(7.22)称为向量积的坐标表示式.

前面已介绍过两个非零向量平行的充分必要条件,现介绍两个向量平行的另一个充分必要条件.

若 $\boldsymbol{a}\parallel\boldsymbol{b}$ 且 $\boldsymbol{a}\neq\boldsymbol{0}$, $\boldsymbol{b}\neq\boldsymbol{0}$, 则 $(\widehat{\boldsymbol{a},\boldsymbol{b}})=0$ 或 $(\widehat{\boldsymbol{a},\boldsymbol{b}})=\pi$, 于是 $|\boldsymbol{a}\times\boldsymbol{b}|=|\boldsymbol{a}||\boldsymbol{b}|\sin(\widehat{\boldsymbol{a},\boldsymbol{b}})=0$,所以必有 $\boldsymbol{a}\times\boldsymbol{b}=\boldsymbol{0}$;反之,若 $\boldsymbol{a}\times\boldsymbol{b}=\boldsymbol{0}$,则由 $|\boldsymbol{a}\times\boldsymbol{b}|=|\boldsymbol{a}||\boldsymbol{b}|\sin(\widehat{\boldsymbol{a},\boldsymbol{b}})=0$,得 $(\widehat{\boldsymbol{a},\boldsymbol{b}})=0$ 或 $(\widehat{\boldsymbol{a},\boldsymbol{b}})=\pi$,即 $\boldsymbol{a}\parallel\boldsymbol{b}$. 由于零向量与任何向量都平行,因此,可以得到以下定理.

定理 2 两个向量 $\boldsymbol{a}$ 与 $\boldsymbol{b}$ 平行的充分必要条件是它们的向量积等于零,即 $\boldsymbol{a}\times\boldsymbol{b}=\boldsymbol{0}$.

例 5 设已知点 $A(1,-2,3)$, $B(0,1,-2)$ 及向量 $\boldsymbol{a}=(4,-1,0)$,求 $\boldsymbol{a}\times\overrightarrow{AB}$ 及 $\overrightarrow{AB}\times\boldsymbol{a}$.

解 因为 $\overrightarrow{AB}=(0-1)\boldsymbol{i}+[1-(-2)]\boldsymbol{j}+(-2-3)\boldsymbol{k}=-\boldsymbol{i}+3\boldsymbol{j}-5\boldsymbol{k}$,所以

$$\boldsymbol{a}\times\overrightarrow{AB}=\begin{vmatrix}\boldsymbol{i} & \boldsymbol{j} & \boldsymbol{k}\\ 4 & -1 & 0\\ -1 & 3 & -5\end{vmatrix}=\begin{vmatrix}-1 & 0\\ 3 & -5\end{vmatrix}\boldsymbol{i}-\begin{vmatrix}4 & 0\\ -1 & -5\end{vmatrix}\boldsymbol{j}+\begin{vmatrix}4 & -1\\ -1 & 3\end{vmatrix}\boldsymbol{k}$$

$$=5\boldsymbol{i}+20\boldsymbol{j}+11\boldsymbol{k}.$$

因为 $\overrightarrow{AB}\times\boldsymbol{a}=-\boldsymbol{a}\times\overrightarrow{AB}$,所以

$$\overrightarrow{AB}\times\boldsymbol{a}=-(5\boldsymbol{i}+20\boldsymbol{j}+11\boldsymbol{k})=-5\boldsymbol{i}-20\boldsymbol{j}-11\boldsymbol{k}.$$

例 6 求同时垂直于向量 $\boldsymbol{a}=(2,-3,1)$ 和 $\boldsymbol{b}=(1,-2,3)$,且模等于 $\sqrt{3}$ 的向量 $\boldsymbol{d}$.

解 设 $\boldsymbol{d}=(d_x,d_y,d_z)$. 因为 $\boldsymbol{d}\perp\boldsymbol{a}$, $\boldsymbol{d}\perp\boldsymbol{b}$,故 $\boldsymbol{d}$ 与向量积 $\boldsymbol{a}\times\boldsymbol{b}$ 平行. 根据已知,得

$$\boldsymbol{a}\times\boldsymbol{b}=\begin{vmatrix}\boldsymbol{i} & \boldsymbol{j} & \boldsymbol{k}\\ 2 & -3 & 1\\ 1 & -2 & 3\end{vmatrix}=\begin{vmatrix}-3 & 1\\ -2 & 3\end{vmatrix}\boldsymbol{i}-\begin{vmatrix}2 & 1\\ 1 & 3\end{vmatrix}\boldsymbol{j}+\begin{vmatrix}2 & -3\\ 1 & -2\end{vmatrix}\boldsymbol{k}$$

$$=-7\boldsymbol{i}-5\boldsymbol{j}-\boldsymbol{k},$$

再根据两个向量平行的充分必要条件,可得

$$\frac{d_x}{-7}=\frac{d_y}{-5}=\frac{d_z}{-1}.$$

令上式等于 t,只要求出数 t 便能得到向量 $\boldsymbol{d}$. 由另一个已知条件可知

$$|\boldsymbol{d}|=\sqrt{d_x^2+d_y^2+d_z^2}=\sqrt{3},$$

将 $d_x=-7t$, $d_y=-5t$, $d_z=-t$ 代入得

$$\sqrt{(-7t)^2+(-5t)^2+(-t)^2}=\sqrt{3},$$

化简后得

$$75t^2=3,$$

解此方程求得 $t=\pm\frac{1}{5}$,所以

$$d_x=\pm\frac{7}{5},\quad d_y=\pm 1,\quad d_z=\pm\frac{1}{5},$$

因此,所求的向量为

$$\boldsymbol{d}=\left(\frac{7}{5},\,1,\,\frac{1}{5}\right)\quad 或\quad \boldsymbol{d}=\left(-\frac{7}{5},\,-1,\,-\frac{1}{5}\right).$$

习题 7.4

1. 设 $\boldsymbol{a}=3\boldsymbol{i}-\boldsymbol{j}-2\boldsymbol{k}$, $\boldsymbol{b}=\boldsymbol{i}+2\boldsymbol{j}-\boldsymbol{k}$,求(1)$\boldsymbol{a}\cdot\boldsymbol{b}$; (2)$\cos(\widehat{\boldsymbol{a},\boldsymbol{b}})$; (3)$(2\boldsymbol{a}-\boldsymbol{b})\cdot(\boldsymbol{a}+2\boldsymbol{b})$.

2. 设 $|\boldsymbol{a}|=3$, $|\boldsymbol{b}|=2$, $(\widehat{\boldsymbol{a},\boldsymbol{b}})=\frac{\pi}{3}$,求(1)$(3\boldsymbol{a}+2\boldsymbol{b})\cdot(2\boldsymbol{a}-5\boldsymbol{b})$; (2)$|\boldsymbol{a}-\boldsymbol{b}|$.

3. 已知点 $A(1,-3,4)$, $B(-2,1,-1)$, $C(-3,-1,1)$,求$\angle ABC$.

4. 设 $\boldsymbol{a}=(1,2,3)$, $\boldsymbol{b}=(-2,k,4)$,试求常数 k,使得 $\boldsymbol{a}\perp\boldsymbol{b}$.

5. 设质量为 100 kg 的物体,从点 $M_1(3,1,8)$沿直线移动到点 $M_2(1,4,2)$,计算重力所做的功(长度单位为 m,重力方向为 z 轴的负向).

6. 已知 $\boldsymbol{a}=(2,3,1)$, $\boldsymbol{b}=(1,2,-1)$,计算 $\boldsymbol{a}\times\boldsymbol{b}$, $\boldsymbol{b}\times\boldsymbol{a}$ 和 $7\boldsymbol{b}\times 2\boldsymbol{a}$.

7. 已知向量 $\boldsymbol{a}=2\boldsymbol{i}-3\boldsymbol{j}+\boldsymbol{k}$, $\boldsymbol{b}=\boldsymbol{i}-\boldsymbol{j}+3\boldsymbol{k}$, $\boldsymbol{c}=\boldsymbol{i}-2\boldsymbol{j}$,计算(1)$(\boldsymbol{a}+\boldsymbol{b})\times(\boldsymbol{b}+\boldsymbol{c})$; (2)$(\boldsymbol{a}\times\boldsymbol{b})\cdot\boldsymbol{c}$; (3)$\boldsymbol{a}\times\boldsymbol{b}\times\boldsymbol{c}$.

8. 已知$\overrightarrow{OA}=\boldsymbol{i}+3\boldsymbol{k}$, $\overrightarrow{OB}=\boldsymbol{j}+3\boldsymbol{k}$,求$\triangle OAB$ 的面积.

9. 设点 $A(-1,0,3)$, $B(0,2,2)$, $C(2,-2,-1)$, $D(1,-1,1)$,求(1)与$\overrightarrow{AB}$, $\overrightarrow{CD}$ 都垂直的单位向量; (2)以 $\overrightarrow{AB}$ 与 $\overrightarrow{AD}$ 为相邻两边的平行四边形的面积.

10. 设 $|\boldsymbol{a}|=3$, $|\boldsymbol{b}|=4$, $\boldsymbol{a}\cdot\boldsymbol{b}=3$,求 $|\boldsymbol{a}\times\boldsymbol{b}|$.

答 案

1. (1) 3; (2) $\cos(\widehat{\boldsymbol{a}, \boldsymbol{b}}) = \dfrac{3}{2\sqrt{21}}$; (3) 25.

2. (1) -19; (2) $\sqrt{7}$ [提示: $|\boldsymbol{a}-\boldsymbol{b}|^2 = (\boldsymbol{a}-\boldsymbol{b})\cdot(\boldsymbol{a}-\boldsymbol{b})$].

3. $\angle ABC = \dfrac{\pi}{4}$.　4. $k=-5$.

5. 5 880 J[注: $1\ \mathrm{N} = 1\ \mathrm{kg\cdot m/s^2}$, $1\ \mathrm{N\cdot m} = 1\ \mathrm{J}$, 重力 $P = mg$, 计算时可取重力加速度 $g = 9.8\ \mathrm{m/s^2}$].

6. $(-5, 3, 1)$, $(5, -3, -1)$, $(70, -42, -14)$.

7. (1) $(0, -1, -1)$; (2) 2; (3) $(2, 1, 21)$.　8. $\dfrac{1}{2}\sqrt{19}$.

9. (1) $\left(\dfrac{5}{\sqrt{35}}, \dfrac{-1}{\sqrt{35}}, \dfrac{3}{\sqrt{35}}\right)$或$\left(\dfrac{-5}{\sqrt{35}}, \dfrac{1}{\sqrt{35}}, \dfrac{-3}{\sqrt{35}}\right)$; (2) $5\sqrt{2}$.　10. $3\sqrt{15}$.

7.5 空间平面及其方程

7.5.1 平面的点法式方程

由中学立体几何知道,过空间内一点,作与已知直线垂直的平面是唯一的.因此,如果已知平面上一个点及垂直于该平面的一个非零向量,那么,这个平面的位置完全确定.现在,根据这个条件来建立平面方程.

为了简便,以后凡是垂直于平面的非零向量都称为平面的法向量.显然,一个平面的法向量有无穷多个,它们之间相互平行,且法向量与平面上任一向量都垂直.

设点 $M_0(x_0, y_0, z_0)$ 是平面 Π 上的一个定点,向量 $\boldsymbol{n} = (A, B, C)$($A, B, C$ 不全为零) 是平面 Π 的一个法向量,点 $M(x, y, z)$ 是平面 Π 上的任意一点(图 7-23).因为向量$\overrightarrow{M_0M}$在平面 Π 上,故平面 Π 的法向量 $\boldsymbol{n}$ 与向量$\overrightarrow{M_0M}$垂直.于是,由向量垂直的充要条件可知,法向量 $\boldsymbol{n}$ 与向量$\overrightarrow{M_0M}$的数量积等于零,即

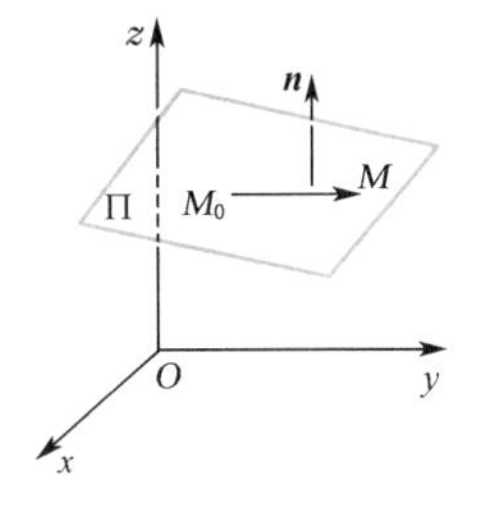

图 7-23

$$\boldsymbol{n}\cdot\overrightarrow{M_0M} = 0.$$

又 $\boldsymbol{n} = (A, B, C)$, $\overrightarrow{M_0M} = (x-x_0, y-y_0, z-z_0)$,所以有

$$\boxed{A(x-x_0)+B(y-y_0)+C(z-z_0)=0.} \tag{7.23}$$

式(7.23)是一个以 x, y, z 为变量的三元一次方程.从上面推导的过程不难看出,平面 Π 上任意一点 $M(x, y, z)$ 的坐标 x, y, z 是满足方程(7.23)的;反之,如果

点 $M'(x', y', z')$ 不在平面 Π 上,那么向量 $\overrightarrow{MM'}$ 就不在平面 Π 上,于是法向量 $\boldsymbol{n}$ 与向量 $\overrightarrow{M_0M'}$ 不会垂直,从而 $\boldsymbol{n}\cdot\overrightarrow{M_0M'}\neq 0$,即

$$A(x'-x_0)+B(y'-y_0)+C(z'-z_0)\neq 0.$$

这说明不在平面 Π 上的点 $M'(x', y', z')$ 的坐标 x', y', z' 不满足方程(7.23). 由平面 Π 与方程(7.23)的上述关系,称方程(7.23)是**平面 Π 的方程**,而称平面 Π 是方程(7.23)的**图形**. 又由于是在给定平面 Π 上的一点 $M_0(x_0, y_0, z_0)$ 和它的一个法向量 $\boldsymbol{n}=(A, B, C)$ 的条件下得到方程(7.23)的,因此,方程(7.23)又称为**平面 Π 的点法式方程**.

例 1 求过点 $(1, -2, 0)$ 且以 $\boldsymbol{n}=(-1, 3, -2)$ 为法向量的平面的方程.

解 根据平面的点法式方程(7.23)知,所求的平面方程为

$$-(x-1)+3(y+2)-2(z-0)=0,$$

即

$$x-3y+2z-7=0.$$

例 2 求过三点 $M_1(1, -1, -2)$, $M_2(-1, 2, 0)$, $M_3(1, 3, 1)$ 的平面的方程.

解 由于点 M_1, M_2, M_3 在所求的平面上,所以平面的法向量与向量 $\overrightarrow{M_1M_2}$ 及 $\overrightarrow{M_1M_3}$ 都垂直. 于是平面的一个法向量为 $\overrightarrow{M_1M_2}\times\overrightarrow{M_1M_3}$,而 $\overrightarrow{M_1M_2}=(-2, 3, 2)$, $\overrightarrow{M_1M_3}=(0, 4, 3)$,从而

$$\boldsymbol{n}=\overrightarrow{M_1M_2}\times\overrightarrow{M_1M_3}=\begin{vmatrix}\boldsymbol{i} & \boldsymbol{j} & \boldsymbol{k}\\ -2 & 3 & 2\\ 0 & 4 & 3\end{vmatrix}=\begin{vmatrix}3 & 2\\ 4 & 3\end{vmatrix}\boldsymbol{i}-\begin{vmatrix}-2 & 2\\ 0 & 3\end{vmatrix}\boldsymbol{j}+\begin{vmatrix}-2 & 3\\ 0 & 4\end{vmatrix}\boldsymbol{k}$$

$$=\boldsymbol{i}+6\boldsymbol{j}-8\boldsymbol{k}.$$

因此,所求的平面的方程为

$$(x-1)+6(y+1)-8(z+2)=0,$$

即

$$x+6y-8z-11=0.$$

7.5.2 平面的一般方程

前面已看到,一个平面的方程是一个三元一次方程:

$$A(x-x_0)+B(y-y_0)+C(z-z_0)=0.$$

如果在此方程中,令 $D=-(Ax_0+By_0+Cz_0)$,那么,上述方程改写为

$$Ax+By+Cz+D=0.$$

反过来,设有以 x, y, z 为未知量的三元一次方程:

$$Ax + By + Cz + D = 0, \tag{7.24}$$

其中，A, B, C 是不全为零的常数，D 是常数. 那么，它所表示的图形是不是平面呢？现在来讨论这个问题. 任取满足该方程的一组数 x_0, y_0, z_0，即有

$$Ax_0 + By_0 + Cz_0 + D = 0,$$

用方程(7.24)减去上式，得

$$A(x - x_0) + B(y - y_0) + C(z - z_0) = 0.$$

可见方程(7.24) 是通过点 $M_0(x_0, y_0, z_0)$，且以 $\boldsymbol{n} = (A, B, C)$ 为法向量的平面的方程，也就是说，方程(7.24) 所表示的图形是一个平面.

方程(7.24) 称为**平面的一般方程**. 以 x, y, z 的系数为坐标的向量，即 $\boldsymbol{n} = (A, B, C)$ 是该平面的一个法向量. 例如，方程

$$2x - y + 5z - 9 = 0$$

表示一个平面，此平面的一个法向量为 $\boldsymbol{n} = (2, -1, 5)$.

下面来讨论一些特殊的三元一次方程所表示的平面的特征.

当 $D = 0$ 时，方程(7.24) 变为

$$Ax + By + Cz = 0,$$

显然，原点 $O(0, 0, 0)$的坐标满足此方程，因此，它表示过原点的平面.

当 $A = 0$ 时，方程(7.24) 变为

$$By + Cz + D = 0,$$

它所表示的平面的一个法向量为 $\boldsymbol{n} = (0, B, C)$，法向量 $\boldsymbol{n}$ 与 x 轴垂直，所以，方程表示平行于 x 轴的平面. 同样，当 $B = 0$ 或 $C = 0$ 时，方程(7.24) 分别变为

$$Ax + Cz + D = 0 \quad 或 \quad Ax + By + D = 0,$$

它们分别表示平行于 y 轴或平行于 z 轴的平面.

当 $A = B = 0$ 时，方程(7.24) 变为

$$Cz + D = 0,$$

它所表示的平面的一个法向量为 $\boldsymbol{n} = (0, 0, C)$，法向量 $\boldsymbol{n}$ 同时与 x 轴和 y 轴垂直，于是，法向量 $\boldsymbol{n}$ 垂直于 xOy 面，所以，方程表示平行于 xOy 面的平面. 同样，当 $B = C = 0$ 或 $A = C = 0$ 时，方程(7.24) 变为

$$Ax + D = 0 \quad 或 \quad By + D = 0,$$

它们分别表示平行于 yOz 面或平行于 zOx 面的平面.

例 3 求通过 x 轴和点 $M(2, -4, 1)$的平面的方程.

解　因为平面通过 x 轴，于是它通过原点 O，且它的法向量垂直于 x 轴，从而有 $A=0$ 及 $D=0$，所以可设平面方程为

$$By+Cz=0.$$

因为点 $M(2,-4,1)$ 在平面上，于是有

$$-4B+C=0,$$

即

$$C=4B.$$

把上式代入方程 $By+Cz=0$ 中，得

$$B(y+4z)=0,$$

又因 $B\neq 0$，故得所求平面的方程为 $y+4z=0$.

例 4　设平面 Π 与三条坐标轴的交点分别为 $(a,0,0)$，$(0,b,0)$，$(0,0,c)$，求平面 Π 的方程（其中 $a\neq 0$，$b\neq 0$，$c\neq 0$）.

解　把点 $(a,0,0)$，$(0,b,0)$ 和 $(0,0,c)$ 分别代入平面 Π 的一般方程 $Ax+By+Cz+D=0$，得

$$\begin{cases}Aa+D=0,\\ Bb+D=0,\\ Cc+D=0,\end{cases}$$

解此方程组，得

$$A=-\frac{D}{a},\quad B=-\frac{D}{b},\quad C=-\frac{D}{c}.$$

将这三个关系式代入平面 Π 的一般方程中，有

$$-\frac{D}{a}x-\frac{D}{b}y-\frac{D}{c}z+D=0,$$

即有

$$D\left(\frac{x}{a}+\frac{y}{b}+\frac{z}{c}\right)=D.$$

由于平面 Π 不通过原点，故 $D\neq 0$，于是用 D 去除上式的两边，最后就得到平面 Π 的方程为

$$\boxed{\frac{x}{a}+\frac{y}{b}+\frac{z}{c}=1.}\tag{7.25}$$

式(7.25)称为**平面 Π 的截距式方程**. 数 a，b，c 称为平面 Π 在三条坐标轴的**截距**. 一个平面只要不通过原点，且不与坐标轴平行，它就一定能用截距式方程来表示.

7.5.3　两平面的夹角及两平面平行或垂直的条件

两个平面的法向量之间的夹角，称为**两平面的夹角**，通常规定这个夹角是锐角或

直角(图 7-24).

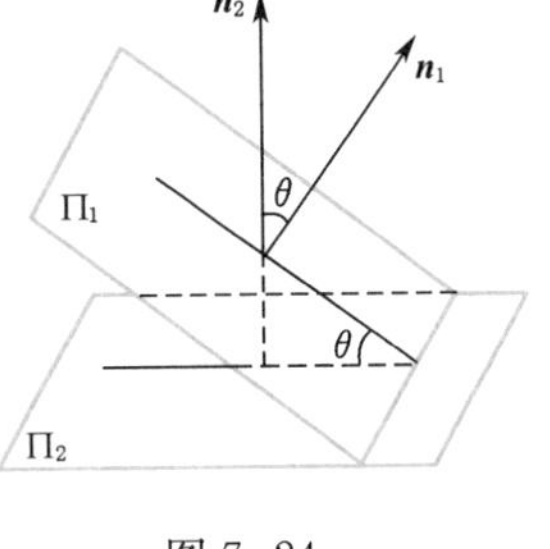

图 7-24

设两平面 Π_1 和 Π_2 的法向量分别为

$$\boldsymbol{n}_1=(A_1, B_1, C_1)$$

和

$$\boldsymbol{n}_2=(A_2, B_2, C_2).$$

根据向量数量积的定义可知,这两个法向量的夹角的余弦为

$$\cos(\widehat{\boldsymbol{n}_1, \boldsymbol{n}_2})=\frac{\boldsymbol{n}_1 \cdot \boldsymbol{n}_2}{|\boldsymbol{n}_1||\boldsymbol{n}_2|}.$$

由于数量积 $\boldsymbol{n}_1 \cdot \boldsymbol{n}_2$ 的值可能是负的,所以,通过上式求出的角可能是钝角. 为了符合平面的夹角是锐角或直角的规定,可取 $\cos\theta=|\cos(\widehat{\boldsymbol{n}_1, \boldsymbol{n}_2})|$,这里,$\theta$ 是平面 Π_1 和平面 Π_2 的夹角. 因此,θ 可由

$$\boxed{\cos\theta=\frac{|\boldsymbol{n}_1 \cdot \boldsymbol{n}_2|}{|\boldsymbol{n}_1||\boldsymbol{n}_2|}} \tag{7.26}$$

或

$$\cos\theta=\frac{|A_1A_2+B_1B_2+C_1C_2|}{\sqrt{A_1^2+B_1^2+C_1^2}\sqrt{A_2^2+B_2^2+C_2^2}} \tag{7.27}$$

来确定.

下面给出两平面平行或垂直的条件.

两平面平行相当于它们的法向量相互平行,由两向量平行的充分必要条件容易得到:平面 Π_1 与平面 Π_2 平行的充分必要条件是

$$\boxed{\frac{A_1}{A_2}=\frac{B_1}{B_2}=\frac{C_1}{C_2}.} \tag{7.28}$$

两平面垂直相当于它们的法向量相互垂直,由两个向量垂直的充分必要条件容易得到:平面 Π_1 与平面 Π_2 垂直的充分必要条件是

$$\boxed{A_1A_2+B_1B_2+C_1C_2=0.} \tag{7.29}$$

例 5　求两平面 $x-y+2z-6=0$ 和 $2x+y+z-5=0$ 的夹角.

解　由公式(7.27)知

$$\cos\theta=\frac{|1\times2+(-1)\times1+2\times1|}{\sqrt{1^2+(-1)^2+2^2}\sqrt{2^2+1^2+1^2}}=\frac{1}{2},$$

所以,两平面的夹角为 $\theta=\dfrac{\pi}{3}$.

7.5.4 点到平面的距离公式

设点 $P_0(x_0, y_0, z_0)$ 是平面 Π:$Ax+By+Cz+D=0$ 外的一点,在平面 Π 上任取一点 $P_1(x_1, y_1, z_1)$,并作向量 $\overrightarrow{P_1P_0}=(x_0-x_1, y_0-y_1, z_0-z_1)$. 由图 7-25 可看到,点 P_0 到平面 Π 的距离为

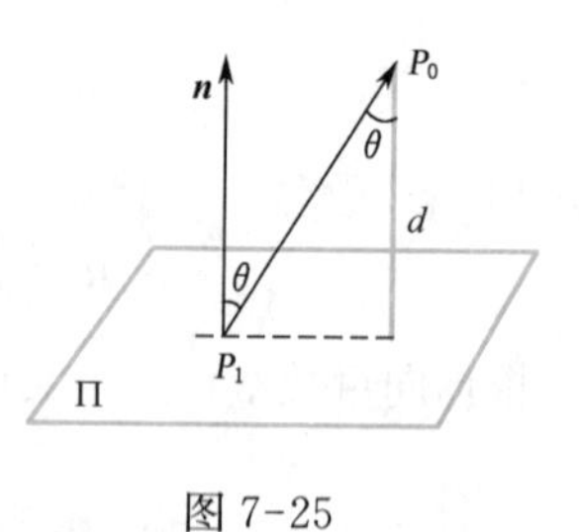

图 7-25

$$d=|\overrightarrow{P_1P_0}||\cos\theta|.$$

这里,θ 是 $\overrightarrow{P_1P_0}$ 与平面 Π 的法向量 $\boldsymbol{n}$ 的夹角.

由于

$$\begin{aligned}\overrightarrow{P_1P_0}\cdot\boldsymbol{n}&=A(x_0-x_1)+B(y_0-y_1)+C(z_0-z_1)\\&=Ax_0+By_0+Cz_0-(Ax_1+By_1+Cz_1),\end{aligned}$$

而点 P_1 在平面 Π 上,有 $Ax_1+By_1+Cz_1+D=0$,即 $Ax_1+By_1+Cz_1=-D$,于是

$$\overrightarrow{P_1P_2}\cdot\boldsymbol{n}=Ax_0+By_0+Cz_0+D,$$

$$|\cos\theta|=\frac{|\overrightarrow{P_1P_0}\cdot\boldsymbol{n}|}{|\overrightarrow{P_1P_0}||\boldsymbol{n}|}=\frac{|Ax_0+By_0+Cz_0+D|}{|\overrightarrow{P_1P_0}|\sqrt{A^2+B^2+C^2}},$$

所以,点 P_0 到平面 Π 的距离为

$$\boxed{d=\frac{|Ax_0+By_0+Cz_0+D|}{\sqrt{A^2+B^2+C^2}}.}\tag{7.30}$$

例 6 求两平行平面 Π_1: $3x+2y-6z-35=0$ 和 Π_2: $3x+2y-6z-56=0$ 之间的距离.

解 求两平行平面之间的距离方法如下:在一平面上任意取一点,则该点到另一平面的距离就是所要求的距离.

在平面 Π_1: $3x+2y-6z-35=0$ 上取一点 $P_0\left(0, 0, -\dfrac{35}{6}\right)$,于是,点 P_0 到平面 Π_2 的距离为

$$d=\frac{\left|3\times0+2\times0+(-6)\times\left(-\dfrac{35}{6}\right)-56\right|}{\sqrt{3^2+2^2+(-6)^2}}=\frac{21}{7}=3.$$

因此,平面 Π_1 和 Π_2 之间的距离等于 3.

习题 7.5

1. 指出下列各平面位置的特点.

(1) $2x+z+1=0$；(2) $y-z=0$；(3) $x+2y-z=0$；(4) $9y-1=0$；(5) $x=0$.

2. 求满足下列条件的平面方程.

(1) 通过点 $P(1, 1, 1)$，且与平面 $3x-y+2z=0$ 平行；

(2) 通过点 $P(1, 2, 1)$，且同时垂直于平面 $x+y-2z+1=0$ 和 $2x-y+z=0$；

(3) 与 x，y，z 轴的交点分别为$(2, 0, 0)$，$(0, -3, 0)$ 和$(0, 0, -1)$.

3. 求过点 $A(1, 2, -1)$ 和 $B(-5, 2, 7)$，且与 x 轴平行的平面方程.

4. 求过点 $A(1, 1, -1)$ 和原点，且与平面 $4x+3y+z=1$ 垂直的平面方程.

5. 求过三点 $A(2, 3, 0)$，$B(-2, -3, 4)$ 和 $C(0, 6, 0)$ 的平面方程.

6. 平面过点 $M(-3, 1, -2)$ 且通过 z 轴，求该平面方程.

7. 平面过点$(1, -4, 5)$且在各坐标轴上的截距相等，求该平面方程.

8. 求平面 $5x-14y+2z-8=0$ 和 xOy 面的夹角.

9. 分别确定常数 k，使平面 $x+ky-2z-9=0$ 满足下列条件.

(1) 与平面 $2x+4y+3z-3=0$ 垂直；

(2) 与平面 $2x-3y+z=0$ 的夹角为$\frac{\pi}{4}$.

10. 在 x 轴上求一点，使它与平面 $x+y+z-1=0$ 及点$(1, \sqrt{3}, 0)$ 的距离之比为 $1:2$.

答　案

1. (1) 与 y 轴平行；(2) 过 x 轴；(3) 过原点；(4) 与 zOx 面平行；(5) yOz 面.

2. (1) $3x-y+2z-4=0$；(2) $x+5y+3z-14=0$；(3) $\frac{x}{2}+\frac{y}{-3}+\frac{z}{-1}=1$.

3. $y-2=0$.　4. $4x-5y-z=0$.　5. $3x+2y+6z-12=0$.　6. $x+3y=0$.

7. $x+y+z=2$.　8. $\theta=\arccos\frac{2}{15}$.　9. (1) $k=1$；(2) $k=\pm\frac{\sqrt{70}}{2}$.

10. $(4, 0, 0)$或$(-2, 0, 0)$.

7.6 空间直线及其方程

7.6.1 空间直线的一般方程

任一空间直线都能看成是两个相交平面的交线. 设空间直线 L 是平面 Π_1：$A_1x+B_1y+C_1z+D_1=0$ 和平面 Π_2：$A_2x+B_2y+C_2z+D_2=0$ 的交线，这时，直线 L 上的任意一点 $M(x, y, z)$ 既在平面 Π_1 上，又在平面 Π_2 上，所以点 M 的坐标 x，y，z 必然同时满足平面 Π_1 和平面 Π_2 的方程，即满足方程组：

$$\begin{cases}A_1x+B_1y+C_1z+D_1=0,\\A_2x+B_2y+C_2z+D_2=0.\end{cases} \tag{7.31}$$

其中,比例式$\dfrac{A_1}{A_2}=\dfrac{B_1}{B_2}=\dfrac{C_1}{C_2}$不成立. 反之,如果点$M'(x',\ y',\ z')$不在直线$L$上,那么,它不可能同时在平面$\Pi_1$和平面$\Pi_2$上,所以它的坐标$x',\ y',\ z'$不会满足方程组(7.31). 由于方程组(7.31)与直线L有上述关系,所以可以用方程组(7.31)来表示直线L. 方程组(7.31)称为空间直线L的一般方程.

注意　通过空间直线L的平面有无穷多个,其中任意两个平面的方程联立而得的方程组均可以表示同一直线L. 因此,直线L的一般方程不是唯一的. 例如,坐标面$x=0$和$y=0$都通过z轴,因此,方程组

$$\begin{cases}x=0,\\y=0\end{cases}$$

是与z轴重合的直线的一般方程. 而平面$x-y=0$和$x+y=0$也通过z轴,因此,方程组

$$\begin{cases}x-y=0,\\x+y=0\end{cases}$$

也是上述直线的一般方程.

7.6.2　空间直线的点向式、两点式及参数方程

由立体几何知道,过空间内一点,作平行于已知直线的直线是唯一的. 因此,如果知道直线上的一点及与此直线平行的一个非零向量,那么,该直线的位置也就完全确定. 现在,根据这个条件来建立直线的方程.

为简便起见,以后凡是与直线平行的非零向量都称为直线的方向向量. 显然,一条直线的方向向量有无穷多个,它们是相互平行的. 直线的任一方向向量的坐标称为直线的一组方向数.

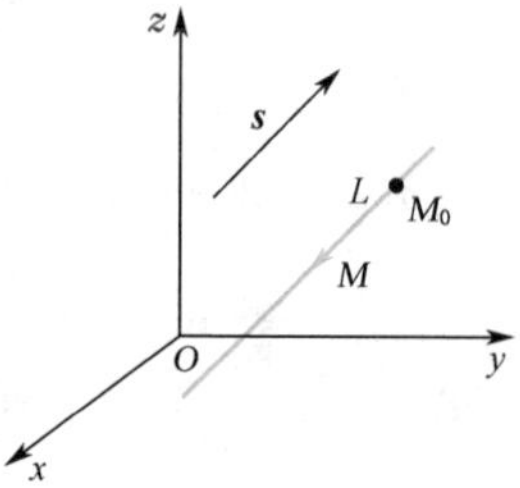

设点$M_0(x_0,\ y_0,\ z_0)$是直线L上的一个定点,向量$\boldsymbol{s}=(m,\ n,\ p)$是直线$L$的一个方向向量,点$M(x,\ y,\ z)$是直线$L$上任意一点(图7-26). 由于向量$\overrightarrow{M_0M}=(x-x_0,\ y-y_0,\ z-z_0)$在直线$L$上,而向量$\boldsymbol{s}=(m,\ n,\ p)$与直线$L$平行,故向量$\overrightarrow{M_0M}$与向量$\boldsymbol{s}$平行,所以根据两向量平行的充分必要条件,有

图 7-26

$$\frac{x-x_0}{m}=\frac{y-y_0}{n}=\frac{z-z_0}{p}. \tag{7.32}$$

式(7.32) 是一个含有未知量 x, y, z 的方程组. 从上面的推导过程可知,直线 L 上任意一点 $M(x, y, z)$ 的坐标 x, y, z 满足方程组(7.32). 反之,如果点 $M'(x', y', z')$ 不在直线 L 上,那么,向量 $\overrightarrow{M_0M'}$ 与向量 $\boldsymbol{s}$ 就不平行,所以点 $M'(x', y', z')$ 的坐标 x', y', z' 不会满足方程组(7.32). 由方程组(7.32) 与直线 L 的上述关系,可以用方程组(7.32) 来表示直线 L. 方程组(7.32) 是在给定直线 L 上一点 $M_0(x_0, y_0, z_0)$ 及直线 L 的一个方向向量 $\boldsymbol{s}=(m, n, p)$ 的条件下得到的,故称方程组(7.32) 为**空间直线 L 的点向式方程**(又称**对称式方程**).

注意　在式(7.32)中,允许 m, n, p 有一个或两个为零. 例如 $m \neq 0$, $n=0$, $p \neq 0$, 这时式(7.32)应理解为

$$\begin{cases} y-y_0=0, \\ \dfrac{x-x_0}{m}=\dfrac{z-z_0}{p}; \end{cases}$$

当 m, n, p 中有两个为零时,例如 $m \neq 0$, $n=p=0$, 这时式(7.32)应理解为

$$\begin{cases} y-y_0=0, \\ z-z_0=0. \end{cases}$$

由立体几何知道,过空间内任意两点可以唯一确定一条直线. 现在设点 $M_0(x_0, y_0, z_0)$和 $M_1(x_1, y_1, z_1)$是空间直线 L 上已知两点,显然向量 $\overrightarrow{M_0M_1}=(x_1-x_0, y_1-y_0, z_1-z_0)$与直线 L 平行,它是直线 L 的一个方向向量,所以由式(7.32)就得到直线 L 的方程为

$$\boxed{\frac{x-x_0}{x_1-x_0}=\frac{y-y_0}{y_1-y_0}=\frac{z-z_0}{z_1-z_0}.} \tag{7.33}$$

式(7.33)称为**空间直线 L 的两点式方程**.

如果引入变量 t(t 称为**参数**),令

$$\frac{x-x_0}{m}=\frac{y-y_0}{n}=\frac{z-z_0}{p}=t,$$

那么就得到

$$\boxed{\begin{cases} x=x_0+mt, \\ y=y_0+nt, \\ z=z_0+pt. \end{cases}} \tag{7.34}$$

方程组(7.34)称为**空间直线 L 的参数方程**.

注意　由前面的讨论可看到,空间直线的方程都是方程组的形式,而空间的平面

方程是一个方程,二者是不同的,不能混淆.

例 1　用点向式方程和参数方程表示直线 L:

$$\begin{cases} 2x-4y+z=0, \\ 3x-y-2z+9=0. \end{cases}$$

解　先找出直线 L 上一点 $M_0(x_0, y_0, z_0)$. 取 $x_0=0$(也可取其他数),代入直线 L 的方程中,得

$$\begin{cases} -4y+z=0, \\ -y-2z+9=0. \end{cases}$$

解此方程组,得 $y_0=1$, $z_0=4$,则点 $M_0(0, 1, 4)$ 在直线 L 上.

然后再找出直线 L 的方向向量 $\boldsymbol{s}$. 因为直线 L 是两平面的交线,故直线 L 与两平面的法向量 $\boldsymbol{n}_1=(2, -4, 1)$ 和 $\boldsymbol{n}_2=(3, -1, -2)$ 都垂直,从而与向量 $\boldsymbol{n}_1 \times \boldsymbol{n}_2$ 平行. 于是可取

$$\boldsymbol{s}=\boldsymbol{n}_1 \times \boldsymbol{n}_2=\begin{vmatrix} \boldsymbol{i} & \boldsymbol{j} & \boldsymbol{k} \\ 2 & -4 & 1 \\ 3 & -1 & -2 \end{vmatrix}=9\boldsymbol{i}+7\boldsymbol{j}+10\boldsymbol{k}.$$

因此,直线 L 的点向式方程为

$$\frac{x}{9}=\frac{y-1}{7}=\frac{z-4}{10}.$$

令上式的比值为 t,便得所求直线 L 的参数方程为

$$\begin{cases} x=9t, \\ y=1+7t, \\ z=4+10t. \end{cases}$$

例 2　求经过点 $M_0(1, -1, 1)$且与直线 L_1:

$$\begin{cases} x+y+z=4, \\ 3x-y+2z=0 \end{cases}$$

平行的直线 L 的方程.

解　因为直线 L 与直线 L_1 平行,故直线 L_1 的方向向量 $\boldsymbol{s}$ 也是直线 L 的方向向量. 由例 1 知,可取

$$\boldsymbol{s}=\boldsymbol{n}_1 \times \boldsymbol{n}_2=\begin{vmatrix} \boldsymbol{i} & \boldsymbol{j} & \boldsymbol{k} \\ 1 & 1 & 1 \\ 3 & -1 & 2 \end{vmatrix}=3\boldsymbol{i}+\boldsymbol{j}-4\boldsymbol{k}.$$

所以直线 L 的方程为

$$\frac{x-1}{3}=\frac{y+1}{1}=\frac{z-1}{-4}.$$

例 3 一直线经过点(2, 0, −1)且垂直于 yOz 面,求该直线方程.

解 因为直线垂直于 yOz 面,故它与 yOz 面的法向量平行,即平行于 x 轴,可取$\boldsymbol{s}=\boldsymbol{i}=(1, 0, 0)$,得所求直线的方程为

$$\frac{x-2}{1}=\frac{y}{0}=\frac{z+1}{0}.$$

7.6.3 两直线的夹角及两直线平行或垂直的条件

两直线的方向向量的夹角称为两直线的夹角. 通常规定这个夹角是锐角或直角(图 7-27).

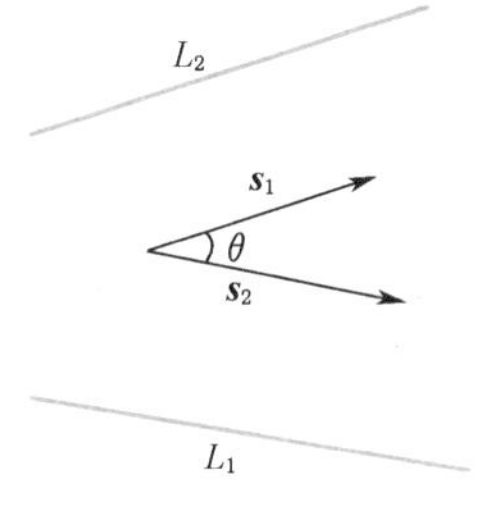

图 7-27

设两直线 L_1 和 L_2 的方向向量分别是

$$\boldsymbol{s}_1=(m_1, n_1, p_1),\quad \boldsymbol{s}_2=(m_2, n_2, p_2).$$

类似于两平面夹角的讨论可知,直线 L_1 与 L_2 的夹角 θ 可由

$$\cos\theta=\frac{|\boldsymbol{s}_1\cdot\boldsymbol{s}_2|}{|\boldsymbol{s}_1||\boldsymbol{s}_2|}\tag{7.35}$$

或

$$\boxed{\cos\theta=\frac{|m_1m_2+n_1n_2+p_1p_2|}{\sqrt{m_1^2+n_1^2+p_1^2}\sqrt{m_2^2+n_2^2+p_2^2}}}\tag{7.36}$$

来确定.

下面给出两直线的平行或垂直的条件.

两直线平行相当于它们的方向向量相互平行,由两个向量平行的充分必要条件得到:直线 L_1 与直线 L_2 平行的充分必要条件是

$$\boxed{\frac{m_1}{m_2}=\frac{n_1}{n_2}=\frac{p_1}{p_2}.}\tag{7.37}$$

两直线垂直相当于它们的方向向量相互垂直,由两个向量垂直的充分必要条件得到:直线 L_1 与直线 L_2 垂直的充分必要条件是

$$\boxed{m_1m_2+n_1n_2+p_1p_2=0.}\tag{7.38}$$

例 4　一直线通过点(1, 1, 0),且与 z 轴相交,与 z 轴的夹角为$\frac{\pi}{4}$,求此直线的方程.

解　设直线与 z 轴的交点为(0, 0, z),由于直线通过点(1, 1, 0),于是,它的一个方向向量为 $\boldsymbol{s}=(0-1,\ 0-1,\ z-0)=(-1,\ -1,\ z)$. 又直线与 z 轴的夹角是$\frac{\pi}{4}$, z 轴的一个方向向量为(0, 0, 1),从而根据式(7.36),得

$$\cos\frac{\pi}{4}=\frac{|0\times(-1)+0\times(-1)+1\times z|}{\sqrt{0^2+0^2+1^2}\sqrt{(-1)^2+(-1)^2+z^2}},$$

化简后,得

$$\frac{\sqrt{2}}{2}\sqrt{2+z^2}=|z|,$$

两边平方并移项,解得 $z=\pm\sqrt{2}$. 故得直线的方向向量为

$$\boldsymbol{s}=(-1,\ -1,\ \sqrt{2})\quad\text{或}\quad\boldsymbol{s}=(-1,\ -1,\ -\sqrt{2}).$$

因此,所求直线的方程为

$$\frac{x-1}{-1}=\frac{y-1}{-1}=\frac{z}{\sqrt{2}}\quad\text{或}\quad\frac{x-1}{-1}=\frac{y-1}{-1}=\frac{z}{-\sqrt{2}}.$$

7.6.4　直线与平面的夹角及直线与平面平行或垂直的条件

设有直线 L 与平面 Π,当直线 L 与平面 Π 不垂直时,过直线 L 作垂直于平面 Π 的平面 Π_1,两平面的交线 L_1 称为直线 L 在平面 Π 上的投影直线. 直线 L 与它的投影直线 L_1 的夹角 φ 称为直线 L 与平面 Π 的夹角. 通常取 $0\leqslant\varphi<\frac{\pi}{2}$(图 7-28),当直线 L 与平面 Π 垂直时,规定直线 L 与平面 Π 的夹角为$\frac{\pi}{2}$.

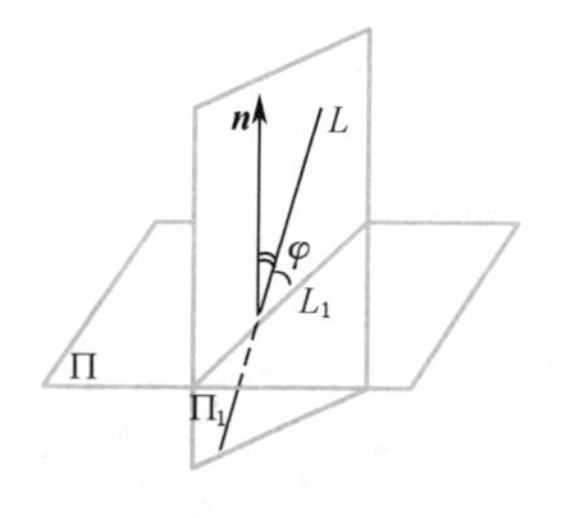

图 7-28

设直线 L 的方向向量 $\boldsymbol{s}=(m,\ n,\ p)$,平面 Π 的法向量 $\boldsymbol{n}=(A,\ B,\ C)$,则它们之间的夹角不是$\frac{\pi}{2}-\varphi$,就是$\frac{\pi}{2}+\varphi$(图 7-28),而

$$\sin\varphi=\cos\left(\frac{\pi}{2}-\varphi\right)=\left|\cos\left(\frac{\pi}{2}+\varphi\right)\right|\quad\left(0\leqslant\varphi<\frac{\pi}{2}\right),$$

所以,直线 L 与平面 Π 的夹角 φ 可由公式

$$\sin\varphi=\frac{|Am+Bn+Cp|}{\sqrt{A^2+B^2+C^2}\sqrt{m^2+n^2+p^2}} \tag{7.39}$$

来确定.

下面讨论直线 L 与平面 Π 平行或垂直的条件.

如果直线 L 与平面 Π 平行,那么直线 L 的方向向量 $\boldsymbol{s}=(m, n, p)$ 与平面的法向量 $\boldsymbol{n}=(A, B, C)$ 必相互垂直. 由此得到直线 L 与平面 Π 平行的充分必要条件是

$$Am+Bn+Cp=0. \tag{7.40}$$

如果直线 L 与平面 Π 垂直,那么直线 L 的方向向量 $\boldsymbol{s}=(m, n, p)$ 与平面的法向量 $\boldsymbol{n}=(A, B, C)$ 必互相平行. 由此得到直线 L 与平面 Π 垂直的充分必要条件是

$$\frac{A}{m}=\frac{B}{n}=\frac{C}{p}. \tag{7.41}$$

例 5 求直线 L: $\begin{cases}2x-y=1,\\ y+z=0\end{cases}$ 与平面 Π: $x+y+z+1=0$ 的夹角的正弦.

解 因为直线 L 的一个方向向量为

$$\boldsymbol{s}=\begin{vmatrix}\boldsymbol{i} & \boldsymbol{j} & \boldsymbol{k}\\ 2 & -1 & 0\\ 0 & 1 & 1\end{vmatrix}=-\boldsymbol{i}-2\boldsymbol{j}+2\boldsymbol{k},$$

平面 Π 的法向量为 $\boldsymbol{n}=(1, 1, 1)$,所以由式(7.39)得到它们的夹角的正弦为

$$\sin\varphi=\frac{|1\times(-1)+1\times(-2)+1\times 2|}{\sqrt{1^2+1^2+1^2}\sqrt{(-1)^2+(-2)^2+2^2}}=\frac{\sqrt{3}}{9}.$$

7.6.5 平面束方程

通过直线 L 的所有平面称为直线 L 的平面束.

设直线 L 的方程为

$$\begin{cases}A_1x+B_1y+C_1z+D_1=0,\\ A_2x+B_2y+C_2z+D_2=0,\end{cases}$$

则通过直线 L 的平面束方程(平面 Π_2: $A_2x+B_2y+C_2z+D_2=0$ 除外)为

$$A_1x+B_1y+C_1z+D_1+\lambda(A_2x+B_2y+C_2z+D_2)=0, \tag{7.42}$$

其中,λ 为任意常数.

由于方程(7.42)是关于 x, y, z 的一次方程,因而它表示平面. 又因直线 L 上的点的坐标均满足方程(7.42),故方程(7.42)表示通过直线 L 的平面. 反之,通过直线 L 的任一平面 Π(平面 Π_2 除外),都包含在方程(7.42)所表示的一族平面内. 因此,方程(7.42)表示通过直线 L 的所有平面(平面 Π_2 除外).

例 6 设直线 L 的方程为

$$\begin{cases}3x+4y-z+4=0,\\2y+z-5=0,\end{cases}$$

求直线 L 在平面 Π: $2x-y=0$ 上的投影直线方程.

解 通过直线 L 作平面 Π_1 与平面 Π 垂直,则平面 Π_1 与平面 Π 的交线即为所求投影直线. 用两种方法求解.

方法 1 由于平面 Π_1 通过直线 L,故可设平面 Π_1 的方程为

$$3x+4y-z+4+\lambda(2y+z-5)=0,$$

即

$$3x+(4+2\lambda)y+(\lambda-1)z+4-5\lambda=0.$$

因平面 Π_1 与平面 Π 垂直,故它们的法向量的数量积为零,即

$$2\times3+(-1)\times(4+2\lambda)+0\times(\lambda-1)=0.$$

由此可得 $\lambda=1$,所以平面 Π_1 的方程为 $3x+6y-1=0$. 所求投影直线的方程为

$$\begin{cases}3x+6y-1=0,\\2x-y=0.\end{cases}$$

方法 2 因为平面 Π_1 通过直线 L 且与平面 Π 垂直,故它的法向量 $\boldsymbol{n}_1$ 与直线 L 的方向向量 $\boldsymbol{s}$ 及平面 Π 的法向量 $\boldsymbol{n}$ 都垂直,故可取 $\boldsymbol{n}_1=\boldsymbol{s}\times\boldsymbol{n}$. 而 $\boldsymbol{n}=(2,-1,0)$,

$$\boldsymbol{s}=\begin{vmatrix}\boldsymbol{i}&\boldsymbol{j}&\boldsymbol{k}\\3&4&-1\\0&2&1\end{vmatrix}=6\boldsymbol{i}-3\boldsymbol{j}+6\boldsymbol{k},$$

所以

$$\boldsymbol{n}_1=\boldsymbol{s}\times\boldsymbol{n}=\begin{vmatrix}\boldsymbol{i}&\boldsymbol{j}&\boldsymbol{k}\\6&-3&6\\2&-1&0\end{vmatrix}=6\boldsymbol{i}+12\boldsymbol{j}.$$

又因平面 Π_1 通过直线 L,故直线 L 上任一点都在平面 Π_1 上. 在直线 L 的方程中不妨设 $y=0$,得直线 L 上的点 $\left(\frac{1}{3},0,5\right)$. 由平面的点法式方程知,平面 Π_1 的方程为

$$6\left(x-\frac{1}{3}\right)+12(y-0)=0,\quad 即\ 3x+6y-1=0.$$

从而所求的投影直线方程为

$$\begin{cases}3x+6y-1=0,\\2x-y=0.\end{cases}$$

习题 7.6

1. 用点向式方程及参数方程表示直线

$$\begin{cases}x+2y-z-6=0,\\2x-y+z-1=0.\end{cases}$$

2. 写出分别满足下列条件的直线方程.

(1) 通过点$(2,-3,5)$,且与平面$9x-4y+2z-11=0$垂直;

(2) 通过点$(3,4,-4)$和$(3,-2,2)$;

(3) 经过点$(1,1,1)$,且同时与平面$2x-y-3z=0$和$x+2y-5z=1$平行.

3. 求过点$(1,0,-2)$,且与平面$3x+4y-z+6=0$平行,又与直线$\frac{x-3}{1}=\frac{y+2}{4}=\frac{z}{1}$垂直的直线方程.

4. 求直线$\begin{cases}x+y+3z=0,\\x-y-z=0\end{cases}$与平面$x-y-z+1=0$的夹角.

5. 求直线$\begin{cases}x+y+z-1=0,\\x-y+z+1=0\end{cases}$在平面$x+y+z=0$上的投影直线的方程.

6. 确定下列方程中的l和m,使得

(1) 直线$\frac{x}{3}=\frac{y}{m}=\frac{z}{7}$与平面$3x-2y+lz-8=0$垂直;

(2) 直线$\begin{cases}5x-3y+2z-5=0,\\2x-y-z-1=0\end{cases}$与平面$mx-3y+7z-7=0$平行.

7. 求经过点$(3,1,-2)$及直线$\frac{x-4}{5}=\frac{y+3}{2}=\frac{z}{1}$的平面方程.

8. 求经过直线$\begin{cases}x+5y-2z=2,\\8x+3y+z=4,\end{cases}$且与平面$x+y+z-6=0$垂直的平面方程.

答 案

1. $\frac{x-\frac{4}{3}}{1}=\frac{y-3}{-3}=\frac{z-\frac{4}{3}}{-5}$; $\begin{cases}x=\frac{4}{3}+t,\\y=3-3t,\\z=\frac{4}{3}-5t.\end{cases}$

2. (1) $\frac{x-2}{9}=\frac{y+3}{-4}=\frac{z-5}{2}$; (2) $\frac{x-3}{0}=\frac{y-4}{-1}=\frac{z+4}{1}$; (3) $\frac{x-1}{11}=\frac{y-1}{7}=\frac{z-1}{5}$.

3. $\frac{x-1}{2}=\frac{y}{-1}=\frac{z+2}{2}$.　　4. $\varphi=0$.

5. $\begin{cases}x-2y+z+2=0,\\x+y+z=0.\end{cases}$　　6. (1) $l=7$, $m=-2$; (2) $m=4$.

7. $8x-9y-22z-59=0$.　　8. $5x-12y+7z+2=0$.

7.7 空间曲面及其方程

7.7.1 曲面与方程的概念

在7.5节中已讨论过一类特殊的曲面——平面.在空间直角坐标系下,根据平面上点所满足的几何条件建立平面方程.

对于一般空间曲面Σ,也可看作是满足一定几何条件的点的轨迹.在空间直角坐标系下,这种几何条件也能转化为曲面Σ上任一点的坐标之间的关系.

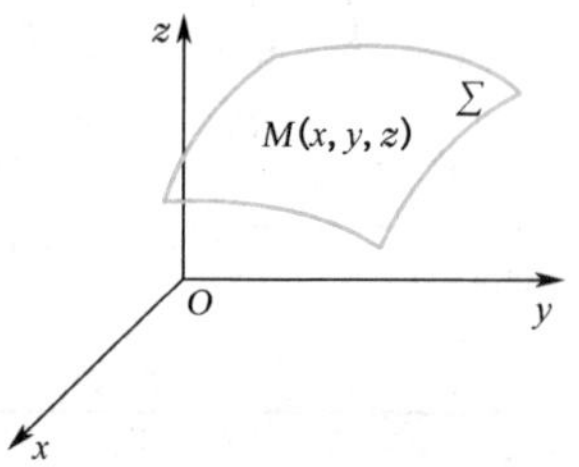

设有一空间曲面Σ(图7-29)及方程

$$F(x, y, z)=0, \tag{7.43}$$

如果曲面Σ与方程(7.43)有如下关系:

(1) 曲面Σ上任一点的坐标都满足方程(7.43);

(2) 不在曲面Σ上的点的坐标都不满足方程(7.43),

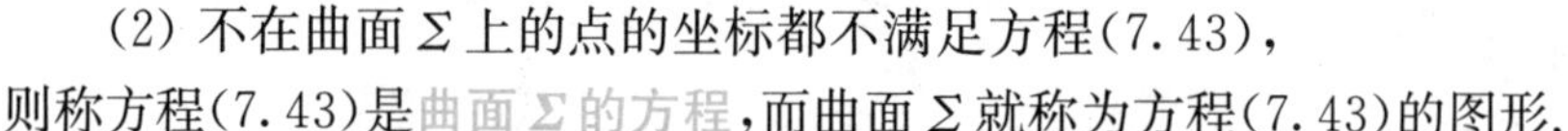

则称方程(7.43)是**曲面Σ的方程**,而曲面Σ就称为方程(7.43)的图形.

图7-29

空间解析几何中讨论曲面,主要为两方面的内容:

(1) 已知曲面上点的几何特性,建立曲面的方程;

(2) 已知点的坐标x, y, z之间的一个方程,研究这个方程所表示的曲面的形状和曲面的一些性质.

7.7.2 球　面

空间动点到一个定点的距离为定值,则动点的轨迹称为**球面**.定点称为**球心**,定值称为**半径**.

设动点为$M(x, y, z)$,定点为$M_0(x_0, y_0, z_0)$,定值为R,由两点距离公式,得

$$\sqrt{(x-x_0)^2+(y-y_0)^2+(z-z_0)^2}=R,$$

即

$$\boxed{(x-x_0)^2+(y-y_0)^2+(z-z_0)^2=R^2.} \tag{7.44}$$

容易验证，在球面上的点的坐标满足式(7.44)，不在球面上的点的坐标不满足式(7.44)，所以式(7.44)是以点 $M_0(x_0, y_0, z_0)$ 为球心、半径为 R 的球面方程.

特别地，球心在原点 $O(0, 0, 0)$、半径为 R 的球面方程为

$$\boxed{x^2+y^2+z^2=R^2.} \tag{7.44'}$$

例 1　方程 $x^2+y^2+z^2-4x+2z=0$ 表示的曲面.

解　通过配方，原方程可以写成

$$(x-2)^2+y^2+(z+1)^2=5,$$

对比式(7.44)知，它表示球心在点 $(2, 0, -1)$、半径为 $\sqrt{5}$ 的球面.

7.7.3　柱　面

直线 L 沿曲线 C 移动，且始终与定直线 L_0 保持平行，则称动直线 L 形成的轨迹为柱面. 曲线 C 称为柱面的准线，动直线 L 称为柱面的母线.

本目着重介绍准线在坐标面上，母线平行于坐标轴的柱面.

设柱面的准线是 xOy 面上的曲线 C：

$$F(x, y)=0,$$

柱面的母线平行于 z 轴(图 7-30). 现在建立此柱面的方程.

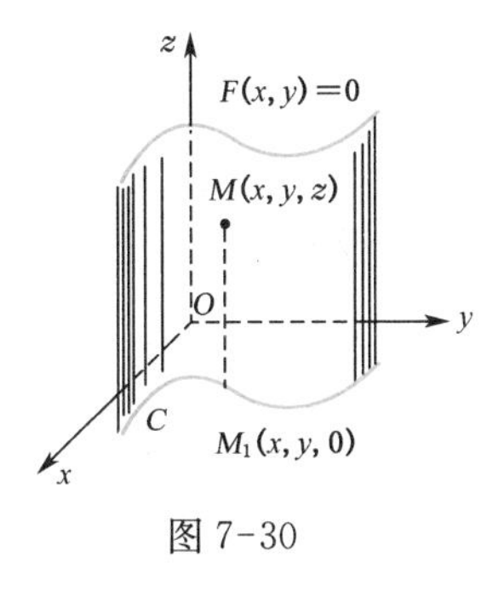

图 7-30

设点 $M(x, y, z)$ 是柱面上任意一点，过点 M 作平行于 z 轴的直线，交曲线 C 于点 M_1. 显然，点 M_1 和点 M 有相同的横坐标和纵坐标. 由于点 $M_1(x, y, 0)$ 在曲线 C 上，故它的横坐标与纵坐标满足方程

$$F(x, y)=0. \tag{7.45}$$

所以，柱面上的点 $M(x, y, z)$ 的坐标也满足方程(7.45). 此外，对于不在柱面上的点 $M'(x', y', z')$，由于它在 xOy 面上的投影 $M_1'(x', y', 0)$ 不在曲线 C 上，故其坐标不满足方程(7.45). 因此方程(7.45) 就是母线平行于 z 轴，准线为 xOy 面上的曲线 C：$F(x, y)=0$ 的柱面方程. 由方程(7.45) 知，母线平行于 z 轴的柱面方程的特点是方程中不含变量 z.

类似于上面的讨论可知，方程 $G(y, z)=0$(方程中不出现 x) 表示母线平行于 x 轴，准线是 yOz 面上的曲线：$G(y, z)=0$ 的柱面；方程 $H(x, z)=0$(方程中不出现 y) 表示母线平行于 y 轴，准线是 xOz 面上的曲线：$H(x, z)=0$ 的柱面.

例如，方程 $\dfrac{x^2}{a^2}+\dfrac{y^2}{b^2}=1$ 表示母线平行 z 轴，准线是 xOy 面上的椭圆 $\dfrac{x^2}{a^2}+\dfrac{y^2}{b^2}=$

1 的柱面,此柱面称为椭圆柱面(图 7-31).

当 $a=b$ 时,柱面方程变为 $x^2+y^2=a^2$. 此时,柱面称为圆柱面.

又如,方程 $z=-x^2+1$ 表示母线平行于 y 轴,准线是 zOx 面上的抛物线 $z=-x^2+1$ 的柱面,此柱面称为抛物柱面(图 7-32).

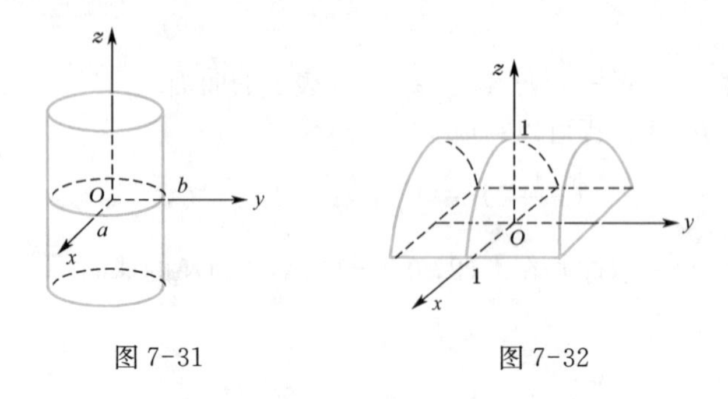

图 7-31　　图 7-32

7.7.4 旋转曲面

一条平面曲线 C 绕该平面内的一定直线 L 旋转一周所形成的曲面称为旋转曲面,曲线 C 称为旋转曲面的母线,定直线 L 称为旋转曲面的轴.

本目着重讨论母线在坐标面上、轴是坐标轴的旋转曲面.

设旋转曲面 Σ 的母线是 yOz 面上的曲线 C:

$$f(y, z)=0,$$

轴是 z 轴,现在来求旋转曲面 Σ 的方程.

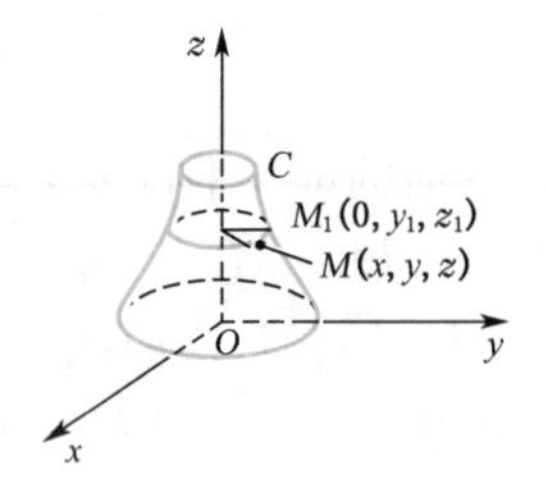

图 7-33

设点 $M(x, y, z)$ 是旋转曲面 Σ 上任意一点,它是由曲线 C 上的点 $M_1(0, y_1, z_1)$ 绕 z 轴旋转而来(图 7-33),则有 $z=z_1$,且点 M 到 z 轴的距离与点 M_1 到 z 轴的距离相等,即 $\sqrt{x^2+y^2}=|y_1|$. 于是,点 M 与点 M_1 的坐标有如下关系:

$$y_1=\pm\sqrt{x^2+y^2}, \quad z_1=z. \tag{7.46}$$

由于点 $M_1(0, y_1, z_1)$ 在曲线 C 上,故

$$f(y_1, z_1)=0.$$

将式(7.46)代入上面的方程中,得

$$f(\pm\sqrt{x^2+y^2}, z)=0. \tag{7.47}$$

很明显,旋转曲面 Σ 上任意一点 $M(x, y, z)$ 的坐标满足式(7.47),而不在旋转曲面 Σ 上的点的坐标不满足式(7.47),因此,式(7.47) 就是旋转曲面 Σ 的方程.

同理,yOz 面上的曲线 C: $f(y, z)=0$,绕 y 轴旋转所形成的旋转曲面的方程为

$$f(y, \pm\sqrt{x^2+z^2})=0.$$

由此可知，只要曲线C的方程$f(y, z)=0$中的z保持不变，将y换成$\pm\sqrt{x^2+y^2}$就能得到曲线C绕z轴旋转所形成的旋转曲面的方程；若保持y不变，将z换成$\pm\sqrt{x^2+z^2}$，就能得到曲线C绕y轴旋转所形成的旋转曲面的方程.

其他坐标面上的曲线绕某个坐标轴旋转所形成的旋转曲面的方程，也可用上述类似的方法得到.

下面通过例题介绍几种特殊的旋转曲面的方程.

1. 旋转椭球面

这里所讨论的旋转椭球面，是指以椭圆为母线，绕其长轴或短轴旋转所得的旋转曲面.

例2 将yOz面上的椭圆

$$\frac{y^2}{a^2}+\frac{z^2}{b^2}=1,$$

分别绕z轴和y轴旋转，求所形成的旋转曲面的方程.

解 在方程$\frac{y^2}{a^2}+\frac{z^2}{b^2}=1$中，$z$不变，把$y$换为$\pm\sqrt{x^2+y^2}$，便得绕$z$轴旋转所形成的旋转曲面(图7-34)的方程为

$$\frac{x^2+y^2}{a^2}+\frac{z^2}{b^2}=1$$

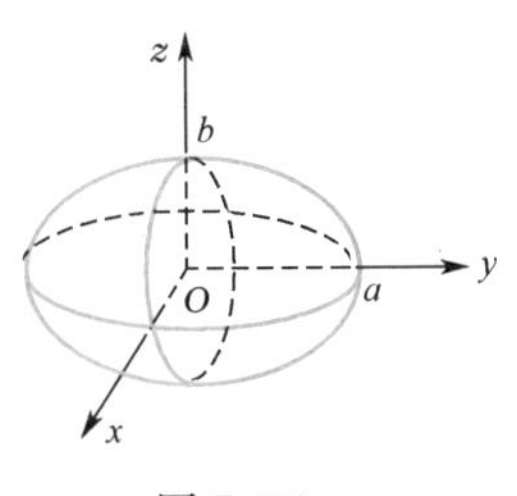

图7-34

同样，在所给的方程中，y不变，把z换成$\pm\sqrt{x^2+z^2}$，便得绕y轴旋转所形成的曲面方程为

$$\frac{y^2}{a^2}+\frac{x^2+z^2}{b^2}=1.$$

2. 旋转抛物面

这里所讨论的旋转抛物面，是指以抛物线为母线，绕其对称轴旋转所得的旋转曲面.

例3 将xOy面上的抛物线$x=ay^2(a>0)$，绕x轴旋转，求所形成的旋转抛物面的方程.

解 将方程$x=ay^2$中的y换成$\pm\sqrt{y^2+z^2}$，即得所求的旋转抛物面(图7-35)的方程为

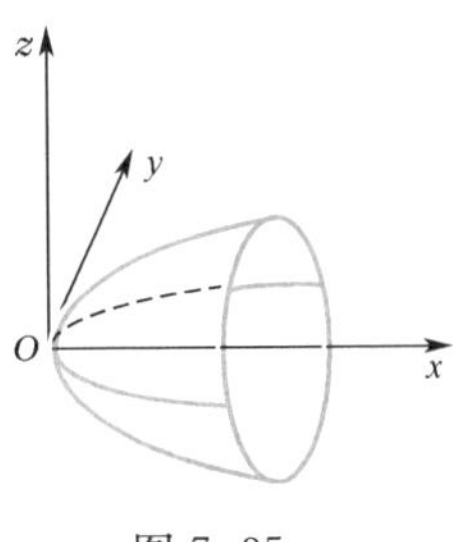

图7-35

$$x=a(y^2+z^2).$$

3. **圆锥面**

直线 L 绕另一条与其相交的定直线 l 旋转一周所得的曲面称为圆锥面. 构成这圆锥面的直线 L 称为圆锥面的母线,定直线 l 称为圆锥面的轴,两直线的交点称为圆锥面的顶点,两直线的夹角 $\alpha\left(0<\alpha<\frac{\pi}{2}\right)$ 称为圆锥面的半顶角.

很明显,圆锥面也是旋转曲面. 这里只介绍轴为坐标轴的圆锥面.

例 4 求由 zOx 面上直线

$$z=1-x$$

绕 z 轴旋转所得的圆锥面(图 7-36)方程.

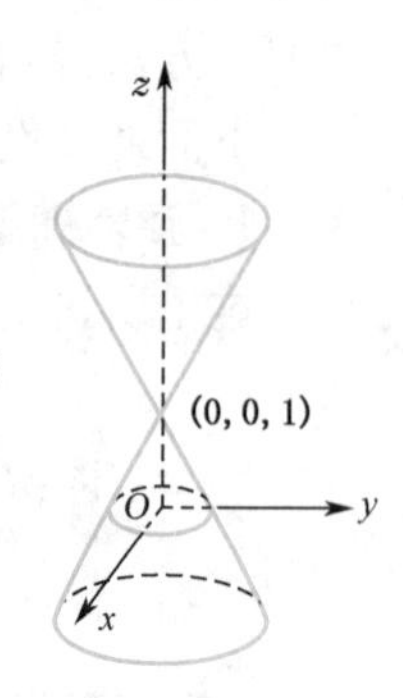

图 7-36

解 将方程 $z=1-x$ 中的 x 换成 $\pm\sqrt{x^2+y^2}$,即得所求的圆锥面方程为

$$z=1\pm\sqrt{x^2+y^2},$$

或写成

$$(z-1)^2=x^2+y^2.$$

这是以 z 轴为轴、顶点在 $(0, 0, 1)$、半顶角 $\alpha=\frac{\pi}{4}$ 的圆锥面.

例 5 求方程 $y=a\sqrt{x^2+z^2}$ $(a>0)$ 表示的图形.

解 方程 $y=a\sqrt{x^2+z^2}$ 所表示的曲面可以看成是由 yOz 面上的直线

$$y=az$$

绕 y 轴旋转而成的圆锥面的右半部分(因为 $y\geqslant 0$),如图 7-37 所示.

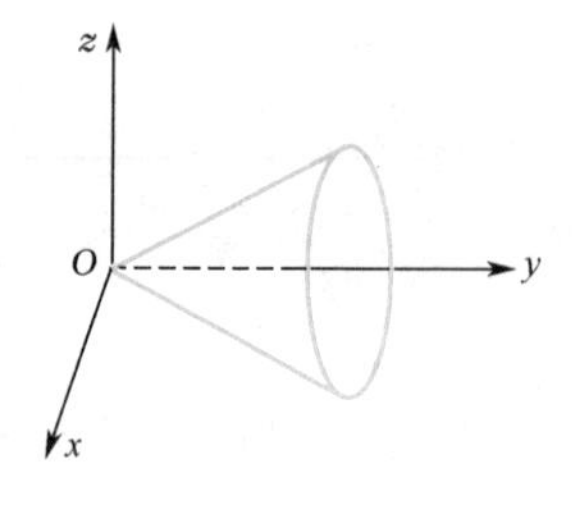

图 7-37

7.7.5 二次曲面

在前面几个目中,所推得的球面方程、旋转曲面方程、圆柱面方程、圆锥面方程等都是二次方程. 一般地,二次方程也表示空间曲面,这些空间曲面统称为二次曲面. 本目将用截痕法来讨论一些二次方程所表示的曲面的形状. 所谓截痕法,就是用坐标面或用平行于坐标面的平面去截曲面,观察交线(即截痕)的形状,加以综合,从而判定曲面的形状.

1. **椭球面**

$$\frac{x^2}{a^2}+\frac{y^2}{b^2}+\frac{z^2}{c^2}=1 \quad (a, b, c>0). \tag{7.48}$$

下面根据所给出的方程,用截痕法来考察其图形的形状.

用 xOy 面去截该曲面，截痕为 xOy 面上的椭圆：$\frac{x^2}{a^2}+\frac{y^2}{b^2}=1$. 用平行于 xOy 面的平面 $z=h$ $(0<|h|<c)$ 去截该曲面，截痕是在该平面上的椭圆：

$$\frac{x^2}{a^2}+\frac{y^2}{b^2}=1-\frac{h^2}{c^2}\quad(0<|h|<c).$$

当 $|h|$ 由 0 逐渐增大到 c 时，椭圆由大逐渐变小，最后缩成一点.

用 yOz 面及 zOx 面去截，截痕是坐标面上的椭圆：$\frac{y^2}{b^2}+\frac{z^2}{c^2}=1$ 以及 $\frac{x^2}{a^2}+\frac{z^2}{c^2}=1$. 用平行于 yOz 面的平面 $x=d$ $(0<|d|<a)$ 或用平行于 zOx 面的平面 $y=k$ $(0<|k|<b)$ 分别去截该曲面，也有类似的结果. 椭球面的图形如图 7-38 所示.

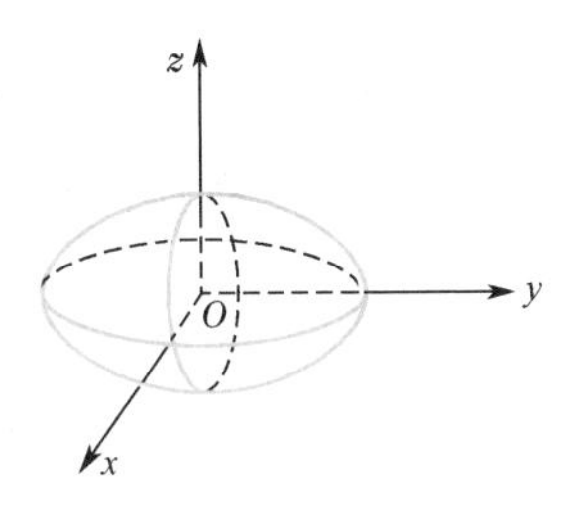

图 7-38

如果 $a=b=c$，方程(7.48)变为

$$x^2+y^2+z^2=a^2,$$

它是球心在原点、半径为 a 的球面的方程.

2. 单叶双曲面

$$\frac{x^2}{a^2}+\frac{y^2}{b^2}-\frac{z^2}{c^2}=1\quad(a,\ b,\ c>0).\tag{7.49}$$

用 xOy 面去截，截痕为该坐标面上的椭圆 $\frac{x^2}{a^2}+\frac{y^2}{b^2}=1$. 用平行于 xOy 面的平面 $z=h$ $(h\neq 0)$ 去截该曲面，截痕也是该平面 $z=h$ 上的一个椭圆：

$$\frac{x^2}{a^2}+\frac{y^2}{b^2}=1+\frac{h^2}{c^2}\quad(h\neq 0).$$

这个椭圆随着 $|h|$ 由 0 逐渐增大而增大.

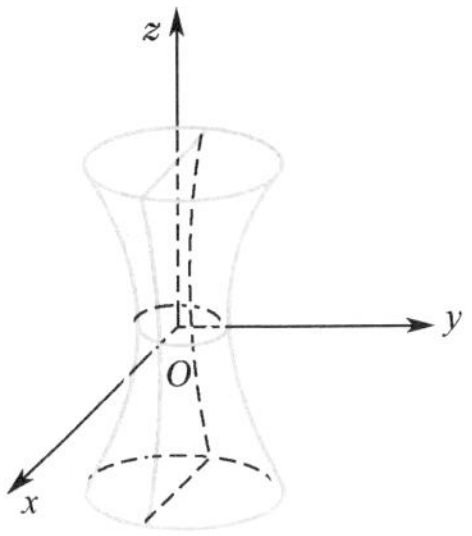

图 7-39

用 yOz 面及 zOx 面去截，截痕都是坐标面上的双曲线：$\frac{y^2}{b^2}-\frac{z^2}{c^2}=1$ 以及 $\frac{x^2}{a^2}-\frac{z^2}{c^2}=1$. 用平行于 yOz 面的平面 $x=d$ $(d\neq 0)$ 及用平行于 zOx 面的平面 $y=k$ $(k\neq 0)$ 分别去截该曲面，截痕也都是双曲线. 单叶双曲面的图形如图 7-39 所示.

3. 双叶双曲面

$$\frac{x^2}{a^2}+\frac{y^2}{b^2}-\frac{z^2}{c^2}=-1\quad(a,\ b,\ c>0).\tag{7.50}$$

由于 $\frac{x^2}{a^2}+\frac{y^2}{b^2}\neq -1$,所以该曲面与 xOy 面($z=0$)不相交. 用平行于 xOy 面的平面 $z=h$ 去截该曲面：当 $0<|h|<c$ 时,平面 $z=h$ 与该曲面不相交；当 $|h|=c$ 时,截痕为一点；当 $|h|>c$ 时,截痕为平面 $z=h$ 上的椭圆：

$$\frac{x^2}{a^2}+\frac{y^2}{b^2}=\frac{h^2}{c^2}-1 \quad (|h|>c).$$

这个椭圆随着 $|h|$ 的增大而增大.

用 yOz 面及 zOx 面去截,截痕都是坐标面上的双曲线：$\frac{y^2}{b^2}-\frac{z^2}{c^2}=-1$ 以及 $\frac{x^2}{a^2}-\frac{z^2}{c^2}=-1$. 用平行于 yOz 面的平面

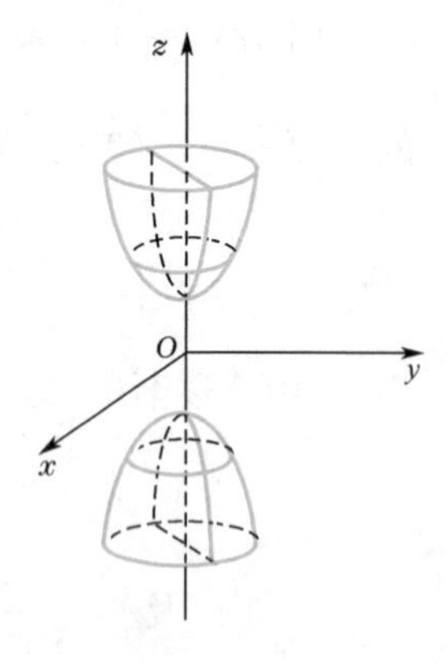

图 7-40

$x=d$ ($d\neq 0$) 及用平行于 zOx 面的平面 $y=k$ ($k\neq 0$) 分别去截该曲面,截痕也都是双曲线. 双叶双曲面的图形如图 7-40 所示.

4. 椭圆抛物面

$$\frac{x^2}{2p}+\frac{y^2}{2q}=z \quad (p,\ q \text{ 同号}). \tag{7.51}$$

设 $p>0$, $q>0$. 用 xOy 面($z=0$)去截该曲面,截痕为原点. 用平行于 xOy 面的平面 $z=h$ ($h>0$) 去截该曲面,截痕为平面 $z=h$ 上的椭圆：

$$\frac{x^2}{2ph}+\frac{y^2}{2qh}=1 \quad (h>0).$$

当 h 由小逐渐变大时,椭圆也由小逐渐变大. 平面 $z=h$ ($h<0$) 与这曲面不相交. 原点称为**椭圆抛物面的顶点**.

用 yOz 面及 zOx 面去截,截痕都是坐标面上的抛物线：$y^2=2qz$ 以及 $x^2=2pz$. 用平行于 yOz 面的平面 $x=d$ ($d\neq 0$) 及用平行于 zOx 面的平面 $y=k$ ($k\neq 0$) 分别去截该曲面,截痕也都是抛物线. 椭圆抛物面的图形如图 7-41 所示.

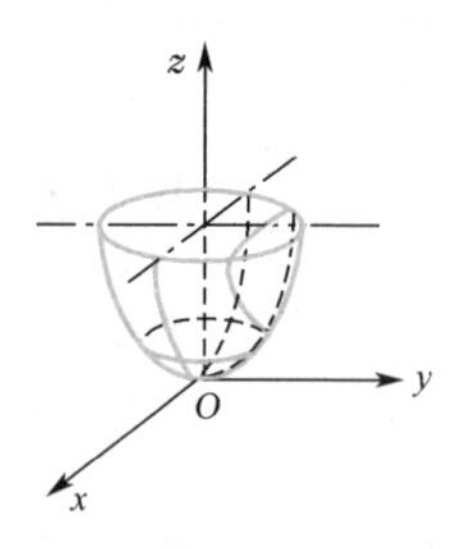

图 7-41

如果 $p=q$,那么,方程(7.51)可写为

$$x^2+y^2=2pz,$$

它是旋转抛物面的方程.

5. 双曲抛物面

$$-\frac{x^2}{2p}+\frac{y^2}{2q}=z \quad (p,\ q \text{ 同号}). \tag{7.52}$$

可用截痕法对它进行讨论. 当 $p>0$, $q>0$ 时,该曲面的图形大致如图7-42 所示. 在原点附近,曲面的形状

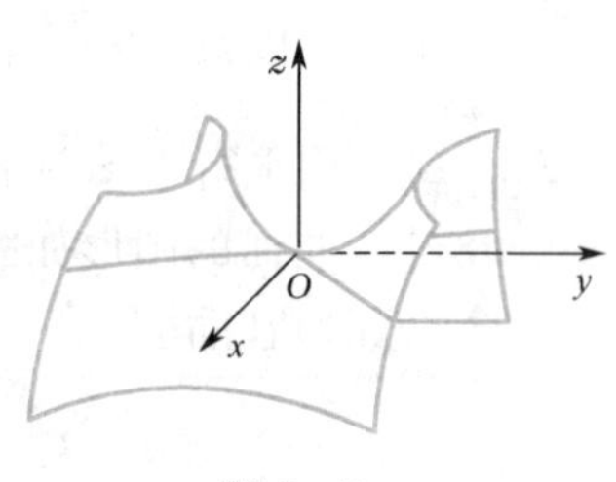

图 7-42

像马鞍，因此双曲抛物面也称为马鞍面.

习题 7.7

1. 已知球面的一条直径的两个端点是(2，−3，5)和(4，1，−3)，写出球面的方程.

2. 指出方程 $x^2+y^2+z^2-2x+4y+2z=0$ 表示的曲面.

3. 指出下列方程所表示的曲面的名称. 若是旋转曲面，请指出旋转轴，并写出母线方程；若是柱面，请写出在坐标面上的准线方程.

(1) $x-y^2=0$；　(2) $x^2+z^2-y=1$；　(3) $x+\sqrt{y^2+z^2}=1$.

4. 画出下列方程所表示的曲面图形.

(1) $z=1-x^2$；

(2) $z=1-x^2-y^2$；

(3) $z=1+\sqrt{x^2+y^2}$；

(4) $\left(x-\dfrac{a}{2}\right)^2+y^2=\left(\dfrac{a}{2}\right)^2$.

5. 将 zOx 面上的抛物线 $z=x^2+1$ 绕 z 轴旋转一周，求所形成的旋转曲面的方程.

6. 将 xOy 面上的直线 $x+y=1$ 绕 y 轴旋转一周，求所形成的旋转曲面的方程.

7. 指出下列各方程表示的曲面的名称.

(1) $\dfrac{x^2}{4}+\dfrac{y^2}{9}+\dfrac{z^2}{16}=1$；　(2) $\dfrac{z}{3}=\dfrac{x^2}{4}+\dfrac{y^2}{9}$；

(3) $16x^2+4y^2-z^2=64$；　(4) $4x^2-y^2+9z^2=-36$.

8. 画出下列各曲面所围成的立体的图形.

(1) $z=6-x^2-y^2$，$x=0$，$x=1$，$y=0$，$y=2$ 及 $z=0$；

(2) $\left(x-\dfrac{a}{2}\right)^2+y^2=\dfrac{a^2}{4}$ 和 $z=\sqrt{a^2-x^2-y^2}$；

(3) $z=2-\sqrt{x^2+y^2}$ 和 $z=x^2+y^2$.

答　案

1. $(x-3)^2+(y+1)^2+(z-1)^2=21$.

2. 球心为(1，−2，−1)、半径为 $R=\sqrt{6}$ 的球面.

3. (1) 母线平行于 z 轴的抛物柱面，准线为 xOy 面上的抛物线 $x-y^2=0$.

(2) 以 y 轴为旋转轴的旋转抛物面，母线为 xOy 面上抛物线 $x^2-y=1$ 或 yOz 面上的抛物线 $z^2-y=1$.

(3) 以 x 轴为旋转轴的圆锥面的一半($x\leqslant 1$)，母线为 xOy 面上直线 $x+y-1=0$ 或 zOx 面上的直线 $x+z-1=0$.

4. (1) 图 7-43；(2) 图 7-44；(3) 图 7-45；(4) 图 7-46.

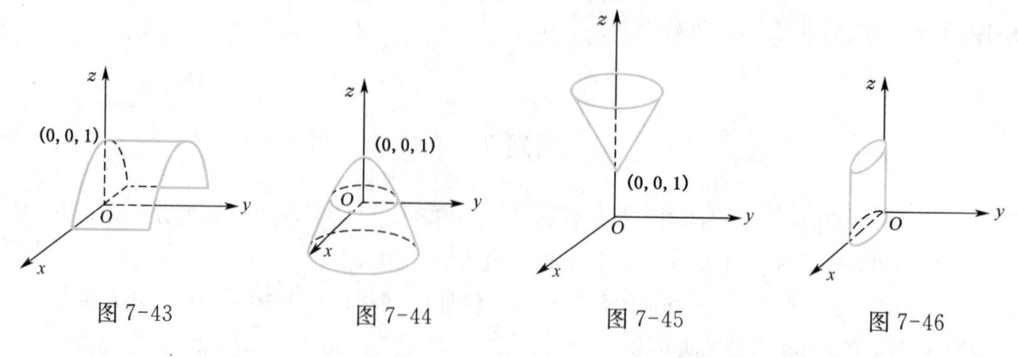

图 7-43　　图 7-44　　图 7-45　　图 7-46

5. $z = x^2 + y^2 + 1$.　6. $x^2 + z^2 = (1 - y)^2$.

7. (1) 椭球面；(2) 椭圆抛物面；(3) 单叶双曲面；(4) 双叶双曲面.

8. (1) 图 7-47；(2) 图 7-48；(3) 图 7-49.

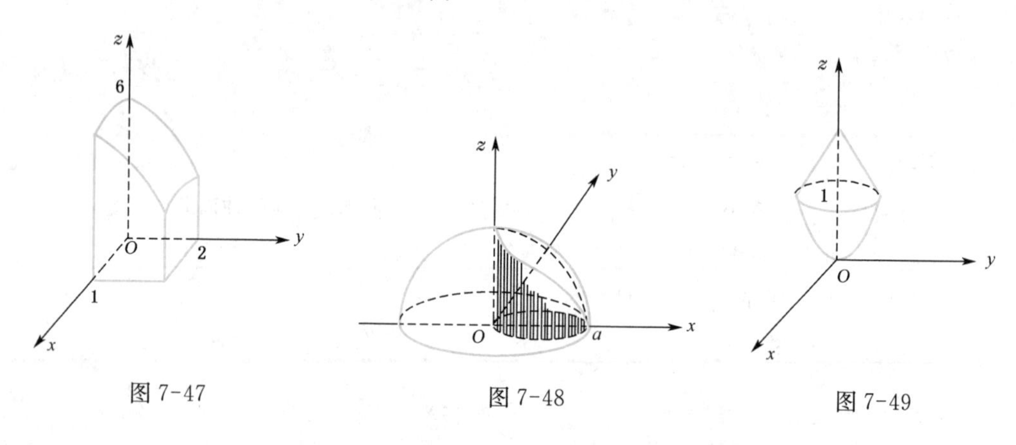

图 7-47　　图 7-48　　图 7-49

7.8 空间曲线及其方程

7.8.1 空间曲线的一般方程

在 7.6 节中已讨论过一类特殊的曲线——直线. 在空间直角坐标系下，根据直线上点所满足的几何条件，建立了直线方程. 特别是把直线看作是两个相交平面的交线，从而建立了直线的一般方程.

对于一般的空间曲线，也可看作是通过该曲线的两个曲面的交线. 如果空间曲线 Γ 是两个曲面

$$\Sigma_1: F(x, y, z) = 0 \quad 和 \quad \Sigma_2: G(x, y, z) = 0$$

的交线(图 7-50)，那么，空间曲线 Γ 与方程组

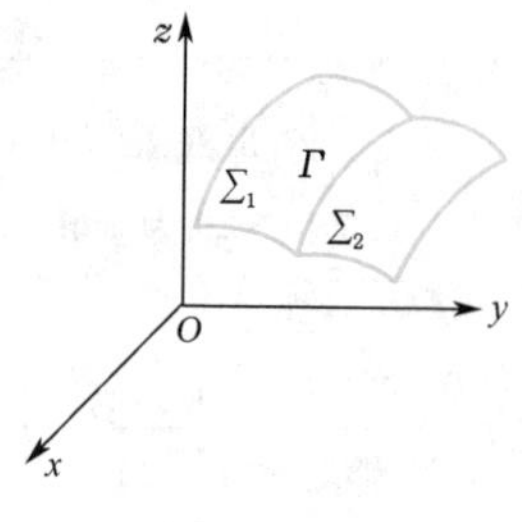

图 7-50

$$\begin{cases}F(x, y, z)=0,\\ G(x, y, z)=0\end{cases} \tag{7.53}$$

有如下关系：空间曲线 Γ 上的任意一点的坐标都满足方程组(7.53)；而不在曲线 Γ 上的点，它不可能同时在两个曲面上，所以它的坐标不会满足方程组(7.53). 这样就称方程组(7.53)为空间曲线 Γ 的方程，空间曲线 Γ 为方程组(7.53)的图形.

方程组(7.53)也称为空间曲线 Γ 的一般方程.

例 1　指出方程组 $\begin{cases}x^2+y^2+z^2=25,\\ z=3\end{cases}$ 表示的曲线.

解　因为方程 $x^2+y^2+z^2=25$ 表示球心在原点、半径为 5 的球面，而方程 $z=3$ 是过 z 轴上点(0, 0, 3)且垂直于 z 轴的平面，所以方程组

$$\begin{cases}x^2+y^2+z^2=25,\\ z=3\end{cases}$$

表示上述球面与平面的交线(图 7-51). 在方程组中消去 z，可得 $x^2+y^2=16$. 从而可知该曲线是在平面 $z=3$ 上的一个圆，圆心为(0, 0, 3)，半径为 4.

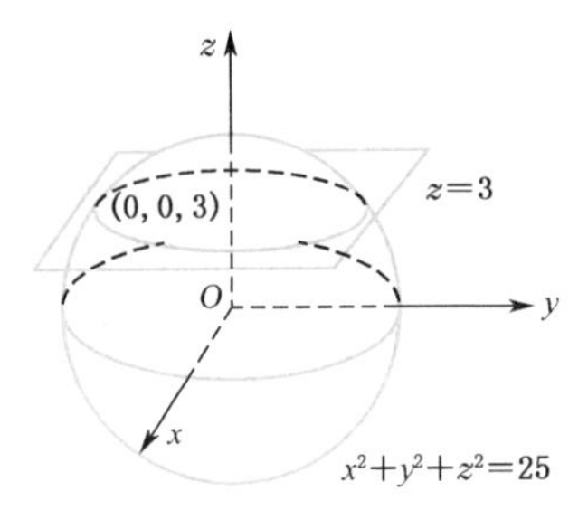

图 7-51

7.8.2　空间曲线的参数方程

在 7.6 节中已知，只要把直线上点的坐标 x, y, z 都表示成参数 t 的函数，便得到直线的参数方程. 同样地，如果把空间曲线 Γ 上动点 $M(x, y, z)$ 的坐标都表示成参数 t 的函数：

$$\begin{cases}x=x(t),\\ y=y(t),\\ z=z(t),\end{cases} \tag{7.54}$$

当参数 t 在某个区间上变化时，动点 M 就会跑遍曲线 Γ 上所有的点，那么方程组(7.54)就称为曲线 Γ 的参数方程.

例 2　设一动点在圆柱面 $x^2+y^2=a^2$ 上，以角速度 ω 绕 z 轴旋转，同时又以线速度 v 沿平行于 z 轴的正方向上升(这里，ω, v 都是常数)，则点 M 的几何轨迹称为螺旋线. 试建立其参数方程.

解　取时间 t 为参数. 设当 $t=0$ 时，动点在点 $A(a, 0, 0)$ 处(图 7-52). 经过时间 t，动点在点 $M(x, y, z)$ 处. 过点 M 作 xOy 面的垂线 MM'，则垂足 M' 的坐标为$(x, y, 0)$，$\angle AOM'$ 就是动点在时间 t 内所转过的角度，线段 MM' 的长 $|MM'|$ 就是在时间 t 内动点所上升的高度. 根据物理知识，于是有

$$\angle AOM' = \omega t, \quad |MM'| = vt.$$

从而

$$x = a\cos\angle AOM' = a\cos\omega t,$$
$$y = a\sin\angle AOM' = a\sin\omega t,$$
$$z = |MM'| = vt,$$

因此,螺旋线的参数方程为

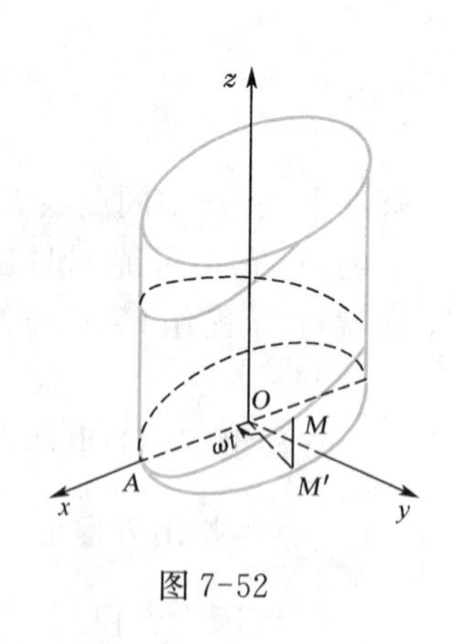

图 7-52

$$\begin{cases} x = a\cos\omega t, \\ y = a\sin\omega t, \\ z = vt. \end{cases}$$

螺旋线是一种常见的曲线. 例如,平头螺丝钉的外缘曲线就是螺旋线. 当拧紧平头螺丝钉时,它的外缘曲线上的任一点 M,既绕螺丝钉的轴旋转,又沿平行于轴线的方向前进,点 M 就走出一段螺旋线.

7.8.3 空间曲线在坐标面上的投影

以空间曲线 Γ 为准线,母线平行于 z 轴(即垂直于 xOy 面)的柱面 S 称为曲线 Γ 关于 xOy 面的投影柱面.

投影柱面 S 与 xOy 面的交线称为曲线 Γ 在 xOy 面上的投影曲线,或简称投影.

设空间曲线 Γ 的一般方程为

$$\begin{cases} F(x, y, z) = 0, \\ G(x, y, z) = 0. \end{cases} \tag{7.55}$$

现在来求曲线 Γ 关于 xOy 面的投影柱面的方程以及在 xOy 面上的投影的方程.

从式(7.55)的两个方程中消去 z,得方程

$$H(x, y) = 0. \tag{7.56}$$

因为方程(7.56)是由方程组(7.55)消去 z 后得到的,而曲线 Γ 上任一点 $M(x, y, z)$的坐标都满足方程组(7.55),所以也必然满足方程(7.56). 这说明曲线 Γ 上的所有的点都在由方程(7.56)所表示的曲面上. 由 7.7.3 目可知,方程(7.56)表示的曲面是母线平行于 z 轴的柱面. 也就是说,该柱面包含了曲线 Γ,从而也包含了曲线 Γ 关于 xOy 面的投影柱面. 由此可知,曲线 Γ 在 xOy 面上的投影必满足方程:

$$\begin{cases} H(x, y) = 0, \\ z = 0. \end{cases}$$

类似地,如果由方程组(7.55)消去 x,得方程

$$R(y, z)=0, \tag{7.57}$$

那么,方程(7.57)所表示的柱面必包含了曲线 Γ 关于 yOz 面的投影柱面,方程

$$\begin{cases}R(y, z)=0,\\x=0\end{cases}$$

所表示的曲线必定包含曲线 Γ 在 yOz 面上的投影;如果由方程组(7.55)消去 y,得方程

$$P(x, z)=0, \tag{7.58}$$

那么,方程(7.58)所表示的柱面必包含曲线 Γ 关于 zOx 面的投影柱面,方程

$$\begin{cases}P(x, z)=0,\\y=0\end{cases}$$

所表示的曲线必定包含曲线 Γ 在 zOx 面上的投影.

例 3　求上半球面 $z=\sqrt{6-x^2-y^2}$ 与锥面 $z=\sqrt{x^2+y^2}$ 的交线在 xOy 面的投影方程.

解　由方程组

$$\begin{cases}z=\sqrt{6-x^2-y^2},\\z=\sqrt{x^2+y^2}\end{cases}$$

消去 z,得交线在 xOy 面上的投影柱面的方程为

$$x^2+y^2=3,$$

所以,交线在 xOy 面上的投影方程为

$$\begin{cases}x^2+y^2=3,\\z=0.\end{cases}$$

此投影是 xOy 面上的一个圆(图 7-53).

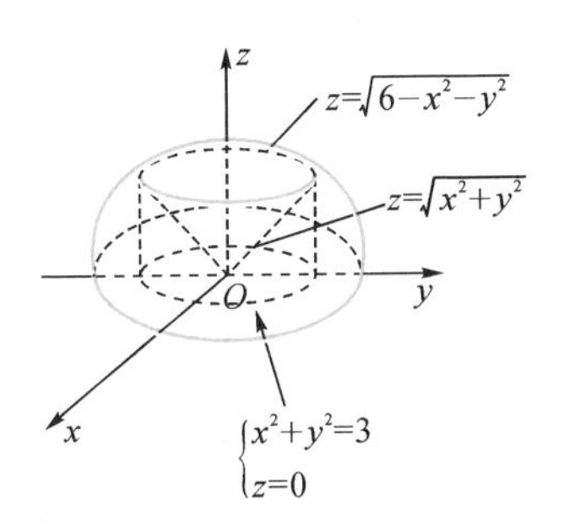

图 7-53

习题 7.8

1. 指出下列方程或方程组,在平面解析几何中和空间解析几何中分别表示的图形.

(1) $y=2$; (2) $x-y=0$; (3) $x^2-y^2=1$; (4) $\dfrac{x^2}{4}+\dfrac{y^2}{9}=1$; (5) $\begin{cases}x^2+y^2=1,\\y=1.\end{cases}$

2. 把曲线的一般方程

$$\begin{cases}x^2+(y-2)^2+(z+1)^2=8,\\x=2\end{cases}$$

化为参数方程.

3. 把曲线的参数方程

$$\begin{cases} x = 4\cos t, \\ y = 3\sin t, \\ z = 2\sin t \end{cases}$$

化为一般方程.

4. 求曲线$\begin{cases} 2y^2 + z^2 + 4x = 4z, \\ y^2 + 3z^2 - 8x = 12z \end{cases}$在三个坐标面上的投影.

5. 求曲线$\begin{cases} x^2 + y^2 + z^2 = 3, \\ x^2 + y^2 = 2z \end{cases}$在 xOy 面上的投影.

答 案

1. (1) 直线,平面;(2) 直线,平面;(3) 双曲线,双曲柱面;(4) 椭圆,椭圆柱面;

(5) 直线 $y = 1$ 与圆 $x^2 + y^2 = 1$ 的交点,即切点$(0, 1)$,圆柱面 $x^2 + y^2 = 1$ 与平面 $y = 1$ 的交线(平面 $y = 1$ 上的直线).

2. $\begin{cases} x = 2, \\ y = 2 + 2\cos t, \\ z = -1 + 2\sin t. \end{cases}$　　3. $\begin{cases} \dfrac{x^2}{16} + \dfrac{y^2}{9} = 1, \\ 2y - 3z = 0. \end{cases}$

4. 在 xOy 面上的投影为抛物线$\begin{cases} y^2 + 4x = 0, \\ z = 0; \end{cases}$在 zOx 面上的投影为抛物线$\begin{cases} z^2 - 4z = 4x, \\ y = 0; \end{cases}$在 yOz 面上的投影为圆$\begin{cases} y^2 + z^2 = 4z, \\ x = 0. \end{cases}$

5. 投影为 xOy 面上的圆:$\begin{cases} x^2 + y^2 = 2, \\ z = 0. \end{cases}$

复习题 7

(A)

1. 说明下列各结果是否正确,为什么?

(1) 若 $|\boldsymbol{a}| > |\boldsymbol{b}|$,则 $\boldsymbol{a} > \boldsymbol{b}$;

(2) 若一向量与三条坐标轴的夹角均相等,则它的方向角为 $\alpha = \beta = \gamma = \dfrac{\pi}{3}$;

(3) 若向量 $\boldsymbol{a} = (a_x, a_y, a_z)$ 与 xOy 面垂直,则 $a_z = 0, a_x \neq 0, a_y \neq 0$;

(4) 若 $\boldsymbol{a} \cdot \boldsymbol{b} = \boldsymbol{a} \cdot \boldsymbol{c}, \boldsymbol{a} \neq \boldsymbol{0}$,则 $\boldsymbol{b} = \boldsymbol{c}$;

(5) 向量 $\boldsymbol{c}$ 既与向量 $\boldsymbol{a}$ 垂直,又与向量 $\boldsymbol{b}$ 垂直,且 $\boldsymbol{a}, \boldsymbol{b}, \boldsymbol{c}$ 构成"右手系",则 $\boldsymbol{c} = \boldsymbol{a} \times \boldsymbol{b}$.

2. 已知 $|\boldsymbol{a}| = 2, |\boldsymbol{b}| = 3, |\boldsymbol{a} - \boldsymbol{b}| = \sqrt{7}$,求夹角$(\widehat{\boldsymbol{a}, \boldsymbol{b}})$.

3. 给定点 $A(1, -1, 1), B(2, 1, 3), C(-2, 4, 2)$,求(1) $\overrightarrow{AB}$ 与 $\overrightarrow{AC}$ 的夹角;(2) $\overrightarrow{AB} \times \overrightarrow{AC}$;(3) $\triangle ABC$ 的面积.

4. 已知点 $A(2, -1, 2)$, $B(1, 2, -1)$, $C(3, 2, 1)$,求(1) $(\overrightarrow{BC}-2\overrightarrow{CA})\cdot\overrightarrow{AB}$;(2) $(\overrightarrow{BC}-2\overrightarrow{CA})\times\overrightarrow{AB}$.

5. 平面方程 $Ax+By+Cz+D=0$ 中,当(1) $D=0$;(2) $A=B=0$;(3) $A=0$ 时,平面的位置各有什么特点?

6. 直线$\frac{x-1}{0}=\frac{y-1}{2}=\frac{z-1}{-1}$的位置有什么特点?直线$\frac{x-1}{0}=\frac{y-1}{0}=\frac{z-1}{-1}$的位置有什么特点?

7. 直线$\frac{x-x_0}{m}=\frac{y-y_0}{n}=\frac{z-z_0}{p}$在平面 $Ax+By+Cz+D=0$ 上的条件是什么?

8. 一平面通过 z 轴,且与平面 $2x+y-\sqrt{5}z-7=0$ 的夹角为$\frac{\pi}{3}$,求此平面的方程.

9. 求过点 $M(-1, 2, -3)$,垂直于向量 $\boldsymbol{a}=(6, -2, -3)$,且与直线$\frac{x-1}{-2}=\frac{y+1}{3}=\frac{z-3}{5}$相交的直线的方程.

10. 一直线在平面 $x+y+z=1$ 上,且与直线$\begin{cases}y=1,\\z=-1\end{cases}$垂直相交,求此直线的方程.

11. 求经过直线$\begin{cases}x+2z-4=0,\\3y-z+8=0\end{cases}$且与直线$\begin{cases}x-y-4=0,\\y-z-6=0\end{cases}$平行的平面的方程.

12. 求曲面 $z=1-x^2$ 与曲面 $z=x^2+y^2$ 的交线在 xOy 面上的投影曲线方程,并指出该投影曲线的名称.

(B)

1. 选择题

(1) 设 $\boldsymbol{a}=\boldsymbol{i}+2\boldsymbol{j}-\boldsymbol{k}$, $\boldsymbol{b}=-2\boldsymbol{i}-4\boldsymbol{j}+2\boldsymbol{k}$,则有 ( ).

(A) $\boldsymbol{a}\perp\boldsymbol{b}$ (B) $\boldsymbol{a}=\boldsymbol{b}$ (C) $\boldsymbol{a}\parallel\boldsymbol{b}$ (D) $|\boldsymbol{a}|=|\boldsymbol{b}|$

(2) 下列四组角中,可作为一个向量的方向角是 ( ).

(A) $\frac{\pi}{6}, \frac{\pi}{3}, \frac{\pi}{3}$ (B) $\frac{\pi}{6}, \frac{\pi}{4}, \frac{\pi}{3}$ (C) $0, \frac{5}{6}\pi, \frac{\pi}{6}$ (D) $\frac{\pi}{4}, \frac{\pi}{3}, \frac{\pi}{3}$

(3) 设平面 $Ax+By+z+6=0$ 与平面 $6x-2z+5=0$ 平行,则 ( ).

(A) $A=6, B=0$ (B) $A=-3, B=0$

(C) $A=3, B=0$ (D) $A=-6, B=0$

(4) 下列四个平面中,通过原点且与 x 轴平行的是 ( ).

(A) $3x+2y=0$ (B) $3y+2z+1=0$

(C) $3x+2z=0$ (D) $3y+2z=0$

(5) 直线$\frac{x-3}{1}=\frac{y-1}{1}=\frac{z-2}{2}$与平面 $x+y-z-2=0$ 的位置关系是 ( ).

(A) 直线与平面平行 (B) 直线在平面上

(C) 直线与平面相交但不垂直 (D) 直线与平面垂直

2. 填空题

(1) 设向量 $\boldsymbol{a}=(-1, 2, -1)$, $\boldsymbol{b}=(-2, 1, 4)$,则 $\boldsymbol{a}$ 与 $\boldsymbol{b}$ 的夹角$(\widehat{\boldsymbol{a}, \boldsymbol{b}})=$ ________.

(2) 已知向量 $\boldsymbol{a}=(2, 0, -1)$, $\boldsymbol{b}=(1, 3, 2)$, $\boldsymbol{c}=(2, 1, 1)$,则 $(\boldsymbol{a}\times\boldsymbol{b})\cdot\boldsymbol{c}=$ ________.

(3) 设直线 $\dfrac{x-1}{m}=\dfrac{y+2}{2}=\lambda(z-1)$ 与平面 $-3x+6y+6z+25=0$ 垂直,则 $m=$ ________, $\lambda=$ ________.

(4) 过点 $A(4, -1, 0)$ 且与平面 $x-3y+2z+1=0$ 垂直的直线方程为________.

(5) 过点 $P(1, 1, 1)$ 且与 z 轴垂直的平面方程为________.

(6) 曲线 $\begin{cases}2x^2+y^2=1,\\ z=0\end{cases}$ 绕 y 轴旋转一周所形成的旋转曲面的方程为________.

答 案

(A)

1. (1) 不正确,向量不能比较大小;(2) 不正确,$\alpha=\beta=\gamma=\arccos\left(\pm\sqrt{\dfrac{1}{3}}\right)\neq\dfrac{\pi}{3}$;

(3) 不正确,$a_x=0$, $a_y=0$;(4) 不正确,$\boldsymbol{a}\perp(\boldsymbol{b}-\boldsymbol{c})$;(5) 不正确,还需 $|\boldsymbol{c}|=|\boldsymbol{a}||\boldsymbol{b}|\sin(\widehat{\boldsymbol{a}, \boldsymbol{b}})$.

2. $(\widehat{\boldsymbol{a}, \boldsymbol{b}})=\dfrac{\pi}{3}$.

3. (1) $(\widehat{\overrightarrow{AB}, \overrightarrow{AC}})=\arccos\dfrac{3}{\sqrt{35}}$;(2) $-8\boldsymbol{i}-7\boldsymbol{j}+11\boldsymbol{k}$;(3) $\dfrac{3}{2}\sqrt{26}$.

4. (1) 14;(2) $-18\boldsymbol{i}+12\boldsymbol{j}+18\boldsymbol{k}$.

5. (1) 通过原点;(2) 当 $D=0$ 时,是 xOy 面,当 $D\neq0$ 时,与 xOy 面平行(与 z 轴垂直);(3) 当 $D=0$ 时,通过 x 轴,当 $D\neq0$ 时,与 x 轴平行.

6. 过点(1, 1, 1)且与 x 轴垂直(与 yOz 面平行),过点(1, 1, 1)且与 z 轴平行(与 xOy 面垂直).

7. $Am+Bn+Cp=0$ 且 $Ax_0+By_0+Cz_0+D=0$.

8. $x+3y=0$ 或 $3x-y=0$.

9. $\dfrac{x+1}{2}=\dfrac{y-2}{-3}=\dfrac{z+3}{6}$.

10. $\dfrac{x-1}{0}=\dfrac{y-1}{1}=\dfrac{z+1}{-1}$.

11. $2x-9y+7z-32=0$.

12. $\begin{cases}2x^2+y^2=1,\\ z=0,\end{cases}$ 椭圆.

(B)

1. (1) C; (2) D; (3) B; (4) D; (5) B.

2. (1) $\dfrac{\pi}{2}$; (2) 7; (3) -1, $\dfrac{1}{2}$; (4) $\dfrac{x-4}{1}=\dfrac{y+1}{-3}=\dfrac{z}{2}$; (5) $z=1$;

(6) $2x^2+y^2+2z^2=1$.

第 8 章

多元函数微分法及其应用

本教材上册研究了含有一个自变量的函数，这种函数又称为一元函数.而在实际问题中，还会遇到多于一个自变量的函数，这就是将要讨论的多元函数.

多元函数微分法是一元函数微分法的推广和发展，其概念和性质与一元函数微分法有许多相似的地方.但是，在某些方面也存在着本质上的差别.读者在学习时，应该注意比较它们之间的异同.

本章将介绍多元函数的基本概念、偏导数、全微分和多元函数微分法的简单应用等.着重讨论二元函数，有关的结论都可类推到三元及三元以上的函数.

8.1 多元函数的概念

8.1.1 邻域和区域的概念

邻域和区域是研究多元函数时经常要用到的两个基本概念.本目主要在平面和空间直角坐标系中引入这两个概念.

1. 邻域的概念

由上册知道，在数轴上，点 x_0 的 δ-邻域是指所有与点 x_0 的距离小于 δ 的点 x 的集合：$\{x \mid |x-x_0|<\delta\}$.现在，只要将数轴上的点换成平面上的点，便能得到平面上点的邻域的概念.

设点 $P_0(x_0, y_0)$ 是平面上一点，δ 是某一正数，所有与点 $P_0(x_0, y_0)$ 的距离小于 δ 的点 $P(x, y)$ 的集合，称为点 $P_0(x_0, y_0)$ 的 δ-邻域，记作 $U(P_0, \delta)$，即

$$U(P_0, \delta)=\{(x, y) \mid |P_0P|<\delta\}$$

或

$$U(P_0, \delta)=\{(x, y) \mid \sqrt{(x-x_0)^2+(y-y_0)^2}<\delta\}.$$

几何上，点 $P_0(x_0, y_0)$ 的 δ-邻域就是平面上以点 $P_0(x_0, y_0)$ 为圆心、δ 为半径的圆内部的点 $P(x, y)$ 的全体.

类似地，空间内一点 $P_0(x_0, y_0, z_0)$ 的 δ-邻域是指所有与点 $P_0(x_0, y_0, z_0)$ 的距离小于 δ 的点 $P(x, y, z)$ 的集合：

$$\{(x, y, z) | \sqrt{(x-x_0)^2+(y-y_0)^2+(z-z_0)^2}<\delta\}.$$

几何上,空间内的点 $P_0(x_0, y_0, z_0)$ 的 δ-邻域就是空间内以点 $P_0(x_0, y_0, z_0)$ 为球心、δ 为半径的球内部的点 $P(x, y, z)$ 的全体.

2. 区域的概念

区域的概念中,要用到开集和集合的连通性这两个概念,现在先作简要的介绍.

设集合 E 是平面上(或空间内)的一个点集,如果对于 E 内的每一个点,都至少存在该点的一个邻域,使得该邻域内所有的点都属于 E(图 8-1,图中为平面的情形),那么,称点集 E 是开集.

设集合 A 是平面上(或空间内)的一个点集,如果对于 A 内的任意两点 P_1 和 P_2,都能用包含在 A 内的折线(即折线上的点都属于 A)连接起来(图 8-2,图中为平面的情形),那么,称点集 A 是连通的.

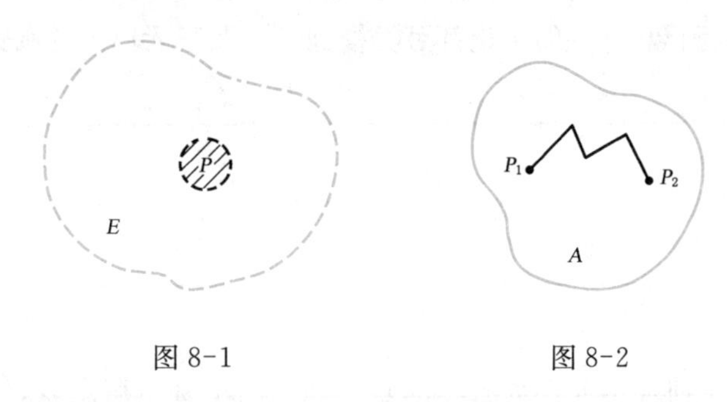

图 8-1　　图 8-2

下面给出区域的概念.

如果平面上(或空间内)的点集 D 是开集,且是连通的,那么,称点集 D 为开区域,简称区域.

区域可以分为有界区域和无界区域. 一个平面(或空间)区域 D,如果能包含在一个以原点为圆心的圆(或以原点为球心的球)内(图 8-3,图中 D 为平面区域),那么,称区域 D 是有界区域;否则,称区域 D 是无界区域.

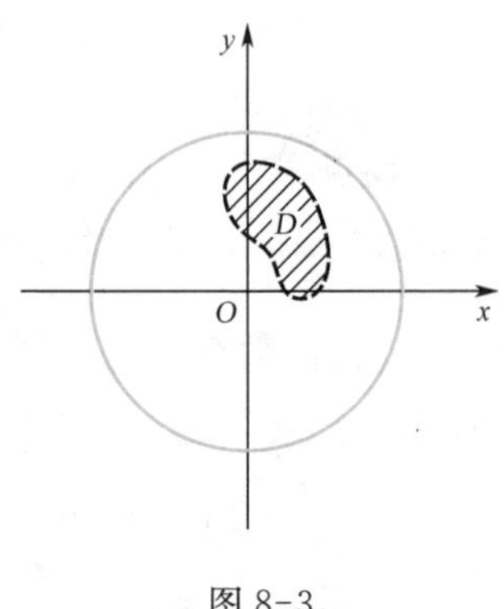

图 8-3

如果点 P 不属于区域 D,而点 P 的任意一个邻域内,总含有属于 D 的点,那么,称点 P 是区域 D 的边界点. 所有边界点的集合,称为区域 D 的边界,记作 ∂D. 一个平面区域的边界可能是由几条曲线或一些点组成;一个空间区域的边界可能是由几个曲面或几条曲线或一些点组成. 区域 D 连同它的边界 ∂D 一起,称为闭区域,记作 $\overline{D}=D+\partial D$.

例如,平面点集 $D=\{(x, y) | x<1, y>-1\}$(图 8-4) 是一个区域,且是无界区域,它的边界为直线 $x=1$ 上 $y>-1$ 的部分及直线 $y=-1$ 上 $x\leqslant 1$ 的部分. 又如,

平面点集 $D=\{(x, y) \mid 0<x^2+y^2<1\}$（图 8-5）是有界区域，它的边界是圆周 $x^2+y^2=1$ 和原点 $O(0, 0)$.

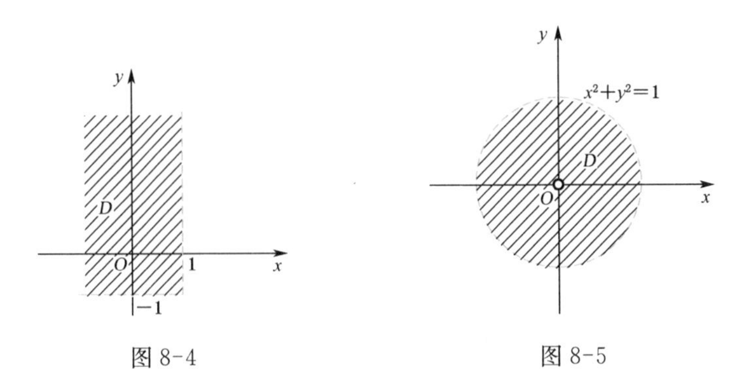

图 8-4　　　　图 8-5

8.1.2　多元函数的概念

与一元函数一样，多元函数也是从实际问题抽象出来的一个数学概念. 现在，先看几个例子.

例 1　正圆锥体的体积 V 和它的高 h 及底面半径 r 之间有如下关系：

$$V=\frac{1}{3}\pi r^2 h.$$

如果在观察的过程中，r 和 h 是变化的，那么，此关系式反映了三个变量 r，h 和 V 间的一种依赖关系. 当 r 和 h 在集合 $\{(r, h) \mid r>0, h>0\}$ 内取定一组数 (r, h) 时，通过关系式 $V=\frac{1}{3}\pi r^2 h$ 知，体积 V 有唯一确定的值与之对应.

例 2　由物理学知道，电路中电压 U、电流强度 I 和电阻 R 之间有如下关系：

$$U=IR.$$

如果在观察的过程中，I 和 R 是变化的，那么，此关系式反映了三个变量 I，R 和 U 之间的一种依赖关系. 当 I 和 R 在集合 $\{(I, R) \mid I>0, R>0\}$ 内取定一组数 (I, R) 时，通过关系式 $U=IR$，电压 U 就有唯一确定的值与之对应.

例 3　一定量的理想气体的压强 p、体积 V 和绝对温度 T 之间有如下关系：

$$p=\frac{RT}{V},$$

其中，R 是常数. 如果在观察的过程中，T 和 V 是变化的，那么，此关系式反映了三个变量 T，V 和 p 之间的一种依赖关系. 当 T，V 在集合 $\{(T, V) \mid T>T_0, V>0\}$ 内取定一组数 (T, V) 时，通过关系式 $p=\frac{RT}{V}$，压强 p 就有唯一确定的值与之对应.

上面三个例子虽然来自不同的实际问题，但是，它们却有共同之处. 首先，它们都说明三个变量之间存在着一种相互依赖关系，这种关系给出了一个变量与另两个变量之间的对应法则；其次，当两个变量在允许的范围内取定一组数时，按照对应法则，另一变量就有唯一确定的值与之对应.

由这些共性，就可得出以下二元函数的定义.

定义 设 D 是 xOy 面上的一个非空点集，如果对于 D 内的任意一点 $P(x, y)$，变量 z 按照一定的法则总有唯一确定的值与它对应，则称 z 是变量 x, y 的**二元函数**(或称 z 是点 P 的函数)①，记作

$$z = f(x, y) \quad 或 \quad z = f(P). \tag{8.1}$$

点集 D 称为该函数的**定义域**，x, y 称为**自变量**，z 称为**因变量**.

按照定义，上述所举的三个例子中，正圆锥体的体积 V 就是底面半径 r 和高 h 的函数；电压 U 就是电流强度 I 和电阻 R 的函数；压强 p 就是绝对温度 T 和体积 V 的函数. 它们都是二元函数.

有关二元函数的一些概念，与一元函数的内容相类似，这里不再叙述.

例 4 求函数 $z = \arcsin(x+y)$ 的定义域.

解 由反正弦函数的定义知，x 和 y 必须满足不等式：

$$-1 \leqslant x+y \leqslant 1,$$

所以，函数 $z = \arcsin(x+y)$ 的定义域是平面点集：

$$\{(x, y) \mid -1 \leqslant x+y \leqslant 1\}.$$

此点集是介于两条直线 $x+y=-1$, $x+y=1$ 之间(包括这两条直线) 的那部分平面，它是一个闭区域(图 8-6)，且是无界区域.

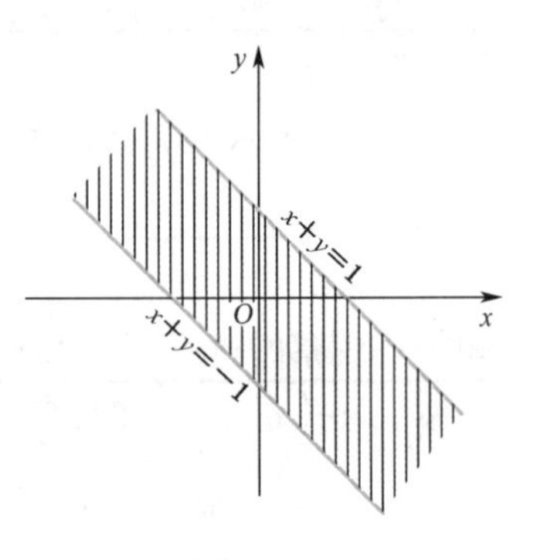

图 8-6

例 5 求函数

$$z = \ln(x^2+y^2-1) + \frac{1}{\sqrt{4-x^2-y^2}}$$

的定义域.

解 要使函数关系式右边的两个算式同时有意义，x 和 y 必须满足不等式组：

$$\begin{cases} x^2+y^2-1 > 0, \\ 4-x^2-y^2 > 0, \end{cases}$$

① 此处定义的函数又称为二元单值函数. 如果对于 D 内一点 $P(x, y)$，变量 z 按照一定的法则有两个或两个以上的值与它对应，那么，这种函数称为二元多值函数. 本书主要讨论单值函数.

即
$$\begin{cases} x^2+y^2>1, \\ x^2+y^2<4, \end{cases}$$

亦即
$$1<x^2+y^2<4,$$

所以，函数 $z=\ln(x^2+y^2-1)+\frac{1}{\sqrt{4-x^2-y^2}}$ 的定义域是平面点集：

$$\{(x, y)\,|\,1<x^2+y^2<4\}.$$

此点集是介于两圆周 $x^2+y^2=1$ 和 $x^2+y^2=4$ 之间的圆环区域(图 8-7). 它是一个开区域，且是有界区域.

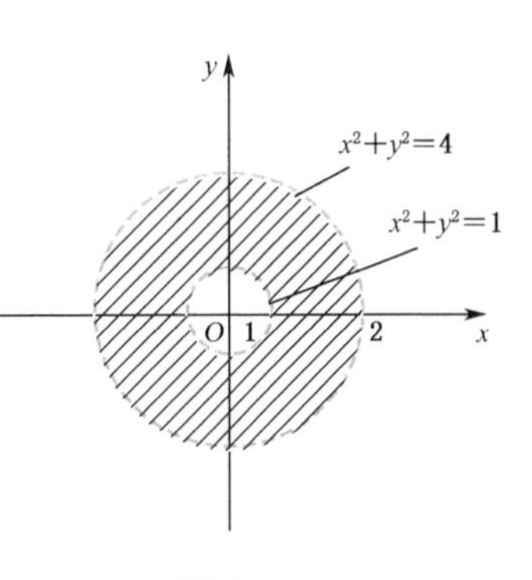

图 8-7

例 6 求函数 $f(x, y)=\sqrt{x\sin y}$ 在点 $\left(4, \frac{\pi}{2}\right)$ 处的函数值.

解
$$f\left(4, \frac{\pi}{2}\right)=\sqrt{4\sin\frac{\pi}{2}}=2.$$

在前面所叙述的概念中，只需将平面点集、平面上的点分别换成空间点集和空间内的点，这样便能得到三元函数 $u=f(x, y, z)$，三元以上函数的定义及相应的一些概念.①二元以及二元以上的函数统称为多元函数.

8.1.3 二元函数的图形

一般地，根据二元函数的定义，对于二元函数 $z=f(x, y)$ 的定义域 D 内的任意一点 $P(x, y)$，函数总有唯一确定的值 z 与之对应. 如果将 x, y, z 作为空间内点的坐标，那么，它们唯一地确定了空间内一个点 $M(x, y, z)$. 当点 $P(x, y)$ 取遍定义域 D 内的点时，就得到一个空间点集：

$$\{(x, y, z)\,|\,z=f(x, y), (x, y)\in D\},$$

---

① 定义三元以上的函数，需要有关 n 维空间的概念. 这里作简要的介绍. 将 n 个实数 $x_1, x_2, \cdots, x_n$ 组成一组数，记作 $(x_1, x_2, \cdots, x_n)$. 这组数就称为有序数组. 定义了线性运算的所有有序数组 $(x_1, x_2, \cdots, x_n)$ 构成的集合：$\{(x_1, x_2, \cdots, x_n)\,|\,x_i\in\mathbf{R}, i=1, 2, \cdots, n\}$ 称为 **n 维空间**，每个有序数组 $(x_1, x_2, \cdots, x_n)$ 称为 **n 维空间内的一个点**，数 $x_1, x_2, \cdots, x_n$ 称为该点的**坐标**. 由 n 维空间内的某些点组成的集合称为 **n 维空间内的点集**.

特别地，当 $n=2$ 或 $n=3$ 时，就是我们所熟悉的平面或空间，它们又分别称为二维空间或三维空间.

n 维空间内的两点 $P_1(x_1, x_2, \cdots, x_n)$ 和 $P_2(y_1, y_2, \cdots, y_n)$ 的距离定义为

$$|P_1P_2|=\sqrt{(y_1-x_1)^2+(y_2-x_2)^2+\cdots+(y_n-x_n)^2}.$$

n 维空间内的点 P_0 的邻域及区域的概念与二维空间类似.

该点集称为二元函数 $z=f(x, y)$ 的图形(图 8-8). 通常,此图形是一张曲面. 例如,函数 $z=x^2+y^2$ 的图形是旋转抛物面.

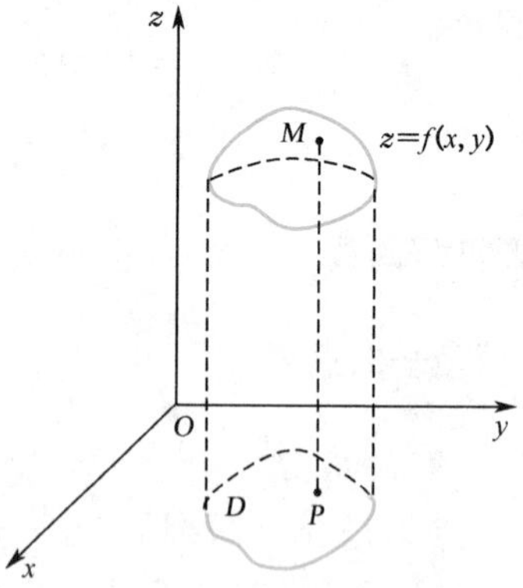

例 7　求函数 $z=\sqrt{R^2-x^2-y^2}$ 的定义域,并说明它的图形是什么曲面.

解　要使函数关系式右边的算式有意义,x 和 y 必须满足不等式:

$$R^2-x^2-y^2 \geqslant 0,$$

即

$$x^2+y^2 \leqslant R^2,$$

所以,函数 $z=\sqrt{R^2-x^2-y^2}$ 的定义域是平面点集:

$$D=\{(x, y) \mid x^2+y^2 \leqslant R^2\}.$$

这个点集是由圆周 $x^2+y^2=R^2$ 的内部连同圆周上的点所构成.

函数 $z=\sqrt{R^2-x^2-y^2}$ 的图形是点集:

$$\{(x, y, z) \mid z=\sqrt{R^2-x^2-y^2},\ (x, y) \in D\}.$$

它是以点(0, 0, 0)为球心、R 为半径的上半球面.

图 8-8

习题 8.1

1. 求下列函数的定义域.

(1) $z=\dfrac{1}{\sqrt{x-y}}+\dfrac{1}{y}$;　(2) $z=\dfrac{\sqrt{4x-y^2}}{\ln(1-x^2-y^2)}$;　(3) $z=\dfrac{\arcsin y}{\sqrt{x}}$;

(4) $z=\sqrt{x-\sqrt{y}}$;　(5) $z=\ln(x-y^2)+\arcsin(x^2+y^2)$.

2. 设 $f(x, y)=xy+\dfrac{x}{y}$,求 $f\left(\dfrac{1}{2}, \dfrac{1}{3}\right)$, $f(x+y, 1)$.

3. 设 $f(u, v)=u^2+v^2$,求 $f(\sqrt{xy}, x+y)$.

4. 设 $f(x, y)=xy^2$,求 $f(\sin(x+y), \mathrm{e}^{xy})$.

5. 设 $F(u, v, w)=u^w+w^{u+v}$,求 $F(x+y, x-y, xy)$.

6. 设 $f(x-y, x+y)=xy$,求 $f(x, y)$.

答　案

1. (1) $\{(x, y) \mid x>y$,且 $y \neq 0\}$;　(2) $\{(x, y) \mid 0<x^2+y^2<1,\ y^2 \leqslant 4x\}$;

(3) $\{(x, y) \mid x>0,\ -1 \leqslant y \leqslant 1\}$;　(4) $\{(x, y) \mid x^2 \geqslant y,\ x \geqslant 0,\ y \geqslant 0\}$;

(5) $\{(x, y) \mid x^2+y^2 \leqslant 1,\ x>y^2\}$.

2. $\frac{5}{3}$, $2(x+y)$.

3. $xy+(x+y)^2$.

4. $\sin(x+y)e^{2xy}$.

5. $(x+y)^{xy}+(xy)^{2x}$.

6. $\frac{1}{4}(y^2-x^2)$.

8.2 二元函数的极限与连续

8.2.1 二元函数的极限

先介绍有关聚点的概念. 设 E 是平面上的一个点集,P 是平面上的一个定点(P 可以属于 E,也可以不属于 E). 如果点 P 的任一个邻域内总含有无穷多个属于 E 的点,则称点 P 为点集 E 的聚点.

类似于一元函数的极限概念,给出二元函数的极限概念.

定义1 设函数 $z=f(x, y)$ 的定义域为 D,点 $P_0(x_0, y_0)$ 是 D 的聚点. 如果当点 $P(x, y)$($P\neq P_0$ 且 $P\in D$) 以任何方式趋近于点 $P_0(x_0, y_0)$ 时,对应的函数值 $f(x, y)$ 无限趋近于某个确定的常数 A,则称当 $(x, y)\to(x_0, y_0)$ 时,函数 $z=f(x, y)$ 有极限 A,记作

$$\lim_{(x, y)\to(x_0, y_0)} f(x, y)=A \quad 或 \quad f(x, y)\to A \quad [(x, y)\to(x_0, y_0)]. \tag{8.2}$$

由于当点 $P(x, y)$ 趋近于点 $P_0(x_0, y_0)$ 时,它们之间的距离 $|P_0P|$ 趋近于零,即 $\rho=\sqrt{(x-x_0)^2+(y-y_0)^2}\to 0$,故上述极限有时也记作

$$\lim_{\rho\to 0} f(x, y)=A \quad 或 \quad f(x, y)\to A \quad (\rho\to 0).$$

二元函数的极限有时也称为二重极限.

仿照此,也可类似地定义三元及三元以上函数的极限.

有关一元函数极限的运算法则和定理及无穷小的概念和定理,都可以直接类推到二元及二元以上的函数,这里不作详细的叙述.

例1 求极限 $\lim\limits_{(x, y)\to(0, 0)} \frac{x^2+y^2}{\sqrt{1+x^2+y^2}-1}$.

解 显然当 $(x, y)\to(0, 0)$ 时,$\rho=\sqrt{x^2+y^2}\to 0$,根据极限的加法法则及有关复合函数的极限的定理,知

$$\lim_{\rho\to 0}\sqrt{1+x^2+y^2}=\sqrt{\lim_{\rho\to 0}1+\lim_{\rho\to 0}(x^2+y^2)}=\sqrt{1+0}=1.$$

所以

$$\lim_{(x,y)\to(0,0)}\frac{x^2+y^2}{\sqrt{1+x^2+y^2}-1}=\lim_{\rho\to0}\frac{x^2+y^2}{\sqrt{1+x^2+y^2}-1}$$
$$=\lim_{\rho\to0}\frac{(x^2+y^2)(\sqrt{1+x^2+y^2}+1)}{(\sqrt{1+x^2+y^2}-1)(\sqrt{1+x^2+y^2}+1)}$$
$$=\lim_{\rho\to0}(\sqrt{1+x^2+y^2}+1)=1+1=2.$$

例 2 证明函数

$$f(x,y)=\begin{cases}\dfrac{xy}{x^2+y^2}, & (x,y)\neq(0,0),\\ 0, & (x,y)=(0,0),\end{cases}$$

在 $(x, y)\to(0, 0)$ 时的极限不存在.

证明 让点 $P(x, y)$沿直线 $y=kx$ 趋近于点$(0, 0)$,则有

$$\lim_{\substack{(x,y)\to(0,0)\\ y=kx}}f(x,y)=\lim_{\substack{(x,y)\to(0,0)\\ y=kx}}\frac{xy}{x^2+y^2}=\lim_{x\to0}\frac{kx^2}{x^2+k^2x^2}=\lim_{x\to0}\frac{k}{1+k^2}=\frac{k}{1+k^2}.$$

显然,随着 k 所取的值不同,上式的值也不同. 例如,取 $k=0$ 时,上式的值为 0;取 $k=1$ 时,上式的值为$\frac{1}{2}$. 这说明,当点 $P(x, y)$沿着不同的直线趋近于点$(0, 0)$时,函数 $f(x, y)$趋近于不同的值. 因此,根据极限的概念知,

$$\lim_{(x,y)\to(0,0)}f(x,y)$$

不存在.

8.2.2 二元函数的连续性

二元函数连续的定义与一元函数连续的定义相仿,现在叙述如下.

定义 2 设函数 $z=f(x, y)$ 的定义域为 D,点 $P_0(x_0, y_0)$ 是 D 的聚点,且 $P_0\in D$,如果

$$\lim_{(x,y)\to(x_0,y_0)}f(x,y)=f(x_0,y_0), \tag{8.3}$$

则称函数 $z=f(x, y)$ 在点 $P_0(x_0, y_0)$ 处连续.

定义 2 可以写成另一种等价的形式. 首先,引入增量的概念. 设点 $P(x, y)$ 是点 $P_0(x_0, y_0)$ 的邻域内一点,$P\in D$,令 $\Delta x=x-x_0$, $\Delta y=y-y_0$,则 $x=x_0+\Delta x$, $y=y_0+\Delta y$,

$$\Delta z=f(x,y)-f(x_0,y_0)=f(x_0+\Delta x,y_0+\Delta y)-f(x_0,y_0), \tag{8.4}$$

这里,Δx, Δy 分别称为自变量 x, y 在 x_0, y_0 处的**增量**,Δz 称为函数 $z=f(x, y)$ 在点 $P_0(x_0, y_0)$ 处相应于自变量增量的**全增量**.

根据极限的运算法则可知，式(8.3)可以改写成以下形式：

$$\lim_{(x, y)\to(x_0, y_0)}[f(x, y)-f(x_0, y_0)]=0,$$

又$(x, y)\to(x_0, y_0)$等价于$\rho=\sqrt{(\Delta x)^2+(\Delta y)^2}\to 0$，也可记作$(\Delta x, \Delta y)\to(0, 0)$. 于是，式(8.3)又等价于

$$\lim_{(\Delta x, \Delta y)\to(0, 0)}\Delta z=\lim_{(\Delta x, \Delta y)\to(0, 0)}[f(x_0+\Delta x, y_0+\Delta y)-f(x_0, y_0)]=0.$$

从而有以下定义：

定义 3　设二元函数$z=f(x, y)$的定义域为D，点$P_0(x_0, y_0)$是D的聚点，且$P_0\in D$，如果对于任一点$P(x_0+\Delta x, y_0+\Delta y)\in D$，都有

$$\lim_{(\Delta x, \Delta y)\to(0, 0)}\Delta z=\lim_{(\Delta x, \Delta y)\to(0, 0)}[f(x_0+\Delta x, y_0+\Delta y)-f(x_0, y_0)]=0,\quad(8.5)$$

则称函数$z=f(x, y)$在点$P_0(x_0, y_0)$处连续.

如果二元函数$z=f(x, y)$在区域D内的每一点都连续，则称函数$z=f(x, y)$在区域D内连续；如果函数$z=f(x, y)$在区域D内连续，且在区域D的边界∂D上的每一点都连续，则称函数$z=f(x, y)$在闭区域$\overline{D}=D+\partial D$上连续.

由极限的运算法则，不难得到：二元连续函数的和、差、积、商(分母为零的点除外)仍是连续函数，二元连续函数的复合函数仍是连续函数.

由于二元初等函数是由常数及基本初等函数经过有限次的四则运算和复合运算步骤且由一个式子表示的函数，因此，进一步可以得到以下结论：一切二元初等函数在其定义区域内是连续的(定义区域是指包含在定义域内的区域或闭区域).

利用上面的结论，可以较方便地求出二元初等函数在其定义区域内的点$P_0(x_0, y_0)$处的极限，这时，该点的函数值就是极限值.

例 3　求$\displaystyle\lim_{(x, y)\to(1, 1)}\frac{2x-y^2}{x^2+y^2}$.

解　函数$f(x, y)=\dfrac{2x-y^2}{x^2+y^2}$是初等函数，它的定义域是集合：

$$D=\{(x, y)\mid x^2+y^2\neq 0\}.$$

因为点(1, 1)是定义区域D内的一点，所以根据初等函数的连续性知，函数$f(x, y)$在点(1, 1)处连续，因此

$$\lim_{(x, y)\to(1, 1)}\frac{2x-y^2}{x^2+y^2}=\frac{2\times 1-1^2}{1^2+1^2}=\frac{1}{2}.$$

定义 4　设函数$f(x, y)$的定义域为D，$P_0(x_0, y_0)$是D的聚点. 如果函数$f(x, y)$在点$P_0(x_0, y_0)$处不连续，那么称$P_0(x_0, y_0)$为函数$f(x, y)$的间断点.

例如，函数

$$f(x, y)=\begin{cases}\dfrac{xy}{x^2+y^2}, & (x, y)\neq(0, 0),\\ 0, & (x, y)=(0, 0),\end{cases}$$

其定义域 D 为整个平面,点 $(0, 0)$ 是 D 的聚点. $f(x, y)$ 在 $(x, y)\to(0, 0)$ 时的极限不存在(参见例 2),所以点 $(0, 0)$ 是该函数的一个间断点. 再如,函数

$$f(x, y)=\frac{e^{xy}}{x^2+y^2-4},$$

其定义域为

$$D=\{(x, y)\mid x^2+y^2\neq 4\},$$

圆周 $C=\{(x, y)\mid x^2+y^2=4\}$ 上的点都是 D 的聚点,而 $f(x, y)$ 在 C 上没有定义,所以圆周 C 上的点都是该函数的间断点.

关于二元函数 $z=f(x, y)$ 在有界闭区域上连续时所具有的性质,与一元函数 $y=f(x)$ 在闭区间上连续时所具有的性质完全相仿. 即有以下性质.

性质 1(最大值和最小值定理) 如果二元函数 $z=f(x, y)$ 在有界闭区域 $\overline{D}$ 上连续,那么它在 $\overline{D}$ 上必能取得最大值和最小值. 也就是说,在 $\overline{D}$ 上至少存在一点 $P_1(x_1, y_1)$ 及一点 $P_2(x_2, y_2)$,使得

$$f(x_1, y_1)=\max_{(x, y)\in\overline{D}} f(x, y) \quad 及 \quad f(x_2, y_2)=\min_{(x, y)\in\overline{D}} f(x, y).$$

性质 2(介值定理) 设二元函数 $z=f(x, y)$ 在有界闭区域 $\overline{D}$ 上连续,且在 $\overline{D}$ 上取得两个不同的函数值,如果 C 是介于这两个函数值之间的任意常数,则至少存在一点 $(\xi, \eta)\in D$,使得

$$f(\xi, \eta)=C.$$

以上二元函数的定义、结论、性质都可相应地推广到三元及三元以上的函数.

习题 8.2

1. 求下列极限.

(1) $\displaystyle\lim_{(x, y)\to(0, 0)}\frac{\tan(x^2+y^2)}{x^2+y^2}$;

(2) $\displaystyle\lim_{(x, y)\to(0, 3)}\frac{e^{xy}\cos x}{2+x+y}$;

(3) $\displaystyle\lim_{(x, y)\to(0, 0)}\frac{3-\sqrt{xy+9}}{xy}$;

(4) $\displaystyle\lim_{(x, y)\to(0, 0)}\left(x\sin\frac{1}{y}+y\cos\frac{1}{x}\right)$;

(5) $\displaystyle\lim_{(x, y)\to(3, 0)}\left[\frac{\sin(xy)}{y}+(x^2+y^2)\right]$.

2. 证明极限 $\displaystyle\lim_{(x, y)\to(0, 0)}\frac{x-y}{x+y}$ 不存在.

3. 指出下列函数在何处是间断的.

(1) $z = \frac{x+y}{y-2x^2}$；　　　　(2) $z = \frac{\sin(xy)}{(x-y)^2}$.

答　案

1. (1) 1；(2) $\frac{1}{5}$；(3) $-\frac{1}{6}$；(4) 0；(5) 12.　2. 证略.

3. (1) 函数在抛物线 $y = 2x^2$ 上的点是间断的；

(2) 函数在直线 $x - y = 0$ 上的点是间断的.

8.3 偏导数

8.3.1 偏导数的概念

在上册第 2 章中，从研究函数关于自变量的变化率得到了一元函数的导数概念. 在多元函数的研究中，也有函数关于自变量的变化率的问题. 本节将讨论，多元函数中某一自变量变化而其他自变量不变化(即视为常数)时，函数关于这个自变量的变化率. 此变化率就是多元函数对这个自变量的偏导数.

现在，仅就二元函数 $z = f(x, y)$ 来给出偏导数的定义. 设有两个自变量 x 和 y，x 是变化的，y 是不变的(即视为常数)，这时，函数 $z = f(x, y)$ 就可看成是 x 的一元函数. 因此，函数 $z = f(x, y)$ 对 x 的偏导数的定义完全与一元函数的导数的定义相仿，即有下面的定义.

定义　设函数 $z = f(x, y)$ 在点 (x_0, y_0) 的某一邻域内有定义，当自变量 y 保持定值 y_0 而自变量 x 在 x_0 处有增量 Δx (点 $x_0 + \Delta x$ 仍在该邻域内) 时，函数相应的增量称为函数 $z = f(x, y)$ 在点 (x_0, y_0) 处关于自变量 x 的偏增量，记作 $\Delta_x z$，即

$$\Delta_x z = f(x_0 + \Delta x, y_0) - f(x_0, y_0).$$

如果当 $\Delta x \to 0$ 时，比式 $\frac{\Delta_x z}{\Delta x}$ 的极限存在，则称此极限值为函数 $z = f(x, y)$ 在点 (x_0, y_0) 处对 x 的偏导数，记作 $\left.\frac{\partial z}{\partial x}\right|_{(x_0, y_0)}$，即

$$\left.\frac{\partial z}{\partial x}\right|_{(x_0, y_0)} = \lim_{\Delta x \to 0} \frac{\Delta_x z}{\Delta x} = \lim_{\Delta x \to 0} \frac{f(x_0 + \Delta x, y_0) - f(x_0, y_0)}{\Delta x}. \tag{8.6}$$

此偏导数也可记作

$$\left.\frac{\partial f}{\partial x}\right|_{(x_0, y_0)} \quad 或 \quad \left.z'_x\right|_{(x_0, y_0)} \quad 或 \quad f'_x(x_0, y_0).$$

类似地，函数 $z = f(x, y)$ 在点 (x_0, y_0) 处关于 y 的偏增量定义为

$$\Delta_y z = f(x_0, y_0 + \Delta y) - f(x_0, y_0).$$

函数 $z = f(x, y)$ 在点(x_0, y_0)处**对 y 的偏导数**定义为

$$\left.\frac{\partial z}{\partial y}\right|_{(x_0, y_0)} = \lim_{\Delta y \to 0} \frac{\Delta_y z}{\Delta y} = \lim_{\Delta y \to 0} \frac{f(x_0, y_0 + \Delta y) - f(x_0, y_0)}{\Delta y}. \tag{8.6'}$$

此偏导数也可记作

$$\left.\frac{\partial f}{\partial y}\right|_{(x_0, y_0)} \quad 或 \quad \left. z'_y \right|_{(x_0, y_0)} \quad 或 \quad f'_y(x_0, y_0).$$

如果一个二元函数 $z = f(x, y)$ 在区域 D 内的每一点处对 x 的偏导数都存在，那么，对于任一点$(x, y) \in D$，都对应有唯一的偏导数值. 由二元函数的定义可知，通过这种对应关系，就构成了一个新的二元函数，这个函数称为函数 $z = f(x, y)$ **对自变量 x 的偏导函数**，记作

$$\frac{\partial z}{\partial x} \quad 或 \quad \frac{\partial f}{\partial x} \quad 或 \quad z'_x \quad 或 \quad f'_x(x, y).$$

把式(8.6)中的 x_0，y_0 换成 x，y 就可得到此偏导函数的定义为

$$f'_x(x, y) = \lim_{\Delta x \to 0} \frac{f(x + \Delta x, y) - f(x, y)}{\Delta x}. \tag{8.7}$$

注意 式(8.7)中的 x，y 是偏导函数 $f'_x(x, y)$的自变量，但在求极限的过程中，它们是不随 Δx 变化的(即是常量).

同样，可以定义函数 $z = f(x, y)$ **对自变量 y 的偏导函数**. 此偏导函数记作

$$\frac{\partial z}{\partial y} \quad 或 \quad \frac{\partial f}{\partial y} \quad 或 \quad z'_y \quad 或 \quad f'_y(x, y),$$

它的定义为

$$f'_y(x, y) = \lim_{\Delta y \to 0} \frac{f(x, y + \Delta y) - f(x, y)}{\Delta y}. \tag{8.8}$$

通常，偏导函数也称为偏导数.

二元函数的偏导数的概念可以类推到二元以上的函数. 以三元函数 $u = f(x, y, z)$ 为例，如果 y 和 z 不变(即视为常数)，x 是变化的，那么，函数 $u = f(x, y, z)$ 在点(x, y, z) 处对 x 的偏导数定义为

$$f'_x(x, y, z) = \lim_{\Delta x \to 0} \frac{f(x + \Delta x, y, z) - f(x, y, z)}{\Delta x}.$$

此偏导数也可记作

$$\frac{\partial u}{\partial x} \quad 或 \quad \frac{\partial f}{\partial x} \quad 或 \quad u'_x(x, y, z).$$

如果一元函数在某一点处可导，那么它一定在某一点处连续. 而对于多元函数来说，此结论不一定成立. 即使是函数在某一点处对各个自变量的偏导数都存在，也不能保证函数在该点处连续.

例1 证明函数

$$z=f(x, y)=\begin{cases}\dfrac{xy}{x^2+y^2}, & (x, y)\neq(0, 0),\\ 0, & (x, y)=(0, 0),\end{cases}$$

在点(0, 0)处两个偏导数都存在.

解 函数 $z=f(x, y)$ 在点(0, 0) 处关于 x 的偏增量为

$$\Delta_x z=f(0+\Delta x, 0)-f(0, 0)=\frac{\Delta x\cdot 0}{\Delta x^2+0}-0=0-0=0,$$

于是
$$\lim_{\Delta x\to 0}\frac{\Delta_x z}{\Delta x}=\lim_{\Delta x\to 0}\frac{0}{\Delta x}=\lim_{\Delta x\to 0}0=0,$$

所以函数 $z=f(x, y)$ 在点(0, 0) 处对 x 的偏导数存在，且 $f'_x(0, 0)=0$.

同理，因为

$$\lim_{\Delta y\to 0}\frac{\Delta_y z}{\Delta y}=\lim_{\Delta y\to 0}\frac{f(0, 0+\Delta y)-f(0, 0)}{\Delta y}=\lim_{\Delta y\to 0}\frac{0-0}{\Delta y}=0,$$

所以函数 $z=f(x, y)$ 在点(0, 0) 处对 y 的偏导数存在，且 $f'_y(0, 0)=0$.

虽然例1中的函数在点(0, 0)处对 x, y 的偏导数都存在，但是在8.2.2目中已看到此函数在点(0, 0)处是不连续的.

8.3.2 偏导数的求法

下面以二元函数 $z=f(x, y)$ 为例，给出偏导数的求法.

由偏导数的定义，$f(x, y)$ 在点(x_0, y_0) 处对 x 的偏导数 $f'_x(x_0, y_0)$，就是一元函数 $f(x, y_0)$ 在点 x_0 处的导数，因此，要求 $f'_x(x_0, y_0)$，就是求$\dfrac{\mathrm{d}}{\mathrm{d}x}f(x, y_0)\Big|_{x=x_0}$；同样，要求 $f'_y(x_0, y_0)$，就是求$\dfrac{\mathrm{d}}{\mathrm{d}y}f(x_0, y)\Big|_{y=y_0}$.

又根据偏导函数的概念可知，若要求 $f(x, y)$ 在点(x_0, y_0) 处对 x 的偏导数 $f'_x(x_0, y_0)$，则只要先求出偏导函数 $f'_x(x, y)$，然后再求 $f'_x(x, y)$ 在点(x_0, y_0) 处的函数值 $f'_x(x_0, y_0)$；同样，只要先求出偏导函数 $f'_y(x, y)$，然后再求 $f'_y(x, y)$ 在点(x_0, y_0) 处的函数值 $f'_y(x_0, y_0)$，便得到 $z=f(x, y)$ 在点(x_0, y_0) 处对 y 的偏导数 $f'_y(x_0, y_0)$.

至于实际求 $z=f(x, y)$ 的偏导函数，并不需要用新的方法，因为在这里只有一个自变量是变化的，另一个自变量可看成是常数，所以仍旧是一元函数的微分法的问

题. 在求$\dfrac{\partial f}{\partial x}$时,只要将 y 看成是常数(即将 f 看成是 x 的一元函数),f 对 x 求导即可. 同样,在求$\dfrac{\partial f}{\partial y}$时,只要将 x 看成是常数(即将 f 看成是 y 的一元函数),f 对 y 求导即可.

例 2　求函数 $z=\dfrac{x^2y^2}{x-y}$ 在点(2, 1)处的偏导数.

解法 1　由偏导数的定义,$\left.\dfrac{\partial z}{\partial x}\right|_{(2,\,1)}$ 就是函数 z 在固定 $y=1$ 后,$z=\dfrac{x^2}{x-1}$ 在 $x=2$ 处的导数,即

$$\left.\frac{\partial z}{\partial x}\right|_{(2,\,1)}=\left.\left(\frac{x^2}{x-1}\right)'\right|_{x=2}=\left.\frac{x^2-2x}{(x-1)^2}\right|_{x=2}=0.$$

同理,$\left.\dfrac{\partial z}{\partial y}\right|_{(2,\,1)}$ 就是函数 z 在固定 $x=2$ 后,$z=\dfrac{4y^2}{2-y}$ 在 $y=1$ 处的导数,即

$$\left.\frac{\partial z}{\partial y}\right|_{(2,1)}=\left.\left(\frac{4y^2}{2-y}\right)'\right|_{y=1}=\left.\frac{16y-4y^2}{(2-y)^2}\right|_{y=1}=12.$$

解法 2　由偏导函数的概念,可以先求出偏导函数$\dfrac{\partial z}{\partial x}$与$\dfrac{\partial z}{\partial y}$,然后计算$\left.\dfrac{\partial z}{\partial x}\right|_{(2,\,1)}$与$\left.\dfrac{\partial z}{\partial y}\right|_{(2,\,1)}$. 解法如下:

将 y 看成是常数,z 对 x 求导,得

$$\frac{\partial z}{\partial x}=\frac{2xy^2(x-y)-x^2y^2}{(x-y)^2}=\frac{x^2y^2-2xy^3}{(x-y)^2},$$

把 $x=2$, $y=1$ 代入,得到

$$\left.\frac{\partial z}{\partial x}\right|_{(2,\,1)}=\frac{2^2\times1^2-2\times2\times1^3}{(2-1)^2}=0.$$

将 x 看成常数,z 对 y 求导,得

$$\frac{\partial z}{\partial y}=\frac{2xy^2(x-y)-(-1)x^2y^2}{(x-y)^2}=\frac{2x^3y-x^2y^2}{(x-y)^2},$$

把 $x=2$, $y=1$ 代入,得到

$$\left.\frac{\partial z}{\partial y}\right|_{(2,\,1)}=\frac{2\times2^3\times1-2^2\times1^2}{(2-1)^2}=12.$$

例 3　设 $z=\arctan\dfrac{y}{x}$,求$\dfrac{\partial z}{\partial x}$及$\dfrac{\partial z}{\partial y}$.

解　将 y 看成常数,z 对 x 求导,得

$$\frac{\partial z}{\partial x}=\frac{1}{1+\left(\frac{y}{x}\right)^2}\left(-\frac{y}{x^2}\right)=\frac{-y}{x^2+y^2}.$$

将 x 看成常数，z 对 y 求导，得

$$\frac{\partial z}{\partial y}=\frac{1}{1+\left(\frac{y}{x}\right)^2}\cdot\frac{1}{x}=\frac{x}{x^2+y^2}.$$

例 4　设 $z=x^y$，求$\frac{\partial z}{\partial x}$及$\frac{\partial z}{\partial y}$.

解　将 y 看成是常数，则 z 关于 x 是幂函数. 由一元函数中的幂函数的求导公式，得

$$\frac{\partial z}{\partial x}=yx^{y-1}.$$

将 x 看成是常数，则 z 关于 y 是指数函数. 根据一元函数中的指数函数的求导公式，得

$$\frac{\partial z}{\partial y}=x^y\ln x.$$

例 5　设 $u=(1+xz)^{yz}$，求$\frac{\partial u}{\partial x}$，$\frac{\partial u}{\partial y}$，$\frac{\partial u}{\partial z}$.

解　将 y，z 看成是常数，则 u 关于 x 是属于幂函数型的. 由一元函数中的幂函数求导公式及复合函数求导公式，得

$$\frac{\partial u}{\partial x}=yz(1+xz)^{yz-1}z=yz^2(1+xz)^{yz-1}.$$

将 x，z 看成是常数，则 u 关于 y 是属于指数函数型的. 根据一元函数中的指数函数求导公式及复合函数求导公式，得

$$\frac{\partial u}{\partial y}=(1+xz)^{yz}\ln(1+xz)z=z(1+xz)^{yz}\ln(1+xz).$$

将 x，y 看成是常数，则 u 是 z 的幂指函数. 可利用指数恒等式 $a=\mathrm{e}^{\ln a}$，将 u 变形后再求导，得

$$\frac{\partial u}{\partial z}=\frac{\partial}{\partial z}(\mathrm{e}^{yz\ln(1+xz)})=\mathrm{e}^{yz\ln(1+xz)}\left[y\ln(1+xz)+\frac{xyz}{1+xz}\right]$$

$$=(1+xz)^{yz}\left[y\ln(1+xz)+\frac{xyz}{1+xz}\right].$$

例 6　已知一定量的理想气体的状态方程为 $pV=RT$（R 为常数），求证：

$$\frac{\partial p}{\partial V}\cdot\frac{\partial V}{\partial T}\cdot\frac{\partial T}{\partial p}=-1.$$

证明　因为 $p=\frac{RT}{V},\ \frac{\partial p}{\partial V}=-\frac{RT}{V^2};\ V=\frac{RT}{p},\ \frac{\partial V}{\partial T}=\frac{R}{p};\ T=\frac{pV}{R},\ \frac{\partial T}{\partial p}=\frac{V}{R}$,所以

$$\frac{\partial p}{\partial V}\cdot\frac{\partial V}{\partial T}\cdot\frac{\partial T}{\partial p}=-\frac{RT}{V^2}\cdot\frac{R}{p}\cdot\frac{V}{R}=-\frac{RT}{pV}=-1.$$

这个例子说明,偏导数记号$\frac{\partial p}{\partial V},\ \frac{\partial V}{\partial T},\ \frac{\partial T}{\partial p}$,都是一个整体记号,不能看成是分子与分母之商,即$\frac{\partial p}{\partial V}$不能看成是 ∂p 与 ∂V 之商(这两个记号都没有实际意义). 这与一元函数的导数$\frac{\mathrm{d}y}{\mathrm{d}x}$可以看成是两个微分 $\mathrm{d}y$ 与 $\mathrm{d}x$ 之商是不同的.

8.3.3　二元函数偏导数的几何意义

二元函数 $z=f(x,\ y)$ 的图形通常是一张曲面,它在点 $(x_0,\ y_0)$ 处对 x 的偏导数相当于一元函数 $z=f(x,\ y_0)$ 在 x_0 处的导数. 由于函数 $z=f(x,\ y_0)$ 是将 $y=y_0$ 代入 $z=f(x,\ y)$ 后得到的,于是,在几何上表示曲面 $z=f(x,\ y)$ 与平面 $y=y_0$ 的交线

$$\begin{cases}z=f(x,\ y),\\ y=y_0.\end{cases}$$

根据一元函数的导数的几何意义可知,函数 $z=f(x,\ y_0)$ 在 x_0 处的导数就是在平面 $y=y_0$ 上的曲线 $z=f(x,\ y_0)$ 在 x_0(对应在空间内就是点 $M_0(x_0,\ y_0,\ f(x_0,\ y_0))$)处的切线 M_0T_x 的斜率(此斜率就是切线与正向 x 轴的夹角的正切,故又称为关于 x 轴的斜率). 因此,二元函数 $z=f(x,\ y)$ 在点 $(x_0,\ y_0)$ 处对 x 的偏导数的几何意义,就是曲面 $z=f(x,\ y)$ 和平面 $y=y_0$ 的交线在点 $M_0(x_0,\ y_0,\ f(x_0,\ y_0))$ 处的切线 M_0T_x 关于 x 轴的斜率(图 8-9).

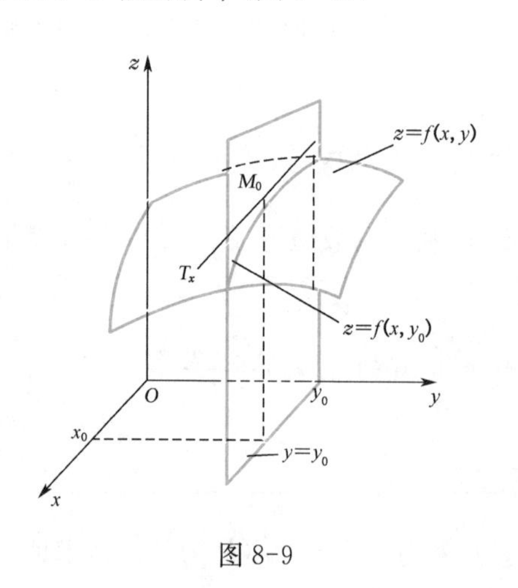

图 8-9

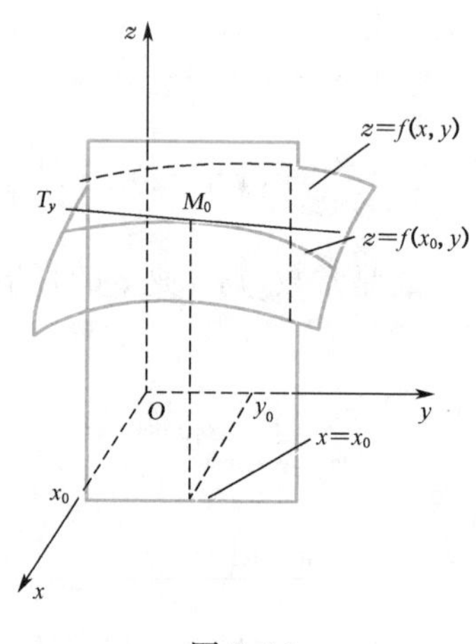

图 8-10

同样,二元函数 $z=f(x, y)$ 在点(x_0, y_0)处对 y 的偏导数的几何意义,就是曲面 $z=f(x, y)$ 和平面 $x=x_0$ 的交线在点 $M_0(x_0, y_0, f(x_0, y_0))$ 处的切线 M_0T_y 关于 y 轴的斜率(图 8-10).

例 7　求曲线$\begin{cases} z=\sqrt{1+x^2+y^2}, \\ y=1 \end{cases}$在点$(1, 1, \sqrt{3})$处的切线与 x 轴正向所构成的夹角.

解　所给的曲线是曲面 $z=\sqrt{1+x^2+y^2}$ 与平面 $y=1$ 的交线,根据偏导数的几何意义,该曲线在点$(1, 1, \sqrt{3})$处的切线关于 x 轴的斜率为

$$\left.\frac{\partial z}{\partial x}\right|_{(1,1)}=\left.\frac{x}{\sqrt{1+x^2+y^2}}\right|_{(1,1)}=\frac{1}{\sqrt{3}}=\frac{\sqrt{3}}{3},$$

即曲线在点$(1, 1, \sqrt{3})$处的切线与 x 轴正向的夹角 α 的正切 $\tan\alpha=\frac{\sqrt{3}}{3}$,从而得所求夹角为 $\alpha=\frac{\pi}{6}$.

8.3.4　高阶偏导数

前面已看到,在区域 D 内的每一点处都存在偏导数的二元函数 $z=f(x, y)$,它的偏导数

$$f'_x(x, y),\quad f'_y(x, y)$$

是 x 与 y 的二元函数. 如果这两个函数对 x 和对 y 的偏导数

$$\frac{\partial}{\partial x}f'_x(x, y),\quad \frac{\partial}{\partial x}f'_y(x, y),\quad \frac{\partial}{\partial y}f'_x(x, y),\quad \frac{\partial}{\partial y}f'_y(x, y) \tag{8.9}$$

也存在,则称它们是二元函数 $z=f(x, y)$的**二阶偏导数**. 其中,第二、第三两个二阶偏导数中,含有对 x 和对 y 的偏导数,它们又被称为**混合偏导数**.

式(8.9)中的四个二阶偏导数也常采用下列记号表示:

$$\begin{cases} \dfrac{\partial}{\partial x}f'_x(x, y)=\dfrac{\partial}{\partial x}\left(\dfrac{\partial z}{\partial x}\right)=\dfrac{\partial^2 z}{\partial x^2}=\dfrac{\partial^2 f}{\partial x^2}=f''_{xx}(x, y), \\ \dfrac{\partial}{\partial x}f'_y(x, y)=\dfrac{\partial}{\partial x}\left(\dfrac{\partial z}{\partial y}\right)=\dfrac{\partial^2 z}{\partial y\partial x}=\dfrac{\partial^2 f}{\partial y\partial x}=f''_{yx}(x, y), \\ \dfrac{\partial}{\partial y}f'_x(x, y)=\dfrac{\partial}{\partial y}\left(\dfrac{\partial z}{\partial x}\right)=\dfrac{\partial^2 z}{\partial x\partial y}=\dfrac{\partial^2 f}{\partial x\partial y}=f''_{xy}(x, y), \\ \dfrac{\partial}{\partial y}f'_y(x, y)=\dfrac{\partial}{\partial y}\left(\dfrac{\partial z}{\partial y}\right)=\dfrac{\partial^2 z}{\partial y^2}=\dfrac{\partial^2 f}{\partial y^2}=f''_{yy}(x, y). \end{cases} \tag{8.10}$$

类似于二阶偏导数的概念,可以给出二元函数的三阶、四阶直至 n 阶偏导数的概

念. 二阶及二阶以上的偏导数统称为**高阶偏导数**.

二元函数高阶偏导数的概念,可以直接类推到三元以及三元以上的函数.

例 8 设 $z=\ln(x^2+y^2)$,求 z 的各个二阶偏导数.

解 因为

$$\frac{\partial z}{\partial x}=\frac{2x}{x^2+y^2},\quad \frac{\partial z}{\partial y}=\frac{2y}{x^2+y^2},$$

所以

$$\frac{\partial^2 z}{\partial x^2}=\frac{\partial}{\partial x}\left(\frac{2x}{x^2+y^2}\right)=\frac{2(x^2+y^2)-2x\cdot 2x}{(x^2+y^2)^2}=\frac{2y^2-2x^2}{(x^2+y^2)^2},$$

$$\frac{\partial^2 z}{\partial y^2}=\frac{\partial}{\partial y}\left(\frac{2y}{x^2+y^2}\right)=\frac{2(x^2+y^2)-2y\cdot 2y}{(x^2+y^2)^2}=\frac{2x^2-2y^2}{(x^2+y^2)^2},$$

$$\frac{\partial^2 z}{\partial x\partial y}=\frac{\partial}{\partial y}\left(\frac{\partial z}{\partial x}\right)=\frac{-4xy}{(x^2+y^2)^2},$$

$$\frac{\partial^2 z}{\partial y\partial x}=\frac{\partial}{\partial x}\left(\frac{\partial z}{\partial y}\right)=\frac{-4xy}{(x^2+y^2)^2}.$$

从例 8 的解中可以看到,函数 $z=\ln(x^2+y^2)$ 的两个混合偏导数 $\frac{\partial^2 z}{\partial x\partial y}$,$\frac{\partial^2 z}{\partial y\partial x}$ 虽然对 x 和 y 的求导次序不同,但它们是相等的. 那么,一般的二元函数 $z=f(x,y)$ 是否具有这个性质?若不是,那么,在什么条件下,它的两个混合偏导数相等?下面的定理回答了这个问题(证明从略).

定理 如果 $z=f(x,y)$ 的两个二阶混合偏导数 $\frac{\partial^2 z}{\partial x\partial y}$ 及 $\frac{\partial^2 z}{\partial y\partial x}$ 在区域 D 内连续,则在该区域内,这两个混合偏导数必相等,即有

$$\frac{\partial^2 z}{\partial x\partial y}=\frac{\partial^2 z}{\partial y\partial x}.$$

这个定理说明,只要两个二阶混合偏导数连续,那么,它们与求导次序无关. 类似地,对于二元及二元以上的函数的高阶混合偏导数来说,在混合偏导数连续的条件下,它们也与求导次序无关.

习题 8.3

1. 求下列函数的偏导数.

(1) $z=\arctan\frac{y}{x}$; (2) $z=\arcsin(y\sqrt{x})$;

(3) $z=\frac{e^{xy}}{e^x+e^y}$; (4) $z=\ln\tan\frac{x}{y}$;

(5) $z=e^{-y}\sin(2x+y)$; (6) $z=(1+xy)^{y^2}$.

2. 求下列函数在指定点处的偏导数.

(1) $f(x, y)=x+y-\sqrt{x^2+y^2}$,求 $f'_x(3, 4)$;

(2) $f(x, y)=(\cos x)^y$,求 $f'_x\left(\frac{\pi}{4}, 1\right)$, $f'_y\left(\frac{\pi}{4}, 1\right)$.

3. 设 $z=\mathrm{e}^{-\left(\frac{1}{x}+\frac{1}{y}\right)}$,求证 $x^2\frac{\partial z}{\partial x}+y^2\frac{\partial z}{\partial y}=2z$.

4. 求曲线 $\begin{cases} z=\dfrac{x^2+y^2}{4}, \\ y=4 \end{cases}$ 在点(2, 4, 5)处的切线与 x 轴正向的夹角.

5. 求下列函数的二阶偏导数.

(1) $z=x^3+3x^2y+y^4+2$;   (2) $z=\sin^2(ax+by)$;

(3) $z=x\ln(x+y)$;   (4) $z=\dfrac{x}{\sqrt{x^2+y^2}}$.

6. 设 $z=\mathrm{e}^x(\cos y+x\sin y)$,求 $\left.\frac{\partial^2 z}{\partial x^2}\right|_{\left(0, \frac{\pi}{2}\right)}$, $\left.\frac{\partial^2 z}{\partial x\partial y}\right|_{\left(0, \frac{\pi}{2}\right)}$.

7. 设 $z=\ln\sqrt{(x-a)^2+(y-b)^2}$ (a, b 为常数),求证:$\frac{\partial^2 z}{\partial x^2}+\frac{\partial^2 z}{\partial y^2}=0$.

8. 设 $u=x^{\sin\frac{y}{x}}$,求 $\frac{\partial u}{\partial x}$, $\frac{\partial u}{\partial y}$, $\frac{\partial u}{\partial z}$.

9. 设 $u=x+\frac{x-y}{y-z}$,求证:$\frac{\partial u}{\partial x}+\frac{\partial u}{\partial y}+\frac{\partial u}{\partial z}=1$.

答 案

1. (1) $\frac{\partial z}{\partial x}=-\frac{y}{x^2+y^2}$, $\frac{\partial z}{\partial y}=\frac{x}{x^2+y^2}$;

(2) $\frac{\partial z}{\partial x}=\frac{y}{2\sqrt{x(1-xy^2)}}$, $\frac{\partial z}{\partial y}=\sqrt{\frac{x}{1-xy^2}}$;

(3) $\frac{\partial z}{\partial x}=\frac{\mathrm{e}^{xy}(y\mathrm{e}^x+y\mathrm{e}^y-\mathrm{e}^x)}{(\mathrm{e}^x+\mathrm{e}^y)^2}$, $\frac{\partial z}{\partial y}=\frac{\mathrm{e}^{xy}(x\mathrm{e}^x+x\mathrm{e}^y-\mathrm{e}^y)}{(\mathrm{e}^x+\mathrm{e}^y)^2}$;

(4) $\frac{\partial z}{\partial x}=\frac{2}{y}\csc\frac{2x}{y}$, $\frac{\partial z}{\partial y}=-\frac{2x}{y^2}\csc\frac{2x}{y}$;

(5) $\frac{\partial z}{\partial x}=2\mathrm{e}^{-y}\cos(2x+y)$, $\frac{\partial z}{\partial y}=\mathrm{e}^{-y}[\cos(2x+y)-\sin(2x+y)]$;

(6) $\frac{\partial z}{\partial x}=y^3(1+xy)^{y^2-1}$, $\frac{\partial z}{\partial y}=(1+xy)^{y^2}\left[2y\ln(1+xy)+\frac{xy^2}{1+xy}\right]$.

(提示:求 $\frac{\partial z}{\partial y}$ 时,可用指数恒等式变形后求导,或用对数求导法.)

2. (1) $f'_x(3, 4)=\frac{2}{5}$; (2) $f'_x\left(\frac{\pi}{4}, 1\right)=-\frac{\sqrt{2}}{2}$, $f'_y\left(\frac{\pi}{4}, 1\right)=\frac{\sqrt{2}}{2}\ln\frac{\sqrt{2}}{2}$.

3. 证略. 4. $\frac{\pi}{4}$.

5. (1) $\frac{\partial^2 z}{\partial x^2}=6x+6y$, $\frac{\partial^2 z}{\partial y^2}=12y^2$, $\frac{\partial^2 z}{\partial x\partial y}=\frac{\partial^2 z}{\partial y\partial x}=6x$;

(2) $\frac{\partial^2 z}{\partial x^2}=2a^2\cos 2(ax+b)$，$\frac{\partial^2 z}{\partial y^2}=2b^2\cos 2(ax+b)$，$\frac{\partial^2 z}{\partial x\partial y}=\frac{\partial^2 z}{\partial y\partial x}=2ab\cos 2(ax+b)$；

(3) $\frac{\partial^2 z}{\partial x^2}=\frac{x+2y}{(x+y)^2}$，$\frac{\partial^2 z}{\partial y^2}=-\frac{x}{(x+y)^2}$，$\frac{\partial^2 z}{\partial x\partial y}=\frac{\partial^2 z}{\partial y\partial x}=\frac{y}{(x+y)^2}$；

(4) $\frac{\partial^2 z}{\partial x^2}=-\frac{3xy^2}{(x^2+y^2)^{\frac{5}{2}}}$，$\frac{\partial^2 z}{\partial y^2}=\frac{x(2y^2-x^2)}{(x^2+y^2)^{\frac{5}{2}}}$，$\frac{\partial^2 z}{\partial x\partial y}=\frac{\partial^2 z}{\partial y\partial x}=\frac{y(2x^2-y^2)}{(x^2+y^2)^{\frac{5}{2}}}$.

6. $\left.\frac{\partial^2 z}{\partial x^2}\right|_{(0,\frac{\pi}{2})}=2$，$\left.\frac{\partial^2 z}{\partial x\partial y}\right|_{(0,\frac{\pi}{2})}=-1$.　7. 证略.

8. $\frac{\partial u}{\partial x}=\left(\sin\frac{y}{z}\right)x^{\sin\frac{y}{z}-1}$，$\frac{\partial u}{\partial y}=\frac{1}{z}\left(\cos\frac{y}{z}\right)x^{\sin\frac{y}{z}}\ln x$，$\frac{\partial u}{\partial z}=-\frac{y}{z^2}\left(\cos\frac{y}{z}\right)x^{\sin\frac{y}{z}}\ln x$.

9. 证略.

8.4 全微分

8.4.1 全微分的概念

在上册第 2 章中，从近似计算一元函数 $y=f(x)$ 的增量问题出发，引入了函数微分的概念.

对于二元函数 $z=f(x,y)$，也有类似的问题. 当自变量 x，y 分别取得增量 Δx，Δy 时，函数的全增量 $\Delta z=f(x+\Delta x,y+\Delta y)-f(x,y)$ 的计算是比较复杂的. 因此，希望得到一个便于计算的近似表达式.

现在，先分析一个具体问题. 设有一正圆柱体，受压后发生变形，它的底面半径由 r 变化到 $r+\Delta r$，高度由 h 变化到 $h+\Delta h$，问圆柱体的体积 V 改变了多少？

正圆柱体的体积为 $V=\pi r^2 h$，体积的改变量可以看作是当 r，h 分别取得增量 Δr，Δh 时函数 V 相应的全增量 ΔV，即

$$\begin{aligned}\Delta V&=\pi(r+\Delta r)^2(h+\Delta h)-\pi r^2 h=\pi(r^2+2r\Delta r+\Delta r^2)(h+\Delta h)-\pi r^2 h\\&=2\pi rh\Delta r+\pi r^2\Delta h+2\pi r\Delta r\Delta h+\pi h\Delta r^2+\pi\Delta r^2\Delta h.\end{aligned}$$

显然，用上式计算 ΔV 是比较麻烦的. 但是，由上式可以看到，ΔV 可以分成两部分.

第一部分是

$$2\pi rh\Delta r+\pi r^2\Delta h,$$

它是关于 Δr 和 Δh 的一个线性函数.

第二部分是

$$2\pi r\Delta r\Delta h+\pi h\Delta r^2+\pi\Delta r^2\Delta h,$$

可以证明(证明从略)，它是比 $\rho=\sqrt{\Delta r^2+\Delta h^2}$ 高阶的无穷小，即

$$2\pi r\Delta rh + \pi h\Delta r^2 + \pi\Delta r^2\Delta h = o(\rho) \quad (\rho \to 0).$$

因此,当$|\Delta r|$和$|\Delta h|$很小时,体积的全增量

$$\Delta V \approx 2\pi r\Delta r + \pi r^2\Delta h$$

与一元函数相类似,关于 Δr 和 Δh 的线性函数 $2\pi r\Delta r + \pi r^2\Delta h$ 就称为函数 V 的全微分.

将上面的函数V换成一般的二元函数$z = f(x, y)$,就得到函数$z = f(x, y)$的全微分的定义.

定义 设函数 $z = f(x, y)$ 在点(x, y) 的某个邻域内有定义,点$(x + \Delta x, y + \Delta y)$ 在该邻域内.如果函数 $z = f(x, y)$ 在点(x, y) 的全增量

$$\Delta z = f(x + \Delta x, y + \Delta y) - f(x, y)$$

可以表示为 Δx, Δy 的某个线性函数与某个比ρ 高阶的无穷小之和,即

$$\Delta z = A\Delta x + B\Delta y + o(\rho), \tag{8.11}$$

其中,A, B 是不随 Δx, Δy 变化的,仅与 x, y 有关,$\rho = \sqrt{\Delta x^2 + \Delta y^2}$,则称函数 $z = f(x, y)$ 在点(x, y) 处**可微分**,而 $A\Delta x + B\Delta y$ 称为函数$z = f(x, y)$ 在点(x, y) 的**全微分**,记作 $\mathrm{d}z$,即

$$\mathrm{d}z = A\Delta x + B\Delta y. \tag{8.12}$$

如果函数 $z=f(x, y)$在区域 D 内每一点都可微分,则称函数 $z=f(x, y)$在**区域 D 内可微分**.

8.4.2 二元函数可微分的必要条件与充分条件

从一元函数的研究中可知道,如果函数 $y = f(x)$ 在某一点可微,那么,它一定在该点连续.对于二元函数 $z = f(x, y)$,也有类似的性质,即有

定理 1(可微分的必要条件) 如果函数 $z = f(x, y)$ 在点(x, y) 处可微分,则它在点(x, y) 处连续.

证明 由于函数 $z = f(x, y)$ 在点(x, y) 处可微分,于是,由式(8.11),有

$$\lim_{\rho\to 0}\Delta z = \lim_{\rho\to 0}[A\Delta x + B\Delta y + o(\rho)] = A\lim_{\rho\to 0}\Delta x + B\lim_{\rho\to 0}\Delta y + \lim_{\rho\to 0}o(\rho).$$

又 $\rho = \sqrt{\Delta x^2 + \Delta y^2} \to 0$ 等价于$(\Delta x, \Delta y) \to (0, 0)$,从而有

$$\lim_{(\Delta x, \Delta y)\to(0, 0)}\Delta z = A\lim_{(\Delta x, \Delta y)\to(0, 0)}\Delta x + B\lim_{(\Delta x, \Delta y)\to(0, 0)}\Delta y + \lim_{\rho\to 0}o(\rho) = 0.$$

根据 8.2.2 目中的定义 3 知,函数 $z = f(x, y)$ 在点(x, y) 处连续.

由定理 1 知,函数 $z = f(x, y)$ 在点(x, y) 处连续是在该点处可微分的必要条件,即若不连续,则必定不可微分.

定理 2(可微分的必要条件) 如果函数 $z=f(x, y)$ 在点(x, y)处可微分,则它在点(x, y)处的两个偏导数$\frac{\partial z}{\partial x}$和$\frac{\partial z}{\partial y}$必存在,且有

$$\boxed{\mathrm{d}z=\frac{\partial z}{\partial x}\Delta x+\frac{\partial z}{\partial y}\Delta y.} \tag{8.13}$$

证明 因为 $z=f(x, y)$ 在点(x, y)处可微分,由定义可知

$$\Delta z=f(x+\Delta x, y+\Delta y)-f(x, y)=A\Delta x+B\Delta y+o(\rho),$$

其中,A, B 与 Δx, Δy 无关,$\rho=\sqrt{\Delta x^2+\Delta y^2}$. 根据 Δx 和 Δy 的任意性,若取 $\Delta y=0$,上式也成立. 于是有

$$f(x+\Delta x, y)-f(x, y)=A\Delta x+o(\rho).$$

又 $\Delta y=0$ 时,$\rho=\sqrt{\Delta x^2}=|\Delta x|$,于是有

$$f(x+\Delta x, y)-f(x, y)=A\Delta x+o(|\Delta x|),$$

此式的两边同除以 Δx,并求 $\Delta x\to 0$ 时的极限,得

$$\lim_{\Delta x\to 0}\frac{f(x+\Delta x, y)-f(x, y)}{\Delta x}=\lim_{\Delta x\to 0}A+\lim_{\Delta x\to 0}\frac{o(|\Delta x|)}{\Delta x}=A,$$

所以$\frac{\partial z}{\partial x}$存在,且

$$\frac{\partial z}{\partial x}=A,$$

同理可证

$$\frac{\partial z}{\partial y}=B.$$

因此

$$\mathrm{d}z=\frac{\partial z}{\partial x}\Delta x+\frac{\partial z}{\partial y}\Delta y.$$

习惯上,将自变量的增量 Δx, Δy 分别记作 $\mathrm{d}x$, $\mathrm{d}y$,并分别称它们为自变量 x, y 的微分. 于是,式(8.13)又可写成

$$\boxed{\mathrm{d}z=\frac{\partial z}{\partial x}\mathrm{d}x+\frac{\partial z}{\partial y}\mathrm{d}y.} \tag{8.14}$$

从一元函数的研究中还知道,如果函数 $y=f(x)$ 在某一点可导,那么它一定在该点处连续,且在该点处可微. 对于二元函数 $z=f(x, y)$ 来说,即使在某一点处两个偏导数都存在,却也不能保证函数在该点处连续,更不能保证函数在该点处可微. 例如,在 8.2 节和 8.3 节中已说明函数 $f(x, y)=\begin{cases}\frac{xy}{x^2+y^2}, & (x, y)\neq(0, 0),\\ 0, & (x, y)=(0, 0)\end{cases}$ 在点$(0, 0)$处的两个偏导数 $f'_x(0, 0)$ 和 $f'_y(0, 0)$ 都存在,但 $f(x, y)$ 在点$(0, 0)$处不

连续,从而 $f(x, y)$ 在点 $(0, 0)$ 处是不可微分的. 由定理 2 及这个例子可知,偏导数存在是可微分的必要条件而不是充分条件,那么在什么条件下,能保证函数是可微分的呢? 下面的定理 3 回答了这个问题.

定理 3(可微分的充分条件) 如果函数 $z = f(x, y)$ 在点 (x, y) 处的两个偏导数 $\frac{\partial z}{\partial x}$ 和 $\frac{\partial z}{\partial y}$ 存在且连续,则函数 $z = f(x, y)$ 在点 (x, y) 处是可微分的.

(证明从略).

前面介绍了有关二元函数的全微分的概念和定理,这些内容都可直接类推到三元和三元以上的函数. 例如,若三元函数 $u = f(x, y, z)$ 的三个偏导数 $\frac{\partial u}{\partial x}$, $\frac{\partial u}{\partial y}$, $\frac{\partial u}{\partial z}$ 都存在且连续,则它的全微分存在,并可表示为

$$du = \frac{\partial u}{\partial x}dx + \frac{\partial u}{\partial y}dy + \frac{\partial u}{\partial z}dz. \tag{8.15}$$

例 1 求函数 $z = x^2 y + \tan(x + y)$ 的全微分.

解 因为 $\frac{\partial z}{\partial x} = 2xy + \sec^2(x + y)$, $\frac{\partial z}{\partial y} = x^2 + \sec^2(x + y)$,

所以 $$dz = [2xy + \sec^2(x + y)]dx + [x^2 + \sec^2(x + y)]dy.$$

例 2 求函数 $z = \frac{x}{y}$ 在点 $(2, 1)$ 处的全微分.

解 因为 $$\frac{\partial z}{\partial x} = \frac{1}{y}, \quad \frac{\partial z}{\partial y} = -\frac{x}{y^2},$$

所以 $$\left.\frac{\partial z}{\partial x}\right|_{(2, 1)} = 1, \quad \left.\frac{\partial z}{\partial y}\right|_{(2, 1)} = -2,$$

因此,函数 $z = \frac{x}{y}$ 在点 $(2, 1)$ 处的全微分为

$$dz = dx - 2dy.$$

例 3 求函数 $u = z\cot(xy)$ 的全微分.

解 因为 $\frac{\partial u}{\partial x} = -yz\csc^2(xy)$, $\frac{\partial u}{\partial y} = -xz\csc^2(xy)$, $\frac{\partial u}{\partial z} = \cot(xy)$,

所以 $$du = -yz\csc^2(xy)dx - xz\csc^2(xy)dy + \cot(xy)dz.$$

习题 8.4

1. 求下列函数的全微分.

(1) $z = \arctan\frac{y}{x}$;　　(2) $z = \ln(3x - 2y)$;

(3) $z=\dfrac{x+y}{x-y}$；　　(4) $u=\sin(x^2+y^2+z^2)$.

2. 求函数 $z=\ln\sqrt{1+x^2+y^2}$ 在 $x=1$, $y=2$ 处的全微分.

3. 计算函数 $z=2x^2+3y^2$，当 $x=10$, $y=8$, $\Delta x=0.2$, $\Delta y=0.3$ 时的全微分和全增量.

4. 求函数 $z=e^{y(x^2+y^2)}$，当 $x=1$, $y=1$, $\Delta x=0.2$, $\Delta y=0.1$ 时的全微分.

答　案

1. (1) $dz=\dfrac{-y}{x^2+y^2}dx+\dfrac{x}{x^2+y^2}dy$；　(2) $dz=\dfrac{1}{3x-2y}(3dx-2dy)$；

(3) $\dfrac{-2ydx+2xdy}{(x-y)^2}$；　(4) $du=2\cos(x^2+y^2+z^2)(xdx+ydy+zdz)$.

2. $dz\Big|_{(1,2)}=\dfrac{1}{6}dx+\dfrac{1}{3}dy$.　　3. $dz=22.4$, $\Delta z=22.75$.　　4. $dz=0.8e^2$.

8.5 多元复合函数的导数

8.5.1 多元复合函数的求导法则

多元复合函数的导数是多元函数微分学中的一个重要内容.由于多元复合函数的构成比较复杂,因此,需要分不同的情形去研究多元复合函数的求导法则.

1. 中间变量是一元函数的情形

定理 1　如果函数 $u=\varphi(t)$, $v=\psi(t)$ 均在点 t 处可导,函数 $z=f(u,v)$ 在对应点(u,v)处具有连续的偏导数$\dfrac{\partial z}{\partial u}$和$\dfrac{\partial z}{\partial v}$,则复合函数 $z=f[\varphi(t),\psi(t)]$ 在点 t 处可导,且它的导数为

$$\boxed{\frac{dz}{dt}=\frac{\partial z}{\partial u}\cdot\frac{du}{dt}+\frac{\partial z}{\partial v}\cdot\frac{dv}{dt}.}\tag{8.16}$$

式(8.16)中,复合函数 z 对 t 的导数$\dfrac{dz}{dt}$称为**全导数**.应注意,式(8.16)的右边 u 和 v 对 t 的导数以及式(8.16)的左边 z 对 t 的全导数均采用了一元函数的求导记号“$\dfrac{d}{dt}$”,而不是用偏导数的记号,其原因是因为它们都是自变量 t 的一元函数.

证明　设当 t 取得增量 Δt 时,函数 $u=\varphi(t)$, $v=\psi(t)$ 相应的增量分别为 Δu 和 Δv,相应地,函数 $z=f(u,v)$ 也取得增量 Δz.因为函数 $z=f(u,v)$ 有连续的偏导数$\dfrac{\partial z}{\partial u}$和$\dfrac{\partial z}{\partial v}$,于是根据8.4节中的定理3,函数 $z=f(u,v)$ 是可微分的,故

$$\Delta z = \mathrm{d}z + o(\sqrt{\Delta u^2 + \Delta v^2}) = \frac{\partial z}{\partial u}\Delta u + \frac{\partial z}{\partial v}\Delta v + o(\sqrt{\Delta u^2 + \Delta v^2}),$$

其中，$o(\sqrt{\Delta u^2 + \Delta v^2})$ 是比 $\sqrt{\Delta u^2 + \Delta v^2}$ 高阶的无穷小，上式两边除以 Δt，令 $\Delta t \to 0$，取极限得

$$\lim_{\Delta t \to 0}\frac{\Delta z}{\Delta t} = \frac{\partial z}{\partial u}\lim_{\Delta t \to 0}\frac{\Delta u}{\Delta t} + \frac{\partial z}{\partial v}\lim_{\Delta t \to 0}\frac{\Delta v}{\Delta t} + \lim_{\Delta t \to 0}\frac{o(\sqrt{\Delta u^2 + \Delta v^2})}{\Delta t}.$$

因为 $u = \varphi(t)$, $v = \psi(t)$ 在点 t 处可导，于是

$$\lim_{\Delta t \to 0}\frac{\Delta u}{\Delta t} = \frac{\mathrm{d}u}{\mathrm{d}t}, \quad \lim_{\Delta t \to 0}\frac{\Delta v}{\Delta t} = \frac{\mathrm{d}v}{\mathrm{d}t},$$

又因为一元函数可导必连续，所以当 $\Delta t \to 0$ 时，必有 $\Delta u \to 0$, $\Delta v \to 0$，从而 $\rho = \sqrt{(\Delta u)^2 + (\Delta v)^2} \to 0$，于是

$$\begin{aligned}\lim_{\Delta t \to 0^+}\frac{o(\sqrt{\Delta u^2 + \Delta v^2})}{\Delta t} &= \lim_{\Delta t \to 0^+}\frac{o(\sqrt{\Delta u^2 + \Delta v^2})}{\sqrt{\Delta u^2 + \Delta v^2}}\frac{\sqrt{\Delta u^2 + \Delta v^2}}{\Delta t} \\ &= \lim_{\rho \to 0}\frac{o(\rho)}{\rho} \cdot \lim_{\Delta t \to 0^+}\sqrt{\left(\frac{\Delta u}{\Delta t}\right)^2 + \left(\frac{\Delta v}{\Delta t}\right)^2} \\ &= 0 \cdot \sqrt{\left(\frac{\mathrm{d}u}{\mathrm{d}v}\right)^2 + \left(\frac{\mathrm{d}v}{\mathrm{d}t}\right)^2} = 0.\end{aligned}$$

类似地，可证明当 $\Delta t \to 0^-$ 时，上述极限也是 0，根据极限存在的充要条件知，当 $\Delta t \to 0$ 时，上述极限是 0. 所以

$$\lim_{\Delta t \to 0}\frac{\Delta z}{\Delta t} = \frac{\partial z}{\partial u} \cdot \frac{\mathrm{d}u}{\mathrm{d}t} + \frac{\partial z}{\partial v} \cdot \frac{\mathrm{d}v}{\mathrm{d}t}.$$

因此，复合函数 $z = f[\varphi(t), \psi(t)]$ 在点 t 处可导，且有

$$\frac{\mathrm{d}z}{\mathrm{d}t} = \frac{\partial z}{\partial u} \cdot \frac{\mathrm{d}u}{\mathrm{d}t} + \frac{\partial z}{\partial v} \cdot \frac{\mathrm{d}v}{\mathrm{d}t}.$$

式(8.16)的右边是偏导数与导数乘积的和式，它与函数的结构有密切的联系. 定理 1 中的复合函数 z 有两个中间变量 u 和 v，而 u 和 v 又各有一个自变量 t，可用图(称为函数结构图)形象地表示为

$$z \begin{cases} u - t \\ v - t \end{cases}$$

由函数结构图可以看到，由 z 通过 u, v 到达 t 有两条途径，而式(8.16)右边的和式中有两项，途径的条数与和式中的项数恰好相等. 每条途径上的函数的偏导数和导

数相乘,即$\frac{\partial z}{\partial u}\cdot\frac{\mathrm{d}u}{\mathrm{d}t}$及$\frac{\partial z}{\partial v}\cdot\frac{\mathrm{d}v}{\mathrm{d}t}$,恰好是和式中相加的两项. 所以,通过函数结构图,也可以直接写出式(8.16).

上述的分析与结论具有一般性. 只要画出函数结构图,就可直接写出其他复合函数的全导数公式.

例如,设 $u=\varphi(t),\ v=\psi(t),\ w=\omega(t)$ 均在 t 处可导,$z=f(u,\ v,\ w)$ 在对应点$(u,\ v,\ w)$ 处具有连续的偏导数,求复合函数 $z=f[\varphi(t),\ \psi(t),\ \omega(t)]$ 对 t 的全导数$\frac{\mathrm{d}z}{\mathrm{d}t}$.

这个函数的结构图是

$$z\begin{cases} u - t \\ v - t \\ w - t \end{cases}$$

类似于上面的分析和结论,得

$$\boxed{\frac{\mathrm{d}z}{\mathrm{d}t}=\frac{\partial z}{\partial u}\cdot\frac{\mathrm{d}u}{\mathrm{d}t}+\frac{\partial z}{\partial v}\cdot\frac{\mathrm{d}v}{\mathrm{d}t}+\frac{\partial z}{\partial w}\cdot\frac{\mathrm{d}w}{\mathrm{d}t}.} \tag{8.17}$$

再如,设 $u=\varphi(t),\ v=\psi(t)$ 均在 t 处可导,$z=f(t,\ u,\ v)$(z 含三个变量 $t,\ u,\ v$,其中,$t=t$ 也可看作 t 的函数) 在对应点$(t,\ u,\ v)$ 处具有连续的偏导数$\frac{\partial z}{\partial t},\ \frac{\partial z}{\partial u},\ \frac{\partial z}{\partial v}$,求复合函数 $z=f[t,\ \varphi(t),\ \psi(t)]$ 的全导数.

函数的结构图如下:

$$z\begin{cases} t - t \\ u - t \\ v - t \end{cases}$$

类似于上面的分析和结论,得

$$\boxed{\frac{\mathrm{d}z}{\mathrm{d}t}=\frac{\partial z}{\partial t}+\frac{\partial z}{\partial u}\cdot\frac{\mathrm{d}u}{\mathrm{d}t}+\frac{\partial z}{\partial v}\cdot\frac{\mathrm{d}v}{\mathrm{d}t}.} \tag{8.18}$$

注意　式(8.18)中,$\frac{\partial z}{\partial t}$与$\frac{\mathrm{d}z}{\mathrm{d}t}$的含义是不同的. $\frac{\partial z}{\partial t}$是复合前的函数 $z=f(t,\ u,\ v)$ 对 t 的偏导数,求偏导数时,u 和 v 应看成是常量. 而$\frac{\mathrm{d}z}{\mathrm{d}t}$是复合后的函数 $z=f[t,\ \varphi(t),\ \psi(t)]$(它是一元函数) 对 t 的全导数. 此外,式(8.18) 中的第一项本应是$\frac{\partial z}{\partial t}\cdot\frac{\mathrm{d}t}{\mathrm{d}t}$,而$\frac{\mathrm{d}t}{\mathrm{d}t}=1$,所以可省略,只写成$\frac{\partial z}{\partial t}$.

例1　设 $z=e^{uv}$，$u=\sin t$，$v=\cos t$，求全导数 $\dfrac{dz}{dt}$.

解　由式(8.16)，得

$$\frac{dz}{dt}=\frac{\partial z}{\partial u}\cdot\frac{du}{dt}+\frac{\partial z}{\partial v}\cdot\frac{dv}{dt}=ve^{uv}\cos t+ue^{uv}(-\sin t)$$

$$=(\cos^2 t-\sin^2 t)e^{\sin t\cos t}=\cos 2te^{\frac{1}{2}\sin 2t}.$$

例2　设 $z=\ln(x+y)+\arctan t$，$x=2t$，$y=2t^3$，求全导数 $\dfrac{dz}{dt}$.

解　由式(8.18)，得

$$\frac{dz}{dt}=\frac{\partial z}{\partial t}+\frac{\partial z}{\partial x}\cdot\frac{dx}{dt}+\frac{\partial z}{\partial y}\cdot\frac{dy}{dt}=\frac{1}{1+t^2}+\frac{1}{x+y}\cdot 2+\frac{1}{x+y}\cdot 6t^2$$

$$=\frac{1}{1+t^2}+\frac{2+6t^2}{2t+2t^3}=\frac{3t^2+t+1}{t(1+t^2)}.$$

2. 中间变量是多元函数的情形

先考察由函数 $z=f(u,v)$，$u=\varphi(x,y)$，$v=\psi(x,y)$ 复合而成的复合函数 $z=f[\varphi(x,y),\psi(x,y)]$ 对 x 及对 y 的偏导数. 由于它对 x(或对 y) 求偏导数时，是将 y(或 x) 看作是常量，这时，中间变量 u 和 v 也可看成是 x(或 y) 的一元函数，因此，有关复合函数 $z=f[\varphi(x,y),\psi(x,y)]$ 的偏导数 $\dfrac{\partial z}{\partial x}$ 或 $\dfrac{\partial z}{\partial y}$ 存在的条件及求导公式与定理1所叙述的类似，证明的方法也与定理1类似，即有以下定理.

定理2　设函数 $u=\varphi(x,y)$ 及 $v=\psi(x,y)$ 在点 (x,y) 处都具有偏导数 $\dfrac{\partial u}{\partial x}$，$\dfrac{\partial u}{\partial y}$ 及 $\dfrac{\partial v}{\partial x}$，$\dfrac{\partial v}{\partial y}$，函数 $z=f(u,v)$ 在对应点 (u,v) 处具有连续的偏导数 $\dfrac{\partial z}{\partial u}$ 和 $\dfrac{\partial z}{\partial v}$，则复合函数 $z=f[\varphi(x,y),\psi(x,y)]$ 在点 (x,y) 处的两个偏导数存在，并有求导公式：

$$\boxed{\frac{\partial z}{\partial x}=\frac{\partial z}{\partial u}\cdot\frac{\partial u}{\partial x}+\frac{\partial z}{\partial v}\cdot\frac{\partial v}{\partial x},}\tag{8.19}$$

$$\boxed{\frac{\partial z}{\partial y}=\frac{\partial z}{\partial u}\cdot\frac{\partial u}{\partial y}+\frac{\partial z}{\partial v}\cdot\frac{\partial v}{\partial y}.}\tag{8.20}$$

式(8.19)和式(8.20)也可通过函数结构图得到. 定理2中的函数的结构图如下：

从函数结构图可看到,由 z 到 x 有两条途径:$z—u—x$ 和 $z—v—x$,所以,$\frac{\partial z}{\partial x}$ 应是两项之和. 而每条途径上的两个函数的偏导数相乘,即$\frac{\partial z}{\partial u}\cdot\frac{\partial u}{\partial x}$ 及$\frac{\partial z}{\partial v}\cdot\frac{\partial v}{\partial x}$,就是和式中的项. 因此,$\frac{\partial z}{\partial x}=\frac{\partial z}{\partial u}\cdot\frac{\partial u}{\partial x}+\frac{\partial z}{\partial v}\cdot\frac{\partial v}{\partial x}$. 用同样的分析方法也可得到$\frac{\partial z}{\partial y}$.

对于其他类型的复合函数,如含有多于两个中间变量、只含有一个中间变量等,只要画出函数结构图,用上述的分析方法,就可直接写出偏导数的公式. 下面列举几种情形来说明.

(1) 设函数 $u=\varphi(x, y)$, $v=\psi(x, y)$, $w=\omega(x, y)$ 在点 (x, y) 处对 x 及对 y 均具有偏导数,函数 $z=f(u, v, w)$ 在对应点 (u, v, w) 处具有连续的偏导数,求复合函数 $z=f[\varphi(x, y), \psi(x, y), \omega(x, y)]$ 在 (x, y) 处的两个偏导数$\frac{\partial z}{\partial x}$, $\frac{\partial z}{\partial y}$.

函数的结构图如下:

$$z\begin{cases} u < \begin{matrix} x \\ y \end{matrix} \\ v < \begin{matrix} x \\ y \end{matrix} \\ w < \begin{matrix} x \\ y \end{matrix} \end{cases}$$

由函数结构图可知,由 z 到 x 有三条途径,所以,$\frac{\partial z}{\partial x}$应有三项之和,而每条途径上的两个函数的两个偏导数相乘就是其中的每一项,即可得到

$$\frac{\partial z}{\partial x}=\frac{\partial z}{\partial u}\cdot\frac{\partial u}{\partial x}+\frac{\partial z}{\partial v}\cdot\frac{\partial v}{\partial x}+\frac{\partial z}{\partial w}\cdot\frac{\partial w}{\partial x}. \tag{8.21}$$

同理有

$$\frac{\partial z}{\partial y}=\frac{\partial z}{\partial u}\cdot\frac{\partial u}{\partial y}+\frac{\partial z}{\partial v}\cdot\frac{\partial v}{\partial y}+\frac{\partial z}{\partial w}\cdot\frac{\partial w}{\partial y}. \tag{8.22}$$

(2) 设函数 $u=\varphi(x, y)$ 在点 (x, y) 处对 x 及对 y 的偏导数都存在,函数 $z=f(u)$ 在对应点 u 处具有连续导数,求复合函数 $z=f[\varphi(x, y)]$ 在点 (x, y) 处的两个偏导数$\frac{\partial z}{\partial x}$, $\frac{\partial z}{\partial y}$.

由函数的结构图:

$$z — u < \begin{matrix} x \\ y \end{matrix}$$

可得

$$\frac{\partial z}{\partial x}=\frac{\mathrm{d}z}{\mathrm{d}u}\cdot\frac{\partial u}{\partial x},\quad \frac{\partial z}{\partial y}=\frac{\mathrm{d}z}{\mathrm{d}u}\cdot\frac{\partial u}{\partial y}$$

或

$$\frac{\partial z}{\partial x}=f'(u)\frac{\partial u}{\partial x},\quad \frac{\partial z}{\partial y}=f'(u)\frac{\partial u}{\partial y}. \tag{8.23}$$

注意　由于函数 $z=f(u)$ 是一元函数，所以它对 u 的导数应采用一元函数的导数记号$\frac{\mathrm{d}z}{\mathrm{d}u}$或 $f'(u)$.

(3) 设函数 $u=\varphi(x, y)$, $v=\psi(x, y)$ 在点(x, y) 处对 x 及对 y 的偏导数都存在，函数 $z=f(x, y, u, v)$ 在对应点(x, y, u, v) 处具有连续的偏导数，求复合函数 $z=f[x, y, \varphi(x, y), \psi(x, y)]$ 的两个偏导数$\frac{\partial z}{\partial x}$, $\frac{\partial z}{\partial y}$.

由函数的结构图：

$$z\begin{cases} x - x \\ y - y \\ u < \begin{matrix} x \\ y \end{matrix} \\ v < \begin{matrix} x \\ y \end{matrix} \end{cases}$$

易得

$$\frac{\partial z}{\partial x}=\frac{\partial f}{\partial x}+\frac{\partial f}{\partial u}\cdot\frac{\partial u}{\partial x}+\frac{\partial f}{\partial v}\cdot\frac{\partial v}{\partial x}, \tag{8.24}$$

$$\frac{\partial z}{\partial y}=\frac{\partial f}{\partial y}+\frac{\partial f}{\partial u}\cdot\frac{\partial u}{\partial y}+\frac{\partial f}{\partial v}\cdot\frac{\partial v}{\partial y}. \tag{8.25}$$

注意　在公式(8.24) 和公式(8.25) 中，左边和右边的偏导数$\frac{\partial z}{\partial x}$ 和$\frac{\partial f}{\partial x}$ 及$\frac{\partial z}{\partial y}$ 和 $\frac{\partial f}{\partial y}$ 的含义是不相同的. 左边的$\frac{\partial z}{\partial x}$, $\frac{\partial z}{\partial y}$ 是复合后的函数 $z=f[x, y, \varphi(x, y), \psi(x, y)]$ 对 x 或对 y 的偏导数. 而右边的$\frac{\partial f}{\partial x}$, $\frac{\partial f}{\partial y}$ 是复合前的函数 $z=f(x, y, u, v)$ 对 x 或对 y 的偏导数，对 x(或对 y) 求偏导数时，其余变量 y(或 x), u, v 应看成是常量. 此外，式(8.24) 中的第一项本应是$\frac{\partial f}{\partial x}\cdot\frac{\mathrm{d}x}{\mathrm{d}x}$，由于$\frac{\mathrm{d}x}{\mathrm{d}x}=1$，所以省略为$\frac{\partial f}{\partial x}$. 式(8.25) 中的第一项本应是$\frac{\partial f}{\partial y}\cdot\frac{\mathrm{d}y}{\mathrm{d}y}$，由于$\frac{\mathrm{d}y}{\mathrm{d}y}=1$，所以省略为$\frac{\partial f}{\partial y}$.

例 3　设 $z=u^2\ln v$，而 $u=\frac{x}{y}$, $v=3x-2y$，求$\frac{\partial z}{\partial x}$, $\frac{\partial z}{\partial y}$.

解　由公式(8.19)和公式(8.20)，得

$$\frac{\partial z}{\partial x}=\frac{\partial z}{\partial u}\cdot\frac{\partial u}{\partial x}+\frac{\partial z}{\partial v}\cdot\frac{\partial v}{\partial x}=2u\ln v\cdot\frac{1}{y}+\frac{u^2}{v}\cdot 3$$

$$=\frac{2x}{y^2}\ln(3x-2y)+\frac{3x^2}{(3x-2y)y^2},$$

$$\frac{\partial z}{\partial y}=\frac{\partial z}{\partial u}\cdot\frac{\partial u}{\partial y}+\frac{\partial z}{\partial v}\cdot\frac{\partial v}{\partial y}=2u\ln v\cdot\left(-\frac{x}{y^2}\right)+\frac{u^2}{v}\cdot(-2)$$

$$=-\frac{2x^2}{y^3}\ln(3x-2y)-\frac{2x^2}{(3x-2y)y^2}.$$

例 4　设 $z=(x-y)^u$，而 $u=xy$，求 $\frac{\partial z}{\partial x}$，$\frac{\partial z}{\partial y}$.

解　由函数的结构图：

$$z\begin{cases}x-x\\ y-y\\ u\begin{cases}x\\ y\end{cases}\end{cases}$$

可得

$$\frac{\partial z}{\partial x}=\frac{\partial f}{\partial x}+\frac{\partial f}{\partial u}\cdot\frac{\partial u}{\partial x}=u(x-y)^{u-1}+(x-y)^u\ln(x-y)\cdot y$$

$$=xy(x-y)^{xy-1}+y(x-y)^{xy}\ln(x-y),$$

$$\frac{\partial z}{\partial y}=\frac{\partial f}{\partial y}+\frac{\partial f}{\partial u}\cdot\frac{\partial u}{\partial y}=u(x-y)^{u-1}(-1)+(x-y)^u\ln(x-y)x$$

$$=-xy(x-y)^{xy-1}+x(x-y)^{xy}\ln(x-y).$$

例 5　设 $z=f(x^2-y^2,\ e^{2x},\ \sin y)$，求 $\frac{\partial z}{\partial x}$，$\frac{\partial z}{\partial y}$.

解　令 $u=x^2-y^2$，$v=e^{2x}$，$w=\sin y$，则由函数的结构图：

$$z\begin{cases}u\begin{cases}x\\ y\end{cases}\\ v-x\\ w-y\end{cases}$$

可得

$$\frac{\partial z}{\partial x}=\frac{\partial z}{\partial u}\cdot\frac{\partial u}{\partial x}+\frac{\partial z}{\partial v}\cdot\frac{\mathrm{d}v}{\mathrm{d}x}=f'_u\cdot 2x+f'_v\cdot 2e^{2x}=2xf'_u+2e^{2x}f'_v,$$

$$\frac{\partial z}{\partial y}=\frac{\partial z}{\partial u}\cdot\frac{\partial u}{\partial y}+\frac{\partial z}{\partial w}\cdot\frac{\mathrm{d}w}{\mathrm{d}y}=f'_u(-2y)+f'_w\cos y=-2yf'_u+\cos yf'_w.$$

8.5.2 多元复合函数的高阶偏导数

例1至例4的复合函数都给出了具体的函数关系式，从求导的过程中可以看到，它们的偏导数是含有中间变量的复合函数（这是指没有将中间变量的函数关系式代入最后的结果之前）. 例5的复合函数是用抽象的函数记号表示的，它的偏导数也是含有中间变量的复合函数（即 f'_u, f'_v, f'_w 中均含有中间变量 u, v, w），它的函数结构与求偏导数前的函数的结构相同. 因此，仍然要应用前面所讲的求导法则去求多元复合函数的高阶偏导数.

例6　设 $z = f(x^2 - y^2,\ \mathrm{e}^x)$，$f$ 具有二阶连续偏导数，求 $\dfrac{\partial^2 z}{\partial x^2}$ 和 $\dfrac{\partial^2 z}{\partial x \partial y}$.

解　设 $u = x^2 - y^2$，$v = \mathrm{e}^x$，则 $z = f(u, v)$. 因为函数 $z = f(x^2 - y^2,\ \mathrm{e}^x)$ 是由函数 $z = f(u, v)$ 及 $u = x^2 - y^2$，$v = \mathrm{e}^x$ 复合而成的，于是根据复合函数的求导法则，有

$$\frac{\partial z}{\partial x} = \frac{\partial f}{\partial u} \cdot \frac{\partial u}{\partial x} + \frac{\partial f}{\partial v} \cdot \frac{\mathrm{d}v}{\mathrm{d}x} = 2x \frac{\partial f}{\partial u} + \mathrm{e}^x \frac{\partial f}{\partial v},$$

其中，$\dfrac{\partial f}{\partial u}$，$\dfrac{\partial f}{\partial v}$ 仍是含有中间变量 u 和 v 的复合函数.

上式两边再对 x 求偏导数，并应用函数的四则运算求导法则，得

$$\frac{\partial^2 z}{\partial x^2} = \frac{\partial}{\partial x}\left(\frac{\partial z}{\partial x}\right) = \frac{\partial}{\partial x}\left(2x \frac{\partial f}{\partial u} + \mathrm{e}^x \frac{\partial f}{\partial v}\right) \qquad \text{（利用函数和的求导法则）}$$

$$= \frac{\partial}{\partial x}\left(2x \frac{\partial f}{\partial u}\right) + \frac{\partial}{\partial x}\left(\mathrm{e}^x \frac{\partial f}{\partial v}\right) \qquad \text{（利用函数乘积的求导法则）}$$

$$= 2 \frac{\partial f}{\partial u} + 2x \frac{\partial}{\partial x}\left(\frac{\partial f}{\partial u}\right) + \mathrm{e}^x \frac{\partial f}{\partial v} + \mathrm{e}^x \frac{\partial}{\partial x}\left(\frac{\partial f}{\partial v}\right).$$

而函数 $\dfrac{\partial f}{\partial u}$ 和 $\dfrac{\partial f}{\partial v}$ 的结构与原来的函数 $z = f(x^2 - y^2,\ \mathrm{e}^x)$ 的结构是相同的，用结构图表示如下：

$\dfrac{\partial f}{\partial u}$：$u$ — x, y；v — x　　　$\dfrac{\partial f}{\partial v}$：$u$ — x, y；v — x

所以，由函数 $\dfrac{\partial f}{\partial u}$ 及 $\dfrac{\partial f}{\partial v}$ 的结构图，可得

$$\frac{\partial}{\partial x}\left(\frac{\partial f}{\partial u}\right) = \frac{\partial}{\partial u}\left(\frac{\partial f}{\partial u}\right) \cdot \frac{\partial u}{\partial x} + \frac{\partial}{\partial v}\left(\frac{\partial f}{\partial u}\right) \cdot \frac{\mathrm{d}v}{\mathrm{d}x} = 2x \frac{\partial^2 f}{\partial u^2} + \mathrm{e}^x \frac{\partial^2 f}{\partial u \partial v},$$

$$\frac{\partial}{\partial x}\left(\frac{\partial f}{\partial v}\right) = \frac{\partial}{\partial u}\left(\frac{\partial f}{\partial v}\right) \cdot \frac{\partial u}{\partial x} + \frac{\partial}{\partial v}\left(\frac{\partial f}{\partial v}\right) \cdot \frac{\mathrm{d}v}{\mathrm{d}x} = 2x \frac{\partial^2 f}{\partial v \partial u} + \mathrm{e}^x \frac{\partial^2 f}{\partial v^2}.$$

又因为函数 f 具有二阶连续偏导数,这时有

$$\frac{\partial^2 f}{\partial u\partial v}=\frac{\partial^2 f}{\partial v\partial u},$$

所以

$$\begin{aligned}\frac{\partial^2 z}{\partial x^2}&=2\frac{\partial f}{\partial u}+2x\frac{\partial}{\partial x}\left(\frac{\partial f}{\partial u}\right)+\mathrm{e}^x\frac{\partial f}{\partial v}+\mathrm{e}^x\frac{\partial}{\partial x}\left(\frac{\partial f}{\partial v}\right)\\&=2\frac{\partial f}{\partial u}+2x\left(2x\frac{\partial^2 f}{\partial u^2}+\mathrm{e}^x\frac{\partial^2 f}{\partial u\partial v}\right)+\mathrm{e}^x\frac{\partial f}{\partial v}+\mathrm{e}^x\left(2x\frac{\partial^2 f}{\partial v\partial u}+\mathrm{e}^x\frac{\partial^2 f}{\partial v^2}\right)\\&=4x^2\frac{\partial^2 f}{\partial u^2}+4x\mathrm{e}^x\frac{\partial^2 f}{\partial u\partial v}+\mathrm{e}^{2x}\frac{\partial^2 f}{\partial v^2}+2\frac{\partial f}{\partial u}+\mathrm{e}^x\frac{\partial f}{\partial v}.\end{aligned}$$

类似地可得

$$\begin{aligned}\frac{\partial^2 z}{\partial x\partial y}&=\frac{\partial}{\partial y}\left(\frac{\partial z}{\partial x}\right)=\frac{\partial}{\partial y}\left(2x\frac{\partial f}{\partial u}\right)+\frac{\partial}{\partial y}\left(\mathrm{e}^x\frac{\partial f}{\partial v}\right)\\&=2x\frac{\partial}{\partial y}\left(\frac{\partial f}{\partial u}\right)+\mathrm{e}^x\frac{\partial}{\partial y}\left(\frac{\partial f}{\partial v}\right)\\&=2x\left[\frac{\partial}{\partial u}\left(\frac{\partial f}{\partial u}\right)\cdot\frac{\partial u}{\partial y}\right]+\mathrm{e}^x\left[\frac{\partial}{\partial u}\left(\frac{\partial f}{\partial v}\right)\cdot\frac{\partial u}{\partial y}\right]\\&=2x(-2y)\frac{\partial^2 f}{\partial u^2}+\mathrm{e}^x(-2y)\frac{\partial^2 f}{\partial v\partial u}\\&=-4xy\frac{\partial^2 f}{\partial u^2}-2y\mathrm{e}^x\frac{\partial^2 f}{\partial v\partial u}.\end{aligned}$$

为了表达简便起见,常常引入以下记号:

$$f'_1=\frac{\partial f(u,v)}{\partial u},\qquad f'_2=\frac{\partial f(u,v)}{\partial v},$$

$$f''_{11}=\frac{\partial^2 f(u,v)}{\partial u^2},\qquad f''_{12}=\frac{\partial^2 f(u,v)}{\partial u\partial v},$$

$$f''_{21}=\frac{\partial^2 f(u,v)}{\partial v\partial u},\qquad f''_{22}=\frac{\partial^2 f(u,v)}{\partial v^2},$$

这里,f'_1 和 f'_2 分别表示函数 $f(u,v)$ 对第一个变量 u 和第二个变量 v 求偏导数;而 f''_{11} 和 f''_{12} 分别表示函数 f'_1 再对 u 和 v 求偏导数;同理,f''_{21},f''_{22} 等的含义也都类似.利用这种记号,例 6 的结果便能简洁地表示为

$$\frac{\partial^2 z}{\partial x^2}=4x^2f''_{11}+4x\mathrm{e}^xf''_{12}+\mathrm{e}^{2x}f''_{22}+2f'_1+\mathrm{e}^xf'_2,$$

$$\frac{\partial^2 z}{\partial x\partial y}=-4xyf''_{11}-2y\mathrm{e}^xf''_{21}.$$

习题 8.5

1. 设 $z=u^2v$，而 $u=\cos t,\ v=\sin t$，求$\dfrac{\mathrm{d}z}{\mathrm{d}t}$.

2. 设 $z=\arctan(xy)$，而 $y=\mathrm{e}^x$，求$\dfrac{\mathrm{d}z}{\mathrm{d}x}$.

3. 设 $u=\mathrm{e}^{2x}(3y-z)$，而 $y=2\sin x,\ z=\cos x$，求$\dfrac{\mathrm{d}u}{\mathrm{d}x}$.

4. 设 $z=\ln(\mathrm{e}^u+v)$，而 $u=xy,\ v=x^2-y^2$，求$\dfrac{\partial z}{\partial x},\ \dfrac{\partial z}{\partial y}$.

5. 求下列函数的一阶偏导数(其中，f 具有连续的偏导数).

(1) $z=f(x^2-y^2,\ \mathrm{e}^{xy})$；　　(2) $z=f\left(\cos y,\ \dfrac{y}{x}\right)$；

(3) $u=f(x,\ \sin(xy),\ xyz)$.

6. 设 $z=xy+xF(u)$，而 $u=\dfrac{y}{x}$，$F(u)$ 是可导函数，证明：$x\dfrac{\partial z}{\partial x}+y\dfrac{\partial z}{\partial y}=z+xy$.

7. 设 $z=\dfrac{y}{f(x^2-y^2)}$，其中，$f(u)$ 为可导函数，求证：$\dfrac{1}{x}\cdot\dfrac{\partial z}{\partial x}+\dfrac{1}{y}\cdot\dfrac{\partial z}{\partial y}=\dfrac{z}{y^2}$.

8. 求下列函数的二阶偏导数(其中，f 具有二阶连续偏导数).

(1) $z=f(xy^2,\ x^2y)$；　　(2) $z=f\left(\dfrac{x}{y},\ \dfrac{y}{x}\right)$；

(3) $z=f\left(x,\ \dfrac{x}{y}\right)$；　　(4) $z=f(y,\ x^2+y^2)$.

9. 设 $z=f(x^2+y^2)$，其中，$f(u)$ 为二阶可导函数，求$\dfrac{\partial^2 z}{\partial x^2},\ \dfrac{\partial^2 z}{\partial y^2},\ \dfrac{\partial^2 z}{\partial x\partial y},\ \dfrac{\partial^2 z}{\partial y\partial x}$.

10. 设 $z=x\varphi\left(\dfrac{y}{x}\right)$，其中，$\varphi(u)$ 为二阶可导函数，求$\dfrac{\partial^2 z}{\partial x^2},\ \dfrac{\partial^2 z}{\partial y^2},\ \dfrac{\partial^2 z}{\partial x\partial y},\ \dfrac{\partial^2 z}{\partial y\partial x}$.

答　案

1. $\dfrac{\mathrm{d}z}{\mathrm{d}t}=\cos t(\cos^2 t-2\sin^2 t)$.　2. $\dfrac{\mathrm{d}z}{\mathrm{d}x}=\dfrac{\mathrm{e}^x(1+x)}{1+x^2\mathrm{e}^{2x}}$.　3. $\dfrac{\mathrm{d}u}{\mathrm{d}x}=\mathrm{e}^{2x}(13\sin x+4\cos x)$.

4. $\dfrac{\partial z}{\partial x}=\dfrac{y\mathrm{e}^{xy}+2x}{\mathrm{e}^{xy}+x^2-y^2},\ \dfrac{\partial z}{\partial y}=\dfrac{x\mathrm{e}^{xy}-2y}{\mathrm{e}^{xy}+x^2-y^2}$.

5. (1) $\dfrac{\partial z}{\partial x}=2xf_1'+y\mathrm{e}^{xy}f_2',\ \dfrac{\partial z}{\partial y}=-2yf_1'+x\mathrm{e}^{xy}f_2'$；　(2) $\dfrac{\partial z}{\partial x}=-\dfrac{y}{x^2}f_2',\ \dfrac{\partial z}{\partial y}=-\sin yf_1'+\dfrac{1}{x}f_2'$；　(3) $\dfrac{\partial u}{\partial x}=f_1'+y\cos(xy)f_2'+yzf_3',\ \dfrac{\partial u}{\partial y}=x\cos(xy)f_2'+xzf_3',\ \dfrac{\partial u}{\partial z}=xyf_3'$.

6. 证略.　7. 证略.

8. (1) $\dfrac{\partial^2 z}{\partial x^2}=2yf_2'+y^4f_{11}''+4xy^3f_{12}''+4x^2y^2f_{22}'',\ \dfrac{\partial^2 z}{\partial x\partial y}=\dfrac{\partial^2 z}{\partial y\partial x}=2yf_1'+2xf_2'+2xy^3f_{11}''+2x^3yf_{22}''+5x^2y^2f_{12}'',\ \dfrac{\partial^2 z}{\partial y^2}=2xf_1'+4x^2y^2f_{11}''+4x^3yf_{12}''+x^4f_{22}''$；

(2) $z''_{xx}=\frac{1}{y^2}f''_{11}-\frac{2}{x^2}f''_{12}+\frac{y^2}{x^4}f''_{22}+\frac{2y}{x^3}f'_2$, $z''_{xy}=z''_{yx}=-\frac{x}{y^3}f''_{11}+\frac{2}{xy}f''_{12}-\frac{y}{x^3}f''_{22}-\frac{1}{y^2}f'_1-\frac{1}{x^2}f'_2$, $z''_{yy}=\frac{2x}{y^3}f'_1+\frac{x^2}{y^4}f''_{11}-\frac{2}{y^2}f''_{12}+\frac{1}{x^2}f''_{22}$;

(3) $z''_{xx}=f''_{11}+\frac{2}{y}f''_{12}+\frac{1}{y^2}f''_{22}$, $z''_{xy}=z''_{yx}=-\frac{x}{y^2}\left(f''_{12}+\frac{1}{y}f''_{22}\right)-\frac{1}{y^2}f'_2$, $z''_{yy}=\frac{2x}{y^3}f'_2+\frac{x^2}{y^4}f''_{22}$;

(4) $z''_{xx}=2f'_2+4x^2f''_{22}$, $z''_{xy}=z''_{yx}=2xf''_{21}+4xyf''_{22}$, $z''_{yy}=f''_{11}+4yf''_{12}+4y^2f''_{22}+2f'_2$.

9. $z''_{xx}=2f'(u)+4x^2f''(u)$, $z''_{xy}=z''_{yx}=4xyf''(u)$, $z''_{yy}=2f'(u)+4y^2f''(u)$[其中,$u=x^2+y^2$, $f'(u)$, $f''(u)$ 也可简写成 f', f''].

10. $z''_{xx}=\frac{y^2}{x^3}\varphi''$, $z''_{xy}=z''_{yx}=-\frac{y}{x^2}\varphi''$, $z''_{yy}=\frac{1}{x}\varphi''$.

8.6 隐函数的求导公式

8.6.1 由方程 $F(x, y)=0$ 所确定的隐函数 $y=f(x)$ 的求导公式

由方程 $F(x, y)=0$ 所确定的隐函数又称为一元隐函数. 它的求导方法,在本教材上册 2.6 节中已讨论过,但对于隐函数的存在性及可导性,当时未曾论及. 现在,学习了多元函数的概念、偏导数的概念及多元复合函数的求导法则后,就能给出一元隐函数 $y=f(x)$ 的存在定理及求导公式.

一元隐函数存在定理 设函数 $F(x, y)$ 在点 (x_0, y_0) 的某一邻域内具有连续的偏导数且 $F(x_0, y_0)=0$ 及 $F'_y(x_0, y_0)\neq 0$,则在点 (x_0, y_0) 的某一邻域内存在唯一单值、连续且有连续导数的函数 $y=f(x)$,它满足 $y_0=f(x_0)$,并满足方程 $F(x, y)=0$,即对该邻域内的任一 x,有 $F(x, f(x))\equiv 0$.

定理证明从略. 下面仅推导由方程 $F(x, y)=0$ 所确定的一元隐函数 $y=f(x)$ 的求导公式.

将函数 $y=f(x)$ 代入方程 $F(x, y)=0$ 中,得恒等式:

$$F(x, f(x))\equiv 0.$$

此式左边的函数 $F(x, f(x))$ 可以看成是 x 的一个复合函数,于是,等式两边对 x 求全导数,就得

$$\frac{\partial F}{\partial x}+\frac{\partial F}{\partial y}\cdot\frac{\mathrm{d}y}{\mathrm{d}x}=0.$$

由于 $F'_y(x_0, y_0)\neq 0$,且 $F'_y(x, y)$ 连续,故存在点 (x_0, y_0) 的一个邻域,在这个邻域内,$F'_y=\frac{\partial F}{\partial y}\neq 0$,则由上式可解出 $\frac{\mathrm{d}y}{\mathrm{d}x}$,从而得到由方程 $F(x, y)=0$ 所确定的隐函数

$y=f(x)$ 的一般求导公式：

$$\frac{\mathrm{d}y}{\mathrm{d}x}=-\frac{\dfrac{\partial F}{\partial x}}{\dfrac{\partial F}{\partial y}},$$

即

$$\boxed{\frac{\mathrm{d}y}{\mathrm{d}x}=-\frac{F_x'}{F_y'}\quad(F_y'\neq 0).}\tag{8.26}$$

例 1　设方程 $y-\frac{1}{2}\sin y-x=0$ 确定函数 $y=f(x)$，求$\frac{\mathrm{d}y}{\mathrm{d}x}$.

解　$F(x,\ y)=y-\frac{1}{2}\sin y-x,\ F_x'=-1,\ F_y'=1-\frac{1}{2}\cos y$. 由式(8.26)，可得

$$\frac{\mathrm{d}y}{\mathrm{d}x}=-\frac{F_x'}{F_y'}=-\frac{-1}{1-\frac{1}{2}\cos y}=\frac{2}{2-\cos y}.$$

8.6.2　由方程 $F(x,\ y,\ z)=0$ 所确定的隐函数 $z=f(x,\ y)$ 的求导公式

上册所讲的隐函数的概念，可以推广到多元函数. 例如，三元方程

$$F(x,\ y,\ z)=0$$

就有可能确定一个二元函数 $z=f(x,\ y)$，这个函数称为二元隐函数.

与一元隐函数一样，二元隐函数的存在也要满足一定条件.

二元隐函数存在定理　设函数 $F(x,\ y,\ z)$ 在点 $(x_0,\ y_0,\ z_0)$ 的某一邻域具有连续的偏导数，且 $F(x_0,\ y_0,\ z_0)=0$ 及 $F_z'(x_0,\ y_0,\ z_0)\neq 0$，则在点 $(x_0,\ y_0,\ z_0)$ 的某一邻域内存在唯一单值、连续且有连续偏导数的函数 $z=f(x,\ y)$，它满足 $z_0=f(x_0,\ y_0)$，并满足方程 $F(x,\ y,\ z)=0$，即对该邻域内的任一 x 及 y，有

$$F(x,\ y,\ f(x,\ y))\equiv 0.$$

此定理证明也从略. 下面仅推导由方程 $F(x,\ y,\ z)=0$ 所确定的二元隐函数 $z=f(x,\ y)$ 的求偏导数公式.

将 $z=f(x,\ y)$ 代入方程 $F(x,\ y,\ z)=0$，得恒等式：

$$F(x,\ y,\ f(x,\ y))\equiv 0.$$

此式左边的函数 $F(x,\ y,\ f(x,\ y))$ 可以看成是一个复合函数. 于是，等式两边分别对 x，y 求偏导数，得

$$\frac{\partial F}{\partial x}+\frac{\partial F}{\partial z}\cdot\frac{\partial z}{\partial x}=0,\quad \frac{\partial F}{\partial y}+\frac{\partial F}{\partial z}\cdot\frac{\partial z}{\partial y}=0.$$

由已知条件知,存在(x_0, y_0, z_0)的一个邻域,在这个邻域内,偏导数$\frac{\partial F}{\partial z}\neq 0$,则由上面两式可解出$\frac{\partial z}{\partial x}$和$\frac{\partial z}{\partial y}$,从而得到由方程$F(x, y, z)=0$所确定的隐函数$z=f(x, y)$的求偏导数公式:

$$\frac{\partial z}{\partial x}=-\frac{\frac{\partial F}{\partial x}}{\frac{\partial F}{\partial z}},\quad \frac{\partial z}{\partial y}=-\frac{\frac{\partial F}{\partial y}}{\frac{\partial F}{\partial z}},$$

即

$$\boxed{\frac{\partial z}{\partial x}=-\frac{F'_x}{F'_z},\quad \frac{\partial z}{\partial y}=-\frac{F'_y}{F'_z}\quad (F'_z\neq 0).}\tag{8.27}$$

例 2　设方程$z^2y-xz^3-1=0$确定隐函数$z=f(x, y)$,求$\frac{\partial z}{\partial x}$和$\frac{\partial z}{\partial y}$.

解　$F(x, y, z)=z^2y-xz^3-1$, $F'_x=-z^3$, $F'_y=z^2$, $F'_z=2zy-3xz^2$.当$2y-3xz\neq 0$时,应用式(8.27),得

$$\frac{\partial z}{\partial x}=-\frac{F'_x}{F'_z}=-\frac{-z^3}{2zy-3xz^2}=\frac{z^2}{2y-3xz},$$

$$\frac{\partial z}{\partial y}=-\frac{F'_y}{F'_z}=-\frac{z^2}{2zy-3xz^2}=\frac{-z}{2y-3xz}.$$

8.6.3　由方程组确定的隐函数的求导法

在一定的条件下,由方程组

$$\begin{cases}F(x, y, u, v)=0,\\ G(x, y, u, v)=0\end{cases}$$

也可确定一组连续且具有连续偏导数的隐函数$u(x, y)$和$v(x, y)$.类似于前面所介绍的两种情形,它也有相应的隐函数存在定理(本书从略).

下面举例说明如何求由方程组所确定的隐函数的偏导数(或导数).

例 3　求由方程组

$$\begin{cases}xu-yv=0,\\ yu+xv=1\end{cases}$$

所确定的隐函数$u=\varphi(x, y)$, $v=\psi(x, y)$对x和y的偏导数.

解　在方程组中,每一个方程两边对x求偏导数,得

$$\begin{cases} u+x\dfrac{\partial u}{\partial x}-y\dfrac{\partial v}{\partial x}=0, \\ y\dfrac{\partial u}{\partial x}+v+x\dfrac{\partial v}{\partial x}=0, \end{cases}$$

将不含$\dfrac{\partial u}{\partial x}$和$\dfrac{\partial v}{\partial x}$的项移至等式的右边,得

$$\begin{cases} x\dfrac{\partial u}{\partial x}-y\dfrac{\partial v}{\partial x}=-u, \\ y\dfrac{\partial u}{\partial x}+x\dfrac{\partial v}{\partial x}=-v, \end{cases}$$

把$\dfrac{\partial u}{\partial x}$和$\dfrac{\partial v}{\partial x}$看成是未知量,在 $x^2+y^2\neq 0$ 的条件下解此方程组,可得

$$\frac{\partial u}{\partial x}=\frac{\begin{vmatrix} -u & -y \\ -v & x \end{vmatrix}}{\begin{vmatrix} x & -y \\ y & x \end{vmatrix}}=\frac{-ux-vy}{x^2+y^2},\quad \frac{\partial v}{\partial x}=\frac{\begin{vmatrix} x & -u \\ y & -v \end{vmatrix}}{\begin{vmatrix} x & -y \\ y & x \end{vmatrix}}=\frac{-xv+uy}{x^2+y^2}.$$

类似地,在方程组中,将每一个方程两边对 y 求偏导数,得

$$\begin{cases} x\dfrac{\partial u}{\partial y}-v-y\dfrac{\partial v}{\partial y}=0, \\ u+y\dfrac{\partial u}{\partial y}+x\dfrac{\partial v}{\partial y}=0, \end{cases}$$

将不含$\dfrac{\partial u}{\partial y}$和$\dfrac{\partial v}{\partial y}$的项移至等式的右边,得

$$\begin{cases} x\dfrac{\partial u}{\partial y}-y\dfrac{\partial v}{\partial y}=v, \\ y\dfrac{\partial u}{\partial y}+x\dfrac{\partial v}{\partial y}=-u, \end{cases}$$

把$\dfrac{\partial u}{\partial y}$和$\dfrac{\partial v}{\partial y}$看成是未知量,在条件 $x^2+y^2\neq 0$ 下解此方程组,可得

$$\frac{\partial u}{\partial y}=\frac{\begin{vmatrix} v & -y \\ -u & x \end{vmatrix}}{\begin{vmatrix} x & -y \\ y & x \end{vmatrix}}=\frac{xv-yu}{x^2+y^2},\quad \frac{\partial v}{\partial y}=\frac{\begin{vmatrix} x & v \\ y & -u \end{vmatrix}}{\begin{vmatrix} x & -y \\ y & x \end{vmatrix}}=\frac{-xu-yv}{x^2+y^2}.$$

习题 8.6

1. 设 $\ln\sqrt{x^2+y^2}=\arctan\dfrac{y}{x}$,求$\dfrac{\mathrm{d}y}{\mathrm{d}x}$.

2. 设 $\sin y+e^x-xy^2=0$,求$\frac{dy}{dx}$.

3. 设 $e^{xy}-\arctan z+xyz=0$,求$\frac{\partial z}{\partial x}$, $\frac{\partial z}{\partial y}$.

4. 设$\frac{x}{z}=\ln\frac{z}{y}$,求$\frac{\partial z}{\partial x}$, $\frac{\partial z}{\partial y}$.

5. 设 $2\sin(x+2y-3z)=x+2y-3z$,求证:$\frac{\partial z}{\partial x}+\frac{\partial z}{\partial y}=1$.

6. 设 $x-az=f(y-bz)$,其中,a, b 是常数,f 具有连续导数,求证:$a\frac{\partial z}{\partial x}+b\frac{\partial z}{\partial y}=1$.

7. 设 $x=y\tan z$,求$\frac{\partial z}{\partial x}$, $\frac{\partial z}{\partial y}$.

8. 设 $z^3-3xyz=a^3$(a 为常数),求$\frac{\partial z}{\partial x}$, $\frac{\partial z}{\partial y}$.

9. 求由方程组$\begin{cases}z=x^2+y^2,\\x^2+2y^2+3z^2=10\end{cases}$所确定的隐函数 $z=z(x)$ 及 $y=y(x)$ 的导数 $\frac{dz}{dx}$ 及$\frac{dy}{dx}$.

10. 求由方程组$\begin{cases}u+v=x,\\u^2+v^2=y\end{cases}$所确定的隐函数 $u=u(x, y)$ 及 $v=v(x, y)$ 对 x 和对 y 的偏导数.

答　案

1. $\frac{dy}{dx}=\frac{x+y}{x-y}$.　　2. $\frac{dy}{dx}=\frac{y^2-e^x}{\cos y-2xy}$.

3. $\frac{\partial z}{\partial x}=\frac{y(1+z^2)(e^{xy}+z)}{1-xy(1+z^2)}$, $\frac{\partial z}{\partial y}=\frac{x(1+z^2)(e^{xy}+z)}{1-xy(1+z^2)}$.

4. $\frac{\partial z}{\partial x}=\frac{z}{z+x}$, $\frac{\partial z}{\partial y}=\frac{z^2}{y(z+x)}$.　　5. 证略.　　6. 证略.

7. $\frac{\partial z}{\partial x}=\frac{\cos^2 z}{y}$, $\frac{\partial z}{\partial y}=-\frac{\sin z\cos z}{y}$.

8. $\frac{\partial z}{\partial x}=\frac{yz}{z^2-xy}$, $\frac{\partial z}{\partial y}=\frac{xz}{z^2-xy}$.

9. $\frac{dz}{dx}=\frac{x}{3z+1}$, $\frac{dy}{dx}=-\frac{x(6z+1)}{2y(3z+1)}$.

10. $\frac{\partial u}{\partial x}=\frac{v}{v-u}$, $\frac{\partial u}{\partial y}=\frac{1}{2(u-v)}$, $\frac{\partial v}{\partial x}=-\frac{u}{v-u}$, $\frac{\partial v}{\partial y}=-\frac{1}{2(u-v)}$.

8.7 方向导数与梯度

8.7.1 方向导数

在一些实际问题中需要研究函数 $z=f(x, y)$ 在某一点处沿任一指定方向的变化率,由此产生了方向导数的概念.

定义1 设函数 $z=f(x, y)$ 在点 $P_0(x_0, y_0)$ 的某个邻域 $U(P_0)$ 内有定义. l 是以 P_0 为始点的一条射线, $\boldsymbol{e}_l=(\cos\alpha, \cos\beta)$ 是与 l 同方向的单位向量(图8-11), 射线 l 的参数方程为

$$\begin{cases} x=x_0+t\cos\alpha, \\ y=y_0+t\cos\beta \end{cases} \quad (t\geqslant 0).$$

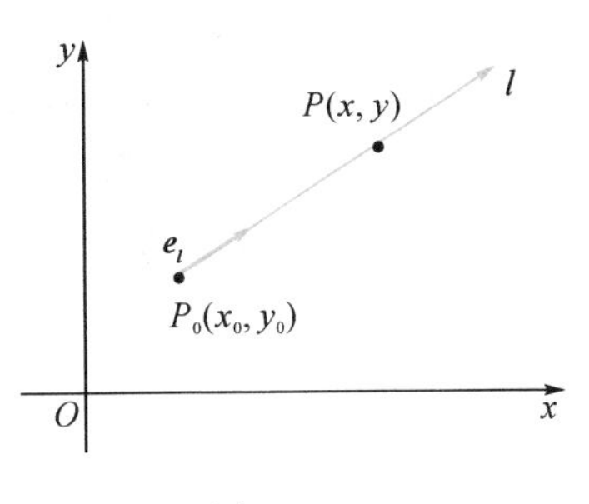

图8-11

又设点 $P(x_0+t\cos\alpha, y_0+t\cos\beta)$ 为 l 上另一点, 且 $P\in U(P_0)$. 如果函数增量 $f(x_0+t\cos\alpha, y_0+t\cos\beta)-f(x_0, y_0)$ 与 P 到 P_0 的距离 $|PP_0|=t$ 的比值为

$$\frac{f(x_0+t\cos\alpha, y_0+t\cos\beta)-f(x_0, y_0)}{t}.$$

当 P 趋近于 P_0 (即 $t\to 0^+$) 时的极限存在, 则称此极限为函数 $z=f(x, y)$ 在点 P_0 处沿方向 l 的方向导数, 记作 $\left.\frac{\partial f}{\partial l}\right|_{(x_0, y_0)}$, 即

$$\left.\frac{\partial f}{\partial l}\right|_{(x_0, y_0)}=\lim_{t\to 0^+}\frac{f(x_0+t\cos\alpha, y_0+t\cos\beta)-f(x_0, y_0)}{t}. \tag{8.28}$$

下面给出方向导数存在的充分条件.

定理 如果函数 $z=f(x, y)$ 在点 $P_0(x_0, y_0)$ 处是可微分的, 则它在该点沿任一方向 l 的方向导数都存在, 且

$$\boxed{\left.\frac{\partial f}{\partial l}\right|_{(x_0, y_0)}=f'_x(x_0, y_0)\cos\alpha+f'_y(x_0, y_0)\cos\beta,} \tag{8.29}$$

其中, $\cos\alpha$ 和 $\cos\beta$ 是方向 l 的方向余弦.

证明 因为函数 $z=f(x, y)$ 在点 (x_0, y_0) 处是可微分的, 所以函数的全增量可以表示成

$$f(x_0+\Delta x, y_0+\Delta y)-f(x_0, y_0)=f'_x(x_0, y_0)\Delta x+f'_y(x_0, y_0)\Delta y+o\left(\sqrt{(\Delta x)^2+(\Delta y)^2}\right).$$

当点 $(x_0+t\cos\alpha, y_0+t\cos\beta)$ 在以 (x_0, y_0) 为始点的射线 l 上时, 有 $\Delta x=t\cos\alpha$, $\Delta y=t\cos\beta$, $\sqrt{(\Delta x)^2+(\Delta y)^2}=t$. 所以

$$\lim_{t\to 0^+}\frac{f(x_0+t\cos\alpha, y_0+t\cos\beta)-f(x_0, y_0)}{t}=f'_x(x_0, y_0)\cos\alpha+f'_y(x_0, y_0)\cos\beta.$$

函数 $z=f(x, y)$ 在点 $P_0(x_0, y_0)$ 处沿方向 l 的方向导数存在, 且

$$\left.\frac{\partial f}{\partial l}\right|_{(x_0, y_0)}=f'_x(x_0, y_0)\cos\alpha+f'_y(x_0, y_0)\cos\beta.$$

上述定义 1 和定理均可直接推广到二元以上的函数中去. 例如,设函数 $u=f(x, y, z)$在点 $P_0(x_0, y_0, z_0)$的某个邻域内有定义,l 是以 P_0 为始点的一条射线,$\boldsymbol{e}_l=(\cos\alpha, \cos\beta, \cos\gamma)$是与 l 同方向的单位向量,则函数 $u=f(x, y, z)$在点 P_0 处沿方向 l 的方向导数定义为

$$\left.\frac{\partial f}{\partial l}\right|_{(x_0, y_0, z_0)}=\lim_{t\to 0^+}\frac{f(x_0+t\cos\alpha, y_0+t\cos\beta, z_0+t\cos\gamma)-f(x_0, y_0, z_0)}{t}. \tag{8.30}$$

如果函数 $u=f(x, y, z)$在点 $P_0(x_0, y_0, z_0)$处是可微分的,那么,它在该点沿方向 l 的方向导数为

$$\left.\frac{\partial f}{\partial l}\right|_{(x_0, y_0, z_0)}=f'_x(x_0, y_0, z_0)\cos\alpha+f'_y(x_0, y_0, z_0)\cos\beta+f'_z(x_0, y_0, z_0)\cos\gamma, \tag{8.31}$$

其中,$\cos\alpha, \cos\beta, \cos\gamma$ 是方向 l 的方向余弦.

例 1 求 $z=x^2-xy+y^2$ 在点 $P(1, 1)$处沿从点 $P(1, 1)$到点 $Q(3, 4)$的方向 l 的方向导数.

解 因为 l 的方向就是向量 $\overrightarrow{PQ}=(2, 3)$的方向,向量$\overrightarrow{PQ}=(2, 3)$ 的方向余弦

$$\cos\alpha=\frac{2}{\sqrt{2^2+3^2}}=\frac{2}{\sqrt{13}},\quad \cos\beta=\frac{3}{\sqrt{2^2+3^2}}=\frac{3}{\sqrt{13}}.$$

又因为

$$z'_x(1, 1)=(2x-y)|_{(1, 1)}=1,\quad z'_y(1, 1)=(-x+2y)|_{(1, 1)}=1,$$

所以由公式(8.29),得

$$\left.\frac{\partial z}{\partial l}\right|_{(1, 1)}=z'_x(1, 1)\cos\alpha+z'_y(1, 1)\cos\beta=1\times\frac{2}{\sqrt{13}}+1\times\frac{3}{\sqrt{13}}=\frac{5}{\sqrt{13}}.$$

例 2 求函数 $u=xy+e^z$ 在点 $P(1, 1, 0)$处沿从点 $P(1, 1, 0)$到点 $Q(2, 0, 1)$的方向 l 的方向导数.

解 因为 l 的方向就是向量 $\overrightarrow{PQ}=(1, -1, 1)$的方向,向量 $\overrightarrow{PQ}$ 的方向余弦为

$$\cos\alpha=\frac{1}{\sqrt{1^2+(-1)^2+1^2}}=\frac{1}{\sqrt{3}},\quad \cos\beta=\frac{-1}{\sqrt{1^2+(-1)^2+1^2}}=\frac{-1}{\sqrt{3}},$$

$$\cos\gamma=\frac{1}{\sqrt{1^2+(-1)^2+1^2}}=\frac{1}{\sqrt{3}},$$

又因为

$$u'_x(1,1,0)=y\Big|_{(1,1,0)}=1,\quad u'_y(1,1,0)=x\Big|_{(1,1,0)}=1,$$

$$u'_z(1,1,0)=e^z\Big|_{(1,1,0)}=e^0=1,$$

所以，由公式(8.31)，得

$$\begin{aligned}\frac{\partial u}{\partial l}\Big|_{(1,1,0)}&=u'_x(1,1,0)\cos\alpha+u'_y(1,1,0)\cos\beta+u'_z(1,1,0)\cos\gamma\\&=1\times\frac{1}{\sqrt{3}}+1\times\left(-\frac{1}{\sqrt{3}}\right)+1\times\frac{1}{\sqrt{3}}=\frac{1}{\sqrt{3}}.\end{aligned}$$

8.7.2 梯　度

由公式(8.29)可以看到，一个函数 $z=f(x,y)$ 在点 $P_0(x_0,y_0)$ 沿着不同的方向 l 的方向导数是不同的. 现在要问，这些方向导数中，有没有一个最大的方向导数？如果有的话，那么沿着哪个方向的方向导数最大？下面讨论这个问题.

引入向量 $\boldsymbol{g}=(f'_x(x_0,y_0),f'_y(x_0,y_0))$，于是公式(8.29)可以写成

$$\frac{\partial f}{\partial l}\Big|_{(x_0,y_0)}=(f'_x(x_0,y_0),f'_y(x_0,y_0))\cdot(\cos\alpha,\cos\beta)=\boldsymbol{g}\cdot\boldsymbol{e}_l.$$

而根据数量积的定义知

$$\begin{aligned}\boldsymbol{g}\cdot\boldsymbol{e}_l&=|\boldsymbol{g}||\boldsymbol{e}_l|\cos(\widehat{\boldsymbol{g},\boldsymbol{e}_l})=\sqrt{[f'_x(x_0,y_0)]^2+[f'_y(x_0,y_0)]^2}\sqrt{\cos^2\alpha+\cos^2\beta}\cos(\widehat{\boldsymbol{g},\boldsymbol{e}_l})\\&=\sqrt{[f'_x(x_0,y_0)]^2+[f'_y(x_0,y_0)]^2}\cos(\widehat{\boldsymbol{g},\boldsymbol{e}_l}),\end{aligned}$$

于是又有

$$\frac{\partial f}{\partial l}\Big|_{(x_0,y_0)}=\sqrt{[f'_x(x_0,y_0)]^2+[f'_y(x_0,y_0)]^2}\cos(\widehat{\boldsymbol{g},\boldsymbol{e}_l}).\tag{8.32}$$

由式(8.32)可以看到，当 $\cos(\widehat{\boldsymbol{g},\boldsymbol{e}_l})=1$ 时，方向导数 $\frac{\partial f}{\partial l}\Big|_{(x_0,y_0)}$ 最大，即方向 l 与向量 $\boldsymbol{g}=(f'_x(x_0,y_0),f'_y(x_0,y_0))$ 的方向一致时，方向导数最大. 此时，方向导数的值为向量 $\boldsymbol{g}$ 的模.

向量 $\boldsymbol{g}$ 称为函数 $z=f(x,y)$ 在点 $P_0(x_0,y_0)$ 处的**梯度**.

定义 2　设函数 $z=f(x,y)$ 在点 $P_0(x_0,y_0)$ 处具有连续的偏导数，则称向量

$$f'_x(x_0,y_0)\boldsymbol{i}+f'_y(x_0,y_0)\boldsymbol{j}$$

为函数 $z=f(x,y)$ 在点 $P_0(x_0,y_0)$ 的**梯度**，记作 $\mathbf{grad}\,f(x_0,y_0)$，即

$$\boxed{\mathbf{grad}\,f(x_0,y_0)=f'_x(x_0,y_0)\boldsymbol{i}+f'_y(x_0,y_0)\boldsymbol{j}.}\tag{8.33}$$

由前面的讨论可知,函数 $z=f(x, y)$在点 $P_0(x_0, y_0)$的梯度 $\mathbf{grad} f(x_0, y_0)$是这样一个向量:

(1) 它的方向是函数在点 $P_0(x_0, y_0)$处取得最大方向导数的方向;

(2) 它的模 $|\mathbf{grad} f(x_0, y_0)|$ 等于在点 $P_0(x_0, y_0)$处的方向导数的最大值.

有了梯度的概念之后,函数在点 $P_0(x_0, y_0)$处沿着方向 l 的方向导数就可以表示成

$$\left.\frac{\partial f}{\partial l}\right|_{(x_0, y_0)}=\mathbf{grad} f(x_0, y_0)\cdot \boldsymbol{e}_l, \tag{8.34}$$

这里,$\boldsymbol{e}_l=(\cos\alpha, \cos\beta)$是与方向 l 同向的单位向量.

类似地,如果三元函数 $u=f(x, y, z)$在点 $P_0(x_0, y_0, z_0)$处具有连续的偏导数,那么,它在点 $P_0(x_0, y_0, z_0)$的梯度定义为

$$\boxed{\mathbf{grad} f(x_0, y_0, z_0)=f_x'(x_0, y_0, z_0)\boldsymbol{i}+f_y'(x_0, y_0, z_0)\boldsymbol{j}+f_z'(x_0, y_0, z_0)\boldsymbol{k}.} \tag{8.35}$$

函数 $u=f(x, y, z)$在点 $P_0(x_0, y_0, z_0)$处沿方向 l 的方向导数就可以表示成

$$\left.\frac{\partial f}{\partial l}\right|_{(x_0, y_0, z_0)}=\mathbf{grad} f(x_0, y_0, z_0)\cdot \boldsymbol{e}_l, \tag{8.36}$$

这里,$\boldsymbol{e}_l=(\cos\alpha, \cos\beta, \cos\gamma)$是与方向 l 同向的单位向量. 由式(8.36)可看到,函数 $u=f(x_0, y_0, z_0)$沿梯度 $\mathbf{grad} f(x_0, y_0, z_0)$方向的方向导数最大,方向导数的最大值等于梯度的模$|\mathbf{grad} f(x_0, y_0, z_0)|$.

例 3　求函数 $f(x, y)=\operatorname{arccot}\dfrac{y}{x}$在点$(x, y)$的梯度.

解　因为

$$\frac{\partial f}{\partial x}=-\frac{1}{1+\left(\dfrac{y}{x}\right)^2}\left(-\frac{y}{x^2}\right)=\frac{y}{x^2+y^2},$$

$$\frac{\partial f}{\partial y}=-\frac{1}{1+\left(\dfrac{y}{x}\right)^2}\cdot\frac{1}{x}=-\frac{x}{x^2+y^2},$$

所以

$$\mathbf{grad} f(x, y)=\frac{y}{x^2+y^2}\boldsymbol{i}-\frac{x}{x^2+y^2}\boldsymbol{j}.$$

例 4　求函数 $f(x, y, z)=xy+yz+zx$ 在点 $M(1, 0, -1)$处的最大方向导数.

解　因为

$$\left.\frac{\partial f}{\partial x}\right|_{(1,\,0,\,-1)}=(y+z)\big|_{(1,\,0,\,-1)}=-1,$$

$$\left.\frac{\partial f}{\partial y}\right|_{(1,\,0,\,-1)}=(x+z)\big|_{(1,\,0,\,-1)}=0,$$

$$\left.\frac{\partial f}{\partial z}\right|_{(1,\,0,\,-1)}=(y+x)\big|_{(1,\,0,\,-1)}=1,$$

所以

$$\mathbf{grad}\,f(1,\ 0,\ -1)=-\boldsymbol{i}+\boldsymbol{k},$$

因此,函数 $f(x,\ y,\ z)=xy+yz+zx$ 在点 $M(1,\ 0,\ -1)$ 处的最大方向导数为

$$|\mathbf{grad}\,f(1,\ 0,\ -1)|=\sqrt{(-1)^2+0^2+1^2}=\sqrt{2}.$$

习题 8.7

1. 求函数 $z=3x^4+xy+y^3$ 在点(1, 2)处沿从点(1, 2)到点(2, 1)方向的方向导数.

2. 求函数 $u=\sqrt{x^2+y^2+z^2}$ 在点(1, 0, 1)处沿从点(1, 0, 1)到点(2, −1, 2)方向的方向导数.

3. 求函数 $u=xy+yz+zx$ 在点(1, 2, 3)处的梯度.

4. 设 u, v 都是 x, y, z 的函数,u, v 的各偏导数都存在且连续,证明:$\mathbf{grad}(uv)=v\,\mathbf{grad}\,u+u\,\mathbf{grad}\,v$.

答　案

1. $\frac{\sqrt{2}}{2}$.　2. $\frac{\sqrt{6}}{3}$.　3. $\mathrm{grad}u=5\boldsymbol{i}+4\boldsymbol{j}+3\boldsymbol{k}$.　4. 证略.

8.8　多元函数微分法在几何上的应用

8.8.1　空间曲线的切线与法平面及其方程

类似于平面曲线的切线概念,一条空间曲线 Γ 在点 $M(x_0,\ y_0,\ z_0)$(点 M 在曲线 Γ 上)处的切线是这样定义的:在曲线 Γ 上找一异于点 M 的点 $N(x_0+\Delta x,\ y_0+\Delta y,\ z_0+\Delta z)$,作割线 MN,则当点 N 沿曲线 Γ 趋近于点 M 时,割线 MN 的极限位置 MT 就称为空间曲线 Γ 在点 $M(x_0,\ y_0,\ z_0)$处的切线(图 8-12).

通过点 $M(x_0,\ y_0,\ z_0)$ 并与空间曲线 Γ 在点 $M(x_0,\ y_0,\ z_0)$ 处的切线垂直的平面称为空间曲线 Γ 在点 M 处的法平面.

下面推导空间曲线 Γ 在点 M 处的切线及法平面的方程.

设空间曲线 Γ 的方程为

$$x=\varphi(t),\quad y=\psi(t),\quad z=\omega(t),$$

其中,函数 $\varphi(t)$, $\psi(t)$, $\omega(t)$ 可导,且导数不全为零.又设点 $M(x_0, y_0, z_0)$ 和 $N(x_0+\Delta x, y_0+\Delta y, z_0+\Delta z)$ 分别对应参数 $t=t_0$ 和 $t=t_0+\Delta t$. 显然,当 $N\to M$ 时,有 $\Delta t\to 0$.

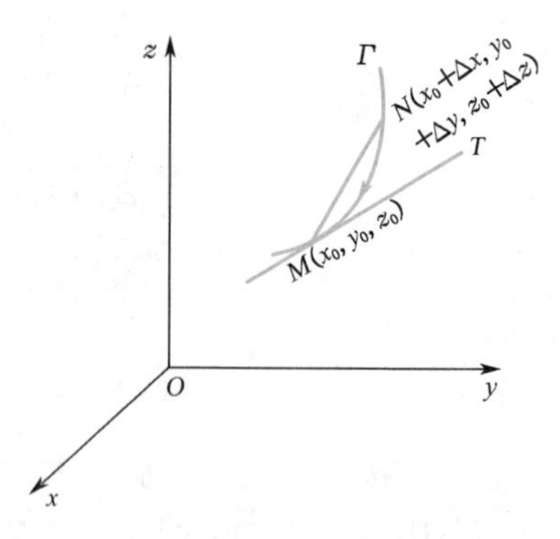

图 8-12

由于向量 $\overrightarrow{MN}=(\Delta x, \Delta y, \Delta z)$ 是割线 MN 的一个方向向量,点 $M(x_0, y_0, z_0)$ 在割线 MN 上,于是割线 MN 的方程为

$$\frac{x-x_0}{\Delta x}=\frac{y-y_0}{\Delta y}=\frac{z-z_0}{\Delta z}.$$

上式的各分母同除以 Δt,得

$$\frac{x-x_0}{\frac{\Delta x}{\Delta t}}=\frac{y-y_0}{\frac{\Delta y}{\Delta t}}=\frac{z-z_0}{\frac{\Delta z}{\Delta t}}.$$

令 $N\to M$(相应地,$\Delta t\to 0$),通过上式对分母求极限,得

$$\boxed{\frac{x-x_0}{\varphi'(t_0)}=\frac{y-y_0}{\psi'(t_0)}=\frac{z-z_0}{\omega'(t_0)}.}\tag{8.37}$$

这就是空间曲线 Γ 在点 $M(x_0, y_0, z_0)$ 处的切线方程.

由于曲线 Γ 在点 $M(x_0, y_0, z_0)$ 处的切线与法平面垂直,故切线的一个方向向量 $(\varphi'(t_0), \psi'(t_0), \omega'(t_0))$ 就是法平面的法向量. 又因法平面通过点 $M(x_0, y_0, z_0)$,所以,空间曲线 Γ 在点 $M(x_0, y_0, z_0)$ 处的**法平面方程**为

$$\boxed{\varphi'(t_0)(x-x_0)+\psi'(t_0)(y-y_0)+\omega'(t_0)(z-z_0)=0.}\tag{8.38}$$

例 1 求曲线 $x=a\cos t$, $y=a\sin t$, $z=bt$ 在点 $M(a, 0, 0)$ 处的切线方程和法平面方程.

解 点 $M(a, 0, 0)$ 对应的参数为 $t=0$. 由于

$$\left.\frac{\mathrm{d}x}{\mathrm{d}t}\right|_{t=0}=-a\sin t\big|_{t=0}=0,\quad \left.\frac{\mathrm{d}y}{\mathrm{d}t}\right|_{t=0}=a\cos t\big|_{t=0}=a,\quad \left.\frac{\mathrm{d}z}{\mathrm{d}t}\right|_{t=0}=b\big|_{t=0}=b,$$

所以曲线在点 $M(a, 0, 0)$ 处的切线方程为

$$\frac{x-a}{0}=\frac{y-0}{a}=\frac{z-0}{b},$$

法平面方程为

$$0\cdot(x-a)+a(y-0)+b(z-0)=0,$$

即　$ay+bz=0$.

例2　求曲线 Γ: $\begin{cases}y=2x^2,\\z=x+3\end{cases}$ 在点 $M(1, 2, 4)$处的切线方程和法平面方程.

解　取 x 为参数,则曲线 Γ 的参数方程为

$$x=x,\quad y=2x^2,\quad z=x+3.$$

因为

$$x'\Big|_{x=1}=1,\quad y'\Big|_{x=1}=4x\Big|_{x=1}=4,\quad z'\Big|_{x=1}=1\Big|_{x=1}=1,$$

所以由式(8.37) 及式(8.38) 知,曲线 Γ 在点 $M(1, 2, 4)$ 处的切线方程为

$$\frac{x-1}{1}=\frac{y-2}{4}=\frac{z-4}{1};$$

曲线 Γ 在点 $M(1, 2, 4)$ 处的法平面方程为

$$(x-1)+4(y-2)+(z-4)=0,$$

即　$x+4y+z-13=0$.

8.8.2　空间曲面的切平面与法线及其方程

在一定的条件下,在曲面 Σ 上通过点 M 且在点 M 处具有切线的任何曲线,它们在点 M 处的切线都在同一平面上,这个平面就称为曲面 Σ 在点 M 处的**切平面**.

设曲面 Σ 的方程为

$$F(x, y, z)=0, \tag{8.39}$$

点 $M(x_0, y_0, z_0)$ 是曲面上一点,函数 $F(x, y, z)$ 在点 M 处有连续的偏导数,且三个偏导数不全为零. 另设 Γ 是过点 M 且在曲面 Σ 上的任意一条曲线,它的方程为

$$x=\varphi(t),\quad y=\psi(t),\quad z=\omega(t).$$

其中,$t=t_0$ 是对应于点 $M(x_0, y_0, z_0)$的参数,$\varphi'(t_0)$, $\psi'(t_0)$, $\omega'(t_0)$不全为零.

由于曲线 Γ 在曲面 Σ 上,于是曲线 Γ 上的点$(\varphi(t), \psi(t), \omega(t))$ 的坐标满足曲面 Σ 的方程,即有恒等式:

$$F[\varphi(t), \psi(t), \omega(t)]\equiv 0.$$

又由于函数 $F(x, y, z)$在点 $M(x_0, y_0, z_0)$处有连续的偏导数,函数 $x=\varphi(t)$, $y=\psi(t)$, $z=\omega(t)$在 $t=t_0$ 处可导,所以根据 8.5 节中的定理 1,复合函数 $F[\varphi(t), \psi(t), \omega(t)]$在 $t=t_0$ 处有全导数,且该全导数等于零,即

$$\left.\frac{\mathrm{d}F}{\mathrm{d}t}\right|_{t=t_0}=F'_x(x_0, y_0, z_0)\varphi'(t_0)+F'_y(x_0, y_0, z_0)\psi'(t_0)+F'_z(x_0, y_0, z_0)\omega'(t_0)=0.$$

上式说明,向量

$$\boldsymbol{n}=(F'_x(x_0, y_0, z_0), F'_y(x_0, y_0, z_0), F'_z(x_0, y_0, z_0))$$

与向量

$$\boldsymbol{s}=(\varphi'(t_0), \psi'(t_0), \omega'(t_0))$$

垂直. 向量 $\boldsymbol{s}$ 是曲线 Γ 在点 $M(x_0, y_0, z_0)$ 处的切线的一个方向向量,由曲线 Γ 的任意性知,所有过点 M 且在曲面 Σ 上的曲线在点 M 处的切线都与向量 $\boldsymbol{n}$ 垂直,所以,这些切线都在过点 M 且以向量 $\boldsymbol{n}$ 为法向量的平面上. 因此,曲面 Σ 在点 M 处的切平面方程为

$$\boxed{F'_x(x_0, y_0, z_0)(x-x_0)+F'_y(x_0, y_0, z_0)(y-y_0)+F'_z(x_0, y_0, z_0)(z-z_0)=0.} \tag{8.40}$$

过点 $M(x_0, y_0, z_0)$ 且垂直于该点处的切平面[式(8.40)]的直线称为曲面 Σ 在点 M 处的法线. 显然,切平面的法向量 $(F'_x(x_0, y_0, z_0), F'_y(x_0, y_0, z_0), F'_z(x_0, y_0, z_0))$ 就是法线的方向向量. 因此,曲面 Σ 在点 M 处的法线方程为

$$\boxed{\frac{x-x_0}{F'_x(x_0, y_0, z_0)}=\frac{y-y_0}{F'_y(x_0, y_0, z_0)}=\frac{z-z_0}{F'_z(x_0, y_0, z_0)}.} \tag{8.41}$$

如果曲面的方程为

$$z=f(x, y), \tag{8.42}$$

则只要令

$$F(x, y, z)=f(x, y)-z,$$

曲面方程(8.42)就可化成方程(8.39)的形式,且

$$F'_x(x, y, z)=f'_x(x, y), \quad F'_y(x, y, z)=f'_y(x, y), \quad F'_z(x, y, z)=-1.$$

所以曲面在点 $M(x_0, y_0, z_0)$ 处的切平面方程为

$$\boxed{f'_x(x_0, y_0)(x-x_0)+f'_y(x_0, y_0)(y-y_0)-(z-z_0)=0.} \tag{8.43}$$

曲面在点 $M(x_0, y_0, z_0)$ 处的法线方程为

$$\boxed{\frac{x-x_0}{f'_x(x_0, y_0)}=\frac{y-y_0}{f'_y(x_0, y_0)}=\frac{z-z_0}{-1}.} \tag{8.44}$$

例 3　求曲面 $3x^2+y^2-z^2=27$ 在点(3, 1, 1)处的切平面方程和法线方程.

解　设 $F(x, y, z)=3x^2+y^2-z^2-27$，则

$$F'_x(3, 1, 1)=6x\Big|_{(3, 1, 1)}=18, \quad F'_y(3, 1, 1)=2y\Big|_{(3, 1, 1)}=2,$$

$$F'_z(3, 1, 1)=-2z\Big|_{(3, 1, 1)}=-2,$$

因此，曲面 $3x^2+y^2-z^2=27$ 在点 $(3, 1, 1)$ 处的切平面方程为

$$18(x-3)+2(y-1)-2(z-1)=0,$$

即　$9x+y-z-27=0.$

法线方程为

$$\frac{x-3}{18}=\frac{y-1}{2}=\frac{z-1}{-2},$$

即　$\dfrac{x-3}{9}=\dfrac{y-1}{1}=\dfrac{z-1}{-1}.$

例 4　求圆锥面 $z=\sqrt{x^2+y^2}$ 在点 $(1, 0, 1)$ 处的切平面方程和法线方程.

解　设 $F(x, y, z)=\sqrt{x^2+y^2}-z$，则

$$F'_x(x, y, z)=\frac{x}{\sqrt{x^2+y^2}}, \quad F'_y(x, y, z)=\frac{y}{\sqrt{x^2+y^2}}, \quad F'_z(x, y, z)=-1,$$

所以

$$F'_x(1, 0, 1)=1, \quad F'_y(1, 0, 1)=0, \quad F'_z(1, 0, 1)=-1,$$

因此，圆锥面在点 $(1, 0, 1)$ 处的切平面方程为

$$1\cdot(x-1)+0\cdot(y-0)-(z-1)=0,$$

即　$x-z=0.$

法线方程为

$$\frac{x-1}{1}=\frac{y}{0}=\frac{z-1}{-1}.$$

例 5　求椭球面 $x^2+2y^2+z^2=1$ 上平行于平面 $x-y+2z=0$ 的切平面方程.

解　设椭球面在点 $M(x_0, y_0, z_0)$ 处的切平面与平面 $x-y+2z=0$ 平行. 设

$$F(x, y, z)=x^2+2y^2+z^2-1,$$

于是，椭球面在点 M 处的切平面的法向量为

$$(F'_x(x_0, y_0, z_0), F'_y(x_0, y_0, z_0), F'_z(x_0, y_0, z_0))=(2x_0, 4y_0, 2z_0),$$

又因为所求的切平面与平面 $x-y+2z=0$ 平行，所以

$$\frac{2x_0}{1}=\frac{4y_0}{-1}=\frac{2z_0}{2}.$$

由此得
$$z_0=2x_0,\quad y_0=-\frac{1}{2}x_0.$$

由于点 $M(x_0,\ y_0,\ z_0)$ 在椭球面上,故它的坐标满足曲面方程,即有

$$x_0^2+2y_0^2+z_0^2=1.$$

将关系式 $z_0=2x_0,\ y_0=-\frac{1}{2}x_0$ 代入上式,得

$$x_0^2+2\left(-\frac{1}{2}x_0\right)^2+(2x_0)^2=1,$$

解方程,得

$$x_0=\pm\sqrt{\frac{2}{11}},$$

代入 $z_0=2x_0,\ y_0=-\frac{1}{2}x_0$ 中,求得

$$y_0=\mp\frac{1}{2}\sqrt{\frac{2}{11}},\quad z_0=\pm 2\sqrt{\frac{2}{11}},$$

所以,在点 M 处的切平面的法向量为

$$\boldsymbol{n}=(2x_0,\ 4y_0,\ 2z_0)=\left(\pm 2\sqrt{\frac{2}{11}},\ \mp 2\sqrt{\frac{2}{11}},\ \pm 4\sqrt{\frac{2}{11}}\right).$$

因此,所求的切平面方程为

$$2\sqrt{\frac{2}{11}}\left(x-\sqrt{\frac{2}{11}}\right)-2\sqrt{\frac{2}{11}}\left(y+\frac{1}{2}\sqrt{\frac{2}{11}}\right)+4\sqrt{\frac{2}{11}}\left(z-2\sqrt{\frac{2}{11}}\right)=0$$

或

$$-2\sqrt{\frac{2}{11}}\left(x+\sqrt{\frac{2}{11}}\right)+2\sqrt{\frac{2}{11}}\left(y-\frac{1}{2}\sqrt{\frac{2}{11}}\right)-4\sqrt{\frac{2}{11}}\left(z+2\sqrt{\frac{2}{11}}\right)=0,$$

即
$$x-y+2z=\sqrt{\frac{11}{2}}\quad\text{或}\quad x-y+2z=-\sqrt{\frac{11}{2}}.$$

例 6 求曲面 $x^2+2y^2+z^2=7$ 与平面 $2x+5y-3z+4=0$ 的交线上的点 $M_0(2,\ -1,\ 1)$处的切线方程.

解 因为已知曲线是曲面 $x^2+2y^2+z^2=7$ 与平面 $2x+5y-3z+4=0$ 的交线,它既在曲面上,也在平面上,所以它的切线既在曲面的切平面上,又在已知平面上,故它在点 $M_0(2,\ -1,\ 1)$处的切线的方向向量既与曲面的切平面的法向量 $\boldsymbol{n}_1$ 垂直,也与平面的法向量 $\boldsymbol{n}_2$ 垂直. 因此,可取曲线的切线的方向向量为

$$s=n_1\times n_2.$$

设 $F(x, y, z)=x^2+2y^2+z^2-7$,则

$$F_x'(2, -1, 1)=2x\big|_{(2, -1, 1)}=4, \quad F_y'(2, -1, 1)=4y\big|_{(2, -1, 1)}=-4,$$

$$F_z'(2, -1, 1)=2z\big|_{(2, -1, 1)}=2,$$

从而曲面 $x^2+2y^2+z^2=7$ 在点 $M_0(2, -1, 1)$处的切平面的法向量为

$$n_1=(4, -4, 2).$$

由于平面 $2x+5y-3z+4=0$ 的法向量为 $n_2=(2, 5, -3)$,于是

$$s=n_1\times n_2=\begin{vmatrix} i & j & k \\ 4 & -4 & 2 \\ 2 & 5 & -3 \end{vmatrix}=2i+16j+28k,$$

因此,交线在点 $M_0(2, -1, 1)$ 处的切线方程为

$$\frac{x-2}{2}=\frac{y+1}{16}=\frac{z-1}{28}, \quad 即 \quad \frac{x-2}{1}=\frac{y+1}{8}=\frac{z-1}{14}.$$

习题 8.8

1. 求曲线 $x=t-\sin t$, $y=1-\cos t$, $z=4\sin\frac{t}{2}$ 在点 $\left(\frac{\pi}{2}-1, 1, 2\sqrt{2}\right)$处的切线方程和法平面方程.

2. 求曲线 $x=\frac{t}{1+t}$, $y=\frac{1+t}{t}$, $z=t^2$ 在对应于 $t=1$ 的点处的切线方程和法平面方程.

3. 求曲线 $\begin{cases} y=x^2, \\ z=3x+1 \end{cases}$ 在点 $M(0, 0, 1)$处的切线方程和法平面方程.

4. 求曲线 $x=t$, $y=t^2$, $z=t^3$ 上的点,使曲线在该点处的切线平行于平面 $x+2y+z=4$.

5. 求曲面 $e^z-z+xy=3$ 在点$(2, 1, 0)$处的切平面方程及法线方程.

6. 求曲面 $z=\arctan\frac{y}{x}$ 在点 $\left(1, 1, \frac{\pi}{4}\right)$处的切平面方程及法线方程.

7. 求抛物面 $z=x^2+y^2$ 上平行于平面 $x-y+2z=0$ 的切平面方程.

8. 求椭球面 $x^2+2y^2+3z^2=21$ 上平行于平面 $x+4y+6z=0$ 的切平面方程.

9. 设点 $M(x, y, z)$是曲面 $z=xe^{\frac{y}{x}}$ 上任意一点,试证:该曲面在点 M 处的法线与直线 OM(O 为坐标原点)垂直.

10. 求证:曲面 $\sqrt{x}+\sqrt{y}+\sqrt{z}=\sqrt{a}$ $(a>0)$上任意一点 M 处的切平面在各坐标轴上的截距之和等于 a.

答　案

1. 切线方程：$\dfrac{x-\left(\frac{\pi}{2}-1\right)}{1}=\dfrac{y-1}{1}=\dfrac{z-2\sqrt{2}}{\sqrt{2}}$,法平面方程：$x+y+\sqrt{2}z=\dfrac{\pi}{2}+4$.

2. 切线方程：$\dfrac{x-\frac{1}{2}}{1}=\dfrac{y-2}{-4}=\dfrac{z-1}{8}$,法平面方程：$x-4y+8z-\dfrac{1}{2}=0$.

3. 切线方程：$\dfrac{x-0}{1}=\dfrac{y-0}{0}=\dfrac{z-1}{3}$,法平面方程：$x+3z=3$.

4. $(-1,1,-1)$，$\left(-\dfrac{1}{3},\dfrac{1}{9},-\dfrac{1}{27}\right)$.

5. 切平面方程：$x+2y-4=0$,法线方程：$\dfrac{x-2}{1}=\dfrac{y-1}{2}=\dfrac{z}{0}$.

6. 切平面方程：$x-y+2z-\dfrac{\pi}{2}=0$,法线方程：$\dfrac{x-1}{1}=\dfrac{y-1}{-1}=\dfrac{z-\frac{\pi}{4}}{2}$.

7. 切平面方程：$x-y+2z+\dfrac{1}{4}=0$.

8. 切平面方程：$x+4y+6z-21=0$，$x+4y+6z+21=0$.

9. 证略.　10. 证略.

8.9　多元函数的极值

在实际问题中,往往会遇到多元函数的最大值与最小值问题.类似于一元函数,多元函数的最大值、最小值与极大值、极小值有密切关系,因此,有必要先来研究多元函数极大值、极小值的求法.本节主要围绕二元函数来讨论.

8.9.1　多元函数的极值与最值

1. 多元函数的极值

定义　设函数 $z=f(x,y)$在点 $P_0(x_0,y_0)$的某一邻域内有定义.如果对于该邻域内的任一异于点 P_0 的点 $P(x,y)$,都有

$$f(x,y)<f(x_0,y_0),$$

则称函数 $z=f(x,y)$在点 $P_0(x_0,y_0)$处有**极大值** $f(x_0,y_0)$;如果都有

$$f(x,y)>f(x_0,y_0),$$

则称函数 $z=f(x,y)$在点 $P_0(x_0,y_0)$处有**极小值** $f(x_0,y_0)$.函数的极大值、极小值统称为函数的**极值**.使得函数取得极值的点统称为函数的**极值点**.

例 1　函数 $z=\sqrt{x^2+y^2}$在点$(0,0)$处的函数值为 $f(0,0)=0$,而在点$(0,0)$的

邻域内，除点(0, 0)外，函数在任意一点(x, y)处的函数值都大于零，于是有

$$f(x, y)>f(0, 0),$$

所以，函数 $z=\sqrt{x^2+y^2}$ 在点(0, 0)处有极小值 $f(0, 0)=0$. 从几何上看，点(0, 0, 0)是锥面 $z=\sqrt{x^2+y^2}$ 的顶点，它的位置比与它邻近的锥面上的点都要低(图 8-13)，它的竖坐标 $f(0, 0)=0$ 必然比其他点$(x, y, f(x, y))$的竖坐标 $f(x, y)$都要小. 因此，$f(0, 0)=0$ 是函数的极小值.

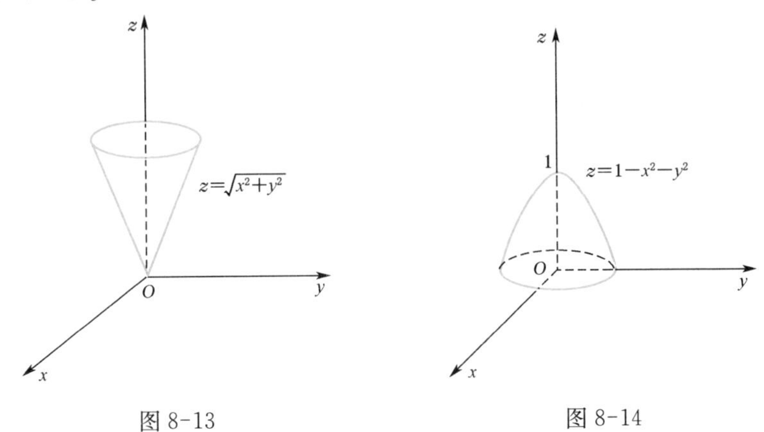

图 8-13　　图 8-14

例 2　函数 $z=1-x^2-y^2$ 在点(0, 0)处的函数值为 $f(0, 0)=1$，而在点(0, 0)的邻域内，除点(0, 0)外，函数在任意一点(x, y)处的函数值都小于 1. 于是有

$$f(x, y)<f(0, 0),$$

所以，函数 $z=1-x^2-y^2$ 在点(0, 0)处有极大值 $f(0, 0)=1$. 从几何上看，点(0, 0, 1)是旋转抛物面 $z=1-x^2-y^2$ 的顶点，它的位置比与它邻近的抛物面上的点都要高(图 8-14)，它的竖坐标 $f(0, 0)=1$ 必然比其他点$(x, y, f(x, y))$的竖坐标 $f(x, y)$都要大. 因此，$f(0, 0)=1$ 是函数的极大值.

例 3　函数 $z=x+y$ 在点(0, 0)处既不取得极大值，也不取得极小值. 这是因为 $f(0, 0)=0$，而在点(0, 0)的任一邻域内，所对应的函数值有正的，也有负的.

下面给出二元函数有极值的必要条件.

定理 1(必要条件)　设函数 $z=f(x, y)$在点 $P_0(x_0, y_0)$处有极值，且在点 $P_0(x_0, y_0)$处的偏导数存在，则函数 $z=f(x, y)$在点 $P_0(x_0, y_0)$处的两个偏导数必等于零，即

$$f'_x(x_0, y_0)=0, \quad f'_y(x_0, y_0)=0.$$

证明　不妨设函数 $z=f(x, y)$在点 $P_0(x_0, y_0)$处有极大值. 根据定义知，对于在点 $P_0(x_0, y_0)$的某一邻域内异于点 $P_0(x_0, y_0)$的点 $P(x, y)$，都有

$$f(x, y)<f(x_0, y_0).$$

特别地,当点(x, y_0)是该邻域内异于点$P_0(x_0, y_0)$的任意一点时,有

$$f(x, y_0)<f(x_0, y_0).$$

上式说明一元函数$f(x, y_0)$在点x_0处有极大值,根据一元函数极值存在的必要条件,就得到

$$f'_x(x_0, y_0)=0.$$

同理可证 $$f'_y(x_0, y_0)=0.$$

类似于一元函数,凡是满足方程组

$$\begin{cases} f'_x(x, y)=0, \\ f'_y(x, y)=0 \end{cases}$$

的点(x_0, y_0),称为函数$z=f(x, y)$的驻点. 定理 1 说明,只要函数$z=f(x, y)$的两个偏导数存在,那么它的极值点一定是驻点. 但是,函数的驻点不一定是极值点. 例如,函数$z=xy$在点$(0, 0)$处的两个偏导数为

$$f'_x(0, 0)=y\Big|_{(0, 0)}=0, \quad f'_y(0, 0)=x\Big|_{(0, 0)}=0,$$

所以,点$(0, 0)$是函数$z=xy$的驻点. 而在点$(0, 0)$的邻域内,所对应的函数值有正有负,故$f(0, 0)=0$不是极值,从而点$(0, 0)$不是极值点.

那么,如何判断驻点是不是极值点呢?在一元函数极值的讨论中,有一种方法是用函数在驻点处的二阶导数的符号去判断. 类似地,对于二元函数,也可以用一个含有二阶偏导数的一个算式的符号去确定驻点是不是极值点.

定理 2(极值的充分条件) 设函数$z=f(x, y)$在点(x_0, y_0)的某一邻域内连续,且有二阶连续偏导数,又,$f'_x(x_0, y_0)=0$, $f'_y(x_0, y_0)=0$. 记

$$A=f''_{xx}(x_0, y_0), \quad B=f''_{xy}(x_0, y_0), \quad C=f''_{yy}(x_0, y_0),$$
$$\Delta=B^2-AC,$$

则

(1) 当$\Delta<0$时,函数$z=f(x, y)$在点(x_0, y_0)处有极值,且当$A<0$时,有极大值;当$A>0$时,有极小值;

(2) 当$\Delta>0$时,函数$z=f(x, y)$在点(x_0, y_0)处没有极值;

(3) 当$\Delta=0$时,函数$z=f(x, y)$在点(x_0, y_0)处可能有极值,也可能没有极值.

定理 2 的证明从略.

由定理 1 和定理 2,可得到以下求具有二阶连续偏导数的函数$z=f(x, y)$的极值的一般方法.

(1) 解方程组

$$\begin{cases} f'_x(x, y)=0, \\ f'_y(x, y)=0, \end{cases}$$

求出所有的驻点；

(2) 求出每一个驻点处相应的 A, B, C；

(3) 根据判别式 $\Delta=B^2-AC$ 的符号，判断驻点是不是极值点. 如果是极值点，再根据 A 的符号判断函数在极值点处是取得极大值，还是取得极小值，并求出极值.

例 4　求函数 $z=3xy-x^3-y^3$ 的极值.

解　解方程组

$$\begin{cases} f'_x(x, y)=3y-3x^2=0, \\ f'_y(x, y)=3x-3y^2=0, \end{cases}$$

求得驻点为 $(0, 0)$ 和 $(1, 1)$.

因为在点 $(0, 0)$ 处，有

$$A=f''_{xx}(0, 0)=-6x\big|_{(0, 0)}=0, \quad B=f''_{xy}(0, 0)=3\big|_{(0, 0)}=3,$$

$$C=f''_{yy}(0, 0)=-6y\big|_{(0, 0)}=0,$$

所以
$$\Delta=B^2-AC=3^2-0=9>0,$$

因此，函数在点 $(0, 0)$ 处没有极值.

因为在点 $(1, 1)$ 处，有

$$A=f''_{xx}(1, 1)=-6x\big|_{(1, 1)}=-6, \quad B=f''_{xy}(1, 1)=3\big|_{(1, 1)}=3,$$

$$C=f''_{yy}(1, 1)=-6y\big|_{(1, 1)}=-6,$$

所以
$$\Delta=B^2-AC=3^2-(-6)\times(-6)=-27<0,$$

因此，函数在点 $(1, 1)$ 处有极值，且由 $A=-6<0$ 又知，函数在点 $(1, 1)$ 处有极大值，极大值为

$$f(1, 1)=3\times1\times1-1-1=1.$$

2. 多元函数的最值

在 8.2.2 目中已指出：如果函数 $z=f(x, y)$ 在有界闭区域 $\bar{D}$ 上连续，那么它在 $\bar{D}$ 上一定有最大值和最小值.

最大值和最小值统称为**最值**，使得函数取得最值的点统称为**最值点**. 最值的概念可以类推到二元以上的函数，这里不再叙述. 下面假设函数 $z=f(x, y)$ 在闭区域 $\bar{D}$

上连续,且在区域 D 内可微、只有有限个驻点的条件下,给出函数最值的求法.

一般的方法:① 求出函数 $z=f(x, y)$ 在 D 内所有的驻点及驻点处的函数值;② 求出函数 $z=f(x, y)$ 在边界 ∂D 上的最大值和最小值;③ 比较以上求出的函数值,从中找出的最大的值和最小的值便是函数 $z=f(x, y)$ 在闭区域 $\overline{D}$ 上的最大值和最小值.

在实际问题中,常可根据问题的性质知道,函数 $z=f(x, y)$ 的最大值(最小值)一定在区域 D 内取得,且函数在 D 内只有一个驻点,则可以断定该驻点就是最值点,该驻点处的函数值就是函数 $z=f(x, y)$ 的最大值(最小值).

例 5　求对角线长度为 $2\sqrt{3}$m 而体积为最大的长方体的体积.

解　设长方体的体积为 V,长为 x,宽为 y,则高为

$$z=\sqrt{(2\sqrt{3})^2-x^2-y^2}=\sqrt{12-x^2-y^2}.$$

根据题意,有

$$V=xy\sqrt{12-x^2-y^2}\quad(x>0,\ y>0).$$

令

$$\frac{\partial V}{\partial x}=y\sqrt{12-x^2-y^2}-\frac{x^2y}{\sqrt{12-x^2-y^2}}=0,$$

$$\frac{\partial V}{\partial y}=x\sqrt{12-x^2-y^2}-\frac{xy^2}{\sqrt{12-x^2-y^2}}=0,$$

解此方程组,求得 $x=2,\ y=2$. 即得唯一的驻点为(2, 2).

根据题意可知,体积 V 的最大值一定存在,且在区域 $D=\{(x, y)\mid x>0, y>0\}$ 内取得,而在 D 内只有唯一的驻点(2, 2),所以,它也是最值点. 将 $x=2$, $y=2$ 代入 $z=\sqrt{12-x^2-y^2}$ 中,求得长方体的高为 $z=2$. 因此,当长方体的长、宽、高均为 2m 时,它的体积最大,最大体积为

$$V=2\times 2\times\sqrt{12-2^2-2^2}=8(\mathrm{m}^3).$$

8.9.2　条件极值　拉格朗日乘数法

本节第一目中所讨论的极值问题,自变量的变化是在函数的定义域范围内,除此之外,没有其他附加条件的限制,它又称为无条件极值. 现在讨论对于函数的自变量还要满足某些附加条件的极值问题. 这类极值问题称为条件极值. 关于条件极值的求法,有以下两种方法.

1. 转化为无条件极值

对一些简单的条件极值问题,往往可以利用附加条件消去函数中的某些自变量,

将条件极值转化为无条件极值. 例如, 例5中的问题实际上是求体积函数 $V = xyz$ 在条件 $\sqrt{x^2+y^2+z^2} = 2\sqrt{3}$ 下的极值, 这是一个条件极值问题. 在求解时, 将 $z = \sqrt{12-x^2-y^2}$ 代入 $V = xyz$ 中, 消去 z 后, 就转化为求函数 $V = xy\sqrt{12-x^2-y^2}$ 的极值. 这时, 对于自变量 x, y, 不再有附加条件的限制, 问题已转化为一个无条件极值问题.

2. 拉格朗日乘数法

将一般的条件极值问题直接转化为无条件极值问题往往是比较困难的. 下面介绍一种直接求条件极值的方法——拉格朗日乘数法.

现在先来寻找函数

$$z = f(x, y)$$

在条件

$$\varphi(x, y) = 0$$

下取得极值的必要条件.

设点 $P_0(x_0, y_0)$ 是函数 $z = f(x, y)$ 在条件 $\varphi(x, y) = 0$ 下的极值点, 即函数 $z = f(x, y)$ 在点 $P_0(x_0, y_0)$ 处取得极值, 且 $\varphi(x_0, y_0) = 0$. 假设函数 $f(x, y)$ 及 $\varphi(x, y) = 0$ 在点 $P_0(x_0, y_0)$ 的某个邻域内具有连续的偏导数, 且 $\varphi_y(x_0, y_0) \neq 0$. 由隐函数存在定理可知, 方程 $\varphi(x, y) = 0$ 确定了一个具有连续导数的隐函数 $y = g(x)$, 将它代入函数 $z = f(x, y)$ 中, 得

$$z = f[x, g(x)].$$

于是, 由点 $P_0(x_0, y_0)$ 是函数 $z = f(x, y)$ 的极值点可知, 点 $x = x_0$ 是一元函数 $z = f[x, g(x)]$ 的极值点, 所以根据一元函数极值存在的必要条件, 有

$$\left.\frac{\mathrm{d}z}{\mathrm{d}x}\right|_{x=x_0} = f'_x(x_0, y_0) + f'_y(x_0, y_0)g'(x_0) = 0.$$

由于函数 $y = g(x)$ 是方程 $\varphi(x, y) = 0$ 确定的隐函数, 根据隐函数的求导公式, 有

$$g'(x_0) = \left.\frac{\mathrm{d}y}{\mathrm{d}x}\right|_{x=x_0} = -\frac{\varphi'_x(x_0, y_0)}{\varphi'_y(x_0, y_0)},$$

因此, 函数 $z = f(x, y)$ 在条件 $\varphi(x, y) = 0$ 下, 在点 $P_0(x_0, y_0)$ 处取得极值的必要条件为

$$\begin{cases} f'_x(x_0, y_0) - f'_y(x_0, y_0)\dfrac{\varphi'_x(x_0, y_0)}{\varphi'_y(x_0, y_0)} = 0, \\ \varphi(x_0, y_0) = 0. \end{cases} \tag{8.45}$$

引入比例常数 $\lambda = -\dfrac{f'_y(x_0, y_0)}{\varphi'_y(x_0, y_0)}$ (λ 称为拉格朗日因子). 那么, 式(8.45) 可以

写成

$$\begin{cases} f'_x(x_0, y_0) + \lambda\varphi'_x(x_0, y_0) = 0, \\ f'_y(x_0, y_0) + \lambda\varphi'_y(x_0, y_0) = 0, \\ \varphi(x_0, y_0) = 0. \end{cases} \tag{8.46}$$

容易看到,函数

$$F(x, y) = f(x, y) + \lambda\varphi(x, y)$$

在点(x_0, y_0)处的两个偏导数$F'_x(x_0, y_0)$及$F'_y(x_0, y_0)$就是式(8.46)中的前两个等式的左边.

综合上面的讨论,就可以得到直接求函数$z = f(x, y)$在条件$\varphi(x, y) = 0$下的可能极值点的方法(拉格朗日乘数法):

(1) 作辅助函数

$$F(x, y) = f(x, y) + \lambda\varphi(x, y),$$

其中,λ是某个常数.

(2) 将函数$F(x, y)$分别对x和y求偏导数,并令它们都等于零,然后与方程$\varphi(x, y) = 0$联立,组成方程组:

$$\begin{cases} F'_x(x, y) = f'_x(x, y) + \lambda\varphi'_x(x, y) = 0, \\ F'_y(x, y) = f'_y(x, y) + \lambda\varphi'_y(x, y) = 0, \\ \varphi(x, y) = 0. \end{cases}$$

(3) 求出方程组的解:$x = x_0$, $y = y_0$, $\lambda = \lambda_0$(解可能多于一组),则点(x_0, y_0)就是使函数$z = f(x, y)$在条件$\varphi(x, y) = 0$下的可能极值点.

上述方法可以推广到自变量多于两个或者附加条件多于一个的情形. 例如,要求函数$u = f(x, y, z)$在附加条件$\varphi(x, y, z) = 0$和$\psi(x, y, z) = 0$下的极值. 也可按以下三个步骤去做:

(1) 作辅助函数$F(x, y, z) = f(x, y, z) + \lambda_1\varphi(x, y, z) + \lambda_2\psi(x, y, z)$ (λ_1, λ_2为常数).

(2) 求出$F(x, y, z)$的三个偏导数,令它们都等于零,并与两个条件方程联立,组成方程组.

(3) 解方程组,求出的解(x, y, z)就是可能极值点.

下面举例说明拉格朗日乘数法在解决实际问题中的应用.

例 6 利用拉格朗日乘数法求解本节中的例 5.

解 设长方体的体积为V,长、宽、高分别为x, y, z,则所要解决的问题就是求函数

$$V = xyz$$

在附加条件

$$\sqrt{x^2+y^2+z^2}=2\sqrt{3}$$

下的最大值.

作辅助函数：

$$F(x, y, z)=xyz+\lambda(\sqrt{x^2+y^2+z^2}-2\sqrt{3}),$$

其中，λ 为常数. 求出函数 $F(x, y, z)$ 的三个偏导数，并令它们都等于零，然后再与条件方程 $\sqrt{x^2+y^2+z^2}=2\sqrt{3}$ 联立，组成方程组：

$$\begin{cases} F'_x(x, y, z)=yz+\dfrac{\lambda x}{\sqrt{x^2+y^2+z^2}}=0, \\ F'_y(x, y, z)=xz+\dfrac{\lambda y}{\sqrt{x^2+y^2+z^2}}=0, \\ F'_z(x, y, z)=xy+\dfrac{\lambda z}{\sqrt{x^2+y^2+z^2}}=0, \\ \sqrt{x^2+y^2+z^2}=2\sqrt{3}. \end{cases}$$

因为 x, y, z 均不为零，于是由方程组的前三个方程得

$$\frac{yz}{x}=\frac{xz}{y}=\frac{xy}{z}=-\frac{\lambda}{\sqrt{x^2+y^2+z^2}},$$

由方程 $\dfrac{yz}{x}=\dfrac{xz}{y}=\dfrac{xy}{z}$，可得 $x=y=z$. 将此关系式代入方程组中的最后一个方程中，解得 $x=y=z=2$.

因为点 $(2, 2, 2)$ 是唯一的可能极值点，而由题意知，最大值一定存在，所以最大值就在可能极值点处取得. 因此，当长、宽、高均为 2m 时，长方体的体积最大，最大体积为

$$V=2\times 2\times 2=8(\mathrm{m}^3).$$

例 7　抛物面 $z=x^2+y^2$ 被平面 $x+y+z=4$ 截成一个椭圆，求这椭圆上的点到原点的距离的最大值与最小值.

解　设椭圆上的点为 (x, y, z)，则椭圆上的点到原点的距离平方为

$$d^2=x^2+y^2+z^2.$$

由题意，x, y, z 应满足条件：$z=x^2+y^2$ 和 $x+y+z=4$.

作辅助函数

$$F(x, y, z)=x^2+y^2+z^2+\lambda(x^2+y^2-z)+\mu(x+y+z-4),$$

求出函数 $F(x, y, z)$ 的三个偏导数,令它们等于零,并与上述条件组成方程组:

$$\begin{cases} F'_x = 2x + 2\lambda x + \mu = 0, \\ F'_y = 2y + 2\lambda y + \mu = 0, \\ F'_z = 2z - \lambda + \mu = 0, \\ x^2 + y^2 - z = 0, \\ x + y + z - 4 = 0, \end{cases}$$

前两个方程相减,得 $\lambda = -1$ 或 $y = x$.

由 $\lambda = -1$ 代入第一个方程,可得 $\mu = 0$,再由第三个方程可得 $z = -\frac{1}{2}$,不合题意,故舍去.

将 $y = x$ 代入最后两个方程,得 $x = y = 1,\ z = 2$ 和 $x = y = -2,\ z = 8$.

因为点 $(1, 1, 2)$ 和 $(-2, -2, 8)$ 是两个可能的极值点,而根据题意知,最大值和最小值一定存在,所以最大值和最小值在可能的极值点处取得,而 $d^2(1, 1, 2) = 6$, $d^2(-2, -2, 8) = 72$,因此椭圆上的点到原点的距离的最大值为 $6\sqrt{2}$,最小值为 $\sqrt{6}$.

习题 8.9

1. 求下列函数的极值.

(1) $f(x, y) = x^2 + xy + y^2 + x - y + 1$;

(2) $f(x, y) = (6x - x^2)(4y - y^2)$.

2. 求函数 $z = x^2 + y^2$ 在条件 $2x + y = 2$ 下的极值.

3. 在 xOy 面上求一点,使它到直线 $x = 0$, $y = 0$ 及 $x - 2y - 16 = 0$ 的距离的平方和为最小.

4. 把正数 a 分成三个正数之和,使它们的乘积为最大,求这三个正数.

5. 求内接于半径为 a 的球且有最大体积的长方体.

6. 在斜边长为定值 c 的一切直角三角形中,求有最大周长的直角三角形.

7. 在直线 $\begin{cases} y + 2 = 0, \\ x + 2z = 7 \end{cases}$ 上找一点,使它到点 $(0, -1, 1)$ 的距离最短,并求此最短距离.

8. 经过点 $\left(2, 1, \frac{1}{3}\right)$ 的平面中,哪一个平面与三个坐标面在第一卦限内围成的四面体的体积最小?

9. 求曲面 $\sqrt{x} + \sqrt{y} + \sqrt{z} = 1$ 的切平面,使该切平面在三个坐标轴上的截距之积为最大.

答　案

1. (1) 极小值 $f(-1, 1) = 0$; (2) 极大值 $f(3, 2) = 36$.

2. 极小值 $z\left(\frac{4}{5}, \frac{2}{5}\right) = \frac{4}{5}$.　　3. $\left(\frac{8}{5}, -\frac{16}{5}\right)$.

4. $x=y=z=\frac{a}{3}$.

5. 长、宽、高均为$\frac{2a}{\sqrt{3}}$时,长方体的体积最大.

6. 两直角边都是$\frac{c}{\sqrt{2}}$时,周长最大.

7. $(1, -2, 3)$, $d_{\min}=\sqrt{6}$.

8. $\frac{x}{6}+\frac{y}{3}+\frac{z}{1}=1$.

9. $3x+3y+3z=1$.

复习题 8

(A)

1. 判断下列命题是否正确.

(1) 当点(x, y)沿着无穷多条曲线趋近于点(x_0, y_0)时,$f(x, y)$都趋近于A,则$\lim\limits_{(x, y)\to(x_0, y_0)} f(x, y)=A$;

(2) 如果函数$z=f(x, y)$在点(x, y)处的两个偏导数都存在,则$\mathrm{d}z=\frac{\partial z}{\partial x}\mathrm{d}x+\frac{\partial z}{\partial y}\mathrm{d}y$;

(3) 如果$z=f(x, y)$在(x_0, y_0)处的两个偏导数都连续,则函数$z=f(x, y)$在点(x_0, y_0)处连续;

(4) 函数$z=1-\sqrt[3]{x^2+y^2}$的极值点一定是驻点.

2. 求函数$z=\ln(y-x)+\frac{\sqrt{x}}{\sqrt{1-x^2-y^2}}$的定义域.

3. 求$\lim\limits_{(x, y)\to(3, 0)}(1+xy)^{\frac{2}{xy}}$.

4. 设$f(x+y, x-y)=\frac{x^2-y^2}{2(x^2+y^2)}$,求$f'_x(x, y)$.

5. 设$z=\frac{y^2}{3x}+\arcsin(xy)$,证明:$x^2\frac{\partial z}{\partial x}-xy\frac{\partial z}{\partial y}+y^2=0$.

6. 设$z=f\left(\frac{y}{x}\right)$,其中$f$具有连续导数,证明:$x\frac{\partial z}{\partial x}+y\frac{\partial z}{\partial y}=0$.

7. 设$z=f(xy, x^2-y^2)$,其中f具有二阶连续偏导数,求$\frac{\partial^2 z}{\partial x^2}$.

8. 设$z=z(x, y)$是由方程$\mathrm{e}^{x+y}+\sin(x+z)=0$所确定的隐函数,求$\mathrm{d}z$.

9. 求函数$z=x^2+y^2-4x^2y^2$在点$(2, 1)$处沿从点$(2, 1)$到点$(0, 0)$方向的方向导数.

10. 求函数$f(x, y)=2x^2+y^2-y$在点$(2, 3)$处增长最快的方向.

11. 求抛物面$z=x^2+y^2$与直线$\begin{cases}x+2z=1,\\ y+2z=2\end{cases}$垂直的切平面方程.

12. 求椭球面$\frac{x^2}{a^2}+\frac{y^2}{b^2}+\frac{z^2}{c^2}=1$在第一卦限中的一点,使在该点处的切平面与三个坐标面所围成的四面体的体积为最小.

13. 求平面$\frac{x}{2}+\frac{y}{4}+\frac{z}{4}=1$上与原点距离最短的点的坐标.

14. 证明在螺旋线$x=a\cos t$, $y=a\sin t$, $z=bt$上任一点处的切线与z轴正向的夹角为常数.

(B)

1. 选择题

(1) 设函数 $z=f(x,y)$ 在点 (x,y) 处可微分,则在点 (x,y) 处　　(　　).

(A) $f'_x(x,y)$ 存在且连续

(B) $f'_x(x,y)$ 存在且不连续

(C) $f'_x(x,y)$ 存在且 $f(x,y)$ 在点 (x,y) 处连续

(D) $f'_x(x,y)$ 存在,但 $f(x,y)$ 在点 (x,y) 处不连续

(2) 设 $z=(1+2x)^{3y}$,则 $\dfrac{\partial z}{\partial x}=$　　(　　).

(A) $(1+2x)^{3y}\ln(1+2x)$　　(B) $3y(1+2x)^{3y-1}$

(C) $2(1+2x)^{3y}\ln(1+2x)$　　(D) $6y(1+2x)^{3y-1}$

(3) 设 $z=\ln(1+x^2+y^2)$,则 $\mathrm{d}z\Big|_{(1,1)}=$　　(　　).

(A) $\dfrac{4}{3}$　　(B) $\dfrac{2}{3}\mathrm{d}y$　　(C) $\dfrac{1}{3}(\mathrm{d}x+\mathrm{d}y)$　　(D) $\dfrac{2}{3}(\mathrm{d}x+\mathrm{d}y)$

(4) 曲线 $x=t,\ y=t^2,\ z=t^3$ 在对应于 $t=1$ 的点处的切线与直线 $\dfrac{x-1}{-2}=\dfrac{y-1}{n}=\dfrac{z}{-6}$ 平行,则 $n=$　　(　　).

(A) 10　　(B) -4　　(C) -1　　(D) 4

(5) 设 $z=f(xy)$,其中,f 具有连续导数,则 $\dfrac{\partial z}{\partial x}+\dfrac{\partial z}{\partial y}=$　　(　　).

(A) $y+x$　　(B) $(y+x)f(xy)$　　(C) $(y+x)f'(xy)$　　(D) $yf'_x+xf'_y$

2. 填空题

(1) 若 $f(x,y)=\dfrac{x^2+y^2}{2xy}$,则 $f\left(2,\dfrac{y}{x}\right)=$ ________.

(2) 函数 $z=\arcsin\dfrac{y}{x}$ 的定义域为________________.

(3) $\lim\limits_{(x,y)\to(2,0)}(1+xy)^{\frac{1}{y}}=$ ________.

(4) 若 $f(x,y)=\sqrt{xy+\dfrac{x}{y}}$,则 $f'_x(2,1)=$ ________,$f'_y(2,1)=$ ________.

(5) $z=\cos\dfrac{1}{xy}+\sqrt{1-x^2-y^2}$ 的间断点是____________.

答　案

(A)

1. (1) 不正确;(2) 不正确;(3) 正确;(4) 不正确.

2. $D=\{(x,y)\mid y>x\geqslant 0,且\ x^2+y^2<1\}$.　　3. e^2.

4. $f'_x(x,y)=\dfrac{y^3-x^2y}{(x^2+y^2)^2}$.　　5. 证略.　　6. 证略.

7. $\dfrac{\partial^2 z}{\partial x^2}=y^2f''_{11}+4xyf''_{12}+4x^2f''_{22}+2f'_2$.

8. $\mathrm{d}z=-\dfrac{\mathrm{e}^{x+y}+\cos(x+z)}{\cos(x+z)}\mathrm{d}x-\dfrac{\mathrm{e}^{x+y}}{\cos(x+z)}\mathrm{d}y$.

9. $\left.\dfrac{\partial z}{\partial l}\right|_{(2,1)}=\dfrac{54}{\sqrt{5}}$.

10. $\boldsymbol{l}=(8,50)$.

11. $2x+2y-z-2=0$.

12. $\left(\dfrac{a}{\sqrt{3}},\dfrac{b}{\sqrt{3}},\dfrac{c}{\sqrt{3}}\right)$.

13. $\left(\dfrac{4}{3},\dfrac{2}{3},\dfrac{2}{3}\right)$.

14. 证略.

(B)

1. (1) C；(2) D；(3) D；(4) B；(5) C.

2. (1) $\dfrac{4x^2+y^2}{4xy}$；(2) $\{(x,y)\mid x\neq 0,-|x|\leqslant y\leqslant |x|\}$；(3) e^2；(4) $\dfrac{1}{2}$, 0；

(5) $\{(x,y)\mid x^2+y^2>1$,或 $x=0$,或 $y=0\}$.

第 9 章

重 积 分

由上册第 5 章可知，定积分是某种特定形式的和式的极限. 在定积分中，被积函数是一元函数，积分范围是一个区间. 本章和下一章将从某些实际问题出发，把定积分的概念推广到定义在区域、曲线及曲面上的多元函数的情形，便得到重积分、曲线积分及曲面积分的概念，它们就是多元函数积分学的内容. 本章将介绍重积分(包括二重积分和三重积分)的概念、计算法以及它们的一些应用. 学习本章内容时，要注意重积分与定积分的联系，着重掌握把重积分化为定积分计算的方法.

9.1 二重积分的概念与性质

9.1.1 二重积分的概念

引例 1 曲顶柱体的体积.

设有一个立体，它的底是 xOy 平面上的区域 D[①]，它的顶是由定义在 D 上的二元连续函数 $z = f(x, y)$(这里假定 $f(x, y) \geqslant 0$) 所表示的曲面，它的侧面是以区域 D 的边界曲线为准线而母线平行于 z 轴的柱面(图 9-1). 这样的立体称为曲顶柱体. 现在计算上述曲顶柱体的体积 V.

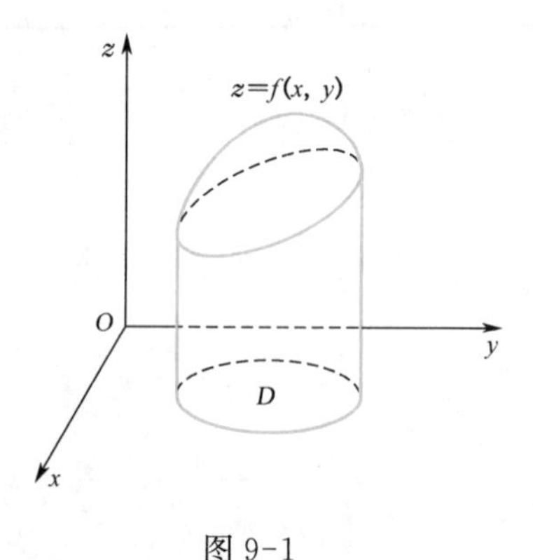

图 9-1

由于曲顶柱体的顶是曲面，即柱体的高度 $f(x, y)$ 是随区域 D 上的点 (x, y) 而变化的，因而不能直接利用平顶柱体的体积公式：

$$\text{体积} = \text{高} \times \text{底面积}$$

来计算. 可仿照求曲边梯形面积时所采用的“分割取近似，作和取极限”的方法来解决.

(1) 分割　用有限条曲线把区域 D 任意分割成 n 个小区域：

① 为简便起见，本章以后除特别说明外，都假定平面区域和空间区域是有界闭区域，且平面区域有有限面积，空间区域有有限体积.

$$\Delta\sigma_1, \Delta\sigma_2, \cdots\Delta\sigma_i, \cdots, \Delta\sigma_n,$$

其中,$\Delta\sigma_i$ 表示第 i 个小区域,同时也代表它的面积. 以每个小区域 $\Delta\sigma_i$ 为底,并以其边界曲线为准线,作母线平行于 z 轴的窄曲顶柱体. 这样,把整个曲顶柱体分成 n 个窄曲顶柱体,它们的体积分别记为 ΔV_1, ΔV_2, $\cdots$, ΔV_i, $\cdots$, ΔV_n. 那么,整个曲顶柱体的体积为

$$V = \Delta V_1 + \Delta V_2 + \cdots + \Delta V_i + \cdots + \Delta V_n = \sum_{i=1}^{n} \Delta V_i.$$

(2) 取近似　对于每个小曲顶柱体,当区域 $\Delta\sigma_i$ 的直径[①]很小时,由于 $f(x, y)$ 连续,其高度变化不大,可以近似地看作是平顶柱体. 因而可以在每个小区域 $\Delta\sigma_i$ 上任取一点 (ξ_i, η_i) $(i=1, 2, \cdots, n)$,把以 $f(\xi_i, \eta_i)$ 为高、$\Delta\sigma_i$ 为底的窄平顶柱体体积,作为相应的窄曲顶柱体体积的近似值(图 9-2),得

$$\Delta V_i \approx f(\xi_i, \eta_i)\Delta\sigma_i, \quad i = 1, 2, \cdots, n.$$

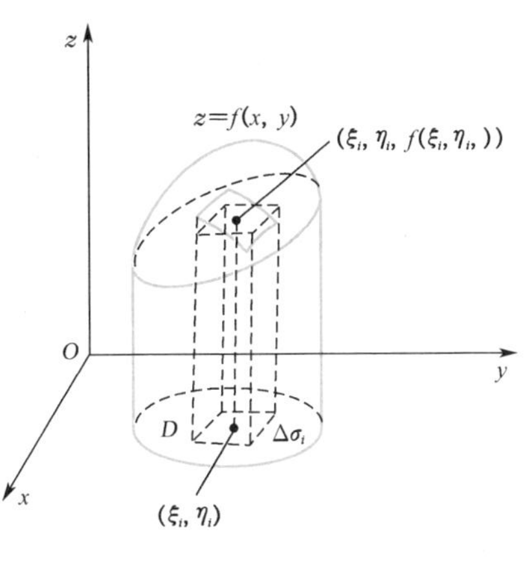

图 9-2

(3) 作和　将这些窄曲顶柱体体积的近似值相加,便得到曲顶柱体体积 V 的近似值,即

$$V \approx \sum_{i=1}^{n} f(\xi_i, \eta_i)\Delta\sigma_i.$$

(4) 取极限　上面的和式只是曲顶柱体体积 V 的近似值,对区域 D 分割得越细,近似的程度也就越好. 因此,将区域 D 无限细分,即当 n 无限增大,而使 n 个小区域 $\Delta\sigma_i$ 中直径的最大值(记作 λ)趋于零(即所有小区域 $\Delta\sigma_i$ 都将收缩为一点)时,若上述和式的极限存在,则称此极限为所求曲顶柱体的体积 V,即

$$V = \lim_{\lambda\to 0}\sum_{i=1}^{n} f(\xi_i, \eta_i)\Delta\sigma_i.$$

引例 2　非均匀薄片的质量.

设有一块质量分布不均匀的薄片位于 xOy 平面的区域 D 上,它在点 (x, y) 处的面密度为 $\mu(x, y)$,这里,假设 $\mu(x, y)>0$ 且在 D 上连续. 现在要计算此薄片的质量 M.

如果薄片是均匀的,即面密度是常数,则薄片的质量可用公式:

$$\text{质量} = \text{面密度} \times \text{面积}$$

---

① 一个闭区域(平面区域或空间区域)的直径是指区域上任意两点间距离的最大值.

来计算. 现在面密度 $\mu(x, y)$ 是随点 (x, y) 而变化的，整个薄片的质量就不能直接用上面的公式来计算. 但是，这个问题也可以用上面处理曲顶柱体体积的方法来解决.

(1) 分割　用有限条曲线把区域 D 任意分成 n 个小区域：

$$\Delta\sigma_1, \Delta\sigma_2, \cdots, \Delta\sigma_i, \cdots, \Delta\sigma_n,$$

其中，$\Delta\sigma_i(i=1, 2, \cdots, n)$ 也表示第 i 个小区域的面积(图 9-3).

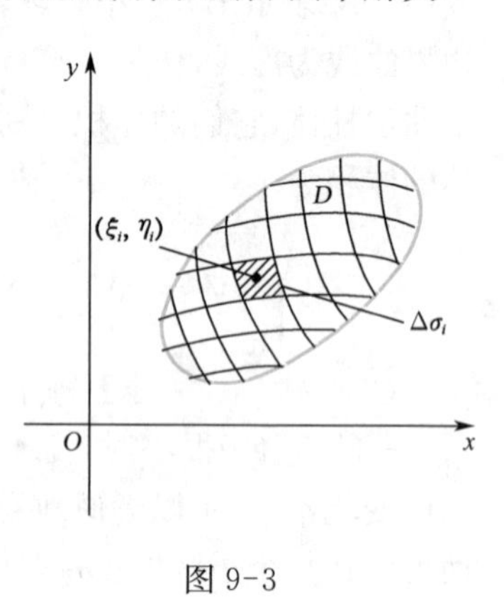

图 9-3

(2) 取近似　在每个小区域 $\Delta\sigma_i$ 上任取一点 (ξ_i, η_i)，当 $\Delta\sigma_i$ 的直径很小时，由于 $\mu(x, y)$ 连续，可以用 $\mu(\xi_i, \eta_i)$ 来近似地代替在 $\Delta\sigma_i$ 上各点处的密度，从而可得第 i 个小区域上薄片质量的近似值，即

$$\Delta M_i \approx \mu(\xi_i, \eta_i)\Delta\sigma_i, \quad i=1, 2, \cdots, n.$$

(3) 作和　把上面 n 个小区域上薄片质量的近似值加起来，便得整个薄片质量的近似值，即

$$M \approx \sum_{i=1}^{n} \mu(\xi_i, \eta_i)\Delta\sigma_i.$$

(4) 取极限　当 n 无限增大，且 n 个小区域 $\Delta\sigma_i$ 的直径中的最大值 $\lambda \to 0$ 时，若上述和式的极限存在，则称此极限为所求薄片的质量 M，即

$$M = \lim_{\lambda \to 0} \sum_{i=1}^{n} \mu(\xi_i, \eta_i)\Delta\sigma_i.$$

虽然上面两个问题的实际意义并不相同，但是所求量都归结为同一种形式的和式的极限. 在其他实际问题中，往往也会遇到这类和式的极限，从数学上加以抽象，下面来引进二重积分的定义.

定义　设 $f(x, y)$ 是定义在有界闭区域 D 上的有界函数. 将闭区域 D 任意分成 n 个小区域：

$$\Delta\sigma_1, \Delta\sigma_2, \cdots, \Delta\sigma_i, \cdots, \Delta\sigma_n,$$

其中，$\Delta\sigma_i(i=1, 2, \cdots, n)$ 表示第 i 个小区域，也表示它的面积. 在每个小区域 $\Delta\sigma_i$ 上任取一点 (ξ_i, η_i)，作乘积 $f(\xi_i, \eta_i)\Delta\sigma_i(i=1, 2, \cdots, n)$，并作和式：

$$\sum_{i=1}^{n} f(\xi_i, \eta_i)\Delta\sigma_i.$$

如果当各小区域的直径中的最大值 λ 趋于零时，上述和式的极限存在，且此极限值与对区域 D 的分法及对 $\Delta\sigma_i$ 上点 (ξ_i, η_i) 的取法均无关，则称此极限值为函数 $f(x, y)$ 在闭区域 D 上的二重积分，记作

$$\iint_D f(x, y)\mathrm{d}\sigma,$$

即

$$\iint_D f(x, y)\mathrm{d}\sigma = \lim_{\lambda \to 0}\sum_{i=1}^{n} f(\xi_i, \eta_i)\Delta\sigma_i, \tag{9.1}$$

其中,$f(x, y)$ 称为被积函数,$f(x, y)\mathrm{d}\sigma$ 称为被积表达式,$\mathrm{d}\sigma$ 称为面积元素,x 与 y 称为积分变量,D 称为积分区域,$\sum_{i=1}^{n} f(\xi_i, \eta_i)\Delta\sigma_i$ 称为积分和.

由二重积分的定义可知:

引例 1 中曲顶柱体的体积 V 可表示为

$$V = \iint_D f(x, y)\mathrm{d}\sigma;$$

引例 2 中非均匀薄片的质量 M 可表示为

$$M = \iint_D \mu(x, y)\mathrm{d}\sigma.$$

由定义可知,如果二重积分 $\iint_D f(x, y)\mathrm{d}\sigma$ 存在,那么它是一个极限值,即为数值.这一数值的大小只与被积函数 $f(x, y)$ 及积分区域 D 有关,而与积分变量的记号无关,即有

$$\iint_D f(x, y)\mathrm{d}\sigma = \iint_D f(u, v)\mathrm{d}\sigma = \iint_D f(s, t)\mathrm{d}\sigma.$$

按照二重积分的定义,只有当式(9.1)右端的和式极限存在时,$f(x, y)$在闭区域 D 上的二重积分才存在,这时,也称 $f(x, y)$在 D 上可积. 函数 $f(x, y)$在区域 D 上应满足什么条件,才能保证它可积呢? 下面叙述一个充分条件.

二重积分存在定理　如果函数 $f(x, y)$在闭区域 D 上连续,则 $f(x, y)$在 D 上的二重积分必存在,即 $f(x, y)$在 D 上可积.

今后如不作特别声明,总假设被积函数 $f(x, y)$在有界闭区域 D 上是连续的,这就保证了 $f(x, y)$在 D 上的二重积分都存在.

二重积分的几何意义　如果在区域 D 上 $f(x, y) \geqslant 0$ 且连续,则由上面的引例 1 可知,二重积分 $\iint_D f(x, y)\mathrm{d}\sigma$ 的几何意义就表示以区域 D 为底、曲面 $z = f(x, y)$ 为顶的曲顶柱体的体积.

二重积分的物理意义　如果平面薄片所占区域为 D,在 D 上任一点(x, y)处的面密度为 $\mu(x, y)$,则由引例 2 可知,二重积分 $\iint_D \mu(x, y)\mathrm{d}\sigma$ 的物理意义就表示此薄片的质量.

9.1.2 二重积分的性质

比较定积分与二重积分的定义可以想到,二重积分与定积分有类似的性质.由于这些性质的证法与定积分性质的证法类似,因此,只证性质 6 和性质 7,其他性质只叙述于下.假定以下积分中的被积函数在积分区域上都是连续的.

性质 1 被积函数的常数因子可以提到二重积分的记号外,即

$$\iint\limits_D kf(x,\ y)\mathrm{d}\sigma = k\iint\limits_D f(x,\ y)\mathrm{d}\sigma \quad (k\text{ 为常数}).$$

性质 2 有限个函数的和(或差)的二重积分等于各个函数的二重积分的和(或差).例如

$$\left[\iint\limits_D f(x,\ y)\pm g(x,\ y)\right]\mathrm{d}\sigma = \iint\limits_D f(x,\ y)\mathrm{d}\sigma \pm \iint\limits_D g(x,\ y)\mathrm{d}\sigma.$$

性质 3 如果闭区域 D 被有限条曲线分为有限个部分区域,则在 D 上的二重积分等于在各部分区域上的二重积分的和.例如,D 分为两个闭区域 D_1 与 D_2(图 9-4),则

$$\iint\limits_D f(x,\ y)\mathrm{d}\sigma = \iint\limits_{D_1} f(x,\ y)\mathrm{d}\sigma + \iint\limits_{D_2} f(x,\ y)\mathrm{d}\sigma.$$

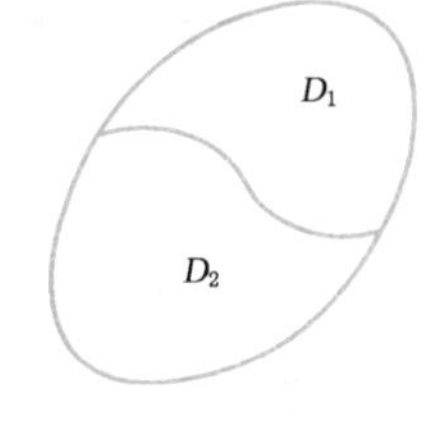

图 9-4

该性质表示二重积分对于积分区域具有可加性.

性质 4 如果在 D 上,$f(x,\ y)\equiv 1$,σ 为区域 D 的面积,则

$$\sigma = \iint\limits_D 1\cdot \mathrm{d}\sigma = \iint\limits_D \mathrm{d}\sigma.$$

该性质的几何意义表示高为 1 的平顶柱体的体积在数值上就等于柱体的底面积.

性质 5(比较性质) 如果在 D 上,$f(x,\ y)\leqslant g(x,\ y)$,则有不等式

$$\iint\limits_D f(x,\ y)\mathrm{d}\sigma \leqslant \iint\limits_D g(x,\ y)\mathrm{d}\sigma.$$

性质 6(二重积分的估值定理) 设 $f(x,\ y)$在闭区域 D 上的最大值和最小值分别为 M 和 m,区域 D 的面积为 σ,则有

$$m\sigma \leqslant \iint\limits_D f(x,\ y)\mathrm{d}\sigma \leqslant M\sigma.$$

证明 因为在 D 上有 $m\leqslant f(x,\ y)\leqslant M$,所以,由性质 5 得

$$\iint\limits_D m\,\mathrm{d}\sigma \leqslant \iint\limits_D f(x,\ y)\mathrm{d}\sigma \leqslant \iint\limits_D M\mathrm{d}\sigma.$$

再应用性质 1 和性质 4,便得所要证明的不等式.

性质 7(二重积分的中值定理) 设函数 $f(x, y)$在闭区域 D 上连续,σ 是 D 的面积,则在 D 上至少存在一点(ξ, η),使得

$$\iint_D f(x, y)\mathrm{d}\sigma = f(\xi, \eta)\sigma.$$

证明 把性质 6 中的不等式各除以 σ,得

$$m \leqslant \frac{1}{\sigma}\iint_D f(x, y)\mathrm{d}\sigma \leqslant M.$$

这就是说,确定的数值

$$\frac{1}{\sigma}\iint_D f(x, y)\mathrm{d}\sigma$$

是介于连续函数 $f(x, y)$在 D 上的最大值M 与最小值m 之间的. 根据在闭区域上连续函数的介值定理,在 D 上至少存在一点(ξ, η),使得函数在该点的值与这个确定的数值相等,即

$$\frac{1}{\sigma}\iint_D f(x, y)\mathrm{d}\sigma = f(\xi, \eta).$$

上式两边各乘以 σ,便得所要证明的结果.

二重积分中值定理的几何意义是,总可以在区域 D 内找到一点(ξ, η),使得以区域 D 为底、$z=f(x, y)$为顶的曲顶柱体的体积,等于以 D 为底、$f(\xi, \eta)$为高的平顶柱体的体积.

作为二重积分性质的应用,下面举两个关于比较积分大小及估计积分值的例子.

例 1 根据二重积分的性质,比较二重积分

$$\iint_D (x+y)^2\mathrm{d}\sigma \quad 与 \quad \iint_D (x+y)^3\mathrm{d}\sigma$$

的大小,其中积分区域 D 是由 x 轴、y 轴与直线 $x+y=1$ 所围成.

解 积分区域 D 如图 9-5 所示.

对于区域 D 上的任意一点(x, y),有 $0 \leqslant x+y \leqslant 1$. 因此,在 D 上有

$$(x+y)^2 \geqslant (x+y)^3.$$

根据性质 5,可知

$$\iint_D (x+y)^2\mathrm{d}\sigma \geqslant \iint_D (x+y)^3\mathrm{d}\sigma.$$

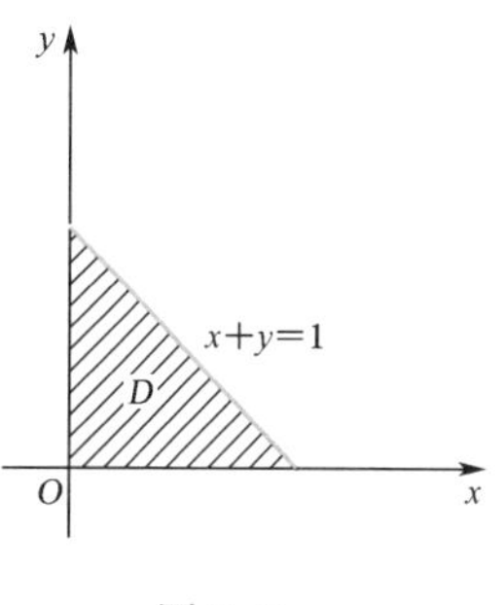

图 9-5

例 2 利用二重积分的性质,估计积分

$$\iint_D e^{x^2+y^2}\,d\sigma$$

的值,其中,D 是圆形区域:$x^2+y^2\leqslant 4$.

解 因为在区域 D 上,$0\leqslant x^2+y^2\leqslant 4$, $1\leqslant e^{x^2+y^2}\leqslant e^4$,所以在 D 上 $f(x, y)=e^{x^2+y^2}$ 的最小值 $m=1$,最大值 $M=e^4$. 而区域 D 的面积为 $\sigma=4\pi$,故由性质 6 可得

$$4\pi\leqslant\iint_D e^{x^2+y^2}\,d\sigma\leqslant 4\pi e^4.$$

习题 9.1

1. 设有一平面薄板(不计其厚度),占有 xOy 面上的区域 D,薄板上分布有面密度为 $\mu=\mu(x, y)$的电荷,且 $\mu(x, y)$在 D 上连续,试用二重积分表示该板上的全部电荷 Q.

2. 设 D_1 是矩形区域:$-1\leqslant x\leqslant 1$, $-2\leqslant y\leqslant 2$;D_2 是矩形区域:$0\leqslant x\leqslant 1$, $0\leqslant y\leqslant 2$. 试利用二重积分的几何意义说明

$$I_1=\iint_{D_1}(x^2+y^2)\,d\sigma \quad 与 \quad I_2=\iint_{D_2}(x^2+y^2)\,d\sigma$$

之间的关系.

3. 利用二重积分的性质,比较下列二重积分的大小.

$$I_1=\iint_D (x+y)^2\,d\sigma \quad 与 \quad I_2=\iint_D (x+y)^3\,d\sigma.$$

其中,D 是由圆周:$(x-2)^2+(y-1)^2=2$ 所围成的区域.

4. 利用二重积分的性质,估计积分

$$I=\iint_D (x+y+1)\,d\sigma$$

的值介于哪两个数之间,其中,D 分别为(1)矩形区域:$0\leqslant x\leqslant 1$, $0\leqslant y\leqslant 2$;(2)由直线 $x=0$, $y=0$, $x+y=1$, $x+y=2$ 所围成的梯形区域.

答 案

1. $Q=\iint_D \mu(x, y)\,d\sigma$. 2. $I_1=4I_2$. 3. $I_1\leqslant I_2$.(提示:在 D 内,$x+y\geqslant 1$.)

4. (1) $2\leqslant I\leqslant 8$; (2) $3\leqslant I\leqslant \frac{9}{2}$.

9.2 二重积分的计算法

与定积分一样,如果按定义用求和式的极限来计算二重积分,那是非常困难的.

为此，需要进一步研究计算二重积分的方法. 本节将分别介绍在直角坐标系和极坐标系中，把二重积分化为二次积分(即两次定积分)的计算方法.

9.2.1 二重积分在直角坐标系中的计算法

在二重积分记号 $\iint\limits_D f(x, y)\mathrm{d}\sigma$ 中的面积元素 $\mathrm{d}\sigma$ 对应积分和 $\sum\limits_{i=1}^{n} f(\xi_i, \eta_i)\Delta\sigma_i$ 中的面积 $\Delta\sigma_i$. 因为二重积分的定义中对区域 D 的分法是任意的，所以在直角坐标系中，如果用平行于坐标轴的直线段来划分区域 D，那么，除了靠边界曲线的一些小区域外，绝大部分的小区域都是矩形. 设矩形小区域 $\Delta\sigma_i$ 的边长为 Δx_j 和 Δy_k(图 9-6)，则 $\Delta\sigma_i = \Delta x_j \Delta y_k$. 因此，在直角坐标系中，通常把面积元素也记作 $\mathrm{d}x\mathrm{d}y$，即 $\mathrm{d}\sigma = \mathrm{d}x\mathrm{d}y$，而把二重积分记作

$$\iint\limits_D f(x, y)\mathrm{d}\sigma = \iint\limits_D f(x, y)\mathrm{d}x\mathrm{d}y.$$

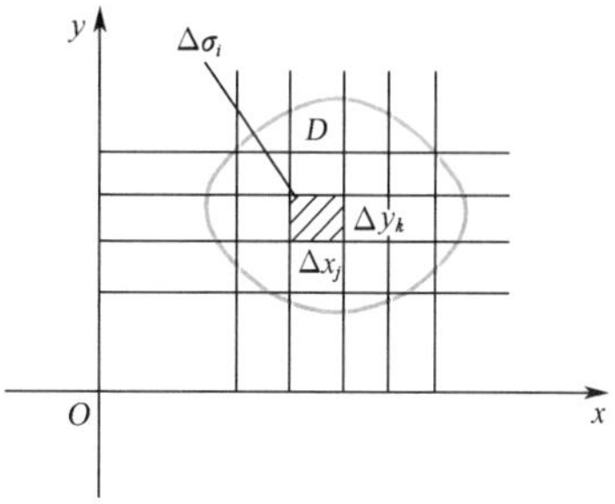

图 9-6

其中，$\mathrm{d}\sigma = \mathrm{d}x\mathrm{d}y$ 称为直角坐标系中的面积元素.

下面先假定 $f(x, y) \geqslant 0$，从二重积分的几何意义来讨论二重积分的计算问题，所得到的结论对于一般的二重积分也是适用的.

设积分区域 D 可以用不等式

$$\varphi_1(x) \leqslant y \leqslant \varphi_2(x), \quad a \leqslant x \leqslant b$$

来表示(图 9-7)，其中，函数 $\varphi_1(x)$，$\varphi_2(x)$ 在区间 $[a, b]$ 上连续.

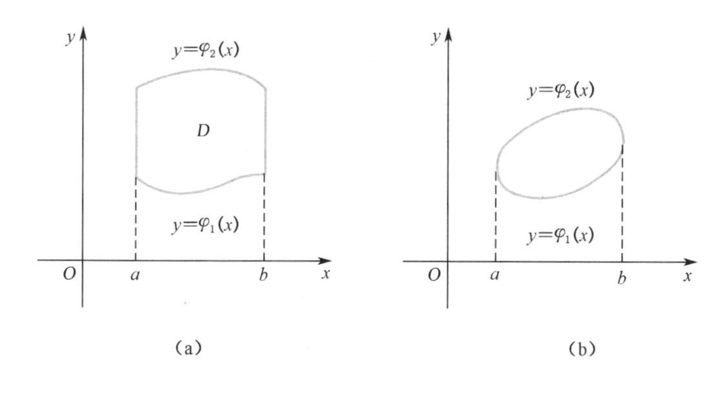

图 9-7

由二重积分的几何意义可知，当 $f(x, y) \geqslant 0$ 时，以曲面 $z = f(x, y)$ 为顶、区域

D 为底的曲顶柱体(图 9-8)的体积 V 就等于 $\iint\limits_D f(x, y)\mathrm{d}\sigma$ 的值,即有

$$V=\iint\limits_D f(x, y)\mathrm{d}\sigma=\iint\limits_D f(x, y)\mathrm{d}x\mathrm{d}y.$$

另外,这个曲顶柱体的体积也可采用 5.7 节中计算"平行截面面积为已知的立体的体积"的方法来计算.

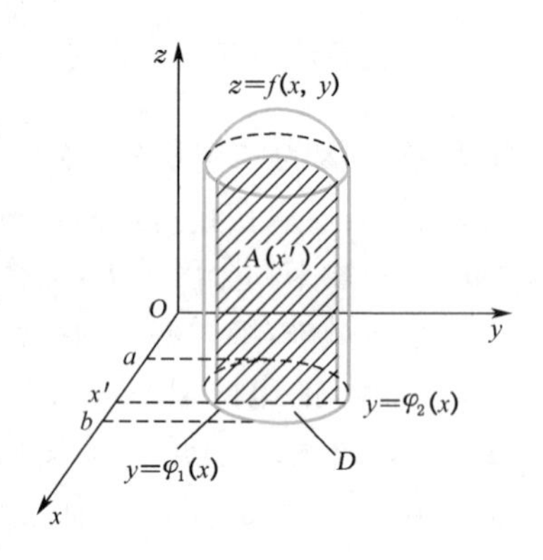

图 9-8

先计算截面面积. 为此,在区间$[a, b]$上任意取定一点 x'(暂时看作是固定的常数值),过该点作平行于 yOz 面的平面 $x=x'$. 这一平面截曲顶柱所得的截面是一个曲边梯形(图 9-8 中阴影部分),它的底边是一个区间$[\varphi_1(x'), \varphi_2(x')]$,曲边是曲线 $z=f(x', y)$(其中,x'固定,只是 y 的一元函数). 所以,这一截面的面积为

$$A(x')=\int_{\varphi_1(x')}^{\varphi_2(x')} f(x', y)\mathrm{d}y.$$

把 x'改写成 x,便得到过区间$[a, b]$上任意一点 x 且平行于 yOz 面的平面截曲顶柱体所得截面的面积为

$$A(x)=\int_{\varphi_1(x)}^{\varphi_2(x)} f(x, y)\mathrm{d}y.$$

于是,应用计算平行截面面积为已知的立体体积的公式,可得上述曲顶柱体的体积为

$$V=\int_a^b A(x)\mathrm{d}x=\int_a^b\left[\int_{\varphi_1(x)}^{\varphi_2(x)} f(x, y)\mathrm{d}y\right]\mathrm{d}x.$$

这个体积也就是所求二重积分的值,从而有

$$\iint\limits_D f(x, y)\mathrm{d}\sigma=\int_a^b\left[\int_{\varphi_1(x)}^{\varphi_2(x)} f(x, y)\mathrm{d}y\right]\mathrm{d}x. \tag{9.2}$$

上式右端的积分称为**先对 y、后对 x 的二次积分**. 这就是说,先做方括号内的定积分,这时把被积函数 $f(x, y)$中的 x 看作为常数,从而 $f(x, y)$只是 y 的 一元函数,并对 y 计算从 $\varphi_1(x)$到 $\varphi_2(x)$的定积分;然后,再把所得的结果(是 x 的函数)作为被积函数,对 x 计算从 a 到 b 的定积分. 这种先对 y、后对 x 的二次积分也常记作

$$\int_a^b\mathrm{d}x\int_{\varphi_1(x)}^{\varphi_2(x)} f(x, y)\mathrm{d}y.$$

因此,式(9.2)也可写成

$$\iint_D f(x, y)\mathrm{d}\sigma = \int_a^b \mathrm{d}x \int_{\varphi_1(x)}^{\varphi_2(x)} f(x, y)\mathrm{d}y. \tag{9.2'}$$

这就是把直角坐标系中的二重积分化为先对 y、后对 x 的二次积分的公式.

类似地,如果积分区域 D 可以用不等式

$$\psi_1(y) \leqslant x \leqslant \psi_2(y), \quad c \leqslant y \leqslant d$$

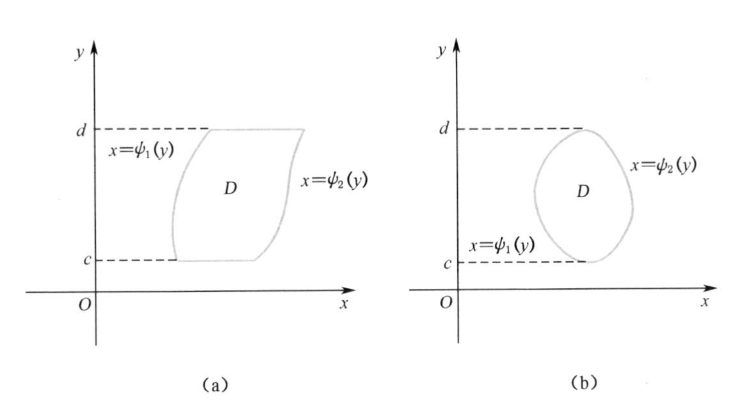

图 9-9

来表示(图 9-9),其中,函数 $\psi_1(y)$,$\psi_2(y)$ 在区间$[c, d]$上连续. 只要在区间$[c, d]$上任意取定一点 y,作平行于 xOz 面的截面(图 9-10),同样地,可得

$$\iint_D f(x, y)\mathrm{d}\sigma = \int_c^d \left[\int_{\psi_1(y)}^{\psi_2(y)} f(x, y)\mathrm{d}x\right]\mathrm{d}y. \tag{9.3}$$

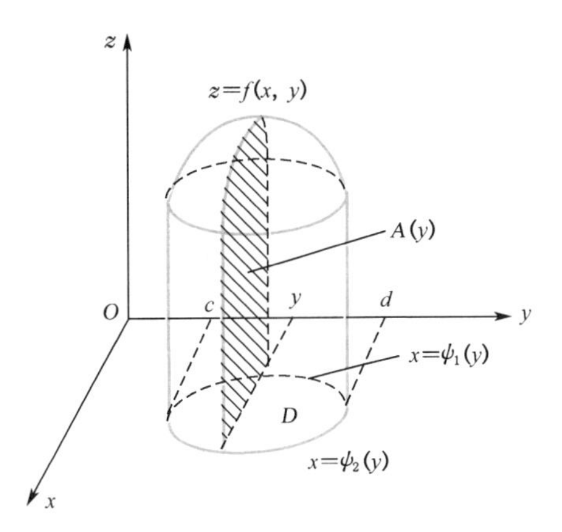

图 9-10

上式右端的积分称为先对 x、后对 y 的二次积分,这种二次积分也常记作

$$\int_c^d \mathrm{d}y \int_{\psi_1(y)}^{\psi_2(y)} f(x, y)\mathrm{d}x.$$

因此,式(9.3)也可写成

$$\iint_D f(x, y)\mathrm{d}\sigma = \int_c^d \mathrm{d}y \int_{\psi_1(y)}^{\psi_2(y)} f(x, y)\mathrm{d}x. \tag{9.3'}$$

这就是把直角坐标系中的二重积分化为先对 x、后对 y 的二次积分公式.

如果积分区域 D 既可用不等式

$$\varphi_1(x)\leqslant y\leqslant \varphi_2(x),\quad a\leqslant x\leqslant b$$

表示,也可用不等式

$$\psi_1(y)\leqslant x\leqslant \psi_2(y),\quad c\leqslant y\leqslant d$$

表示,则由公式(9.2′)及公式(9.3′)可得

$$\iint\limits_D f(x,\ y)\mathrm{d}\sigma=\int_a^b \mathrm{d}x\int_{\varphi_1(x)}^{\varphi_2(x)} f(x,\ y)\mathrm{d}y=\int_c^d \mathrm{d}y\int_{\psi_1(y)}^{\psi_2(y)} f(x,\ y)\mathrm{d}x. \tag{9.4}$$

因此,计算二重积分通常可以采用两种不同积分次序的二次积分来计算.把一种积分次序的二次积分化为另一种积分次序的二次积分,也就是交换积分次序的问题.

注意 (1) 在上面的讨论中,积分区域 D 都必须满足"任何平行于坐标轴而穿过区域 D 内部的直线,与 D 的边界线相交不多于两点"的条件.若相交多于两点(图 9-11),则可以把 D 用曲线或直线分成几个部分区域,使得每个部分区域都满足上述条件,从而根据二重积分的性质 3(对区域的可加性),便可计算出整个区域 D 上的二重积分.

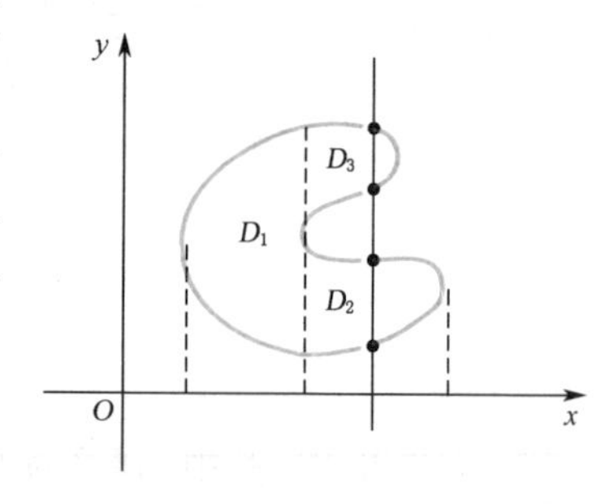

图 9-11

(2) 把二重积分化为二次积分计算的关键:要根据积分区域 D 的边界曲线方程来确定二次积分的上、下限.因此,在解题时一般都应先画出积分区域 D 的图形.例如,如果积分区域 D 的图形如图 9-12 所示,只要在区间$[a,\ b]$上任意取定一点 x,过点 x 作平行于 y 轴的直线,它穿过区域 D 内部时,先由该直线上纵坐标为 $\varphi_1(x)$的点穿入,再由纵坐标为 $\varphi_2(x)$的点穿出,这就是式(9.2)或式(9.2′)中先把 x 固定(看作常量)而对 y 积分的下限和上限.然后,因为上面的 x 值是在$[a,\ b]$上任取的,所以再把 x 看作变量而对 x 积分时,积分区间就是$[a,\ b]$.这样就好像电视荧屏上的扫描线,恰好不多不少地把区域 D 扫过一遍.这就是确定先对 y、后对 x 的二次积分的积分限的方法.关于先对 x、后对 y 的二次积分的积分限,也可用类似的方法来确定.

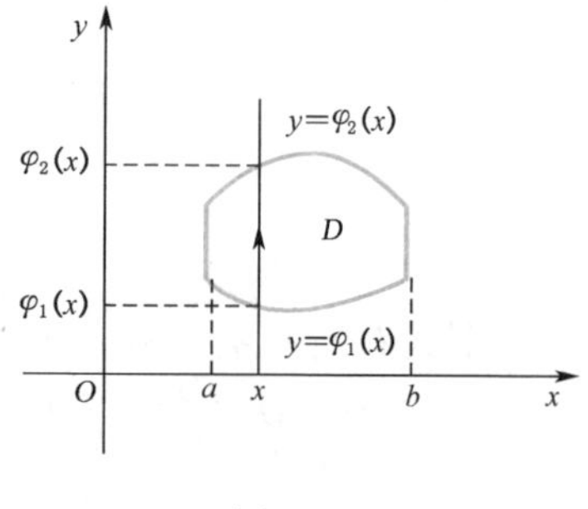

图 9-12

(3) 从理论上讲,把一个二重积分化为两种不同积分次序的二次积分,其结果应是一样的.但在实际计算中,可能会影响到计算的繁简,甚至会影响到能否计算出积

分结果来.因此,常常需要根据被积函数的特点,结合积分区域来考虑如何选择二次积分的积分次序.

例1 按两种不同的积分次序,把二重积分

$$\iint_D f(x,\ y)\mathrm{d}\sigma$$

化为二次积分,其中,区域 D 是由直线 $x+y=1$, $x-y=1$ 及 y 轴所围成.

解 先画出区域 D 的图形(图 9-13).分别求出边界直线的三个交点为(1, 0),(0, 1)和(0, −1).

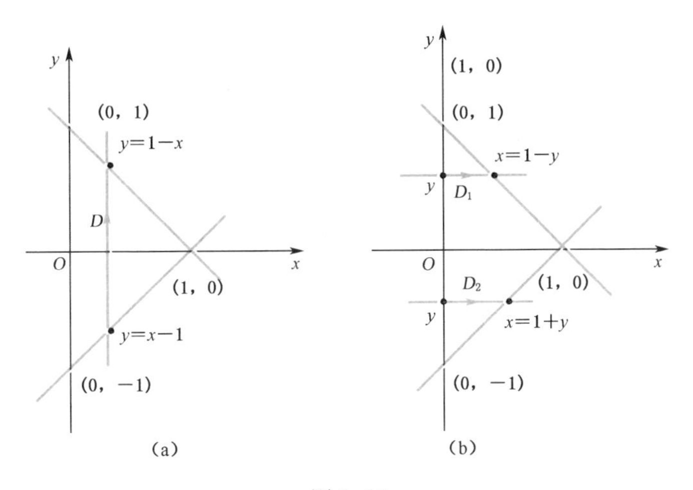

图 9-13

(1) 化为先对 y、后对 x 的二次积分.

在 x 的变化区间[0, 1]上任意取定一点 x,过点 x 作平行于 y 轴的直线[图 9-13(a)],它穿过区域 D 的内部时,由纵坐标为 $y=x-1$ 的点穿入,而由纵坐标为 $y=1-x$ 的点穿出,故得到对 y 的积分下限为 $x-1$,积分上限为 $1-x$.然后,让 x 在区间[0, 1]上变动,故得对 x 的积分下限是 0,上限是 1.于是

$$\iint_D f(x,\ y)\mathrm{d}x\mathrm{d}y=\int_0^1\mathrm{d}x\int_{x-1}^{1-x}f(x,\ y)\mathrm{d}y.$$

(2) 化为先对 x、后对 y 的二次积分.

因为用平行于 x 轴的直线穿过区域 D 的内部时,穿出时的边界曲线不相同(这里是两条不同的直线),所以,应把区域 D 按 x 轴的上方及下方分成 D_1 和 D_2 两部分[图 9-12(b)].根据二重积分的性质 3,可得

$$\iint_D f(x,\ y)\mathrm{d}x\mathrm{d}y=\iint_{D_1}f(x,\ y)\mathrm{d}x\mathrm{d}y+\iint_{D_2}f(x,\ y)\mathrm{d}x\mathrm{d}y.$$

在区域 D_1 上，y 的变化范围是区间[0, 1]. 在[0, 1]上任意取定一点 y，过点 y 作平行于 x 轴的直线，它穿过区域 D_1 的内部时，由横坐标 $x=0$ 的点穿入，而由横坐标为 $x=1-y$ 的点穿出，故得到对 x 的积分下限是 0，上限是 $1-y$. 然后，让 y 在[0, 1]上变动，故得对 y 的积分下限是 0，上限是 1. 于是

$$\iint_{D_1} f(x, y)\mathrm{d}x\mathrm{d}y = \int_0^1 \mathrm{d}y \int_0^{1-y} f(x, y)\mathrm{d}x.$$

类似地，在区域 D_2 上，有

$$\iint_{D_2} f(x, y)\mathrm{d}x\mathrm{d}y = \int_{-1}^0 \mathrm{d}y \int_0^{1+y} f(x, y)\mathrm{d}x.$$

因此

$$\iint_D f(x, y)\mathrm{d}x\mathrm{d}y = \int_0^1 \mathrm{d}y \int_0^{1-y} f(x, y)\mathrm{d}x + \int_{-1}^0 \mathrm{d}y \int_0^{1+y} f(x, y)\mathrm{d}x.$$

可见，根据积分区域 D 的图形，选择不同的二次积分的次序，对于计算的繁简是很有影响的.

例 2　计算二重积分

$$\iint_D \frac{x}{y^2}\mathrm{d}\sigma,$$

其中，D 是矩形区域：$0\leqslant x\leqslant 1$，$\frac{1}{2}\leqslant y\leqslant 2$.

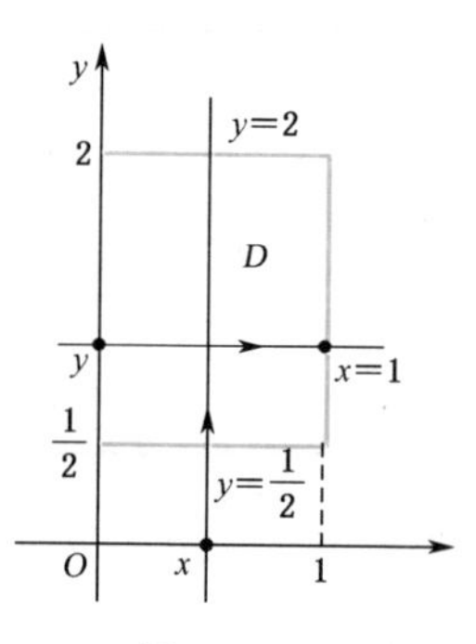

图 9-14

解　画出区域 D 的图形(图 9-14).

方法 1　化为先对 y、后对 x 的二次积分，则有

$$\iint_D \frac{x}{y^2}\mathrm{d}\sigma = \iint_D \frac{x}{y^2}\mathrm{d}x\mathrm{d}y = \int_0^1 \mathrm{d}x \int_{\frac{1}{2}}^2 \frac{x}{y^2}\mathrm{d}y = \int_0^1 \left[-\frac{x}{y}\right]_{\frac{1}{2}}^2 \mathrm{d}x$$

$$= \int_0^1 \left(2x - \frac{x}{2}\right)\mathrm{d}x = \frac{3}{2}\int_0^1 x\mathrm{d}x = \frac{3}{4}x^2\Big|_0^1 = \frac{3}{4}.$$

注意　上面计算第一个对 y 的定积分时，把被积函数中的 x 看作常数.

方法 2　化为先对 x、后对 y 的二次积分，则有

$$\iint_D \frac{x}{y^2}\mathrm{d}\sigma = \iint_D \frac{x}{y^2}\mathrm{d}x\mathrm{d}y = \int_{\frac{1}{2}}^2 \mathrm{d}y \int_0^1 \frac{x}{y^2}\mathrm{d}x = \int_{\frac{1}{2}}^2 \left[\frac{x^2}{2y^2}\right]_0^1 \mathrm{d}y$$

$$= \int_{\frac{1}{2}}^2 \frac{1}{2y^2}\mathrm{d}y = \left[-\frac{1}{2y}\right]_{\frac{1}{2}}^2 = \frac{3}{4}.$$

这里，先计算对 x 的定积分时，把被积函数中的 y 看作常数.

一般地说，当积分区域 D 是矩形区域时，把二重积分化为两种不同次序的二次积分计算时，其难易程度差不多.

例 3 计算 $\iint\limits_D xy\mathrm{d}x\mathrm{d}y$，其中，$D$ 是由直线 $y=x$，$y=2$ 及双曲线 $xy=1$ 所围成的区域.

解 画出区域 D 的图形(图 9-15)，并分别求出三条边界线的相互交点分别为 $(1, 1)$，$(2, 2)$ 及 $\left(\frac{1}{2}, 2\right)$.

方法 1 先对 x、后对 y 积分. 在 y 的变化区间 $[1, 2]$ 上任取一点 y，过该点作平行于 x 轴的直线(图 9-15)，它穿过区域 D 的内部时，由横坐标为 $x=\frac{1}{y}$ 的点穿入，而由横坐标为 $x=y$ 的点穿出，故得对 x 积分的下限为 $\frac{1}{y}$，上限为 y. 因此

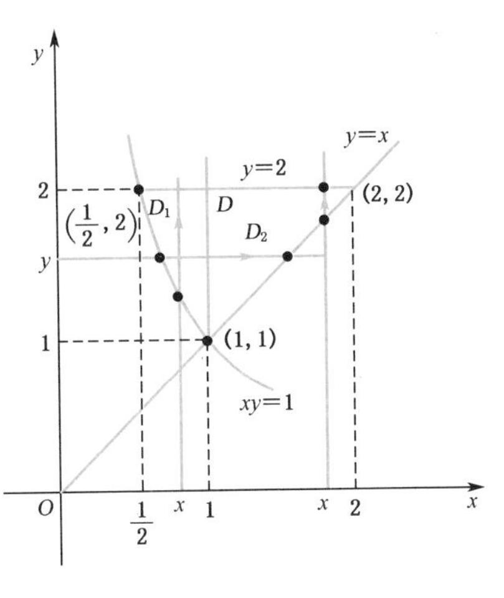

图 9-15

$$\begin{aligned}\iint\limits_D xy\mathrm{d}x\mathrm{d}y &= \int_1^2\mathrm{d}y\int_{\frac{1}{y}}^{y} xy\mathrm{d}x = \int_1^2\left[\frac{1}{2}x^2y\right]_{\frac{1}{y}}^{y}\mathrm{d}y \\ &= \frac{1}{2}\int_1^2\left(y^3-\frac{1}{y}\right)\mathrm{d}y \\ &= \frac{1}{2}\left[\frac{y^4}{4}-\ln|y|\right]_1^2 \\ &= \frac{1}{2}\left(\frac{15}{4}-\ln 2\right).\end{aligned}$$

方法 2 先对 y、后对 x 积分，由于在 x 的变化区间 $\left[\frac{1}{2}, 2\right]$ 上，区域 D 的下方边界曲线是不相同的(一部分是双曲线，一部分是直线)，故必须用过点 $(1, 1)$ 且平行于 y 轴的直线把区域 D 分成左、右两个部分区域 D_1 和 D_2(图 9-15). 利用二重积分的性质 3，可得

$$\iint\limits_D xy\mathrm{d}x\mathrm{d}y = \iint\limits_{D_1} xy\mathrm{d}x\mathrm{d}y + \iint\limits_{D_2} xy\mathrm{d}x\mathrm{d}y.$$

在区域 D_1 上，x 的变化区间是 $\left[\frac{1}{2}, 1\right]$，过区间 $\left[\frac{1}{2}, 1\right]$ 上的任一点 x 且平行于 y 轴的直线，它穿过 D_1 时，由 $y=\frac{1}{x}$ 的点穿入，而由 $y=2$ 的点穿出. 在 D_2 上，x 的变化区间是 $[1, 2]$，过区间 $[1, 2]$ 上的任一点 x 且平行于 y 轴的直线，它穿过 D_2 时，由 $y=x$ 的点穿入，而由 $y=2$ 的点穿出，因此

$$\iint_D xy\mathrm{d}x\mathrm{d}y=\iint_{D_1}xy\mathrm{d}x\mathrm{d}y+\iint_{D_2}xy\mathrm{d}x\mathrm{d}y=\int_{\frac{1}{2}}^{1}\mathrm{d}x\int_{\frac{1}{x}}^{2}xy\mathrm{d}y+\int_{1}^{2}\mathrm{d}x\int_{x}^{2}xy\mathrm{d}y$$

$$=\int_{\frac{1}{2}}^{1}\left[\frac{1}{2}xy^2\right]_{\frac{1}{x}}^{2}\mathrm{d}x+\int_{1}^{2}\left[\frac{1}{2}xy^2\right]_{x}^{2}\mathrm{d}x$$

$$=\int_{\frac{1}{2}}^{1}\left(2x-\frac{1}{2x}\right)\mathrm{d}x+\int_{1}^{2}\left(2x-\frac{x^3}{2}\right)\mathrm{d}x$$

$$=\left[x^2-\frac{1}{2}\ln|x|\right]_{\frac{1}{2}}^{1}+\left[x^2-\frac{x^4}{8}\right]_{1}^{2}=\frac{1}{2}\left(\frac{15}{4}-\ln 2\right).$$

从本例可以看到,方法 2 比方法 1 的计算要复杂得多. 从而可以看出,适当地选取二次积分的次序,对于计算的繁简是很有影响的.

例 4 计算 $\iint_D x^2\mathrm{e}^{-y^2}\mathrm{d}x\mathrm{d}y$, 其中,$D$ 是由直线 $y=x$, $y=1$ 及 $x=0$ 所围成的区域.

解 先画出区域 D 的图形(图 9-16),求出直线 $y=x$ 与 $y=1$ 的交点(1, 1). 区域 D 可用不等式表示为 D:$0\leqslant x\leqslant y,0\leqslant y\leqslant 1$.

把二重积分化为先对 x、后对 y 的二次积分. 直接利用公式(9.3),得

$$\iint_D x^2\mathrm{e}^{-y^2}\mathrm{d}x\mathrm{d}y=\int_0^1\mathrm{d}y\int_0^y x^2\mathrm{e}^{-y^2}\mathrm{d}x=\int_0^1\mathrm{e}^{-y^2}\mathrm{d}y\int_0^y x^2\mathrm{d}x$$

$$=\frac{1}{3}\int_0^1 y^3\mathrm{e}^{-y^2}\mathrm{d}y=\frac{1}{6}\int_0^1 y^2\mathrm{e}^{-y^2}\mathrm{d}y^2\quad(\text{令 } t=y^2)$$

$$=\frac{1}{6}\int_0^1 t\mathrm{e}^{-t}\mathrm{d}t\qquad(\text{分部积分})$$

$$=-\frac{1}{6}\int_0^1 t\mathrm{d}\mathrm{e}^{-t}=-\frac{1}{6}\left[t\mathrm{e}^{-t}+\mathrm{e}^{-t}\right]_0^1$$

$$=\frac{1}{6}-\frac{1}{3\mathrm{e}}.$$

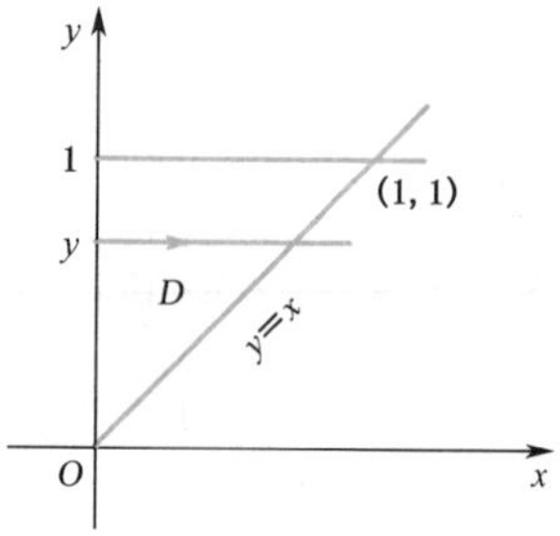

图 9-16

注意 在本例的计算中,如果先对 y、后对 x 积分,得 $\iint_D x^2\mathrm{e}^{-y^2}\mathrm{d}x\mathrm{d}y=\int_0^1 x^2\mathrm{d}x\int_x^1\mathrm{e}^{-y^2}\mathrm{d}y$. 由于 e^{-y^2} 的原函数不能用初等函数来表示,先对 y 的积分是"积不出"的,所以,本题只能采用先对 x、后对 y 的积分次序来计算.

下面举一个交换积分次序的例子.

例 5 交换下列二次积分的积分次序:

$$I=\int_0^1\mathrm{d}y\int_{\sqrt{y}}^{3-2y}f(x, y)\mathrm{d}x.$$

解 对于给定的二次积分,可以把它看作是由一个二重积分 $\iint_D f(x, y)\mathrm{d}\sigma$ 转化

来的. 根据二次积分的上、下限可知,其积分区域 D 可用不等式

$$\sqrt{y} \leqslant x \leqslant 3-2y, \quad 0 \leqslant y \leqslant 1$$

来表示. 也就是由直线 $y=0$, $x=3-2y$ 与抛物线 $x=\sqrt{y}$所围成的区域,画出区域 D 的图形(图 9-17).

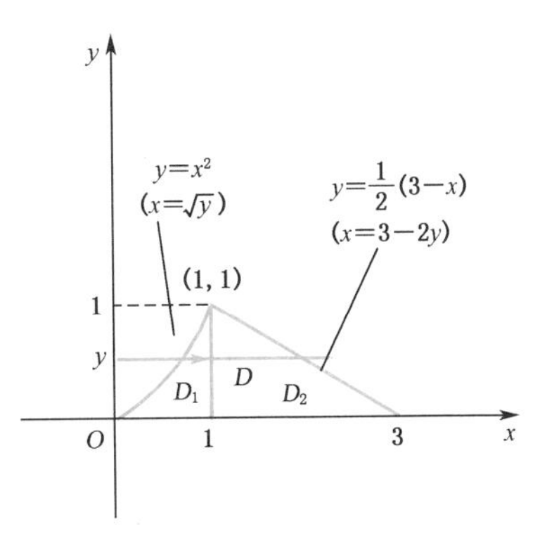

图 9-17

过抛物线 $x=\sqrt{y}$与直线 $x=3-2y$ 的交点 (1, 1),作平行于 y 轴的直线,把区域 D 分成D_1 与 D_2 两个部分区域(图 9-17). D_1 与 D_2 可分别表示为

$$D_1: 0 \leqslant y \leqslant x^2,\ 0 \leqslant x \leqslant 1;$$

$$D_2: 0 \leqslant y \leqslant \frac{1}{2}(3-x),\ 1 \leqslant x \leqslant 3.$$

根据二重积分的性质 3,并利用公式(9.2),便可得到先对 y、后对 x 的二次积分为

$$I=\int_0^1 \mathrm{d}x \int_0^{x^2} f(x, y)\mathrm{d}y+\int_1^3 \mathrm{d}x \int_0^{\frac{1}{2}(3-x)} f(x, y)\mathrm{d}y.$$

注意 交换二次积分的积分次序的一般步骤如下:

(1) 根据已给的二次积分的积分限,用不等式表示区域 D,并画出区域 D 的图形;

(2) 根据区域 D 的图形,把 D 改用另一种不等式来表示,以确定改变积分次序后的积分限,把所给的二次积分化为另一种次序的二次积分.

9.2.2 二重积分在极坐标系中的计算法

对于某些二重积分,当它的被积函数用极坐标变量表达比较简单,而积分区域 D 的边界曲线用极坐标方程表示又较为方便时,那么,就可以考虑用极坐标来计算.

如果把直角坐标系的原点取为极点,把 Ox 轴的正半轴取为极轴,那么,直角坐标与极坐标之间(图 9-18)有如下的关系:

$$\begin{cases} x=r\cos\theta, \\ y=r\sin\theta. \end{cases}$$

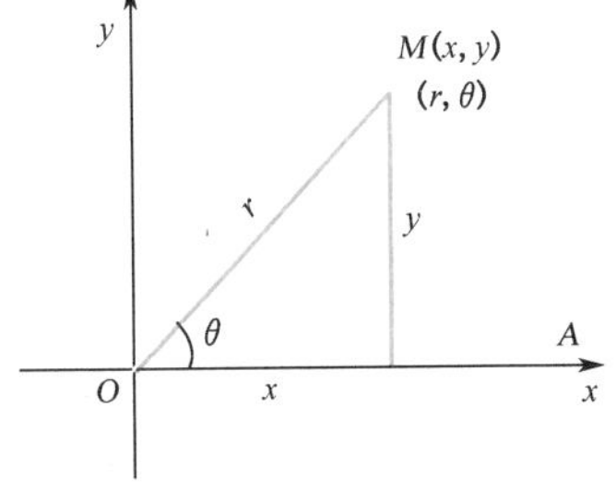

图 9-18

下面先来讨论经过这种极坐标变换后,直角坐标系中的二重积分 $\iint\limits_D f(x, y)\mathrm{d}\sigma$ 在极坐标系中将具有什么样的形式?

对于被积函数 $f(x, y)$,利用直角坐标与极坐标的关系,可以变换为

$$f(x, y) = f(r\cos\theta, r\sin\theta).$$

现在再来求极坐标系中的面积元素 $\mathrm{d}\sigma$.

在极坐标系中,点的极坐标是 r, θ. 当 r 为常数时,表示以极点 O 为中心的一组同心圆;当 θ 为常数时,表示从极点 O 出发的一组射线. 根据极坐标系的这个特点,假设在极坐标系中区域 D 的边界曲线与从极点 O 出发且穿过 D 的内部的射线相交不多于两点,用 r 为常数和 θ 为常数来分割区域 D[图 9-19(a)]. 设 $\Delta\sigma$ 是由半径分别为 r 和 $r+\Delta r$ 的两个圆弧与极角分别等于 θ 和 $\theta+\Delta\theta$ 的两条射线所围成的小区域[图 9-19(b)]. 这个小区域可近似地看作是边长分别为 Δr 和 $r\Delta\theta$ 的小矩形,所以,它的面积为

$$\Delta\sigma \approx r\Delta r\Delta\theta.$$

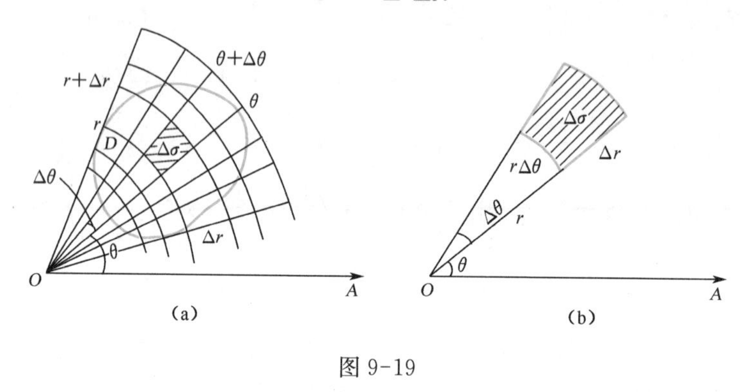

图 9-19

因此,在极坐标系中的面积元素为

$$\mathrm{d}\sigma = r\mathrm{d}r\mathrm{d}\theta.$$

于是,得到二重积分在极坐标系中的表达式为

$$\boxed{\iint\limits_D f(x, y)\mathrm{d}\sigma = \iint\limits_D f(r\cos\theta, r\sin\theta)r\mathrm{d}r\mathrm{d}\theta.} \tag{9.5}$$

也可写成

$$\boxed{\iint\limits_D f(x, y)\mathrm{d}x\mathrm{d}y = \iint\limits_D f(r\cos\theta, r\sin\theta)r\mathrm{d}r\mathrm{d}\theta.} \tag{9.5'}$$

注意 把直角坐标系中的二重积分化为极坐标的形式,应当记住两个要点:①把被积函数中的 x, y 分别用 $r\cos\theta$, $r\sin\theta$ 表示;②把面积元素 $\mathrm{d}\sigma$(或 $\mathrm{d}x\mathrm{d}y$)换成 $r\mathrm{d}r\mathrm{d}\theta$.

下面来说明如何把极坐标系中的二重积分化为二次积分来计算.

(1) **极点 O 在区域 D 之外的情形**

设积分区域 D 在极坐标系中可用不等式

$$\varphi_1(\theta) \leqslant r \leqslant \varphi_2(\theta), \quad \alpha \leqslant \theta \leqslant \beta$$

来表示(图 9-20),其中,函数 $\varphi_1(\theta)$, $\varphi_2(\theta)$在$[\alpha, \beta]$上连续.

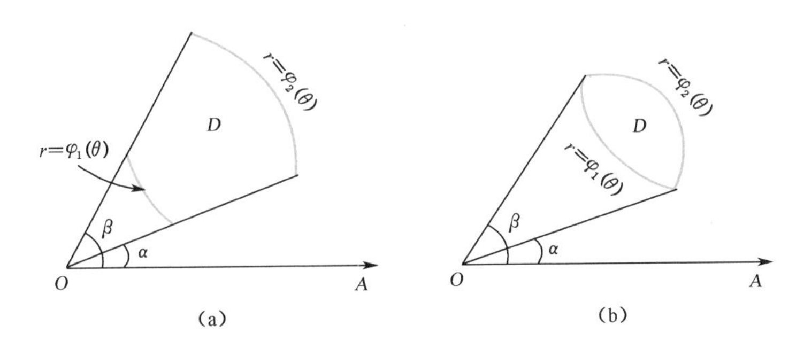

图 9-20

与在直角坐标系中把二重积分化为对积分变量 x, y 的二次积分相类似. 先在 θ 的变化区间$[\alpha, \beta]$上任意取定一个 θ 值(必须强调是任意取定的),过极点作极角为 θ 的射线,它穿过区域 D 的内部时,由 $r=\varphi_1(\theta)$的点穿入,而由 $r=\varphi_2(\theta)$的点穿出(图 9-21),从而可知对 r 的积分下限是 $\varphi_1(\theta)$,上限是$\varphi_2(\theta)$. 然后,让 θ 在区间$[\alpha, \beta]$上变化,即得

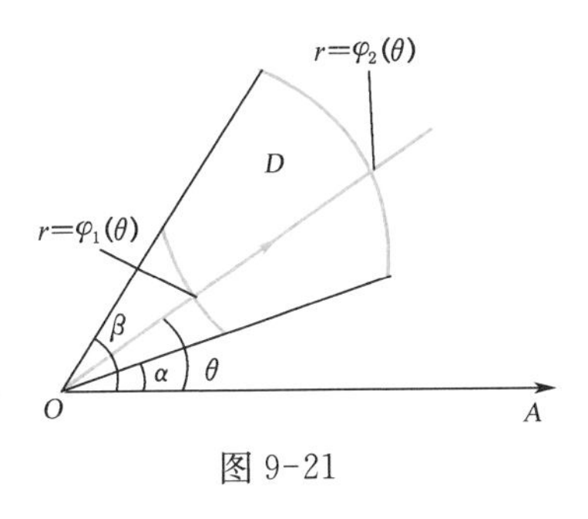

图 9-21

$$\iint_D f(r\cos\theta, r\sin\theta) r\mathrm{d}r\mathrm{d}\theta = \int_\alpha^\beta \left[\int_{\varphi_1(\theta)}^{\varphi_2(\theta)} f(r\cos\theta, r\sin\theta) r\mathrm{d}r\right]\mathrm{d}\theta. \tag{9.6}$$

上式也可写成

$$\boxed{\iint_D f(r\cos\theta, r\sin\theta) r\mathrm{d}r\mathrm{d}\theta = \int_\alpha^\beta \mathrm{d}\theta\int_{\varphi_1(\theta)}^{\varphi_2(\theta)} f(r\cos\theta, r\sin\theta) r\mathrm{d}r.} \tag{9.6$'$}$$

特别地,如果积分区域 D 是图 9-22 所示的曲边扇形(即极点 O 在区域 D 的边界上),那么,可以把它看作是图 9-20(a)中当 $\varphi_1(\theta)=0$,$\varphi_2(\theta)=\varphi(\theta)$时的特例. 这时,区域 D 可表示为

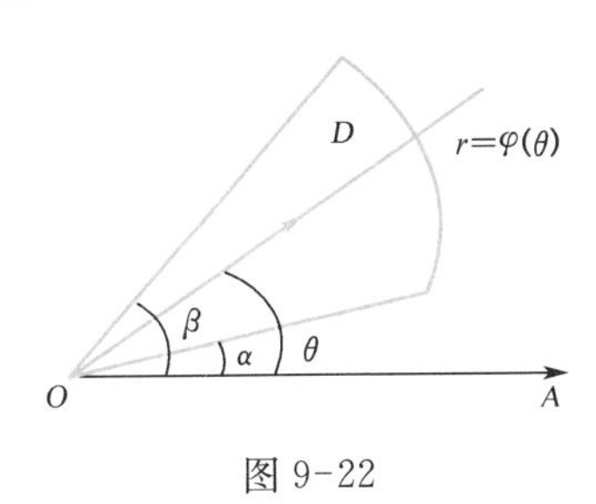

图 9-22

$$0\leqslant r\leqslant\varphi(\theta), \quad \alpha\leqslant\theta\leqslant\beta.$$

而公式(9.6′)就成为

$$\iint_D f(r\cos\theta, r\sin\theta) r\mathrm{d}r\mathrm{d}\theta = \int_\alpha^\beta \mathrm{d}\theta\int_0^{\varphi(\theta)} f(r\cos\theta, r\sin\theta) r\mathrm{d}r.$$

(2) **极点 O 在区域 D 之内的情形**

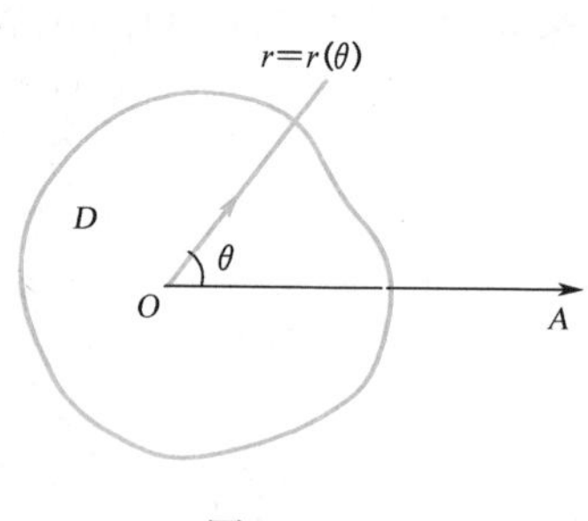

图 9-23

设区域 D 的边界曲线的极坐标方程是 $r=r(\theta)$(图 9-23),这时,区域 D 可表示为

$$0\leqslant r\leqslant r(\theta),\quad 0\leqslant\theta\leqslant 2\pi.$$

在 θ 的变化区间 $[0,\ 2\pi]$ 上任意固定一个 θ,过极点作一条射线,它从 $r=0$ 变到 $r=r(\theta)$. 因此,对 r 积分的下限是 0,上限是 $r(\theta)$;对 θ 的积分区间是 $[0,\ 2\pi]$. 于是得到

$$\iint\limits_D f(r\cos\theta,\ r\sin\theta)r\mathrm{d}r\mathrm{d}\theta=\int_0^{2\pi}\left[\int_0^{r(\theta)} f(r\cos\theta,\ r\sin\theta)r\mathrm{d}r\right]\mathrm{d}\theta. \tag{9.7}$$

上式也可写成

$$\boxed{\iint\limits_D f(r\cos\theta,\ r\sin\theta)r\mathrm{d}r\mathrm{d}\theta=\int_0^{2\pi}\mathrm{d}\theta\int_0^{r(\theta)} f(r\cos\theta,\ r\sin\theta)r\mathrm{d}r.} \tag{9.7'}$$

例 6 计算 $\iint\limits_D \mathrm{e}^{-(x^2+y^2)}\mathrm{d}x\mathrm{d}y$,其中,$D$ 是中心在原点、半径为 a 的圆形区域.

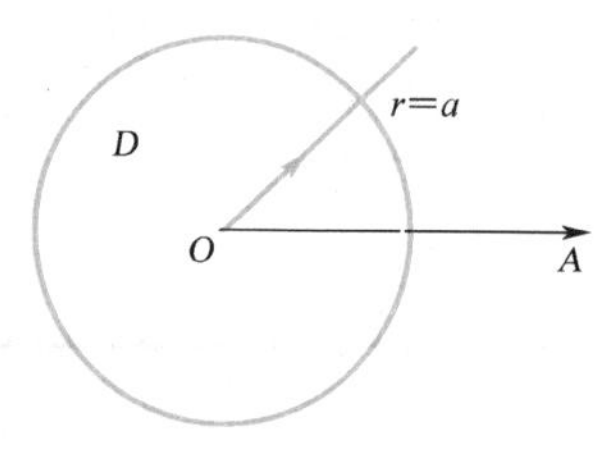

图 9-24

解 在极坐标系中,圆 $x^2+y^2=a^2$ 可表示为 $r=a$,区域 D(图 9-24)可表示为 $0\leqslant r\leqslant a,\ 0\leqslant\theta\leqslant 2\pi$.

因为把直角坐标换为极坐标时,$x^2+y^2=(r\cos\theta)^2+(r\sin\theta)^2=r^2$,所以,由式(9.5′)及公式(9.7′),得

$$\iint\limits_D \mathrm{e}^{-(x^2+y^2)}\mathrm{d}x\mathrm{d}y=\iint\limits_D \mathrm{e}^{-r^2}r\mathrm{d}r\mathrm{d}\theta=\int_0^{2\pi}\mathrm{d}\theta\int_0^a \mathrm{e}^{-r^2}r\mathrm{d}r=\int_0^{2\pi}\left[-\frac{1}{2}\mathrm{e}^{-r^2}\right]_0^a\mathrm{d}\theta$$

$$=\frac{1}{2}(1-\mathrm{e}^{-a^2})\int_0^{2\pi}\mathrm{d}\theta=\pi(1-\mathrm{e}^{-a^2}).$$

注意 本例如果用直角坐标计算,由于积分 $\int\mathrm{e}^{-x^2}\mathrm{d}x$ 不能用初等函数表示,所以是不能直接算出结果的.

例 7 计算 $\iint\limits_D \cos\sqrt{x^2+y^2}\,\mathrm{d}x\mathrm{d}y$,其中,区域 D 为圆环域:$\pi^2\leqslant x^2+y^2\leqslant 4\pi^2$ 在第一象限的部分.

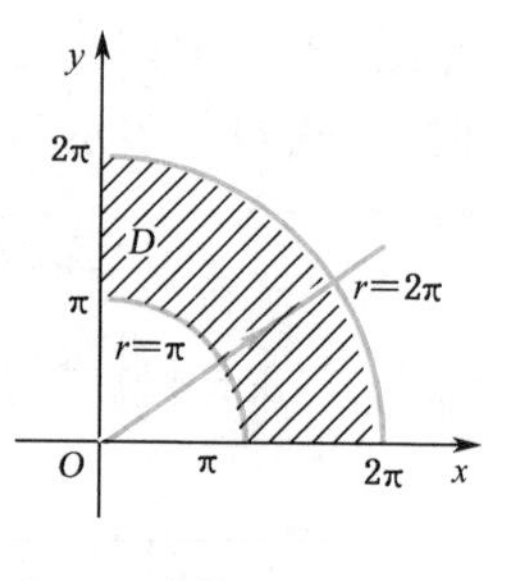

图 9-25

解 积分区域 D 如图 9-25 所示. 区域 D 的外环方程为 $x^2+y^2=4\pi^2$,化为极坐标方程为 $r=2\pi$;内环方程为 $x^2+y^2=\pi^2$,化为极坐标方程为 $r=\pi$,因此,在极坐标系下区域 D 可表示为

$$\pi\leqslant r\leqslant 2\pi,\quad 0\leqslant\theta\leqslant\frac{\pi}{2}.$$

于是
$$\iint\limits_D\cos\sqrt{x^2+y^2}\,dxdy=\iint\limits_D\cos r\cdot rdrd\theta=\int_0^{\frac{\pi}{2}}d\theta\int_{\pi}^{2\pi}r\cos r dr$$
$$=\int_0^{\frac{\pi}{2}}\Big[r\sin r+\cos r\Big]_{r=\pi}^{r=2\pi}d\theta.$$
$$=\int_0^{\frac{\pi}{2}}2d\theta=\pi.$$

（注：因$\int_{\pi}^{2\pi}r\cos r dr$中不含有$\theta$，故$\int_0^{\frac{\pi}{2}}d\theta\int_{\pi}^{2\pi}r\cos r dr$是两个独立的定积分之积. 计算时，也可简化为$\int_0^{\frac{\pi}{2}}d\theta\int_{\pi}^{2\pi}r\cos r dr=\frac{\pi}{2}\int_{\pi}^{2\pi}r\cos r dr=\frac{\pi}{2}\times 2=\pi$.）

例 8　计算$\iint\limits_D x\,d\sigma$，其中，区域$D$是由圆$x^2+y^2=4$、$x^2+y^2=2x$与直线$x=0$所围成的区域.

解　将方程$x^2+y^2=2x$配方，改写为$(x-1)^2+y^2=1$，这是圆心在$(1,0)$、半径为1的圆. 从而可画出区域D的图形，如图9-26所示.

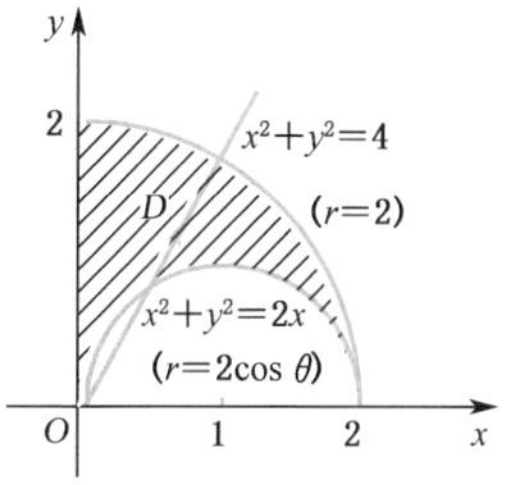

图 9-26

在极坐标系中，圆$x^2+y^2=4$及$x^2+y^2=2x$可分别表示为$r=2$及$r=2\cos\theta$. 由图9-26看出，极点O在区域D的边界曲线上. 在θ的变化区间$\left[0,\frac{\pi}{2}\right]$上任意取定$\theta$后，从极点出发作射线，它从$r=2\cos\theta$上的点穿入，而从$r=2$上的点穿出. 因此，区域$D$可表示为

$$0\leqslant\theta\leqslant\frac{\pi}{2},\quad 2\cos\theta\leqslant r\leqslant 2.$$

于是
$$\iint\limits_D x\,d\sigma=\iint\limits_D r\cos\theta\cdot rdrd\theta=\int_0^{\frac{\pi}{2}}d\theta\int_{2\cos\theta}^{2}r^2\cos\theta dr$$
$$=\int_0^{\frac{\pi}{2}}\cos\theta\left[\frac{r^3}{3}\right]_{2\cos\theta}^{2}d\theta=\frac{8}{3}\int_0^{\frac{\pi}{2}}(\cos\theta-\cos^4\theta)d\theta$$
$$=\frac{8}{3}\left(\int_0^{\frac{\pi}{2}}\cos\theta d\theta-\int_0^{\frac{\pi}{2}}\cos^4\theta d\theta\right)$$
$$=\frac{8}{3}\left(1-\frac{3}{4}\times\frac{1}{2}\times\frac{\pi}{2}\right)=\frac{8}{3}\left(1-\frac{3}{16}\pi\right).$$

（注：这里计算$\int_0^{\frac{\pi}{2}}\cos^4\theta d\theta$时，直接利用了定积分中的递推公式.）

一般地,如果积分区域 D 为圆域、扇形域或环形域等,而被积函数为 $f(x^2+y^2)$ 的形式时,采用极坐标计算可能会简便些.

习题 9.2

1. 按两种不同的积分次序,把二重积分

$$\iint_D f(x, y)\mathrm{d}x\mathrm{d}y$$

化为二次积分,其中,积分区域 D 分别是

(1) 由直线 $y=x$ 及抛物线 $y^2=4x$ 所围成的区域;

(2) 由 x 轴及半圆周 $x^2+y^2=R^2(y\geqslant 0)$ 所围成的区域.

2. 利用直角坐标计算二重积分.

(1) $\iint\limits_D x\sin y\mathrm{d}\sigma$,其中,$D$ 是矩形区域: $1\leqslant x\leqslant 2,\ 0\leqslant y\leqslant \frac{\pi}{2}$;

(2) $\iint\limits_D x\sqrt{y}\mathrm{d}\sigma$,其中,$D$ 是由两条抛物线 $y=\sqrt{x},\ y=x^2$ 所围成的区域;

(3) $\iint\limits_D xy^2\mathrm{d}\sigma$,其中,$D$ 是由圆周 $x^2+y^2=4$ 及 y 轴所围成的右半区域;

(4) $\iint\limits_D y\mathrm{e}^{xy}\mathrm{d}\sigma$,其中,$D$ 是由曲线 $xy=1$ 及直线 $x=2,\ y=1$ 所围成的区域;

(5) $\iint\limits_D (x^2+y^2-x)\mathrm{d}\sigma$,其中,$D$ 是由直线 $y=2,\ y=x$ 及 $y=2x$ 所围成的区域.

3. 画出积分区域的图形,交换二次积分的积分次序.

(1) $\int_0^1\mathrm{d}y\int_y^{\sqrt{y}}f(x, y)\mathrm{d}x$;

(2) $\int_1^{\mathrm{e}}\mathrm{d}x\int_0^{\ln x}f(x, y)\mathrm{d}y$;

(3) $\int_1^2\mathrm{d}x\int_x^{2x}f(x, y)\mathrm{d}y$;

(4) $\int_0^1\mathrm{d}y\int_0^{2y}f(x, y)\mathrm{d}x+\int_1^2\mathrm{d}y\int_0^{3-y}f(x, y)\mathrm{d}x$.

4. 化二次积分 $\int_0^a\mathrm{d}x\int_0^{\sqrt{a^2-x^2}}f(x, y)\mathrm{d}y\ (a>0)$ 为极坐标形式的二次积分.

5. 利用极坐标计算二重积分.

(1) $\iint\limits_D \mathrm{e}^{x^2+y^2}\mathrm{d}\sigma$,其中,$D$ 是由圆周 $x^2+y^2=4$ 所围成的区域;

(2) $\iint\limits_D \ln(1+x^2+y^2)\mathrm{d}\sigma$,其中,$D$ 是由圆周 $x^2+y^2=1$ 及坐标轴所围成的在第一象限内的区域;

(3) $\iint\limits_D \frac{\sin(\pi\sqrt{x^2+y^2})}{\sqrt{x^2+y^2}}\mathrm{d}\sigma$,其中,$D$ 是由圆周 $x^2+y^2=1$ 及 $x^2+y^2=4$ 所围成的环形区域;

(4) $\iint\limits_D \arctan\frac{y}{x}\mathrm{d}\sigma$,其中,$D$ 是由圆周:$x^2+y^2=1$ 及 $x^2+y^2=4$ 及直线 $y=0,\ y=x$ 所围成的在第一象限内的区域.

6. 若积分区域 D 为圆域:$x^2+y^2\leqslant R^2$,则利用对称性,把二重积分 $\iint\limits_D f(x, y)\mathrm{d}x\mathrm{d}y$ 化为极坐标

中的二次积分为

$$\iint_D f(x, y)\mathrm{d}x\mathrm{d}y = 4\int_0^{\frac{\pi}{2}}\mathrm{d}\theta\int_0^R f(r\cos\theta, r\sin\theta)r\mathrm{d}r.$$

试问:上面的变形是否正确?为什么?

答　案

1. (1) $\int_0^4\mathrm{d}x\int_x^{2\sqrt{x}} f(x, y)\mathrm{d}y$, $\int_0^4\mathrm{d}y\int_{\frac{y^2}{4}}^{y} f(x,y)\mathrm{d}x$;

(2) $\int_{-R}^R\mathrm{d}x\int_0^{\sqrt{R^2-x^2}} f(x, y)\mathrm{d}y$, $\int_0^R\mathrm{d}y\int_{-\sqrt{R^2-y^2}}^{\sqrt{R^2-y^2}} f(x, y)\mathrm{d}x$.

2. (1) $\frac{3}{2}$; (2) $\frac{6}{55}$; (3) $\frac{64}{15}$; (4) $\frac{\mathrm{e}^2}{2}-\mathrm{e}$; (5) $\frac{13}{6}$.

3. (1) $\int_0^1\mathrm{d}x\int_{x^2}^x f(x, y)\mathrm{d}y$; (2) $\int_0^1\mathrm{d}y\int_{\mathrm{e}^y}^{\mathrm{e}} f(x, y)\mathrm{d}x$;

(3) $\int_1^2\mathrm{d}y\int_1^y f(x, y)\mathrm{d}x+\int_2^4\mathrm{d}y\int_{\frac{y}{2}}^2 f(x, y)\mathrm{d}x$; (4) $\int_0^2\mathrm{d}x\int_{\frac{x}{2}}^{3-x} f(x, y)\mathrm{d}y$.

4. $\int_0^{\frac{\pi}{2}}\mathrm{d}\theta\int_0^a f(r\cos\theta, r\sin\theta)r\mathrm{d}r$.

5. (1) $\pi(\mathrm{e}^4-1)$; (2) $\frac{\pi}{4}(2\ln 2-1)$; (3) -4; (4) $\frac{3}{64}\pi^2$.

6. 不正确,因为不知道被积函数 $f(x, y)$ 关于 x 及 y 是否为偶函数,所以不能利用对称性.

9.3 二重积分的应用

9.3.1 计算空间立体的体积

由二重积分的几何意义可知,当 $f(x, y)\geqslant 0$ 且连续时,二重积分 $\iint_D f(x, y)\mathrm{d}\sigma$ 的值等于以区域 D 为底、曲面 $z=f(x, y)$ 为曲顶的曲顶柱体的体积 V,即有

$$\boxed{V=\iint_D f(x, y)\mathrm{d}\sigma.} \tag{9.8}$$

例 1　求两个半径均为 R 的直交圆柱面所围成的立体的体积.

解　取直角坐标系,如图 9-27(a)所示.这两个圆柱面的方程可分别表示为

$$x^2+y^2=R^2 \quad 及 \quad x^2+z^2=R^2.$$

利用图形的对称性,只要计算出所求立体在第一卦限部分[图 9-27(a)]的体积 V_1,然后再乘以 8 即可.

所求立体在第一卦限部分可以看成是一个曲顶柱体,它的顶是圆柱面 $z=\sqrt{R^2-x^2}$、底是 xOy 面上四分之一的圆域 D[图 9-27(b)],它可表示为

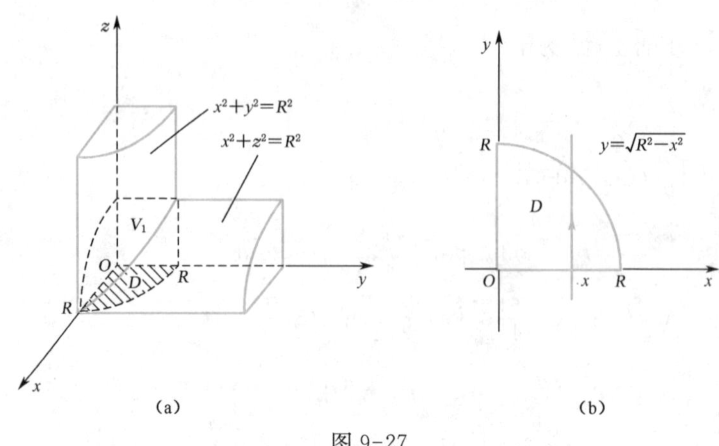

图 9-27

$$D:\quad 0\leqslant x\leqslant R,\quad 0\leqslant y\leqslant\sqrt{R^2-x^2}.$$

于是
$$V_1=\iint_D\sqrt{R^2-x^2}\,\mathrm{d}x\mathrm{d}y.$$

利用公式(9.2′),化为先对 y、后对 x 的二次积分计算,得

$$\begin{aligned}V_1&=\iint_D\sqrt{R^2-x^2}\,\mathrm{d}x\mathrm{d}y=\int_0^R\mathrm{d}x\int_0^{\sqrt{R^2-x^2}}\sqrt{R^2-x^2}\,\mathrm{d}y\\&=\int_0^R\left[\sqrt{R^2-x^2}\,y\right]_{y=0}^{y=\sqrt{R^2-x^2}}\mathrm{d}x=\int_0^R(R^2-x^2)\,\mathrm{d}x=\frac{2}{3}R^3.\end{aligned}$$

因此,得到所求立体的体积为 $\quad V=8V_1=\dfrac{16}{3}R^3.$

9.3.2 计算曲面的面积

设曲面 Σ 的方程为 $z=f(x, y)$,它在 xOy 面上的投影区域为 D,函数 $f(x, y)$在 D 上具有一阶连续偏导数 $f'_x(x, y)$和 $f'_y(x, y)$,可以证明(证略),曲面 Σ 的面积为

$$A=\iint_D\sqrt{1+[f'_x(x, y)]^2+[f'_y(x, y)]^2}\,\mathrm{d}x\mathrm{d}y \tag{9.9}$$

或

$$A=\iint_D\sqrt{1+\left(\frac{\partial z}{\partial x}\right)^2+\left(\frac{\partial z}{\partial y}\right)^2}\,\mathrm{d}x\mathrm{d}y. \tag{9.9′}$$

通常,也把 $\mathrm{d}A=\sqrt{1+\left(\frac{\partial z}{\partial x}\right)^2+\left(\frac{\partial z}{\partial y}\right)^2}\,\mathrm{d}x\mathrm{d}y$ 称为曲面 Σ 的**面积元素**.

例 2 求两个半径相同且垂直相交的圆柱面：$x^2+y^2=R^2$ 及 $x^2+z^2=R^2$ 所截得的公共部分立体的表面积.

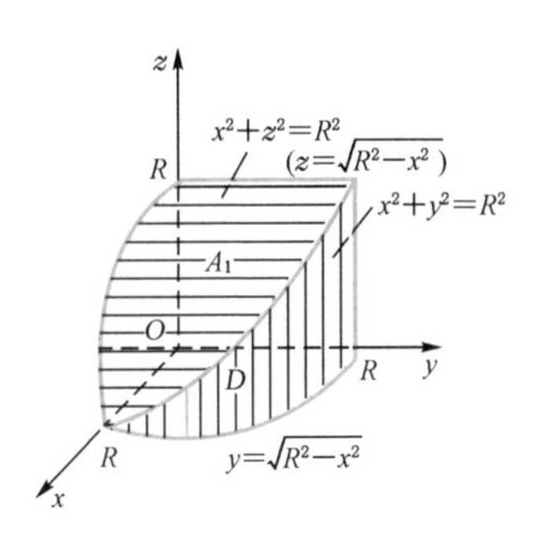

图 9-28

解 画出立体在第一卦限内的图形，如图 9-28 所示. 由于所截得的立体关于三个坐标平面都对称，因此其表面积 A 等于第一卦限内位于圆柱面 $z=\sqrt{R^2-x^2}$ 上的面积 A_1 的 16 倍. 这里，A_1 可看作是曲面 $z=\sqrt{R^2-x^2}$ 在 xOy 面上的投影区域 D 上所对应的面积，且区域 D 可表示为

$$D=\{(x,\ y)\,\big|\,x^2+y^2\leqslant R^2,\ x\geqslant 0,\ y\geqslant 0\}.$$

因

$$z=\sqrt{R^2-x^2},\quad \frac{\partial z}{\partial x}=\frac{-x}{\sqrt{R^2-x^2}},\quad \frac{\partial z}{\partial y}=0,$$

故

$$\sqrt{1+\left(\frac{\partial z}{\partial x}\right)^2+\left(\frac{\partial z}{\partial y}\right)^2}=\sqrt{1+\left(\frac{-x}{\sqrt{R^2-x^2}}\right)^2}=\frac{R}{\sqrt{R^2-x^2}}.$$

由公式(9.9′)可得

$$A_1=\iint_D\frac{R}{\sqrt{R^2-x^2}}\mathrm{d}x\mathrm{d}y=\int_0^R\mathrm{d}x\int_0^{\sqrt{R^2-x^2}}\frac{R}{\sqrt{R^2-x^2}}\mathrm{d}y$$
$$=\int_0^R\frac{R}{\sqrt{R^2-x^2}}\cdot\sqrt{R^2-x^2}\,\mathrm{d}x=\int_0^R R\,\mathrm{d}x=R^2.$$

于是，所求立体的表面积为 $A=16A_1=16R^2$.

9.3.3 计算平面薄片的质量与质心

由二重积分的物理意义可知，若平面薄片 D 的面密度为 $\mu(x,\ y)$，则此薄片的质量为

$$\boxed{M=\iint_D\mu(x,\ y)\mathrm{d}\sigma.}\tag{9.10}$$

首先来讨论平面上质点系的质心问题.

设 xOy 平面上有 n 个质点，它们位于点 $(x_1,\ y_1)$，$(x_2,\ y_2)$，…，$(x_n,\ y_n)$ 处，质量分别为 $m_1,\ m_2,\ \cdots,\ m_n$，则称

$$M_x=\sum_{i=1}^n m_iy_i,\quad M_y=\sum_{i=1}^n m_ix_i$$

分别为该质点系对 x 轴和 y 轴的静矩.

由物理学知道，如果把质点系的总质量集中在点 $C(\bar{x},\ \bar{y})$ 处，使得总质量在 C 点

处所产生的对 x 轴、y 轴的静矩分别等于该质点系对 x 轴、y 轴的静矩，即有

$$M\bar{x}=M_y,\quad M\bar{y}=M_x,$$

其中，$M=\sum_{i=1}^{n}m_i$ 为质点系的总质量，那么，这样的点 $C(\bar{x},\ \bar{y})$就是该质点系的质心，质心坐标为

$$\bar{x}=\frac{M_y}{M}=\frac{\sum_{i=1}^{n}m_ix_i}{\sum_{i=1}^{n}m_i},\quad \bar{y}=\frac{M_x}{M}=\frac{\sum_{i=1}^{n}m_iy_i}{\sum_{i=1}^{n}m_i}.$$

下面再来讨论质量连续分布的非均匀的平面薄片的质心问题.

设有一平面薄片，它在 xOy 面上占有区域 D，在点$(x,\ y)$处的面密度为 $\mu(x,\ y)$，且 $\mu(x,\ y)$在 D 上连续，求该薄片的质心坐标.

利用类似于定积分应用中的元素法，在区域 D 上任取一个直径很小的代表性小区域 $d\sigma$(也表示面积)，$(x,\ y)$为 $d\sigma$ 内的任意一点(图 9-29). 由于 $d\sigma$ 的直径很小，且 $\mu(x,\ y)$在 D 上连续，所以薄片上相应于 $d\sigma$ 小区域上的质量近似于$\mu(x,\ y)d\sigma$，这部分质量可近似地看作集中在点$(x,\ y)$处. 于是，$d\sigma$ 小块薄片关于 y 轴及 x 轴的静矩的近似值即静矩元素 dM_y 及 dM_x 分别为

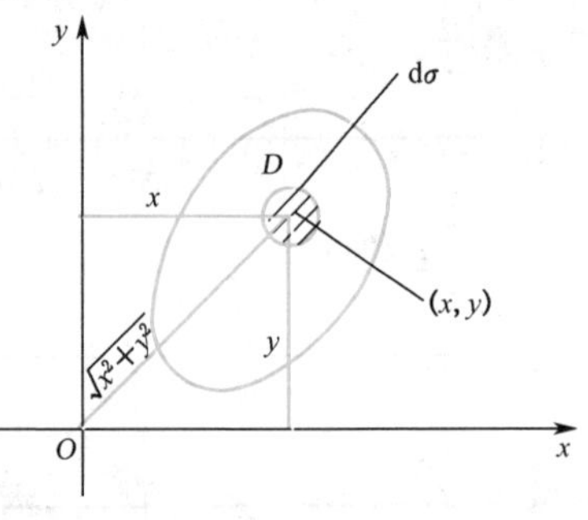

图 9-29

$$dM_y=x\mu(x,\ y)d\sigma,\quad dM_x=y\mu(x,\ y)d\sigma.$$

以这些元素为被积表达式，在区域 D 上作二重积分，便得平面薄片 D 关于 y 轴及 x 轴的静矩分别为

$$M_y=\iint_D x\mu(x,\ y)d\sigma,\quad M_x=\iint_D y\mu(x,\ y)d\sigma.$$

设平面薄片 D 的质心为 $C(\bar{x},\ \bar{y})$，总质量为 M，则有

$$M\bar{x}=M_y,\quad M\bar{y}=M_x,$$

其中

$$M=\iint_D \mu(x,\ y)d\sigma.$$

因此，薄片的质心坐标为

$$\boxed{\bar{x}=\frac{M_y}{M}=\frac{\iint_D x\mu(x,\ y)d\sigma}{\iint_D \mu(x,\ y)d\sigma},\quad \bar{y}=\frac{M_x}{M}=\frac{\iint_D y\mu(x,\ y)d\sigma}{\iint_D \mu(x,\ y)d\sigma}.}\tag{9.11}$$

特别地,如果薄片是均匀的,即面密度 $\mu(x, y)$ 为常数时,则上式分子、分母中的 μ 可以从积分号内提出后约去,从而得到均匀薄片的质心坐标为

$$\boxed{\bar{x}=\frac{1}{\sigma}\iint_D x\,\mathrm{d}\sigma,\quad \bar{y}=\frac{1}{\sigma}\iint_D y\,\mathrm{d}\sigma.} \tag{9.11'}$$

其中,$\sigma=\iint\limits_D \mathrm{d}\sigma$ 是薄片所占区域 D 的面积. 此时,均匀薄片的质心也称为形心,它只与平面薄片所占区域 D 的形状有关.

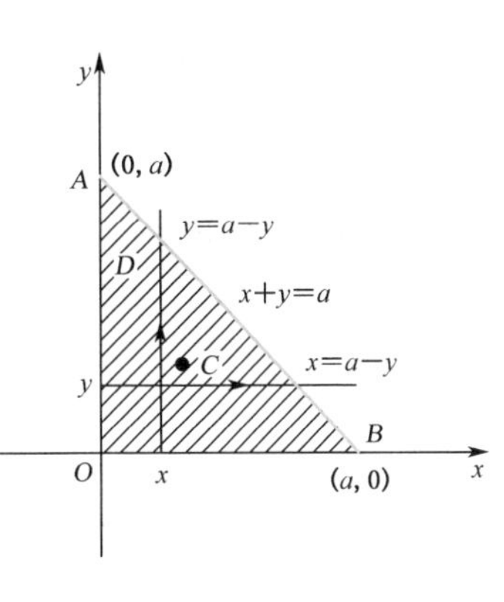

图 9-30

例 3 设有一个等腰直角三角形的薄片,腰长为 a,各点处的面密度等于该点到直角顶点距离的平方,求薄片的质心.

解 首先建立坐标系,取等腰直角三角形的直角顶点为坐标原点,两腰分别在 x 和 y 的正半轴上,则斜边 AB 的方程为 $x+y=a$,薄片所占的区域 D 如图 9-30 所示.

按题意,在区域 D 上任意一点 (x, y) 处的面密度为

$$\mu(x, y)=x^2+y^2,$$

所以
$$M=\iint_D \mu(x, y)\mathrm{d}\sigma=\iint_D (x^2+y^2)\mathrm{d}x\mathrm{d}y=\int_0^a \mathrm{d}x\int_0^{a-x}(x^2+y^2)\mathrm{d}y$$
$$=\int_0^a\left[x^2y+\frac{y^3}{3}\right]_0^{a-x}\mathrm{d}x=\int_0^a\left[x^2(a-x)+\frac{1}{3}(a-x)^3\right]\mathrm{d}x$$
$$=\left[\frac{a}{3}x^3-\frac{1}{4}x^4-\frac{1}{12}(a-x)^4\right]_0^a=\frac{a^4}{6},$$

$$M_x=\iint_D y\mu(x, y)\mathrm{d}\sigma=\iint_D y(x^2+y^2)\mathrm{d}x\mathrm{d}y=\int_0^a y\mathrm{d}y\int_0^{a-y}(x^2+y^2)\mathrm{d}x$$
$$=\int_0^a y\left[\frac{1}{3}(a-y)^3+(a-y)y^2\right]\mathrm{d}y=\int_0^a\left(\frac{a^3}{3}y-a^2y^2+2ay^3-\frac{4}{3}y^4\right)\mathrm{d}y$$
$$=\left[\frac{a^3}{6}y^2-\frac{a^2}{3}y^3+\frac{a}{2}y^4-\frac{4}{15}y^5\right]_0^a=\frac{a^5}{15},$$

同样可得

$$M_y=\iint_D x\mu(x, y)\mathrm{d}\sigma=\iint_D x(x^2+y^2)\mathrm{d}x\mathrm{d}y=\int_0^a x\mathrm{d}x\int_0^{a-x}(x^2+y^2)\mathrm{d}y=\frac{a^5}{15}.$$

由公式(9.11),即得所求薄片的质心坐标为

$$\bar{x}=\frac{M_y}{M}=\frac{2}{5}a,\quad \bar{y}=\frac{M_x}{M}=\frac{2}{5}a,$$

即质心在点 $C\left(\frac{2}{5}a,\ \frac{2}{5}a\right)$处.

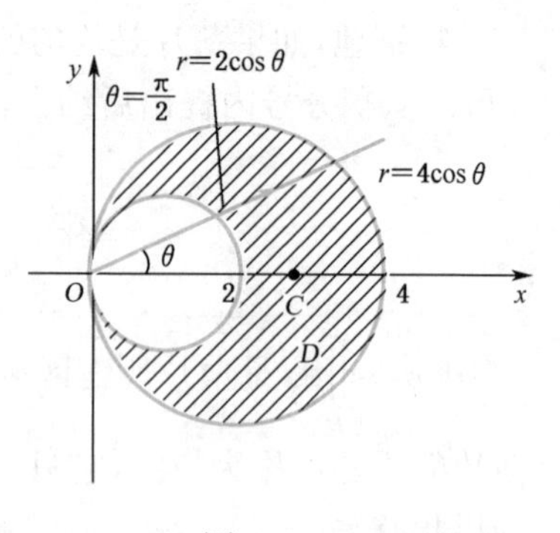

图 9-31

例 4 求位于两圆 $r=2\cos\theta$,$r=4\cos\theta$ 之间的均匀薄片的质心(图 9-31).

解 因为区域 D 对称于 x 轴,所以均匀薄片的质心 $C(\bar{x},\bar{y})$必落在 x 轴上,$\bar{y}=0$.

由于薄片是均匀的,所求质心即为形心,可利用公式(9.11′)计算 $\bar{x}$. 现在

$$\iint_D x\,\mathrm{d}\sigma=\iint_D r\cos\theta\cdot r\mathrm{d}r\mathrm{d}\theta=\int_{-\frac{\pi}{2}}^{\frac{\pi}{2}}\mathrm{d}\theta\int_{2\cos\theta}^{4\cos\theta}r^2\cos\theta\mathrm{d}r=\int_{-\frac{\pi}{2}}^{\frac{\pi}{2}}\left[\frac{r^3}{3}\cos\theta\right]_{2\cos\theta}^{4\cos\theta}\mathrm{d}\theta$$

$$=\frac{1}{3}\int_{-\frac{\pi}{2}}^{\frac{\pi}{2}}(64\cos^4\theta-8\cos^4\theta)\mathrm{d}\theta=\frac{56}{3}\int_{-\frac{\pi}{2}}^{\frac{\pi}{2}}\cos^4\theta\mathrm{d}\theta\quad(\cos^4\theta\text{ 为偶函数})$$

$$=\frac{56}{3}\times 2\int_0^{\frac{\pi}{2}}\cos^4\theta\mathrm{d}\theta\quad(\text{利用递推公式})$$

$$=\frac{56}{3}\times 2\times\frac{3}{4}\times\frac{1}{2}\times\frac{\pi}{2}=7\pi,$$

而区域 D 的面积 σ 等于半径为 2 与半径为 1 的两圆面积之差,即有

$$\sigma=\pi\times 2^2-\pi\times 1^2=3\pi.$$

所以

$$\bar{x}=\frac{7\pi}{3\pi}=\frac{7}{3}.$$

因此,所求平面薄片的质心,即形心为 $C\left(\frac{7}{3},\ 0\right)$.

9.3.4 计算平面薄片的转动惯量

由物理学知道,质量为 m 的质点绕距离为 r 的轴 L 转动时,表示转动惯性大小的物理量 $I=mr^2$,称为该质点对于轴 L 的转动惯量. ①

设 xOy 平面上有 n 个质点,它们位于点$(x_1,\ y_1)$,$(x_2,\ y_2)$,…,$(x_n,\ y_n)$处,质量分别为 m_1,m_2,…,m_n. 由物理学可知,该质点系对于 x 轴、y 轴及原点 O 的转

① 有的书上也称转动惯量为惯性距.

动惯量①依次为

$$I_x = \sum_{i=1}^{n} y_i^{\,2} m_i, \quad I_y = \sum_{i=1}^{n} x_i^{\,2} m_i, \quad I_O = \sum_{i=1}^{n} (x_i^{\,2} + y_i^{\,2}) m_i.$$

下面来讨论质量连续分布的非均匀薄片的转动惯量的计算问题.

设有一平面薄片,它在 xOy 面上占有区域 D,在点 (x, y) 处的面密度为 $\mu(x, y)$,且 $\mu(x, y)$ 在 D 上连续,求该薄片分别对于 x 轴、y 轴及原点 O 的转动惯量 I_x,I_y 及 I_O.

应用元素法,在区域 D 上任取一直径很小的代表性区域 $\mathrm{d}\sigma$(也表示面积),(x, y) 为 $\mathrm{d}\sigma$ 上的一点(参看图 9-29). 由于小区域 $\mathrm{d}\sigma$ 的直径很小,且 $\mu(x, y)$ 在 D 上连续,所以薄片中的相应于 $\mathrm{d}\sigma$ 部分的质量近似于 $\mu(x, y)\mathrm{d}\sigma$,这部分质量可近似地看作是集中在点 (x, y) 处. 于是,薄片对于 x 轴、y 轴及原点 O 的转动惯量元素分别为

$$\mathrm{d}I_x = y^2\mu(x, y)\mathrm{d}\sigma, \quad \mathrm{d}I_y = x^2\mu(x, y)\mathrm{d}\sigma, \quad \mathrm{d}I_O = (x^2 + y^2)\mu(x, y)\mathrm{d}\sigma.$$

以这些元素为被积表达式,分别在区域 D 上作二重积分,便得

$$\boxed{I_x = \iint_D y^2\mu(x, y)\mathrm{d}\sigma,} \tag{9.12}$$

$$\boxed{I_y = \iint_D x^2\mu(x, y)\mathrm{d}\sigma,} \tag{9.13}$$

$$\boxed{I_O = \iint_D (x^2 + y^2)\mu(x, y)\mathrm{d}\sigma.} \tag{9.14}$$

例 5 设有一质量均匀分布、总质量为 M、半径为 a 的圆形薄板的四分之一部分,绕过圆心且垂直于薄板所在平面的轴旋转,求它的转动惯量.

解 选取坐标系(图 9-32),区域 D 在极坐标系中可表示为

$$D: 0 \leqslant \theta \leqslant \frac{\pi}{2}, \qquad 0 \leqslant r \leqslant a.$$

按题意可知,所要求的转动惯量就是薄板对原点 O 的转动惯量 I_O. 因为薄板的总质量为 M,且是均匀分布的,所以薄板的面密度为

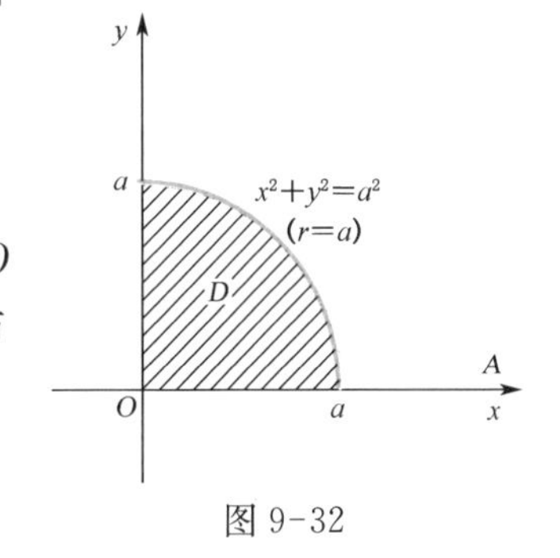

图 9-32

① 对于原点 O 的转动惯量,也可看作是对于过原点而垂直于转动平面的轴的转动惯量.

$$\mu=\frac{M}{\frac{1}{4}\pi a^2}=\frac{4M}{\pi a^2}.$$

于是,由公式(9.14)得所求的转动惯量为

$$I_O=\iint_D(x^2+y^2)\mu(x,\ y)\mathrm{d}\sigma=\iint_D(x^2+y^2)\ \frac{4M}{\pi a^2}\mathrm{d}x\mathrm{d}y=\frac{4M}{\pi a^2}\iint_D r^2\cdot r\mathrm{d}r\mathrm{d}\theta$$

$$=\frac{4M}{\pi a^2}\int_0^{\frac{\pi}{2}}\mathrm{d}\theta\int_0^a r^3\mathrm{d}r=\frac{4M}{\pi a^2}\cdot\frac{\pi}{2}\cdot\frac{a^4}{4}=\frac{1}{2}Ma^2.$$

例 6 求均匀平面薄片 D 对于 y 轴的转动惯量($\mu=1$),其中,$D=\{(x,\ y)\mid 0\leqslant y\leqslant 1-x^2\}$(图 9-33).

解 $$I_y=\iint_D x^2\mathrm{d}\sigma=\iint_D x^2\mathrm{d}x\mathrm{d}y$$

$$=\int_{-1}^1 x^2\mathrm{d}x\int_0^{1-x^2}\mathrm{d}y=\int_{-1}^1 x^2(1-x^2)\mathrm{d}x$$

$$=2\int_0^1 x^2(1-x^2)\mathrm{d}x=2\int_0^1(x^2-x^4)\mathrm{d}x$$

$$=2\left[\frac{1}{3}x^3-\frac{1}{5}x^5\right]_0^1=\frac{4}{15}.$$

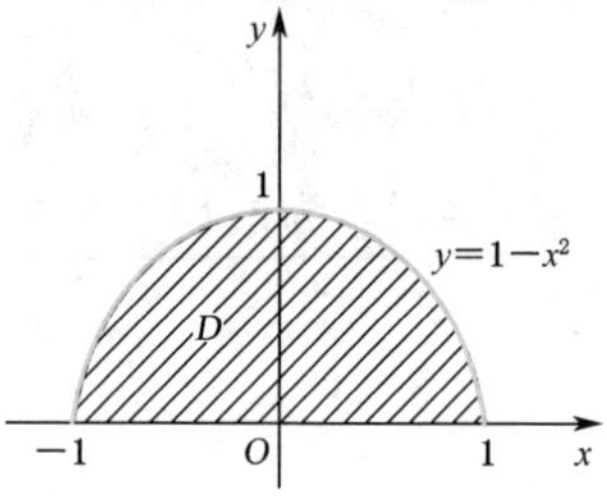

图 9-33

习题 9.3

1. 利用二重积分计算曲面或平面所围成的立体的体积.

(1) 柱面 $x^2+y^2=1$,平面 $x+y+z=3$ 及 $z=0$;

(2) 平面 $y=0$,$y=kx(k>0)$,$z=0$ 及球心在原点、半径为 R 的上半球面所围成的在第一卦限内的部分(图 9-34);

(3) 球面 $x^2+y^2+z^2=2$ 及圆锥面 $z=\sqrt{x^2+y^2}$.

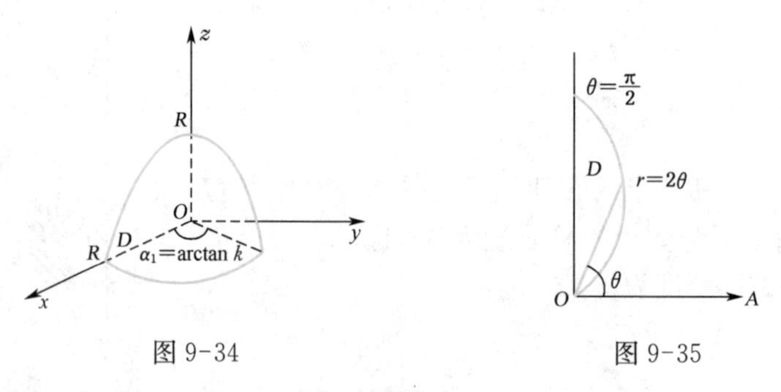

图 9-34　　图 9-35

2. 求旋转抛物面 $z=x^2+y^2$ 被平面 $z=1$ 所截下部分的面积.

3. 设平面薄片所占区域 D 是由直线 $x+y=2$, $y=x$ 和 x 轴所围成,它的面密度 $\mu(x,\ y)=x^2$

$+y^2$. 求该薄片的质量.

4. 设平面薄片所占的区域 D 是由螺线 $r=2\theta$ 上一段弧 $\left(0\leqslant\theta\leqslant\frac{\pi}{2}\right)$ 与直线 $\theta=\frac{\pi}{2}$ 所围成(图 9-35),它的面密度 $\mu(r,\theta)=r$,求薄片的质量.

5. 设平面薄片所占的区域 D 是由抛物线 $y=x^2$ 及直线 $y=x$ 所围成,它的面密度 $\mu(x,y)=x^2y$,求该薄片的质心.

6. 求由抛物线 $y=x^2(x\geqslant0)$,直线 $y=4$ 和 y 轴所围成的均匀薄片 D 的质心.

7. 求由半径为 a 的均匀半圆薄片(面密度 μ 为常数)对于其直径边的转动惯量.

8. 求内、外半径依次为 R_1 及 $R_2(R_1<R_2)$ 的均匀圆环状薄片(面密度 μ 为常数)对于通过其中心、垂直于环面的轴的转动惯量.

答 案

1. (1) 3π; (2) $\frac{1}{3}R^3\arctan k$; (3) $\frac{4}{3}(\sqrt{2}-1)\pi$. 2. $\frac{\pi}{6}(5\sqrt{5}-1)$. 3. $\frac{4}{3}$.

4. $\frac{\pi^4}{24}$. 5. $\left(\frac{35}{48},\frac{35}{54}\right)$. 6. $\left(\frac{3}{4},\frac{12}{5}\right)$. 7. $\frac{1}{8}\pi\mu a^4$.

8. $\frac{1}{2}M(R_1^2+R_2^2)$,其中 $M=\mu\pi(R_2^2-R_1^2)$为环形薄片的质量.

9.4 三重积分及其应用

9.4.1 三重积分的概念与性质

引例 空间物体的质量.

设有一质量分布不均匀的物体占有空间区域 Ω(图 9-36),它在点(x,y,z)处的体积密度为 $\mu(x,y,z)$,且函数 $\mu(x,y,z)$在区域 Ω 上连续,求此物体的质量 M.

类似于求平面薄片的质量,用有限张曲面把 Ω 任意分成 n 块小空间区域:

$$\Delta V_1,\Delta V_2,\cdots,\Delta V_i,\cdots,\Delta V_n,$$

同时也用 ΔV_i 表示第 i 块小区域的体积. 然后,在每一块小区域上任取一点(ξ_i,η_i,ζ_i),以该点处的密度 $\mu(\xi_i,\eta_i,\zeta_i)$近似地代替小区域 ΔV_i 上各点处的密度,则第 i 块小区域的质量 ΔM_i 的近似值为 $\mu(\xi_i,\eta_i,\zeta_i)\Delta V_i(i=1,2,\cdots,n)$,将这些近似值加和,就得到物体的质量 M 的近似值,即

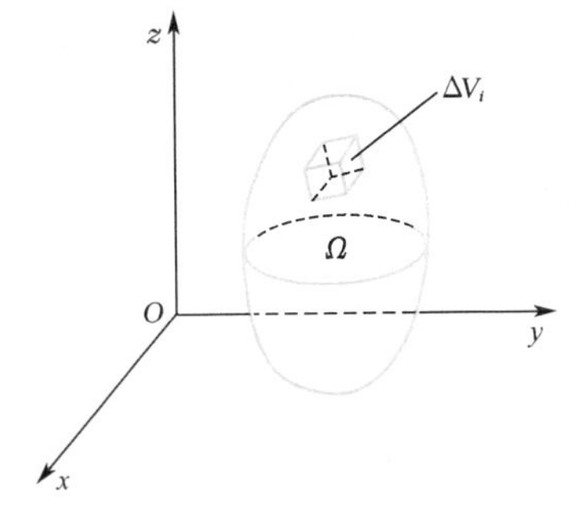

图 9-36

$$M=\sum_{i=1}^{n}\Delta M_i\approx\sum_{i=1}^{n}\mu(\xi_i,\eta_i,\zeta_i)\Delta V_i.$$

分割得越细,近似值就越接近物体的质量 M. 因此,令 n 块小区域的最大直径 λ 趋于零,若上述和式的极限存在,则称此极限值为物体的质量 M,即

$$M=\lim_{\lambda\to 0}\sum_{i=1}^{n}\mu(\xi_i,\ \eta_i,\ \zeta_i)\Delta V_i.$$

抽去其实际意义,对上面出现的和式极限从数学上加以抽象,从而引入三重积分的概念.

定义 设 $f(x,\ y,\ z)$是定义在空间有界闭区域 Ω 上的有界函数,将 Ω 任意分成 n 个小区域:

$$\Delta V_1,\ \Delta V_2,\ \cdots,\ \Delta V_i,\ \cdots,\ \Delta V_n,$$

其中,ΔV_i 也表示第 i 个小区域的体积. 在每个小区域 ΔV_i 上任取一点$(\xi_i,\ \eta_i,\ \zeta_i)$,作乘积 $f(\xi_i,\ \eta_i,\ \zeta_i)\Delta V_i$($i=1,\ 2,\ \cdots,\ n$),并作和式:

$$\sum_{i=1}^{n}f(\xi_i,\ \eta_i,\ \zeta_i)\Delta V_i.$$

如果当各个小区域直径中的最大值 λ 趋于零时,这个和式的极限存在,且与对区域 Ω 的分法及点$(\xi_i,\ \eta_i,\ \zeta_i)$的取法均无关,则称此极限值为函数 $f(x,\ y,\ z)$在区域 Ω 上的**三重积分**,记作

$$\iiint_{\Omega}f(x,\ y,\ z)\mathrm{d}V,$$

即

$$\iiint_{\Omega}f(x,\ y,\ z)\mathrm{d}V=\lim_{\lambda\to 0}\sum_{i=1}^{n}f(\xi_i,\ \eta_i,\ \zeta_i)\Delta V_i, \tag{9.15}$$

其中,Ω 称为**积分区域**,$f(x,\ y,\ z)$ 称为**被积函数**,$\mathrm{d}V$ 称为**体积元素**.

由定义可知,前面引例中所讲的物体的质量,就是密度函数 $\mu(x,\ y,\ z)$在 Ω 上的三重积分,即

$$M=\iiint_{\Omega}\mu(x,\ y,\ z)\mathrm{d}V.$$

特别地,如果在 Ω 上 $f(x,\ y,\ z)\equiv 1$,那么,三重积分在数值上就等于区域 Ω 的体积 V,即

$$V=\iiint_{\Omega}\mathrm{d}V.$$

存在定理 当函数 $f(x,\ y,\ z)$在闭区域 Ω 上连续时,式(9.15)右边的和式极限必存在,即函数 $f(x,\ y,\ z)$ 在区域 Ω 上的三重积分必定存在. 此时,也称函数 $f(x,\ y,\ z)$在 Ω 上是可积的.

性质 三重积分也具有类似于二重积分的性质. 例如,中值定理:当函数 $f(x, y, z)$ 在闭区域 Ω 上连续时,则在 Ω 中,至少存在某一点 (ξ, η, ζ),使得等式

$$\iiint_{\Omega} f(x, y, z)\mathrm{d}V = f(\xi, \eta, \zeta)V$$

成立,其中,V 表示区域 Ω 的体积. 其他性质不再重述.

9.4.2 三重积分在直角坐标系中的计算法

由于式(9.15)右端和式极限的存在与对区域 Ω 的分割方法无关,所以在直角坐标系中,如果用平行于坐标面的三组平面来分割区域 Ω,那么,除了靠近 Ω 边界曲面的一些不规则小区域外,得到的小区域 ΔV_i 为长方体(图 9-37). 设长方体小区域 ΔV_i 的边长分别为 Δx_j, Δy_k, Δz_l, 则 $\Delta V_i = \Delta x_j \Delta y_k \Delta z_l$. 因此,在直角坐标系中,体积元素也写作 $\mathrm{d}x\mathrm{d}y\mathrm{d}z$,即

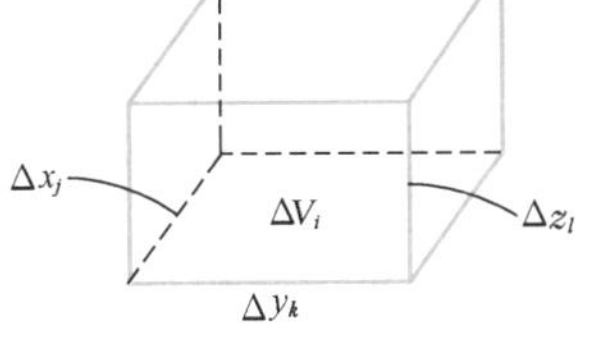

图 9-37

$$\mathrm{d}V = \mathrm{d}x\mathrm{d}y\mathrm{d}z.$$

从而有

$$\iiint_{\Omega} f(x, y, z)\mathrm{d}V = \iiint_{\Omega} f(x, y, z)\mathrm{d}x\mathrm{d}y\mathrm{d}z.$$

从 9.2 节知道,在直角坐标系中计算二重积分是化为对 x, y 的二次积分来计算的. 类似地,三重积分也可以化为对 x, y, z 的三次积分来计算. 下面只限于叙述化三重积分为三次积分的方法.

假设平行于 z 轴且穿过区域 Ω 内部的直线与 Ω 的边界曲面 Σ 相交不多于两点. 把区域 Ω 投影到 xOy 面上,得投影区域 D_{xy}(图 9-38). 以 D_{xy} 的边界为准线作母线平行于 z 轴的柱面. 该柱面与曲面 Σ 的交线从 Σ 中分出上、下两部分,它们的方程分别为

$$\Sigma_1: z = z_1(x, y), \quad \Sigma_2: z = z_2(x, y),$$

其中,$z_1(x, y)$ 与 $z_2(x, y)$ 都是 D_{xy} 上的连续函数,且

$$z_1(x, y) \leqslant z_2(x, y).$$

过 D_{xy} 内任一点 (x, y) 作平行于 z 轴的直线,这直线通过曲面 Σ_1 穿入 Ω 内,然后通过 Σ_2 穿出 Ω 外,穿入点与穿出点的竖坐标分别为 $z_1(x, y)$ 与 $z_2(x, y)$.

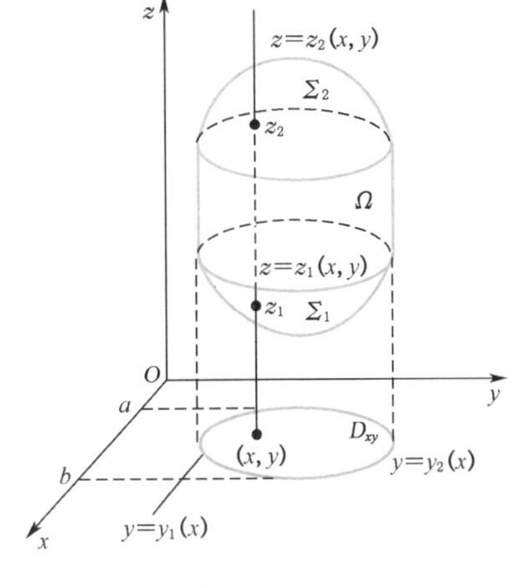

图 9-38

先固定点 (x, y),把 x, y 看作定值,从而

$f(x, y, z)$ 只是 z 的函数.将这个函数在 z 的变化区间 $[z_1(x, y), z_2(x, y)]$ 上对 z 积分,积分的结果是 x, y 的函数,记作

$$F(x, y)=\int_{z_1(x, y)}^{z_2(x, y)} f(x, y, z)\mathrm{d}z,$$

然后计算 $F(x, y)$ 在平面区域 D_{xy} 上的二重积分,便得所求的三重积分,即

$$\iiint_{\Omega} f(x, y, z)\mathrm{d}V=\iint_{D_{xy}} F(x, y)\mathrm{d}\sigma=\iint_{D_{xy}}\left[\int_{z_1(x, y)}^{z_2(x, y)} f(x, y, z)\mathrm{d}z\right]\mathrm{d}\sigma. \quad (9.16')$$

上式也可记作

$$\iiint_{\Omega} f(x, y, z)\mathrm{d}x\mathrm{d}y\mathrm{d}z=\iint_{D_{xy}}\mathrm{d}x\mathrm{d}y\int_{z_1(x, y)}^{z_2(x, y)} f(x, y, z)\mathrm{d}z. \quad (9.16)$$

这就是把三重积分化为先对 z 的单积分,再在区域 D_{xy} 上作二重积分的计算法.通常,也简称为"先一后二"法.

如果区域 D_{xy} 可表示为

$$D_{xy}:\begin{cases}a\leqslant x\leqslant b,\\ y_1(x)\leqslant y\leqslant y_2(x),\end{cases}$$

且 $y_1(x)$,$y_2(x)$ 为单值连续函数,那么式(9.16)右端的二重积分就可以化为二次积分,从而得到

$$\iiint_{\Omega} f(x, y, z)\mathrm{d}V=\int_a^b\mathrm{d}x\int_{y_1(x)}^{y_2(x)}\mathrm{d}y\int_{z_1(x, y)}^{z_2(x, y)} f(x, y, z)\mathrm{d}z. \quad (9.17)$$

这就是把三重积分化为先对 z、再对 y、最后对 x 的三次积分的计算公式.

如果平行于 x 轴或 y 轴且穿过区域 Ω 内部的任何直线与 Ω 的边界曲面 Σ 相交不多于两点,那么也可以把区域 Ω 投影到 yOz 面或 xOz 面上,只要先对 x 或 y 积分一次,再在投影区域 D_{yz} 或 D_{xz} 上作二重积分,就可分别得到与公式(9.16′)相类似的结果,即有

$$\iiint_{\Omega} f(x, y, z)\mathrm{d}V=\iint_{D_{yz}}\left[\int_{x_1(y, z)}^{x_2(y, z)} f(x, y, z)\mathrm{d}x\right]\mathrm{d}\sigma \quad (9.18)$$

或

$$\iiint_{\Omega} f(x, y, z)\mathrm{d}V=\iint_{D_{xz}}\left[\int_{y_1(x, z)}^{y_2(x, z)} f(x, y, z)\mathrm{d}y\right]\mathrm{d}\sigma. \quad (9.19)$$

再根据投影区域 D_{yz} 或 D_{xz} 的具体情况,又可将它们化为其他次序的三次积分.

注意　如果平行于坐标轴且穿过区域 Ω 内部的直线与 Ω 的边界曲面 Σ 相交多

于两点，那么，也可作某些辅助曲面，把 Ω 分成若干个部分区域，使每个部分区域都满足上述“相交不多于两点”的条件，这样，就可以把在 Ω 上的三重积分化为各部分区域上的三重积分的和(图 9-39).

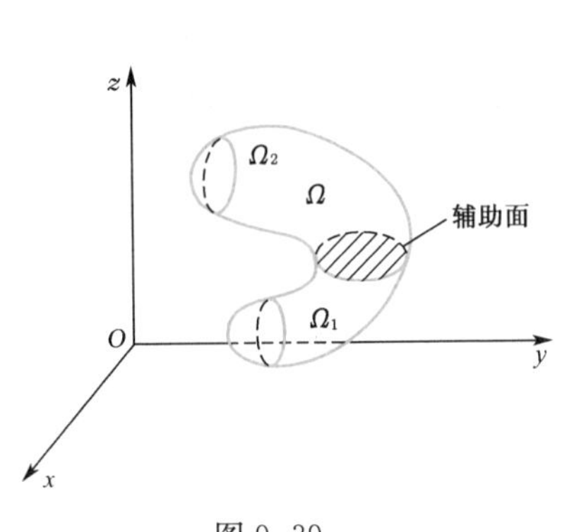

图 9-39

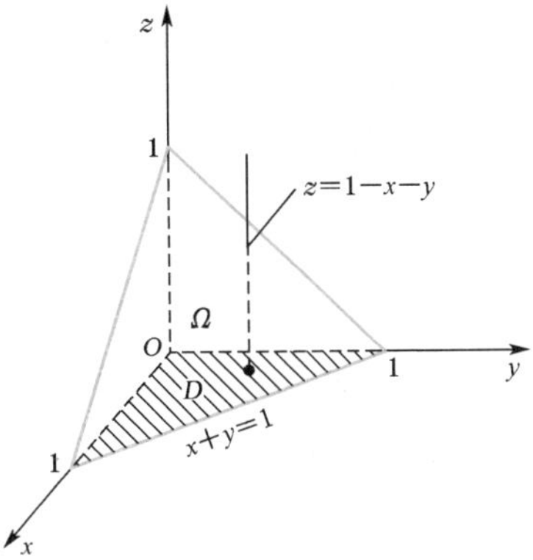

图 9-40

例 1 计算三重积分

$$I=\iiint_{\Omega}xy\,\mathrm{d}x\mathrm{d}y\mathrm{d}z,$$

其中，Ω 是由平面 $x=0$，$y=0$，$z=0$ 及 $x+y+z=1$ 所围成的四面体.

解 画出区域 Ω 的图形(图 9-40). 将 Ω 投影到 xOy 面上，记投影区域为 D_{xy}，且可表示为

$$D_{xy}:\begin{cases}0\leqslant x\leqslant 1,\\ 0\leqslant y\leqslant 1-x.\end{cases}$$

在 D_{xy} 内任取一点 $(x,\ y)$，过此点作平行于 z 轴的直线，该直线通过平面 $z=0$ 穿入 Ω 内，然后通过平面 $z=1-x-y$ 穿出 Ω 外，即 z 的变化范围是由 $z=0$ 到 $z=1-x-y$.

于是，由公式(9.16′)及公式(9.17)得

$$\begin{aligned}I&=\iint_{D_{xy}}\left(\int_0^{1-x-y}xy\,\mathrm{d}z\right)\mathrm{d}\,\sigma=\int_0^1\mathrm{d}x\int_0^{1-x}\mathrm{d}y\int_0^{1-x-y}xy\,\mathrm{d}z\\&=\int_0^1x\mathrm{d}x\int_0^{1-x}y(1-x-y)\mathrm{d}y=\int_0^1x\left[\frac{1}{2}(1-x)y^2-\frac{y^3}{3}\right]_0^{1-x}\mathrm{d}x\\&=\frac{1}{6}\int_0^1x(1-x)^3\mathrm{d}x=\frac{1}{6}\int_0^1(x-3x^2+3x^3-x^4)\mathrm{d}x\\&=\frac{1}{6}\left[\frac{x^2}{2}-x^3+\frac{3}{4}x^4-\frac{x^5}{5}\right]_0^1=\frac{1}{120}.\end{aligned}$$

注意 本例也可将区域 Ω 投影到 xOz 面上(先对 y 积分)或 yOz 面上(先对 x

积分),三者计算的难易程度都相近.

例 2 计算三重积分

$$I=\iiint\limits_{\Omega} y\sin(x+z)\,\mathrm{d}x\mathrm{d}y\mathrm{d}z,$$

其中,Ω 是由平面 $y=0$, $z=0$, $x+z=\dfrac{\pi}{2}$ 及抛物柱面 $y=\sqrt{x}$ 所围成的区域.

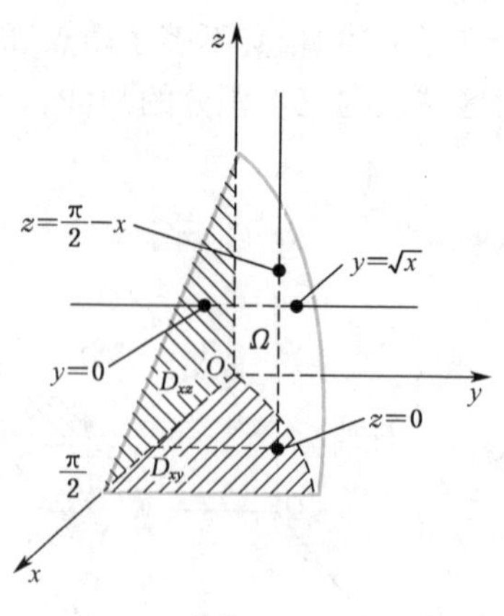

图 9-41

解 画出区域 Ω 的图形(图 9-41).

方法 1 若先对 z 积分,可将区域 Ω 投影到 xOy 面上,记投影区域为 D_{xy},且可表示为

$$D_{xy}:\quad 0\leqslant x\leqslant\frac{\pi}{2},\quad 0\leqslant y\leqslant\sqrt{x}.$$

在 D_{xy} 内任取一点 (x, y),过该点作平行于 z 轴的直线,它通过平面 $z=0$ 穿入 Ω 内,然后通过平面 $z=\dfrac{\pi}{2}-x$ 穿出 Ω 外,即 z 的变化范围是由 $z=0$ 到 $z=\dfrac{\pi}{2}-x$.

于是,由公式(9.16′)及公式(9.17)可得

$$\begin{aligned}I&=\iiint\limits_{\Omega} y\sin(x+z)\,\mathrm{d}x\mathrm{d}y\mathrm{d}z=\iint\limits_{D_{xy}}\left[\int_0^{\frac{\pi}{2}-x} y\sin(x+z)\,\mathrm{d}z\right]\mathrm{d}\sigma\\&=\int_0^{\frac{\pi}{2}}\mathrm{d}x\int_0^{\sqrt{x}}\mathrm{d}y\int_0^{\frac{\pi}{2}-x} y\sin(x+z)\,\mathrm{d}z=\int_0^{\frac{\pi}{2}}\mathrm{d}x\int_0^{\sqrt{x}}\Big[-y\cos(x+z)\Big]_0^{\frac{\pi}{2}-x}\mathrm{d}y\\&=\int_0^{\frac{\pi}{2}}\mathrm{d}x\int_0^{\sqrt{x}} y\cos x\,\mathrm{d}y=\frac{1}{2}\int_0^{\frac{\pi}{2}}\Big[y^2\cos x\Big]_0^{\sqrt{x}}\mathrm{d}x=\frac{1}{2}\int_0^{\frac{\pi}{2}} x\cos x\,\mathrm{d}x\\&=\frac{1}{2}\Big[x\sin x+\cos x\Big]_0^{\frac{\pi}{2}}=\frac{1}{2}\left(\frac{\pi}{2}-1\right)=\frac{1}{4}(\pi-2).\end{aligned}$$

方法 2 若先对 y 积分,可将区域 Ω 投影到 xOz 面上,它的投影区域 D_{xz} 是由 x 轴、z 轴与直线 $z=\dfrac{\pi}{2}-x$ 所围成的三角形,且可表示为

$$D_{xz}:\quad 0\leqslant x\leqslant\frac{\pi}{2},\quad 0\leqslant z\leqslant\frac{\pi}{2}-x.$$

在 D_{xz} 内任取一点 (x, z),过该点作平行于 y 轴的直线,它通过平面 $y=0$ 穿入 Ω 内,然后通过抛物柱面 $y=\sqrt{x}$ 穿出 Ω 外,即 y 的变化范围是由 $y=0$ 到 $y=\sqrt{x}$.

于是,化为三次积分,可得

$$I=\int_0^{\frac{\pi}{2}}\mathrm{d}x\int_0^{\frac{\pi}{2}-x}\mathrm{d}z\int_0^{\sqrt{x}} y\sin(x+z)\,\mathrm{d}y=\frac{1}{2}\int_0^{\frac{\pi}{2}}\mathrm{d}x\int_0^{\frac{\pi}{2}-x} x\sin(x+z)\,\mathrm{d}z$$

$$= \frac{1}{2}\int_0^{\frac{\pi}{2}} x\left[-\cos(x+z)\right]_0^{\frac{\pi}{2}-x} \mathrm{d}x = \frac{1}{2}\int_0^{\frac{\pi}{2}} x\cos x \mathrm{d}x = \frac{1}{4}(\pi-2).$$

注　若采用先对 x 积分，则确定区域 Ω 在 yOz 面上的投影区域 D_{yz} 就比较复杂些，计算从略.

一般地说，利用直角坐标计算三重积分 $\iiint\limits_{\Omega} f(x, y, z)\mathrm{d}x\mathrm{d}y\mathrm{d}z$ 时，首先应根据区域 Ω 的情况，考虑它对哪个坐标面投影较为方便，从而决定先对哪个变量积分的积分次序.

上面各例中计算三重积分的方法都源自“先一后二”法. 顺便指出，对于某些在直角坐标系中的三重积分，根据被积函数和积分区域的特点，有时也可采用先二重积分、后定积分的“先二后一”法来计算. 下面举例说明.

例 3　计算 $\iiint\limits_{\Omega} z^2 \mathrm{d}x\mathrm{d}y\mathrm{d}z$，其中，$\Omega$ 是上半球体：$x^2+y^2+z^2 \leqslant R^2, z \geqslant 0$.

解　画出区域 Ω 的图形，如图 9-42 所示.

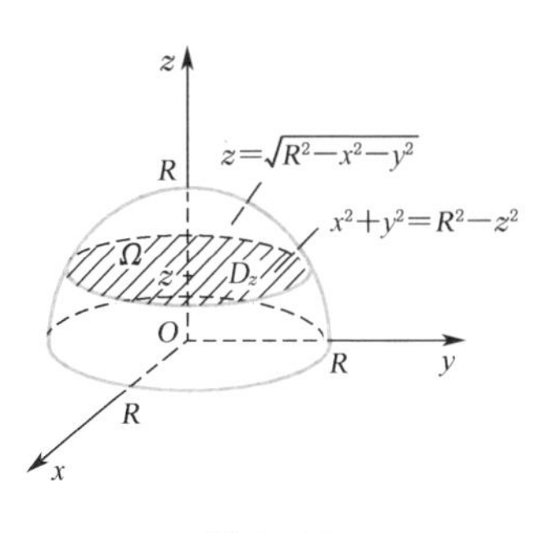

图 9-42

因被积函数只依赖于一个变量 z，区域 Ω 在 z 轴上的投影区间为$[0, R]$，故可把 Ω 中的 z 限制在 $0 \leqslant z \leqslant R$ 内，在$[0, R]$上任意固定一点 z，过该点 z 作垂直于 z 轴的平面 $z=z$（常数）与区域 Ω 相截，所得截面为圆域 D_z（图 9-42），它可表示为 $D_z: x^2+y^2 \leqslant R^2-z^2$，其面积为 $\iint\limits_{D_z} \mathrm{d}x\mathrm{d}y = \pi(R^2-z^2)$. 于是

$$\iiint\limits_{\Omega} z^2 \mathrm{d}x\mathrm{d}y\mathrm{d}z = \int_0^R \left(\iint\limits_{D_z} z^2 \mathrm{d}x\mathrm{d}y\right)\mathrm{d}z = \int_0^R z^2 \mathrm{d}z \iint\limits_{D_z} \mathrm{d}x\mathrm{d}y$$

$$= \int_0^R \pi z^2(R^2-z^2)\mathrm{d}z = \pi\int_0^R (R^2z^2-z^4)\mathrm{d}z$$

$$= \pi\left[\frac{R^2}{3}z^3 - \frac{1}{5}z^5\right]_0^R = \frac{2}{15}\pi R^5.$$

一般来说，对于被积函数只依赖于 z，且积分区域 Ω 与垂直于 z 轴的平面相截所得的截面 D_z 的面积容易计算的情形，使用类似于例 3 中采用的“先二后一”法，计算三重积分就可能会更简便.

9.4.3　三重积分在柱面坐标系中的计算法

1. 柱面坐标

设空间一点 $M(x, y, z)$，从 M 点向 xOy 面作垂线，得垂足为 P. 令 $|\overrightarrow{OP}|=r$，在 xOy 面上，由 Ox 轴的正向绕原点按逆时针方向转到 $\overrightarrow{OP}$ 所转过的角为 θ. 如果规定：

$$0 \leqslant r < +\infty, \quad 0 \leqslant \theta \leqslant 2\pi, \quad -\infty < z < +\infty,$$

则空间的点 $M(x, y, z)$ 与三个有次序的数 r, θ, z 就有了对应的关系. 这样的三个数 r, θ, z 就称为空间点 M 的柱面坐标,记作 $M(r, \theta, z)$.

由图 9-43 容易看出,空间一点的直角坐标与柱面坐标的关系为

$$\begin{cases} x = r\cos\theta, \\ y = r\sin\theta, \\ z = z. \end{cases} \tag{9.20}$$

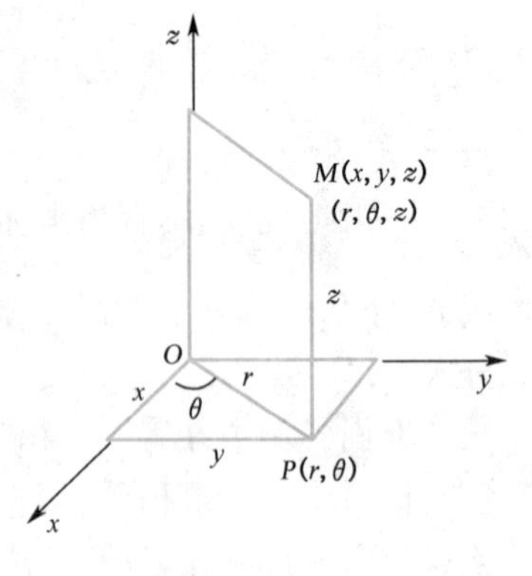

图 9-43

在柱面坐标中,三组坐标面在空间的几何意义分别如下:

r=常数,表示以 z 轴为中心轴的一组圆柱面;

θ=常数,表示通过 z 轴的一组半平面;

z=常数,表示垂直于 z 轴的一组平面.

2. 三重积分在柱面坐标中的计算法

首先,把直角坐标中的三重积分 $\iiint\limits_{\Omega} f(x, y, z)\mathrm{d}V$ 化为柱面坐标的形式.

由直角坐标与柱面坐标之间的关系式(9.20),可得被积函数

$$f(x, y, z) = f(r\cos\theta, r\sin\theta, z).$$

在柱面坐标中,体积元素 $\mathrm{d}V$ 应当是什么形式呢? 由于三重积分的值(和式极限)与对空间区域 Ω 的分法无关,所以,按照柱面坐标的特点,我们可以用三组坐标面(r=常数,θ=常数,z=常数)来分割区域 Ω,把 Ω 分成许多小区域,除了靠近 Ω 的边界曲面的一些不规则小区域外,这种小区域都是柱体(图 9-44). 考虑由 r, θ, z 分别取得微小增量 $\mathrm{d}r, \mathrm{d}\theta, \mathrm{d}z$ 后所构成的小柱体的体积. 这个小柱体可近似地看作是长为 $\mathrm{d}r$、宽为 $r\mathrm{d}\theta$、高为 $\mathrm{d}z$ 的小长方体,它的体积的近似值为

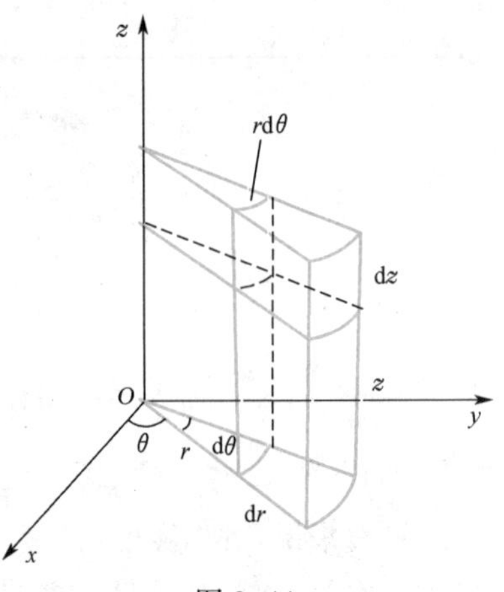

图 9-44

$$\mathrm{d}r(r\mathrm{d}\theta)\,\mathrm{d}z = r\mathrm{d}r\mathrm{d}\theta\mathrm{d}z,$$

故得柱面坐标中的体积元素为

$$\mathrm{d}V = r\mathrm{d}r\mathrm{d}\theta\mathrm{d}z.$$

于是,得到

$$\iiint_{\Omega} f(x, y, z)\mathrm{d}V = \iiint_{\Omega} f(r\cos\theta, r\sin\theta, z) r\mathrm{d}r\mathrm{d}\theta\mathrm{d}z. \tag{9.21}$$

这就是把三重积分从直角坐标变换为柱面坐标的公式. 变换的要点如下：

(1) 在被积函数中，把变量 x, y 分别用 $r\cos\theta$, $r\sin\theta$ 表示，变量 z 仍保持不变；

(2) 把体积元素 $\mathrm{d}V$ 换为 $r\mathrm{d}r\mathrm{d}\theta\mathrm{d}z$(其中，$r\mathrm{d}r\mathrm{d}\theta$ 就是极坐标系中的面积元素).

对于柱面坐标系中的三重积分

$$\iiint_{\Omega} f(r\cos\theta, r\sin\theta, z) r\mathrm{d}r\mathrm{d}\theta\mathrm{d}z,$$

也可以化为对积分变量 r, θ, z 的三次积分来计算. 通常采用的积分次序是先对 z、再对 r、最后对 θ 积分. 为了确定积分限，首先应尽量画出区域 Ω 的图形，且把积分区域 Ω 的边界曲面方程化为柱面坐标形式，然后再根据 r, θ, z 在 Ω 中的变化范围来确定. 下面通过例子来说明.

例 4　利用柱面坐标计算三重积分 $\iiint_{\Omega} z\mathrm{d}x\mathrm{d}y\mathrm{d}z$，其中，区域 Ω 为上半球体：

$$x^2 + y^2 + z^2 \leqslant 1, \quad z \geqslant 0.$$

解　画出区域 Ω 的图形(图 9-45). 把区域 Ω 投影到 xOy 面上，得投影区域 D，它是半径为 1 的单位圆，且可用极坐标表示为

$$D: \quad 0 \leqslant r \leqslant 1, \quad 0 \leqslant \theta \leqslant 2\pi.$$

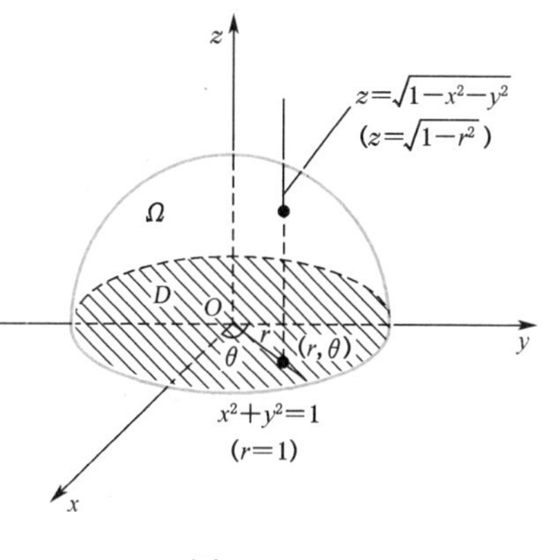

图 9-45

在投影区域 D 内任取一点 (r, θ)，过此点作平行于 z 轴的直线，它通过平面 $z=0$ 穿入 Ω 内，然后通过上半球面 $z=\sqrt{1-x^2-y^2}$，即 $z=\sqrt{1-r^2}$ 穿出 Ω 外. 因此，z 的变化范围是由 $z=0$ 到 $z=\sqrt{1-r^2}$(注意：必须用柱面坐标方程表示). 于是

$$\begin{aligned}\iiint_{\Omega} z\mathrm{d}x\mathrm{d}y\mathrm{d}z &= \iiint_{\Omega} zr\mathrm{d}r\mathrm{d}\theta\mathrm{d}z = \int_0^{2\pi}\mathrm{d}\theta\int_0^1 r\mathrm{d}r\int_0^{\sqrt{1-r^2}} z\mathrm{d}z \\ &= \frac{1}{2}\int_0^{2\pi}\mathrm{d}\theta\int_0^1 r(1-r^2)\mathrm{d}r = \frac{1}{2}\times 2\pi\left[\frac{r^2}{2}-\frac{r^4}{4}\right]_0^1 \\ &= \frac{\pi}{4}.\end{aligned}$$

例 5　利用柱面坐标计算三重积分 $\iiint_{\Omega}(x^2+y^2)\mathrm{d}x\mathrm{d}y\mathrm{d}z$，其中，区域 Ω 是由平面

$x=0,\ y=0,\ z=h(h>0)$ 及圆锥面 $z^2=\frac{h^2}{R^2}(x^2+y^2)$ 所围成的立体在第一卦限的部分.

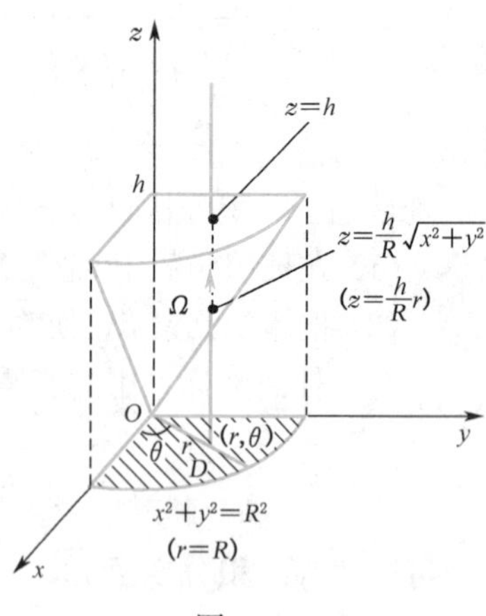

图 9-46

解　画出区域 Ω 的图形(图 9-46). 把区域 Ω 投影到 xOy 面上,得投影区域 D 为 1/4 的圆. 由方程组

$$\begin{cases}z^2=\frac{h^2}{R^2}(x^2+y^2),\\ z=h,\end{cases}$$

消去 z,得通过圆锥面与平面 $z=h$ 的交线的柱面方程为

$$x^2+y^2=R^2.$$

因此,区域 D 用极坐标可表示为

$$D:\quad 0\leqslant r\leqslant R,\qquad 0\leqslant\theta\leqslant\frac{\pi}{2}.$$

在 D 内任取一点 $(r,\ \theta)$,过此点作平行于 z 轴的直线,它通过圆锥面 $z=\frac{h}{R}\sqrt{x^2+y^2}$,即 $z=\frac{h}{R}r$ 穿入 Ω 内,然后通过平面 $z=h$ 穿出 Ω 外. 从而可知,z 的变化范围是由 $z=\frac{h}{R}r$ 到 $z=h$,于是

$$\begin{aligned}\iiint\limits_{\Omega}(x^2+y^2)\mathrm{d}x\mathrm{d}y\mathrm{d}z&=\iiint\limits_{\Omega}r^2r\mathrm{d}r\mathrm{d}\theta\mathrm{d}z=\iiint\limits_{\Omega}r^3\mathrm{d}r\mathrm{d}\theta\mathrm{d}z=\int_0^{\frac{\pi}{2}}\mathrm{d}\theta\int_0^R r^3\mathrm{d}r\int_{\frac{h}{R}r}^{h}\mathrm{d}z\\&=\frac{\pi}{2}\int_0^R\left(h-\frac{h}{R}r\right)r^3\mathrm{d}r=\frac{\pi}{2}h\left[\frac{r^4}{4}-\frac{r^5}{5R}\right]_0^R=\frac{\pi}{40}hR^4.\end{aligned}$$

一般地,在计算三重积分时,若积分区域 Ω 是圆柱形区域,或者 Ω 在坐标面上的投影区域 D 是圆形、扇形或圆环形区域等,而被积函数中含有 x^2+y^2 的因子,则采用柱面坐标计算是比较方便的. 下面再看两个例子.

例 6　计算三重积分 $\iiint\limits_{\Omega}z\sqrt{x^2+y^2}\mathrm{d}V$,其中,区域 Ω 为球面 $x^2+y^2+z^2=4$ 的上半部分与圆锥面 $z=\sqrt{x^2+y^2}$ 所围成的区域.

解　画出区域 Ω 的图形(图 9-47). 把区域 Ω 投影到 xOy 面上,得投影区域 D 为圆. 由方程组

$$\begin{cases}x^2+y^2+z^2=4,\\ z=\sqrt{x^2+y^2},\end{cases}$$

消去 z，可得通过球面与圆锥面的交线的柱面方程为

$$x^2+y^2=2.$$

因此，区域 D 可用极坐标表示为

$$D:\quad 0\leqslant r\leqslant\sqrt{2},\quad 0\leqslant\theta\leqslant 2\pi.$$

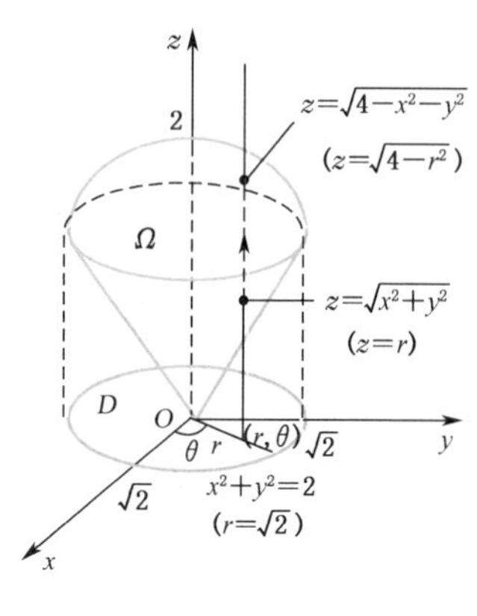

图 9-47

又因被积函数 $f(x,y,z)=z\sqrt{x^2+y^2}$ 中含因子 x^2+y^2，故可采用柱面坐标来计算. 在 D 内任取一点 (r,θ)，过该点作平行于 z 轴的直线，它穿过区域 Ω 时，从圆锥面 $z=r$ 穿入，再从球面 $z=\sqrt{4-r^2}$ 穿出，故得 $r\leqslant z\leqslant\sqrt{4-r^2}$. 于是

$$\begin{aligned}\iiint_\Omega z\sqrt{x^2+y^2}\,\mathrm{d}V&=\iiint_\Omega zr\cdot r\mathrm{d}r\mathrm{d}\theta\mathrm{d}z=\int_0^{2\pi}\mathrm{d}\theta\int_0^{\sqrt{2}}r^2\,\mathrm{d}r\int_r^{\sqrt{4-r^2}}z\,\mathrm{d}z\\&=\int_0^{2\pi}\mathrm{d}\theta\int_0^{\sqrt{2}}r^2\left[\frac{z^2}{2}\right]_{z=r}^{z=\sqrt{4-r^2}}\mathrm{d}r=\pi\int_0^{\sqrt{2}}r^2(4-2r^2)\,\mathrm{d}r\\&=2\pi\int_0^{\sqrt{2}}(2r^2-r^4)\,\mathrm{d}r=2\pi\left[\frac{2}{3}r^3-\frac{1}{5}r^5\right]_0^{\sqrt{2}}=\frac{16\sqrt{2}}{15}\pi.\end{aligned}$$

例 7 计算三重积分 $I=\iiint\limits_\Omega(x^2+y^2)\,\mathrm{d}V$，其中，积分区域 Ω 是由旋转抛物面 $z=x^2+y^2$ 与平面 $z=1$ 所围成.

解法 1 画出积分区域 Ω 的图形（图 9-48）. 由于被积函数是 x^2+y^2，积分区域 Ω 在 xOy 面上的投影区域是圆域：$x^2+y^2\leqslant 1$，因此，适宜于采用柱面坐标系.

令 $x=r\cos\theta,y=r\sin\theta,z=z$，则在柱面坐标中，$\Omega$ 的底面方程为 $z=r^2$（由 $z=x^2+y^2$ 化为柱面坐标而得），顶面方程为 $z=1$. Ω 在 xOy 面上的投影区域是圆域：$0\leqslant r\leqslant 1,0\leqslant\theta\leqslant 2\pi$. 于是，在柱面坐标系中，$\Omega$ 可以表示为

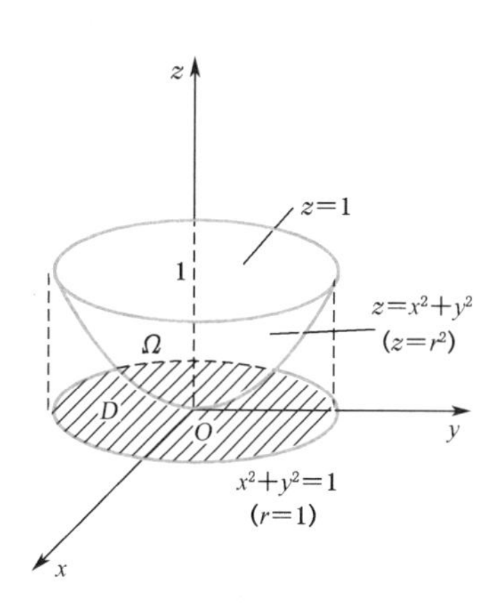

图 9-48

$$0\leqslant r\leqslant 1,\quad 0\leqslant\theta\leqslant 2\pi,\quad r^2\leqslant z\leqslant 1.$$

从而有

$$\begin{aligned}I&=\iiint_\Omega r^2\cdot r\mathrm{d}r\mathrm{d}\theta\mathrm{d}z=\int_0^{2\pi}\mathrm{d}\theta\int_0^1 r^3\,\mathrm{d}r\int_{r^2}^1\mathrm{d}z\\&=\int_0^{2\pi}\mathrm{d}\theta\int_0^1 r^3(1-r^2)\,\mathrm{d}r=2\pi\left[\frac{r^4}{4}-\frac{r^6}{6}\right]_0^1=\frac{\pi}{6}.\end{aligned}$$

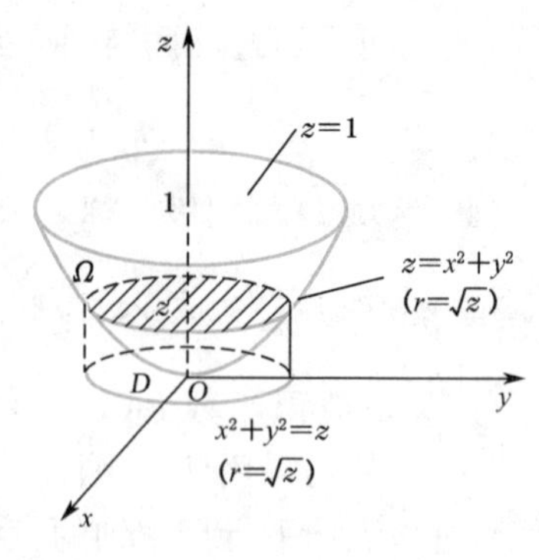

图 9-49

注意 上面计算柱面坐标系中的三重积分，是采用先对 z 积分、后对 r,θ 在 Ω 的投影区域上利用极坐标作二重积分. 这种积分次序实质上是“先一后二”法. 本例也可采用类似例 4 中的“先二后一”法.

解法 2 在 z 的变化区间 $0\leqslant z\leqslant 1$ 上任意固定某个 z，过该点作垂直于 z 轴的平面与区域 Ω 相截，得截面为圆域：$x^2+y^2\leqslant z$（图 9-49 中有影线的部分）. 它在 xOy 面上的投影区域为 D：$x^2+y^2\leqslant z$，其边界圆周的极坐标方程为 $r=\sqrt{z}$，因此，可得

$$I=\iiint\limits_{\Omega}r^2\cdot r\mathrm{d}r\mathrm{d}\theta\mathrm{d}z=\int_0^1\left(\iint\limits_{D}r^3\mathrm{d}r\mathrm{d}\theta\right)\mathrm{d}z=\int_0^1\mathrm{d}z\int_0^{2\pi}\mathrm{d}\theta\int_0^{\sqrt{z}}r^3\mathrm{d}r$$

$$=2\pi\int_0^1\left[\frac{r^4}{4}\right]_{r=0}^{r=\sqrt{z}}\mathrm{d}z=\frac{\pi}{2}\int_0^1 z^2\mathrm{d}z=\frac{\pi}{2}\left[\frac{z^3}{3}\right]_0^1=\frac{\pi}{6}.$$

这种“先二后一”法，就是利用极坐标计算法先作二重积分，再作一次对 z 的定积分.

9.4.4 三重积分的应用举例

1. 计算空间立体的体积

设空间立体所占区域为 Ω，在 Ω 上 $f(x, y, z)\equiv 1$，则 $f(x, y, z)$ 在 Ω 上的三重积分就是立体 Ω 的体积 V，即

$$\boxed{V=\iiint\limits_{\Omega}\mathrm{d}V.}\tag{9.22}$$

例 8 计算由两个椭圆抛物面 $z=4-x^2-\frac{1}{4}y^2$ 及 $z=3x^2+\frac{3}{4}y^2$ 所围成的立体的体积.

解 所给立体 Ω 是由开口向下的和开口向上的两个椭圆抛物面所围成. 因为函数 $z=4-x^2-\frac{1}{4}y^2$ 与 $z=3x^2+\frac{3}{4}y^2$ 关于 x 和 y 均为偶函数，它们的图形关于 yOz 面及 xOz 面均对称，于是它们所围成的空间立体 Ω 关于 yOz 面及 xOz 面也都对称.

若记立体 Ω 在第一卦限部分的立体为 Ω_1（图 9-50），则利用对称性可知，立体 Ω 的体积 V 等于立体 Ω_1 的体积的 4 倍，即有

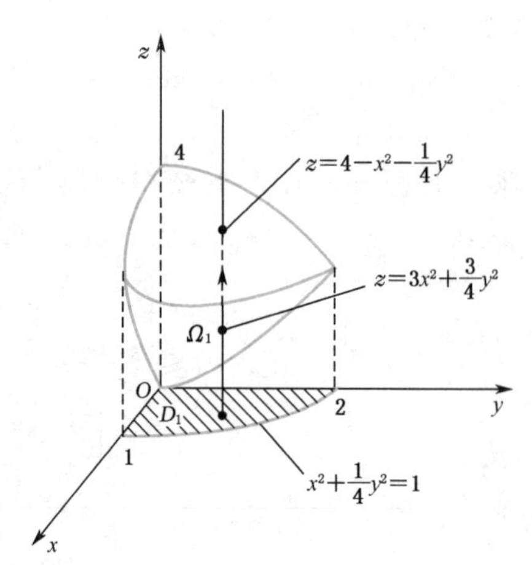

图 9-50

$$V = 4\iiint_{\Omega_1} \mathrm{d}v.$$

将立体Ω投影到xOy面，得投影区域D，它的边界曲线是两个曲面的交线在xOy面的投影. 由两个曲面的方程联立后消去z，得到过交线且母线平行于z轴的柱面方程：

$$x^2 + \frac{1}{4}y^2 = 1.$$

从而可知，投影区域D_1是xOy平面上位于第一象限的四分之一椭圆区域，可表示为

$$D_1:\quad 0 \leqslant x \leqslant 1,\quad 0 \leqslant y \leqslant 2\sqrt{1-x^2}.$$

在D_1内任取一点(x, y)，过此点作平行于z轴的直线，该直线通过椭圆抛物面$z = 3x^2 + \frac{3}{4}y^2$穿入立体$\Omega_1$，再通过椭圆抛物面$z = 4 - x^2 - \frac{1}{4}y^2$穿出立体$\Omega_1$，即

$$3x^2 + \frac{3}{4}y^2 \leqslant z \leqslant 4 - x^2 - \frac{1}{4}y^2.$$

于是，由公式(9.17)可得

$$\begin{aligned}
V &= 4\iiint_{\Omega_1} \mathrm{d}v = 4\int_0^1 \mathrm{d}x \int_0^{2\sqrt{1-x^2}} \mathrm{d}y \int_{3x^2+\frac{3}{4}y^2}^{4-x^2-\frac{1}{4}y^2} \mathrm{d}z \\
&= 4\int_0^1 \mathrm{d}x \int_0^{2\sqrt{1-x^2}} (4 - 4x^2 - y^2)\mathrm{d}y = 4\int_0^1 \mathrm{d}x \int_0^{2\sqrt{1-x^2}} \left[4(1-x^2)y - \frac{1}{3}y^3\right]_0^{2\sqrt{1-x^2}} \mathrm{d}y \\
&= 4 \times \frac{16}{3}\int_0^1 (1-x^2)^{\frac{3}{2}}\mathrm{d}x \xlongequal{x=\sin t} \frac{64}{3}\int_0^{\frac{\pi}{2}} \cos^4 t\mathrm{d}t = \frac{64}{3} \times \frac{3}{4} \times \frac{1}{2} \times \frac{\pi}{2} = 4\pi.
\end{aligned}$$

2. 计算空间物体的质量、质心坐标及转动惯量

设物体占有空间区域Ω，在点(x, y, z)处的体密度为$\mu(x, y, z)$，且$\mu(x, y, z)$在Ω上连续，则空间物体Ω的质量为

$$\boxed{M = \iiint_{\Omega} \mu(x, y, z)\mathrm{d}V.} \tag{9.23}$$

利用上一节中推导平面薄片的质心坐标及转动惯量的类似方法，仍采用元素法：在Ω上任取一个空间的小区域$\mathrm{d}V$，在$\mathrm{d}V$内任取一点(x, y, z)，得到质量元素$\mathrm{d}M = \mu(x, y, z)\mathrm{d}V$. 从而得到关于$yOz$面、$zOx$面及$xOy$面的静矩元素分别为

$$\mathrm{d}M_{yz} = x\mu(x, y, z)\mathrm{d}V,\quad \mathrm{d}M_{zx} = y\mu(x, y, z)\mathrm{d}V,\quad \mathrm{d}M_{xy} = z\mu(x, y, z)\mathrm{d}V.$$

物体 Ω 关于三个坐标面的静矩分别为

$$M_{yz}=\iiint\limits_{\Omega}x\mu(x,\ y,\ z)\mathrm{d}V,\quad M_{zx}=\iiint\limits_{\Omega}y\mu(x,\ y,\ z)\mathrm{d}V,$$

$$M_{xy}=\iiint\limits_{\Omega}z\mu(x,\ y,\ z)\mathrm{d}V.$$

于是,得到物体 Ω 的质心坐标为

$$\bar{x}=\frac{M_{yz}}{M}=\frac{1}{M}\iiint\limits_{\Omega}x\mu(x,\ y,\ z)\mathrm{d}V,\quad \bar{y}=\frac{M_{zx}}{M}=\frac{1}{M}\iiint\limits_{\Omega}y\mu(x,\ y,\ z)\mathrm{d}V,$$
$$\bar{z}=\frac{M_{xy}}{M}=\frac{1}{M}\iiint\limits_{\Omega}z\mu(x,\ y,\ z)\mathrm{d}V.\tag{9.24}$$

其中,$M=\iiint\limits_{\Omega}\mu(x,\ y,\ z)\mathrm{d}V$ 为占有空间区域 Ω 的物体的质量.

特别地,当 $\mu(x,\ y,\ z)$ 为常数时,即得均匀物体 Ω 的形心坐标为

$$\bar{x}=\frac{1}{V}\iiint\limits_{\Omega}x\mathrm{d}V,\quad \bar{y}=\frac{1}{V}\iiint\limits_{\Omega}y\mathrm{d}V,\quad \bar{z}=\frac{1}{V}\iiint\limits_{\Omega}z\mathrm{d}V.\tag{9.25}$$

其中,$V=\iiint\limits_{\Omega}\mathrm{d}V$ 为空间物体 Ω 的体积.

类似地可以得到上述物体 Ω 关于三个坐标轴及原点的转动惯量分别为

$$I_x=\iiint\limits_{\Omega}(y^2+z^2)\mu(x,\ y,\ z)\mathrm{d}V,\quad I_y=\iiint\limits_{\Omega}(x^2+z^2)\mu(x,\ y,\ z)\mathrm{d}V,$$
$$I_z=\iiint\limits_{\Omega}(x^2+y^2)\mu(x,\ y,\ z)\mathrm{d}V,\quad I_O=\iiint\limits_{\Omega}(x^2+y^2+z^2)\mu(x,\ y,\ z)\mathrm{d}V.\tag{9.26}$$

例 9 设有一半径为 a、球心在原点的上半球体 Ω:$0\leqslant z\leqslant\sqrt{a^2-x^2-y^2}\,(a>0)$,已知球体上各点处的体密度等于该点到 z 轴的距离,求此上半球体的质心坐标.

解 画出上半球体 Ω 的图形,如图 9-51 所示. 由题意可知,密度函数 $\mu(x,\ y,\ z)=\sqrt{x^2+y^2}$. 因 $\mu(x,\ y,\ z)$ 关于 x, y 均为偶函数,且 Ω 关于 yOz 及 zOx 平面对称,故由对称性可知 $\bar{x}=\bar{y}=0$,只需计算 $\bar{z}$.

由公式(9.24)可知 $\bar{z}=\dfrac{M_{xy}}{M}$. 下面分别计算 M_{xy} 及 M.

利用柱面坐标计算. 在柱面坐标中,Ω 可表示为

$$0\leqslant r\leqslant a,\quad 0\leqslant \theta\leqslant 2\pi,\quad 0\leqslant z\leqslant \sqrt{a^2-r^2}.$$

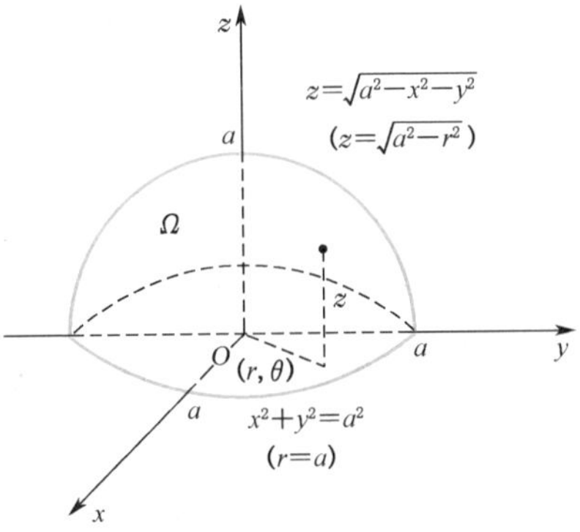

图 9-51

于是

$$\begin{aligned}
M_{xy}&=\iiint\limits_{\Omega} z\mu(x,\ y,\ z)\mathrm{d}V\\
&=\iiint\limits_{\Omega} z\sqrt{x^2+y^2}\,\mathrm{d}V\\
&=\iiint\limits_{\Omega} z\cdot r^2\,\mathrm{d}r\mathrm{d}\theta\mathrm{d}z\\
&=\int_0^{2\pi}\mathrm{d}\theta\int_0^a r^2\,\mathrm{d}r\int_0^{\sqrt{a^2-r^2}} z\mathrm{d}z=2\pi\int_0^a r^2\left[\frac{z^2}{2}\right]_0^{\sqrt{a^2-r^2}}\mathrm{d}r\\
&=\pi\int_0^a r^2(a^2-r^2)\mathrm{d}r=\pi\left[\frac{a^2}{3}r^3-\frac{1}{5}r^5\right]_0^a=\frac{2}{15}\pi a^5,
\end{aligned}$$

$$\begin{aligned}
M&=\iiint\limits_{\Omega}\mu(x,\ y,\ z)\mathrm{d}V=\iiint\limits_{\Omega}\sqrt{x^2+y^2}\,\mathrm{d}V=\iiint\limits_{\Omega} r^2\,\mathrm{d}r\mathrm{d}\theta\mathrm{d}z\\
&=\int_0^{2\pi}\mathrm{d}\theta\int_0^a r^2\,\mathrm{d}r\int_0^{\sqrt{a^2-r^2}}\mathrm{d}z=2\pi\int_0^a r^2\sqrt{a^2-r^2}\,\mathrm{d}r\\
&=2\pi a^4\int_0^{\frac{\pi}{2}}\sin^2 t\cdot\cos^2 t\mathrm{d}t=2\pi a^4\int_0^{\frac{\pi}{2}}(\sin^2 t-\sin^4 t)\mathrm{d}t\quad (令\ r=a\sin t)\\
&=2\pi a^4\left(\frac{1}{2}\times\frac{\pi}{2}-\frac{3}{4}\times\frac{1}{2}\times\frac{\pi}{2}\right)=\frac{1}{8}\pi^2a^4,
\end{aligned}$$

故得

$$\bar{z}=\frac{M_{xy}}{M}=\frac{\frac{2}{15}\pi a^5}{\frac{1}{8}\pi^2a^4}=\frac{16a}{15\pi}.$$

所求上半球体的质心坐标为$\left(0,\ 0,\ \dfrac{16a}{15\pi}\right)$.

例 10 在一半径为 R 的下半球体上接一个与它的半径相同的直圆柱体(图 9-52). 设半球体与圆柱体用同样的匀质材料制成. 试问:圆柱体的高 h 取为多少,方可使整个物体的形心位于球心位置?

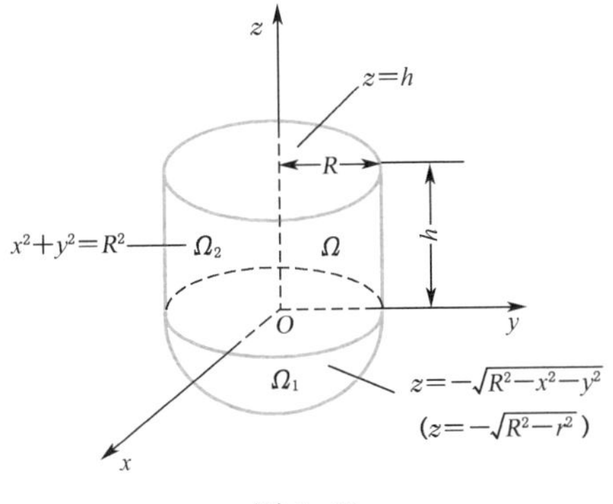

图 9-52

解 设整个物体的形心坐标为$(\bar{x},\ \bar{y},\ \bar{z})$. 以半球的平面为 xOy 面、球心为原点建立直角坐标系(图 9-52). 由对称性知

$$\bar{x}=\bar{y}=0,$$

而
$$\bar{z}=\frac{1}{V}\iiint\limits_{\Omega} z\,\mathrm{d}V.$$

现在要使 $\bar{z}=0$,必须使 $\iiint\limits_{\Omega} z\,\mathrm{d}V=0$.

在柱面坐标中,区域 Ω 可表示为

$$0\leqslant r\leqslant R,\quad 0\leqslant\theta\leqslant 2\pi,\quad -\sqrt{R^2-r^2}\leqslant z\leqslant h.$$

因此
$$\begin{aligned}\iiint\limits_{\Omega} z\,\mathrm{d}V&=\int_0^{2\pi}\mathrm{d}\theta\int_0^R r\mathrm{d}r\int_{-\sqrt{R^2-r^2}}^{h} z\mathrm{d}z=2\pi\int_0^R r\left[\frac{z^2}{2}\right]_{-\sqrt{R^2-r^2}}^{h}\mathrm{d}r\\&=\pi\int_0^R(h^2r-R^2r+r^3)\mathrm{d}r=\pi\left[\frac{h^2}{2}r^2-\frac{R^2}{2}r^2+\frac{1}{4}r^4\right]_0^R\\&=\frac{1}{2}\pi R^2h^2-\frac{1}{4}\pi R^4=\frac{1}{4}\pi R^2(2h^2-R^2).\end{aligned}$$

令 $2h^2-R^2=0$,解得 $h=\dfrac{R}{\sqrt{2}}$.

故应取圆柱体的高为 $h=\dfrac{R}{\sqrt{2}}$.

例 11 设一圆柱体由柱面 $x^2+y^2=2ax$ 及平面 $z=0$, $z=h(h>0)$ 所围成,其体密度为 μ(常数).求此圆柱体关于 Oz 轴的转动惯量.

解 画出圆柱体所占区域 Ω 的图形(图 9-53).在柱面坐标中,Ω 可表示为

$$0\leqslant r\leqslant 2a\cos\theta,\quad -\frac{\pi}{2}\leqslant\theta\leqslant\frac{\pi}{2},\quad 0\leqslant z\leqslant h.$$

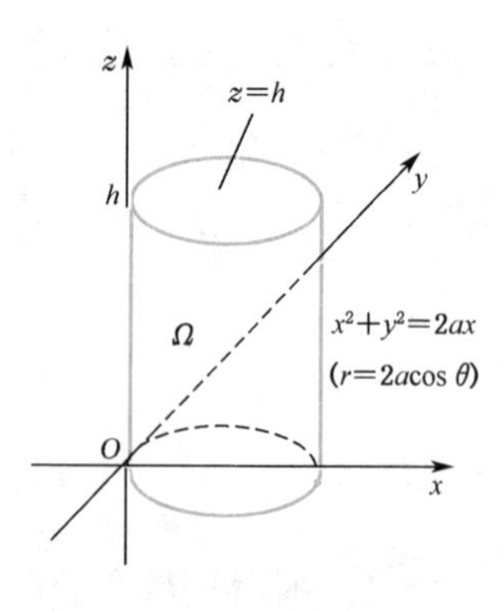

图 9-53

注意到圆柱体是均匀的,且关于 xOz 面是对称的,故可利用对称性来简化计算.

由公式(9.26)可知,圆柱体关于 Oz 轴的转动惯量为

$$\begin{aligned}I_z&=\mu\iiint\limits_{\Omega}(x^2+y^2)\mathrm{d}V=\mu\iiint\limits_{\Omega} r^2\cdot r\mathrm{d}r\mathrm{d}\theta\mathrm{d}z=2\mu\int_0^{\frac{\pi}{2}}\mathrm{d}\theta\int_0^{2a\cos\theta}r^3\mathrm{d}r\int_0^h\mathrm{d}z\\&=2\mu h\int_0^{\frac{\pi}{2}}\mathrm{d}\theta\int_0^{2a\cos\theta}r^3\mathrm{d}r=2\mu h\int_0^{\frac{\pi}{2}}\left[\frac{r^4}{4}\right]_0^{2a\cos\theta}\mathrm{d}\theta=8\mu ha^4\int_0^{\frac{\pi}{2}}\cos^4\theta\mathrm{d}\theta\\&=8\mu ha^4\left(\frac{3}{4}\times\frac{1}{2}\times\frac{\pi}{2}\right)=\frac{3}{2}\pi\mu ha^4=\frac{3}{2}Ma^2\end{aligned}$$

$(M=\mu\pi ha^2$,为圆柱体的质量).

习题 9.4

1. 利用直角坐标计算三重积分.

(1) $\iiint\limits_{\Omega} x\,\mathrm{d}x\mathrm{d}y\mathrm{d}z$,其中,$\Omega$ 是由三个坐标面与平面 $x+y+z=1$ 所围成的四面体;

(2) $\iiint\limits_{\Omega} \frac{1}{(1+x+y+z)^3}\mathrm{d}x\mathrm{d}y\mathrm{d}z$,其中,$\Omega$ 为长方体:$0\leqslant x\leqslant 1,\ 0\leqslant y\leqslant 1,\ 0\leqslant z\leqslant 1$;

(3) $\iiint\limits_{\Omega} y\,\mathrm{d}x\mathrm{d}y\mathrm{d}z$,其中,Ω 由 $3y\leqslant z\leqslant 4-x^2-y^2$ 及 $0\leqslant x\leqslant 1, 0\leqslant y\leqslant 1$ 所确定;

(4) $\iiint\limits_{\Omega} z\,\mathrm{d}x\mathrm{d}y\mathrm{d}z$,其中,$\Omega$ 是由平面 $x=a(a>0), y=x, z=y$ 和 $z=0$ 所围成的区域(图 9-54);

(5) $\iiint\limits_{\Omega} z\,\mathrm{d}x\mathrm{d}y\mathrm{d}z$,其中,$\Omega$ 是由旋转抛物面 $z=x^2+y^2$ 与平面 $z=1$ 及 $z=4$ 所围成的区域.

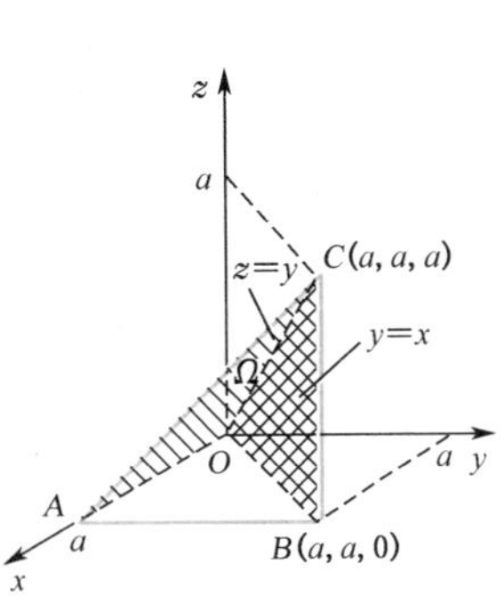

图 9-54

2. 利用柱面坐标计算三重积分.

(1) $\iiint\limits_{\Omega}(x^2+y^2)\mathrm{d}V$,其中,$\Omega$ 是由旋转抛物面 $x^2+y^2=2z$ 及平面 $z=2$ 所围成的区域;

(2) $\iiint\limits_{\Omega} z\mathrm{d}V$,其中,$\Omega$ 是由圆锥面 $z=\frac{h}{R}\sqrt{x^2+y^2}$ 与平面 $z=h(h>0, R>0)$ 所围成的区域;

(3) $\iiint\limits_{\Omega} z\mathrm{d}V$,其中,$\Omega$ 是由球面 $x^2+y^2+z^2=2$ 与旋转抛物面 $z=x^2+y^2$ 所围成的区域;

(4) $\iiint\limits_{\Omega} z\sqrt{x^2+y^2}\mathrm{d}V$,其中,$\Omega$ 是由圆柱面 $x^2+y^2-2x=0(y\geqslant 0)$ 及平面 $y=0,\ z=0,\ z=a(a>0)$ 所围成的区域.

3. 利用三重积分计算各立体的体积.

(1) 由平面 $x=0,\ y=0,\ z=2$ 及 $z=x+y$ 所围成的四面体;

(2) 由圆柱面 $x^2+y^2=a^2$ 与平面 $z=0$ 及 $x+y+z=2a(a>0)$所围成的空间立体.

4. 求由圆柱面 $x^2+y^2=16$、平面 $z=0$ 及 $y+z=4$ 所围成的物体的质量. 假定其体密度为 $\mu(x,\ y,\ z)=\sqrt{x^2+y^2}$.

5. 求球心在原点、半径为 1 的球体的质量. 已知球体上各点处的体密度等于该点到 z 轴的距离的平方.

6. 利用三重积分计算由曲面或平面所围成的立体的质心(体密度 $\mu=1$).

(1) $z^2=x^2+y^2, z=1$;　　(2) $z=\sqrt{a^2-x^2-y^2}, z=\sqrt{x^2+y^2}$.

7. 一均匀立方体占有区域 Ω:$0\leqslant x\leqslant 1,\ 0\leqslant y\leqslant 1,\ 0\leqslant z\leqslant 1$. 求该立方体对于 z 轴的转动惯量(设体密度 $\mu=1$).

8. 求由圆锥面 $z^2=x^2+y^2$ 与平面 $z=1$ 所围成的均匀体关于 z 轴及原点的转动惯量(设体密度 $\mu=1$).

答 案

1. (1) $\frac{1}{24}$；(2) $\frac{1}{2}(5\ln 2-3\ln 3)$；(3) $\frac{7}{12}$；(4) $\frac{a^4}{24}$；(5) 21π.

2. (1) $\frac{16}{3}\pi$；(2) $\frac{\pi}{4}h^2R^2$；(3) $\frac{7}{12}\pi$；(4) $\frac{8}{9}a^2$.　3. (1) $\frac{4}{3}$；(2) $2\pi a^3$.

4. $\frac{512}{3}\pi$.　5. $\frac{8}{15}\pi$.　6. (1) $\left(0,\ 0,\ \frac{3}{4}\right)$；(2) $\left(0,\ 0,\ \frac{3a}{16}(2+\sqrt{2})\right)$.

7. $\frac{2}{3}$.　8. $I_z=\frac{\pi}{10}$, $I_O=\frac{3}{10}\pi$.

复习题 9

(A)

1. 在直角坐标系中,化二重积分

$$I=\iint_D f(x,\ y)\mathrm{d}\sigma$$

为二次积分(分别按两种不同的积分次序),其中,积分区域 D 是环形区域:$1\leqslant x^2+y^2\leqslant 4$ 在第一象限的部分.

2. 在极坐标系中,化上题中的二重积分为二次积分.

3. 画出积分区域的图形,更换二次积分的积分次序:

(1) $\int_0^4\mathrm{d}y\int_{-\sqrt{4-y}}^{\frac{1}{2}(y-4)}f(x,\ y)\mathrm{d}x$；　(2) $\int_1^2\mathrm{d}y\int_1^y f(x,\ y)\mathrm{d}x+\int_2^4\mathrm{d}y\int_{\frac{y}{2}}^2 f(x,\ y)\mathrm{d}x$.

4. 把二次积分 $\int_0^2\mathrm{d}x\int_x^{\sqrt{3}x}f(\sqrt{x^2+y^2})\mathrm{d}y$ 化为极坐标形式的二次积分.

5. 交换积分次序,证明

$$\int_0^a\mathrm{d}y\int_0^y f(x)\mathrm{d}x=\int_0^a(a-x)f(x)\mathrm{d}x.$$

6. 选择适当的坐标系,计算二重积分.

(1) $\iint_D \mathrm{e}^{x+y}\mathrm{d}\sigma$,其中,$D$ 是由直线 $x=0$, $x+y=1$ 及 $x-y=1$ 所围成的区域；

(2) $\iint_D \mathrm{e}^{-y^2}\mathrm{d}\sigma$,其中,$D$ 是由直线 $y=x$, $y=1$ 及 $x=0$ 所围成的区域；

(3) $\iint_D xy\sqrt{1-x^2-y^2}\mathrm{d}\sigma$,其中,$D$ 是由 $x^2+y^2\leqslant 1$, $x\geqslant 0$, $y\geqslant 0$ 所确定的区域；

(4) $\iint_D x\mathrm{d}\sigma$,其中,$D$ 是由圆周 $x^2+(y-1)^2=1$ 以外及圆周 $x^2+(y-2)^2=4$ 以内所围成的区域在第一象限内的部分；

(5) $\iint_D\sqrt{\frac{1-x^2-y^2}{1+x^2+y^2}}\mathrm{d}\sigma$,其中,$D$ 是由圆周 $x^2+y^2=1$ 及坐标轴所围成的在第一象限内的区域；

(6) $\iint\limits_{D}|x+y-1|\,d\sigma$,其中,$D$ 是矩形区域: $0\leqslant x\leqslant 1$, $0\leqslant y\leqslant 1$.

7. 利用二重积分计算由曲线或直线所围成的平面图形的面积.

(1) 抛物线 $3y^2=25x$ 及 $5x^2=9y$;

(2) 双曲线 $xy=4$ 及直线 $x+y-5=0$;

(3) 曲线 $r=a\sin 2\theta(a>0)$ 所围成的在第一象限部分的区域.

8. 求由球面 $x^2+y^2+z^2=25$ 被平面 $z=3$ 所截出的上半部分球面 Σ 的面积.

9. 计算以 xOy 平面上的圆周 $x^2+y^2=ax(a>0)$ 围成的区域为底、以曲面 $z=x^2+y^2$ 为顶的曲顶柱体的体积.

10. 在半径为 R 的均匀半圆形薄片的直径上,要接上一个一边与直径等长的均匀矩形薄片,为了使整个均匀薄片的质心恰好落在圆心上,问接上去的均匀薄片另一边的长度应是多少?

11. 求由抛物线 $y=x^2$ 及直线 $y=1$ 所围成的均匀薄片(面密度 μ 为常数)对于直线 $y=-1$ 的转动惯量.

12. 选用适当的坐标计算三重积分.

(1) $\iiint\limits_{\Omega}xz\,dV$,其中,$\Omega$ 是由平面 $z=0$, $z=y$, $y=1$ 及抛物柱面 $y=x^2$ 所围成的区域;

(2) $\iiint\limits_{\Omega}(x^2+y^2)\,dV$,其中,$\Omega$ 是由曲面 $x^2+y^2=2z$ 及平面 $z=2$ 所围成的区域;

(3) $\iiint\limits_{\Omega}z\,dV$,其中,区域 Ω 由不等式 $x^2+y^2+(z-a)^2\leqslant a^2(a>0)$, $x^2+y^2\leqslant z^2$ 所确定.

13. 一均匀物体(体密度 μ 为常数)占有的区域 Ω 是由曲面 $z=x^2+y^2$ 与平面 $z=0$, $|x|=a$, $|y|=a$ 所围成.求(1)体积;(2)物体的质心;(3)物体关于 z 轴的转动惯量.

(B)

1. 是非题(正确的在括号内打√,否则打×)

(1) 二重积分 $\iint\limits_{D}f(x,y)\,dx\,dy$ 的几何意义是以 $z=f(x,y)$ 为曲顶、以 D 为底的曲顶柱体的体积. ( )

(2) 若函数 $f(x,y)$ 为关于 x 的奇函数,而积分区域 D 关于 y 轴对称,则当函数 $f(x,y)$ 在 D 上连续时,必有 $\iint\limits_{D}f(x,y)\,dx\,dy=0$. ( )

(3) 若函数 $f(x,y)$ 在有界闭区域 D_1 上可积,且 $D_1\supseteq D_2$,则 $\iint\limits_{D_1}f(x,y)\,dx\,dy\geqslant\iint\limits_{D_2}f(x,y)\,dx\,dy$. ( )

(4) $\iint\limits_{D_1}f(x,y)\,dx\,dy=4\iint\limits_{D_2}f(x,y)\,dx\,dy$,其中,$D_1$ 为 $|x|\leqslant a$, $|y|\leqslant b$; D_2 为 $0\leqslant x\leqslant a$, $0\leqslant y\leqslant b$. ( )

(5) 设函数 $f(x)$ 在任何有限区间上连续,则 $\iint\limits_{D}f\left(\frac{x}{a}\right)f\left(\frac{y}{b}\right)dx\,dy=ab\left[\int_{-1}^{1}f(x)\,dx\right]^2$,其中,$D$ 为 $|x|\leqslant a$, $|y|\leqslant b$. ( )

2. 选择题

(1) 设 $I=\iint\limits_{D}f(x,y)\mathrm{d}\sigma$，$D_1$ 为 D 在第一象限部分的区域，则使 $I=4\iint\limits_{D_1}f(x,y)\mathrm{d}\sigma$ 成立的条件是 ( ).

(A) $f(x,y)$ 关于 x 及 y 均为奇函数，D 关于原点对称

(B) $f(x,y)$ 关于 x 及 y 均为奇函数，D 关于 x 轴、y 轴对称

(C) $f(x,y)$ 关于 x，y 均为偶函数，D 关于原点对称

(D) $f(x,y)$ 关于 x，y 均为偶函数，D 关于 x 轴、y 轴对称

(2) 设函数 $f(x,y)$在 D:$x^2+y^2\leqslant a^2$ 上连续，则 $\iint\limits_{D}f(x,y)\mathrm{d}\sigma=$ ( ).

(A) $\int_0^{2\pi}\mathrm{d}\theta\int_0^a f(r\cos\theta,r\sin\theta)\mathrm{d}r$ (B) $4\int_0^{\frac{\pi}{2}}\mathrm{d}\theta\int_0^a f(r\cos\theta,r\sin\theta)r\mathrm{d}r$

(C) $2\int_0^a\mathrm{d}x\int_{-\sqrt{a^2-x^2}}^{\sqrt{a^2-x^2}}f(x,y)\mathrm{d}y$ (D) $\int_{-a}^{a}\mathrm{d}x\int_{-\sqrt{a^2-x^2}}^{\sqrt{a^2-x^2}}f(x,y)\mathrm{d}y$

(3) 设函数 $f(x,y)$在 D:$x^2+y^2\leqslant a^2$ 上连续，则当 $a\to 0$ 时，$\dfrac{1}{\pi a^2}\iint\limits_{D}f(x,y)\mathrm{d}x\mathrm{d}y$ 的极限 ( ).

(A) 不存在 (B) 等于 $f(0,0)$

(C) 等于 $f(1,1)$ (D) 等于 $f(1,0)$

(4) 设 $I=\iint\limits_{D}|x^2+y^2-2|\mathrm{d}x\mathrm{d}y$，其中，$D$ 为 $x^2+y^2\leqslant 4$，则 $I=$ ( ).

(A) $\int_0^{2\pi}\mathrm{d}\theta\int_0^{\sqrt{2}}(2-r^2)r\mathrm{d}r+\int_0^{2\pi}\mathrm{d}\theta\int_{\sqrt{2}}^{2}(r^2-2)r\mathrm{d}r$

(B) $\int_0^{2\pi}\mathrm{d}\theta\int_0^2(r^2-2)r\mathrm{d}r$

(C) $\int_{-2}^{2}\mathrm{d}x\int_{-\sqrt{4-x^2}}^{\sqrt{4-x^2}}(x^2+y^2-2)\mathrm{d}y$

(D) $\int_{-2}^{2}\mathrm{d}x\int_{-\sqrt{4-x^2}}^{-\sqrt{1-x^2}}(x^2+y^2-2)\mathrm{d}y+\int_{-2}^{2}\mathrm{d}x\int_{\sqrt{1-x^2}}^{\sqrt{4-x^2}}(x^2+y^2-2)\mathrm{d}y$

(5) 设区域 D 为$(x-1)^2+y^2\leqslant 1$，则 $\iint\limits_{D}f(x,y)\mathrm{d}x\mathrm{d}y=$ ( ).

(A) $\int_0^{\pi}\mathrm{d}\theta\int_0^{2\cos\theta}f(r\cos\theta,r\sin\theta)r\mathrm{d}r$ (B) $\int_{-\pi}^{\pi}\mathrm{d}\theta\int_0^{2\cos\theta}f(r\cos\theta,r\sin\theta)r\mathrm{d}r$

(C) $\int_{-\frac{\pi}{2}}^{\frac{\pi}{2}}\mathrm{d}\theta\int_0^{2\cos\theta}f(r\cos\theta,r\sin\theta)r\mathrm{d}r$ (D) $2\int_0^{\frac{\pi}{2}}\mathrm{d}\theta\int_0^{2\cos\theta}f(r\cos\theta,r\sin\theta)r\mathrm{d}r$

(6) 设两圆 $r=2\sin\theta$ 与 $r=4\sin\theta$ 之间的均匀薄片的质心为$(0,\bar{y})$，则 $\bar{y}=$ ( ).

(A) $\int_0^{\pi}\mathrm{d}\theta\int_{2\sin\theta}^{4\sin\theta}r^2\sin\theta\mathrm{d}r$ (B) $\int_0^{2\pi}\mathrm{d}\theta\int_{2\sin\theta}^{4\sin\theta}r^2\sin\theta\mathrm{d}r$

(C) $\dfrac{1}{3\pi}\int_0^{\pi}\mathrm{d}\theta\int_{2\sin\theta}^{4\sin\theta}r^2\sin\theta\mathrm{d}r$ (D) $\dfrac{1}{3\pi}\int_0^{2\pi}\mathrm{d}\theta\int_{2\sin\theta}^{4\sin\theta}r^2\sin\theta\mathrm{d}r$

答 案

(A)

1. (1) 先对 y 后对 x 积分：

$$I=\int_0^1 dx\int_{\sqrt{1-x^2}}^{\sqrt{4-x^2}} f(x, y)dy+\int_1^2 dx\int_0^{\sqrt{4-x^2}} f(x, y)dy;$$

(2) 先对 x 后对 y 积分：

$$I=\int_0^1 dy\int_{\sqrt{1-y^2}}^{\sqrt{4-y^2}} f(x, y)dx+\int_1^2 dy\int_0^{\sqrt{4-y^2}} f(x, y)dx.$$

2. $I=\int_0^{\frac{\pi}{2}} d\theta\int_1^2 f(r\cos\theta, r\sin\theta)rdr.$

3. (1) $\int_{-2}^0 dx\int_{2x+4}^{4-x^2} f(x, y)dy$；　(2) $\int_1^2 dx\int_x^{2x} f(x, y)dy.$

4. $\int_{\frac{\pi}{4}}^{\frac{\pi}{3}} d\theta\int_0^{2\sec\theta} f(r)rdr.$　　5. 证略.

6. (1) $\frac{1}{2}(e+e^{-1})$；(2) $\frac{1}{2}\left(1-\frac{1}{e}\right)$；(3) $\frac{1}{15}$；(4) $\frac{14}{3}$；(5) $\frac{\pi}{8}(\pi-2)$；(6) $\frac{1}{3}$.

7. (1) 5；(2) $\frac{15}{2}-8\ln 2$；(3) $\frac{\pi}{8}a^2$.　8. 20π.　9. $\frac{3}{32}\pi a^4$.　10. $\sqrt{\frac{2}{3}}R$.

11. $\frac{368}{105}\mu$.　12. (1) 0；(2) $\frac{16}{3}\pi$；(3) $\frac{7}{6}\pi a^4$.

13. (1) $\frac{8}{3}a^4$；(2) $\left(0, 0, \frac{7}{15}a^2\right)$；(3) $\frac{112}{45}\mu a^6$.

(B)

1. (1) ×；(2) √；(3) ×；(4) ×；(5) √.
2. (1) D；(2) D；(3) B；(4) A；(5) C；(6) C.

第 10 章

曲线积分与曲面积分

前面学过的定积分和重积分都是某种形式的和式极限. 它们除了被积函数分别是一元函数与多元函数的不同外,主要区别在于:定积分的积分范围是数轴上的一条直线段(区间);二重积分或三重积分的积分范围是平面或空间的一个区域. 在实际问题中,还将会遇到类似的一些和式极限,它们的积分范围是一段曲线或一个曲面. 这就需要把积分概念进一步加以推广,从而引进曲线积分与曲面积分.

本章将分别讨论两种类型的曲线积分与曲面积分的概念及计算方法,同时还要介绍格林公式及高斯公式,从而把曲线积分及曲面积分与前面学过的重积分沟通起来.

10.1 对弧长的曲线积分

10.1.1 对弧长的曲线积分的概念与性质

引例 质量分布非均匀的曲线形构件的质量.

设具有质量的曲线形构件 L 位于 xOy 平面上,它的端点是 A,B. 在 L 上任一点 (x, y)处,它的线密度为 $\mu(x, y)$. 现在要计算这曲线形构件的质量 M(图 10-1).

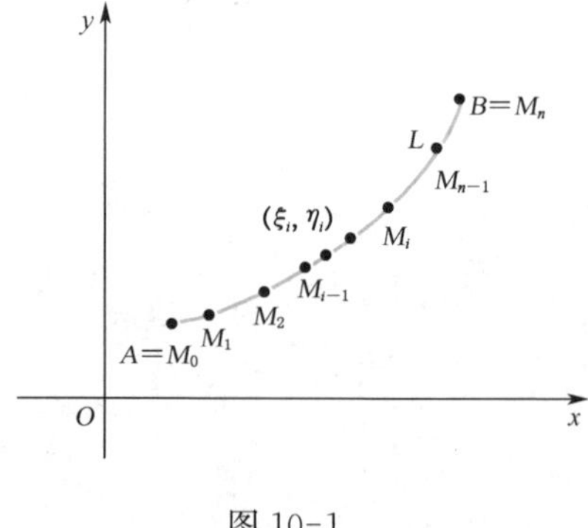

图 10-1

如果线密度为常量,则曲线形构件的质量就等于它的线密度与其长度的乘积. 现在曲线上各点处的线密度是变量,就不能直接用上述方法来计算. 为了解决这个问题,仍然采用"分割、取近似、作和、取极限"的方法来处理.

(1) **分割** 在L上的点$A=M_0$, $M_n=B$之间,任意插入$n-1$个分点M_1, M_2, $\cdots$, M_{n-1},把L分成n个小段构件,记每个小段构件的长度为$\Delta s_i(i=1, 2, \cdots, n)$.

(2) **取近似** 当 Δs_i 很短且线密度$\mu(x, y)$连续变化时,可在每一小段构件上任取一点(ξ_i, η_i),以这点处的线密度 $\mu(\xi_i, \eta_i)$近似代替该小段构件上各点处的线密度,从而得到小段构件的质量的近似值为

$$\Delta M_i \approx \mu(\xi_i, \eta_i)\Delta s_i, \quad i = 1, 2, \cdots, n.$$

(3) 作和 把各个小段构件质量的近似值加起来，便得整个曲线形构件 L 的质量 M 的近似值，即

$$M \approx \sum_{i=1}^{n}\mu(\xi_i, \eta_i)\Delta s_i.$$

(4) 取极限 用 λ 表示曲线形构件 L 的 n 个小段长度的最大值，为了计算 M 的精确值，当$\lambda \to 0$时，若上式右端的和式极限存在，则称此极限为质量分布非均匀的曲线形构件的质量 M，即

$$M = \lim_{\lambda \to 0}\sum_{i=1}^{n}\mu(\xi_i, \eta_i)\Delta s_i.$$

从上式的右端可以看出，这里出现的和式的极限与第 5 章中讲定积分时的和式的极限是很相似的，但也有明显不同之处. 主要的不同就在于以前是把数轴上的区间 $[a, b]$分为 n 个小段，而现在是把曲线弧 $\widehat{AB}$ 分为 n 个小段；此外，在定积分(作了补充规定后的)定义中的 Δx_i 可正可负，而现在的 Δs_i 是一小段弧的长度，它总是正的. 因此，这是一种新的和式的极限. 这种和式的极限在研究其他问题时也会遇到，所以有必要引进对弧长的曲线积分的定义.

定义 设 L 为 xOy 面内的一条光滑的曲线弧①，函数 $f(x, y)$ 在 L 上有界. 在 L 上任意插入 $n-1$ 个分点 $M_1, M_2, \cdots, M_{n-1}$，把 L 分成 n 个小段，记第 i 个小段的长度为 $\Delta s_i(i = 1, 2, \cdots, n)$，所有小段长度的最大值为 λ. 在第 i 个小段上任取一点 (ξ_i, η_i)，并作和式 $\sum\limits_{i=1}^{n} f(\xi_i, \eta_i)\Delta s_i$. 如果当 $\lambda \to 0$ 时，和式的极限

$$\lim_{\lambda \to 0}\sum_{i=1}^{n} f(\xi_i, \eta_i)\Delta s_i$$

存在，则称此极限值为函数 $f(x, y)$ 在曲线弧 L 上对弧长的曲线积分或第一类曲线积分，记作$\int_L f(x, y)\mathrm{d}s$，即

$$\int_L f(x, y)\mathrm{d}s = \lim_{\lambda \to 0}\sum_{i=1}^{n} f(\xi_i, \eta_i)\Delta s_i, \tag{10.1}$$

其中，$f(x, y)$称为被积函数，L 称为积分弧段(或积分路径).

我们指出，当 $f(x, y)$ 在光滑曲线弧 L 上连续时，对弧长的曲线积分 $\int_L f(x, y)\mathrm{d}s$ 是存在的(证明从略). 以后总假定 $f(x, y)$ 在 L 上是连续的.

根据上述定义，引例中所求的质量分布非均匀的曲线形构件的质量 M 等于线密度 $\mu(x, y)$在 L 上对弧长的曲线积分，即可表示为

① 所谓光滑的曲线弧，是指曲线弧上各点处都具有切线，且当切点连续移动时，切线也连续转动.

$$M=\int_L \mu(x, y)\mathrm{d}s.$$

特别地,当 $\mu(x, y)\equiv 1$ 时,即得曲线弧 L 的弧长为

$$s=\int_L \mathrm{d}s.$$

上述定义是针对平面曲线弧 L 的,它可以推广到空间的光滑曲线弧 Γ 的情形. 类似地可得到函数 $f(x, y, z)$ 在曲线弧 Γ 上对弧长的曲线积分:

$$\int_\Gamma f(x, y, z)\mathrm{d}s=\lim_{\lambda\to 0}\sum_{i=1}^{n} f(\xi_i, \eta_i, \zeta_i)\Delta s_i.$$

如果 L(或 Γ) 是分段光滑的①,规定函数在 L(或 Γ) 上的曲线积分,等于该函数在光滑的各段上的曲线积分之和.

如果 L 是闭曲线,则函数 $f(x, y)$ 在闭曲线 L 上对弧长的曲线积分记作 $\oint_L f(x, y)\mathrm{d}s$.

根据对弧长的曲线积分的定义,可以导出对弧长的曲线积分具有与定积分相类似的一些性质. 例如

(1) $\int_L kf(x, y)\mathrm{d}s=k\int_L f(x, y)\mathrm{d}s$ (k 为常数).

(2) $\int_L [f(x, y)\pm g(x, y)]\mathrm{d}s=\int_L f(x, y)\mathrm{d}s\pm\int_L g(x, y)\mathrm{d}s$.

(3) 若 L 是由 L_1 与 L_2 所组成,则

$$\int_L f(x, y)\mathrm{d}s=\int_{L_1} f(x, y)\mathrm{d}s+\int_{L_2} f(x, y)\mathrm{d}s.$$

这一性质可以推广到 L 由有限段曲线弧 $L_1, L_2, \cdots, L_n$ 所组成的情形.

此外,若记积分弧段 L 为 $\widehat{AB}$,则按对弧长的曲线积分的定义,不论积分弧段的方向(即从 A 到 B,还是从 B 到 A)如何,定义中的 Δs_i 总是取正值,式(10.1)右端的和式极限不变,所以有下面的重要性质:

(4) $\int_{\widehat{AB}} f(x, y)\mathrm{d}s=\int_{\widehat{BA}} f(x, y)\mathrm{d}s$.

如果用 $-L$ 表示与 L 方向相反的同一曲线弧,则有

$$\boxed{\int_{-L} f(x, y)\mathrm{d}s=\int_L f(x, y)\mathrm{d}s.} \tag{10.2}$$

这一性质表明,**对弧长的曲线积分与积分弧段的方向无关**.

---

① 所谓分段光滑,是指 L(或 Γ)可以分成有限段,而每一段都是光滑的. 以后总假定 L(或 Γ)是光滑的或分段光滑的.

10.1.2 对弧长的曲线积分的计算法

在曲线积分$\int_L f(x, y)\mathrm{d}s$中，被积函数 $f(x, y)$ 是定义在曲线弧 L 上的，即点 (x, y) 在弧 L 上，变量 x 与 y 之间受曲线弧 L 的方程所约束，因而利用曲线弧 L 的方程，就有可能把曲线积分化为定积分来计算 .

定理 设曲线弧 $L(\overset{\frown}{AB})$ 由参数方程

$$\begin{cases} x = \varphi(t), \\ y = \psi(t) \end{cases} \quad (\alpha \leqslant t \leqslant \beta)$$

给出，且满足下列条件：

(1) $\varphi(t)$，$\psi(t)$在$[\alpha, \beta]$上具有一阶连续导数(即 L 是光滑的)，且 $\varphi'^2(t)+\psi'^2(t) \neq 0$；

(2) 当参数 t 由 α 变到 β 时，点 $M(x, y)$沿弧 L 由点 A 移到点 B(或由点 B 移到点 A)；

(3) 函数 $f(x, y)$ 在 L 上连续，则对弧长的曲线积分$\int_L f(x, y)\mathrm{d}s$可以化为定积分，且有

$$\boxed{\int_L f(x, y)\mathrm{d}s = \int_\alpha^\beta f[\varphi(t), \psi(t)]\sqrt{\varphi'^2(t) + \psi'^2(t)}\,\mathrm{d}t \quad (\alpha < \beta).} \tag{10.3}$$

定理证明从略. 由公式(10.3)可知，计算对弧长的曲线积分时，只要分别将 $x=\varphi(t)$ ，$y=\psi(t)$，$\mathrm{d}s=\sqrt{\varphi'^2(t)+\psi'^2(t)}\,\mathrm{d}t$ 代入被积表达式，然后从 α 到 β 计算 t 为积分变量的定积分. 计算时应注意，定积分的下限 α 必须小于上限 β.

如果曲线弧 L 是由直角坐标方程

$$y = y(x) \quad (a \leqslant x \leqslant b)$$

给出，且 $y'(x)$在$[a, b]$上连续，则可取自变量 x 为参数，得曲线弧 L 的参数方程为

$$\begin{cases} x = x, \\ y = y(x) \end{cases} \quad (a \leqslant x \leqslant b).$$

此时，$\mathrm{d}s=\sqrt{1+y'^2(x)}\,\mathrm{d}x$. 从而由公式(10.3)得

$$\boxed{\int_L f(x, y)\mathrm{d}s = \int_a^b f[x, y(x)]\sqrt{1 + y'^2(x)}\,\mathrm{d}x \quad (a < b).} \tag{10.4}$$

类似地，如果曲线弧 L 由方程

$$x = x(y) \quad (c \leqslant y \leqslant d)$$

给出,且 $x'(y)$ 在 $[c, d]$ 上连续,则可取自变量 y 为参数,得曲线弧 L 的参数方程为

$$\begin{cases} x = x(y), \\ y = y \end{cases} \quad (c \leqslant y \leqslant d).$$

此时,$ds=\sqrt{1+x'^2(y)}dy$,从而由公式(10.3)得

$$\int_L f(x, y)ds = \int_c^d f[x(y), y]\sqrt{1+x'^2(y)}dy \quad (c < d). \tag{10.5}$$

公式(10.3)也可以推广到空间曲线弧 Γ 由参数方程

$$\begin{cases} x = \varphi(t), \\ y = \psi(t), \\ z = \omega(t) \end{cases} \quad (\alpha \leqslant t \leqslant \beta)$$

给出的情形. 如果 $\varphi'(t)$,$\psi'(t)$,$\omega'(t)$ 在 $[\alpha, \beta]$ 上连续,则有

$$\int_\Gamma f(x, y, z)ds = \int_\alpha^\beta f[\varphi(t), \psi(t), \omega(t)]\sqrt{\varphi'^2(t)+\psi'^2(t)+\omega'^2(t)}dt \quad (\alpha < \beta). \tag{10.6}$$

例 1 计算 $\int_L (x^{\frac{4}{3}}+y^{\frac{4}{3}})ds$,其中,$L$ 是星形线 $x^{\frac{2}{3}}+y^{\frac{2}{3}}=a^{\frac{2}{3}}$ 在第一象限的那段弧(图 10-2).

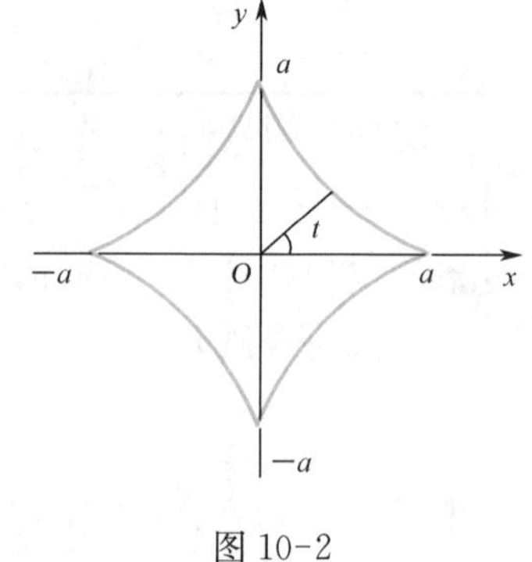

图 10-2

解 L 的参数方程为

$$\begin{cases} x = a\cos^3 t, \\ y = a\sin^3 t \end{cases} \quad (0 \leqslant t \leqslant \frac{\pi}{2}).$$

因为

$$\begin{aligned} ds &= \sqrt{[x'(t)]^2+[y'(t)]^2}dt \\ &= \sqrt{(-3a\cos^2 t\sin t)^2+(3a\sin^2 t\cos t)^2}dt \\ &= \sqrt{9a^2\cos^2 t\sin^2 t}dt = 3a\cos t\sin t dt, \end{aligned}$$

所以

$$\begin{aligned} \int_L (x^{\frac{4}{3}}+y^{\frac{4}{3}})ds &= a^{\frac{4}{3}}\int_0^{\frac{\pi}{2}}(\cos^4 t+\sin^4 t)\cdot 3a\cos t\sin t dt \\ &= 3a^{\frac{7}{3}}\int_0^{\frac{\pi}{2}}\cos^5 t\sin t dt + 3a^{\frac{7}{3}}\int_0^{\frac{\pi}{2}}\sin^5 t\cos t dt \\ &= -\frac{1}{2}a^{\frac{7}{3}}\Big[\cos^6 t\Big]_0^{\frac{\pi}{2}} + \frac{1}{2}a^{\frac{7}{3}}\Big[\sin^6 t\Big]_0^{\frac{\pi}{2}} = \frac{1}{2}a^{\frac{7}{3}}+\frac{1}{2}a^{\frac{7}{3}} = a^{\frac{7}{3}}. \end{aligned}$$

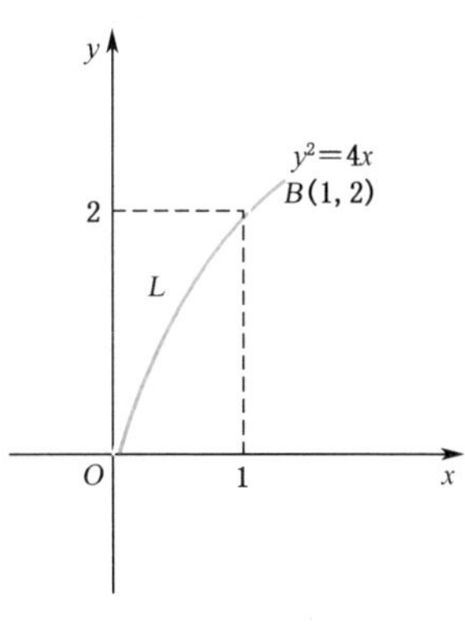

图 10-3

例 2　计算$\int_L y\mathrm{d}s$，其中，L 是抛物线 $y^2=4x$ 介于点 $O(0,0)$ 与 $B(1,2)$ 之间的一段弧(图 10-3).

解法 1　取 x 为参数，抛物线弧 L 的参数方程可表示为

$$\begin{cases} x=x, \\ y=2\sqrt{x} \end{cases} \quad (0\leqslant x\leqslant 1).$$

此时，

$$\mathrm{d}s=\sqrt{1+y'^2(x)}\mathrm{d}x=\sqrt{1+\left(\frac{1}{\sqrt{x}}\right)^2}\mathrm{d}x$$

$$=\sqrt{\frac{x+1}{x}}\mathrm{d}x.$$

于是，由公式(10.4)得

$$\int_L y\mathrm{d}s=\int_0^1 2\sqrt{x}\sqrt{\frac{x+1}{x}}\mathrm{d}x=2\int_0^1(x+1)^{\frac{1}{2}}\mathrm{d}(x+1)$$

$$=\left[\frac{4}{3}(x+1)^{\frac{3}{2}}\right]_0^1=\frac{4}{3}(2\sqrt{2}-1).$$

解法 2　取 y 为参数，抛物线弧 L 的参数方程可表示为

$$\begin{cases} x=\frac{1}{4}y^2, \\ y=y \end{cases} \quad (0\leqslant y\leqslant 2).$$

此时　$\mathrm{d}s=\sqrt{1+[x'(y)]^2}\mathrm{d}y=\sqrt{1+\left(\frac{y}{2}\right)^2}\mathrm{d}y=\frac{1}{2}\sqrt{4+y^2}\mathrm{d}y.$

于是，由公式(10.5)得

$$\int_L y\mathrm{d}s=\int_0^2 y\cdot\frac{1}{2}\sqrt{4+y^2}\mathrm{d}y=\frac{1}{4}\int_0^2(4+y^2)^{\frac{1}{2}}\mathrm{d}(4+y^2)$$

$$=\frac{1}{6}\left[(4+y^2)^{\frac{3}{2}}\right]_0^2=\frac{1}{6}(16\sqrt{2}-8)=\frac{4}{3}(2\sqrt{2}-1).$$

例 3　计算$\oint_L(x+y)\mathrm{d}s$，其中，L 为以 $O(0,0)$，$A(1,0)$ 及 $B(0,1)$ 为顶点的三角形周界(图 10-4).

解　闭曲线 L 是由线段 OA，AB 及 BO 构成，由对弧长的曲线积分的性质(3)得

$$\oint_L(x+y)\mathrm{d}s=\int_{OA}(x+y)\mathrm{d}s+\int_{AB}(x+y)\mathrm{d}s+\int_{BO}(x+y)\mathrm{d}s.$$

OA 的直角坐标方程为 $y=0$,选取 x 为参数,则可表示为

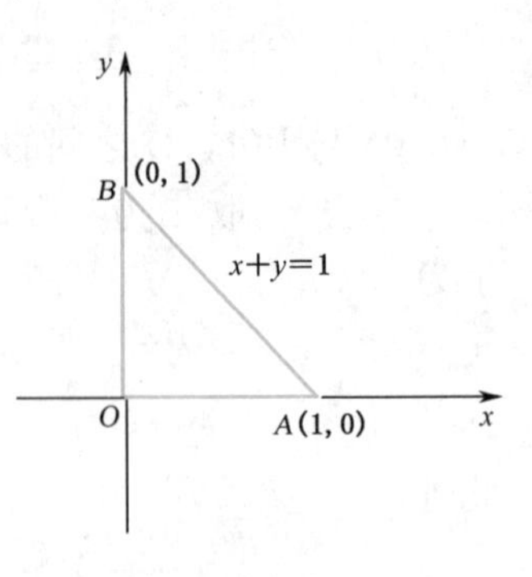

图 10-4

$$OA:\begin{cases}x=x,\\y=0\end{cases}\quad(0\leqslant x\leqslant 1).$$

此时,$\mathrm{d}s=\mathrm{d}x$. 由公式(10.4) 得

$$\int_{OA}(x+y)\mathrm{d}s=\int_0^1(x+0)\mathrm{d}x=\int_0^1 x\mathrm{d}x=\frac{1}{2}.$$

AB 的直角坐标方程为 $x+y=1$,选取 x 为参数,则可表示为

$$AB:\begin{cases}x=x,\\y=1-x\end{cases}\quad(0\leqslant x\leqslant 1).$$

此时,$\mathrm{d}s=\sqrt{2}\mathrm{d}x$. 由公式(10.4) 得

$$\int_{AB}(x+y)\mathrm{d}s=\int_0^1[x+(1-x)]\sqrt{2}\mathrm{d}x=\sqrt{2}\int_0^1\mathrm{d}x=\sqrt{2}.$$

BO 的直角坐标方程为 $x=0$,选取 y 为参数,则可表示为

$$BO:\begin{cases}x=0,\\y=y\end{cases}\quad(0\leqslant y\leqslant 1).$$

此时,$\mathrm{d}s=\mathrm{d}y$. 由公式(10.5) 得

$$\int_{BO}(x+y)\mathrm{d}s=\int_0^1(0+y)\mathrm{d}y=\int_0^1 y\mathrm{d}y=\frac{1}{2}.$$

于是

$$\oint_L(x+y)\mathrm{d}s=\frac{1}{2}+\sqrt{2}+\frac{1}{2}=1+\sqrt{2}.$$

例 4　计算曲线积分 $\int_\Gamma(x+y+z)\mathrm{d}s$,其中,$\Gamma$ 为连接点 $A(0,0,0)$,$B(3,2,1)$ 的直线段.

解　线段 AB 的方程为

$$\frac{x}{3}=\frac{y}{2}=\frac{z}{1}=t,$$

即 $x=3t,y=2t,z=t(0\leqslant t\leqslant 1)$. 因为 $\mathrm{d}s=\sqrt{3^2+2^2+1^2}\mathrm{d}t=\sqrt{14}\mathrm{d}t$,所以由公式(10.6) 得

$$\int_\Gamma(x+y+z)\mathrm{d}s=\int_0^1(3t+2t+t)\sqrt{14}\mathrm{d}t=\int_0^1 6\sqrt{14}t\mathrm{d}t=3\sqrt{14}\left[t^2\right]_0^1=3\sqrt{14}.$$

例 5　设有一半径为 R 的半圆形构件，已知构件上任一点处的线密度等于该点到构件的对称轴的距离. 试求该构件的质量.

解　取构件的对称轴为 y 轴，两端点的连线为 x 轴，建立坐标系如图 10-5 所示. 记 $L=\overset{\frown}{ARB}$，则 L 为上半圆周，其参数方程为

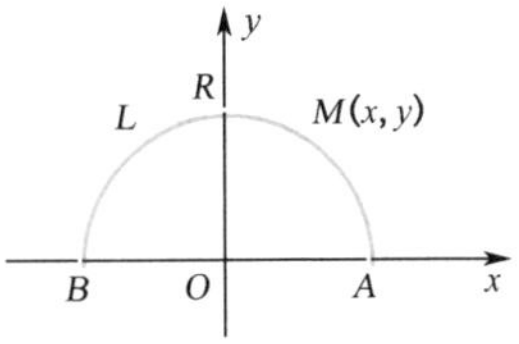

$$\begin{cases} x = R\cos t, \\ y = R\sin t \end{cases} \quad (0 \leqslant t \leqslant \pi).$$

图 10-5

这里，端点 A 和端点 B 分别对应 $t = 0$ 和 $t = \pi$.

按题意可知，构件 L 上任一点 $M(x, y)$ 处的线密度为 $\mu(x, y) = |x|$ $(-R \leqslant x \leqslant R)$. 于是，所求构件的质量为

$$M = \int_L \mu(x, y)\mathrm{d}s = \int_L |x|\mathrm{d}s.$$

由于当 $0 \leqslant t \leqslant \frac{\pi}{2}$ 时，$|x| = x$；当 $\frac{\pi}{2} \leqslant t \leqslant \pi$ 时，$|x| = -x$，且

$$\mathrm{d}s = \sqrt{\left[(R\cos t)'\right]^2 + \left[(R\sin t)'\right]^2}\mathrm{d}t = \sqrt{(-R\sin t)^2 + (R\cos t)^2}\mathrm{d}t = R\mathrm{d}t,$$

故得

$$\begin{aligned} M &= \int_L |x|\mathrm{d}s = \int_0^{\pi} |R\cos t| \cdot R\mathrm{d}t = \int_0^{\frac{\pi}{2}} R\cos t \cdot R\mathrm{d}t + \int_{\frac{\pi}{2}}^{\pi} (-R\cos t)R\mathrm{d}t \\ &= R^2\int_0^{\frac{\pi}{2}} \cos t\mathrm{d}t - R^2\int_{\frac{\pi}{2}}^{\pi} \cos t\mathrm{d}t = R^2\left[\sin t\right]_0^{\frac{\pi}{2}} - R^2\left[\sin t\right]_{\frac{\pi}{2}}^{\pi} \\ &= 2R^2. \end{aligned}$$

习题 10.1

1. 已知积分曲线为连接 $A(1, 0)$ 和 $B(0, 1)$ 的线段 AB，试问下列计算是否正确？若不正确，应如何改正？

(1) $\int_{AB} x\mathrm{d}s = \int_0^1 x\mathrm{d}x = \frac{1}{2}$；　　(2) $\int_{AB} x\mathrm{d}s = \int_1^0 x\sqrt{2}\mathrm{d}x = -\frac{\sqrt{2}}{2}$.

2. 求 $\int_L (x^2 + y^2)\mathrm{d}s$，其中，$L$ 是圆心在原点、半径为 a 的上半圆周.

3. 求 $\int_L \sqrt{y}\mathrm{d}s$，其中，$L$ 是抛物线 $y = x^2$ 上的点 $A(1, 1)$ 与点 $B(2, 4)$ 之间的一段弧（要求分别取 x, y 为参数，用两种方法计算）.

4. 计算 $\oint_L (x + y)\mathrm{d}s$，其中，$L$ 是以 $O(0, 0)$, $A(1, 0)$, $B(1, 1)$ 为顶点的三角形区域的整个边界.

5. 计算 $\oint_L \mathrm{e}^{\sqrt{x^2+y^2}}\mathrm{d}s$，$L$ 为由圆周 $x^2 + y^2 = a^2$、直线 $y = x$ 及 x 轴在第一象限中所围区域的整

个边界.

6. 计算$\int_{\Gamma}(x^2+y^2+z^2)\mathrm{d}s$,其中,$\Gamma$是连接点$A(1, -1, 2)$和点$B(2, 1, 3)$的直线段.

7. 计算$\int_{\Gamma}xyz\mathrm{d}s$,其中,$\Gamma$是空间曲线$x=t$, $y=\frac{1}{3}\sqrt{8t^3}$, $z=\frac{1}{2}t^2$上相应于t从0到1的一段弧.

8. 形状为上半圆周L:$y=\sqrt{R^2-x^2}$的曲线,已知其线密度为$\mu(x, y)=y$,求此曲线L的质量.

答　案

1. (1) 不正确,因为$\mathrm{d}s=\sqrt{2}\mathrm{d}x\neq\mathrm{d}x$,正确做法为$\int_{AB}x\mathrm{d}s=\int_0^1 x\sqrt{2}\mathrm{d}x=\frac{\sqrt{2}}{2}$;

(2)不正确,因为化为定积分后,积分下限应小于积分上限,正确做法如第(1)小题.

2. πa^3.　3. $\frac{1}{12}(17\sqrt{17}-5\sqrt{5})$.　4. $2+\sqrt{2}$.　5. $\left(2+\frac{\pi}{4}a\right)\mathrm{e}^a-2$.

6. $9\sqrt{6}$.　7. $\frac{16}{143}\sqrt{2}$.　8. $2R^2$.

10.2 对坐标的曲线积分

本节主要是介绍对坐标的曲线积分的概念及计算法,顺便给出两类曲线积分之间的关系,从而把对坐标的曲线积分与对弧长的曲线积分沟通起来.

10.2.1 对坐标的曲线积分的概念与性质

引例　变力沿曲线所作的功.

设L为xOy平面内的光滑曲线弧,弧L上的质点$M(x, y)$受到力

$$\boldsymbol{F}(x, y)=P(x, y)\boldsymbol{i}+Q(x, y)\boldsymbol{j}$$

的作用,从点A沿曲线弧L移动到点B,其中,函数$P(x, y)$,$Q(x, y)$在L上连续. 现在要计算此质点移动过程中变力$\boldsymbol{F}(x, y)$所做的功W(图10-6).

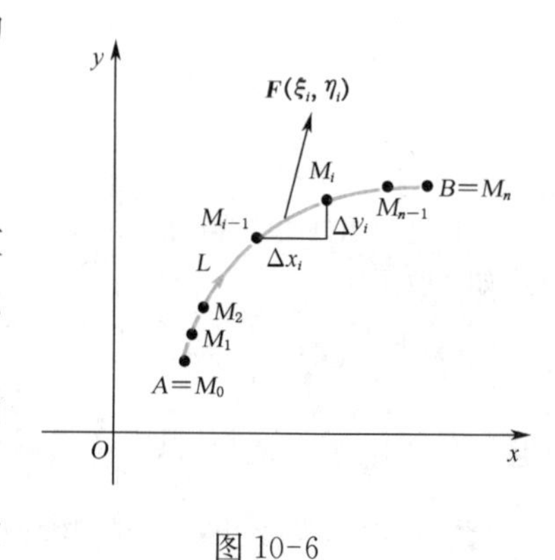

图 10-6

在第7章中学习向量的数量积概念时已知,如果力$\boldsymbol{F}$是常力,且质点从A沿直线移动到B,那么,常力$\boldsymbol{F}$所做的功W等于两个向量$\boldsymbol{F}$与$\overrightarrow{AB}$的数量积,即

$$W=\boldsymbol{F}\cdot\overrightarrow{AB}.$$

现在,力$\boldsymbol{F}$不是常力而是变力,它的大小和方向都是随着点(x, y)的变化而变

化的，且质点不是沿直线而是沿曲线弧 L 移动. 因此，计算做功 W 就不能直接按上述公式计算. 为了解决这种力的“变”与“不变”及位移路径的“曲”与“直”的矛盾，仍要采用“分割、取近似、作和、取极限”的方法来处理这个问题.

(1) 分割　在曲线弧 $L(\widehat{AB})$ 上的点 $A=M_0(x_0,\ y_0)$，$M_n(x_n,\ y_n)=B$ 之间，任意插入 $n-1$ 个分点 $M_1(x_1,\ y_1)$，$M_2(x_2,\ y_2)$，…，$M_{n-1}(x_{n-1},\ y_{n-1})$，把 L 分成 n 个有向小弧段，记作 $\widehat{M_{i-1}M_i}(i=1,\ 2,\ \cdots,\ n)$.

(2) 取近似　以代表性的有向小弧段 $\widehat{M_{i-1}M_i}$ 来分析. 由于有向弧段 $\widehat{M_{i-1}M_i}$ 是光滑的而且很短，它可以用有向弦段

$$\overrightarrow{M_{i-1}M_i}=(\Delta x_i)\boldsymbol{i}+(\Delta y_i)\boldsymbol{j}$$

来近似代替，其中

$$\Delta x_i=x_i-x_{i-1},\quad \Delta y_i=y_i-y_{i-1}.$$

又由于函数 $P(x,\ y)$，$Q(x,\ y)$ 在 L 上连续，可以用在 $\widehat{M_{i-1}M_i}$ 上任意取定的一点 $(\xi_i,\ \eta_i)$ 处的力

$$\boldsymbol{F}(\xi_i,\ \eta_i)=P(\xi_i,\ \eta_i)\boldsymbol{i}+Q(\xi_i,\ \eta_i)\boldsymbol{j}$$

来近似代表小弧段上其他各点处的力. 这样，变力 $\boldsymbol{F}(x,\ y)$ 沿有向小弧段 $\widehat{M_{i-1}M_i}$ 所做的功 ΔW_i 就近似于常力 $\boldsymbol{F}(\xi_i,\ \eta_i)$ 沿直线位移 $\overrightarrow{M_{i-1}M_i}$ 所做的功，即有

$$\Delta W_i\approx\boldsymbol{F}(\xi_i,\ \eta_i)\cdot\overrightarrow{M_{i-1}M_i}.$$

根据数量积的坐标表示式，即得

$$\Delta W_i\approx P(\xi_i,\ \eta_i)\Delta x_i+Q(\xi_i,\ \eta_i)\Delta y_i,\quad i=1,\ 2,\ \cdots,\ n.$$

(3) 作和　把上述 n 个有向小弧段上变力 $\boldsymbol{F}(x,\ y)$ 做功的近似值加起来，即得做功 W 的近似值：

$$W=\sum_{i=1}^{n}\Delta W_i\approx\sum_{i=1}^{n}[P(\xi_i,\ \eta_i)\Delta x_i+Q(\xi_i,\ \eta_i)\Delta y_i].$$

(4) 取极限　为了计算 W 的精确值，令 $\lambda\to0$（λ 为所有小弧段长度的最大值）时，若上述右端和式的极限存在，则称此极限为变力沿曲线弧所做的功 W，即

$$W=\lim_{\lambda\to0}\sum_{i=1}^{n}[P(\xi_i,\ \eta_i)\Delta x_i+Q(\xi_i,\ \eta_i)\Delta y_i].$$

类似于这种和式的极限，在研究其他问题时也会遇到. 为此，从数学上加以抽象，引进对坐标的曲线积分的定义.

定义　设 L 是 xOy 平面内从点 A 到点 B 的一条有向光滑曲线弧，函数 $P(x,\ y)$，$Q(x,\ y)$ 在 L 上有界. 在 L 上的点 $A=M_0(x_0,\ y_0)$，$M_n(x_n,\ y_n)=B$ 之

间，任意插入 $n-1$ 个分点 $M_1(x_1, y_1), M_2(x_2, y_2), \cdots, M_{n-1}(x_{n-1}, y_{n-1})$，把 L 分成 n 个有向小弧段：

$$\widehat{M_{i-1}M_i}, \quad i=1, 2, \cdots, n,$$

其中，$M_{i-1}=M_{i-1}(x_{i-1}, y_{i-1})$，$M_i=M_i(x_i, y_i)$. 在$\widehat{M_{i-1}M_i}$上任取一点$(\xi_i, \eta_i)$，记 $\Delta x_i=x_i-x_{i-1}$，$\Delta y_i=y_i-y_{i-1}$，λ 为所有小弧段的长度的最大值. 当 $\lambda\to 0$ 时，如果极限

$$\lim_{\lambda\to 0}\sum_{i=1}^{n} P(\xi_i, \eta_i)\Delta x_i$$

存在，则称此极限值为函数 $P(x, y)$在有向曲线弧 L 上**对坐标 x 的曲线积分**或**第二类曲线积分**，记作

$$\int_L P(x, y)\mathrm{d}x.$$

类似地，如果极限

$$\lim_{\lambda\to 0}\sum_{i=1}^{n} Q(\xi_i, \eta_i)\Delta y_i$$

存在，则称此极限值为函数 $Q(x, y)$在有向曲线弧 L 上**对坐标 y 的曲线积分**，记作

$$\int_L Q(x, y)\mathrm{d}y.$$

按定义，即有

$$\int_L P(x, y)\mathrm{d}x=\lim_{\lambda\to 0}\sum_{i=1}^{n} P(\xi_i, \eta_i)\Delta x_i, \quad \int_L Q(x, y)\mathrm{d}y=\lim_{\lambda\to 0}\sum_{i=1}^{n} Q(\xi_i, \eta_i)\Delta y_i. \tag{10.7}$$

$P(x, y)$, $Q(x, y)$称为**被积函数**，L 称为**积分弧段**(或**积分路径**).

应当指出(证明从略)，当 $P(x, y)$，$Q(x, y)$在有向光滑曲线弧 L 上连续时，对坐标的曲线积分

$$\int_L P(x, y)\mathrm{d}x, \quad \int_L Q(x, y)\mathrm{d}y$$

都是存在的. 今后总是假设函数 $P(x, y)$，$Q(x, y)$在 L 上连续，就是为了保证上述曲线积分均存在.

在实际应用中，经常遇到的是和的形式：

$$\int_L P(x, y)\mathrm{d}x+\int_L Q(x, y)\mathrm{d}y.$$

为了简便起见，也可以把上式写成组合的形式：

$$\int_L P(x, y)\mathrm{d}x + Q(x, y)\mathrm{d}y,$$

即

$$\int_L P(x, y)\mathrm{d}x + Q(x, y)\mathrm{d}y = \int_L P(x, y)\mathrm{d}x + \int_L Q(x, y)\mathrm{d}y.$$

如果引进向量记号：

$$\boldsymbol{F}(x, y) = P(x, y)\boldsymbol{i} + Q(x, y)\boldsymbol{j}, \quad \mathrm{d}\boldsymbol{s} = \mathrm{d}x\boldsymbol{i} + \mathrm{d}y\boldsymbol{j} \quad (\text{称为有向弧微分}),$$

则有

$$\int_L P(x, y)\mathrm{d}x + Q(x, y)\mathrm{d}y = \int_L \boldsymbol{F} \cdot \mathrm{d}\boldsymbol{s}.$$

例如，引例中需要计算的功可以表示为

$$W = \int_L P(x, y)\mathrm{d}x + Q(x, y)\mathrm{d}y = \int_L \boldsymbol{F} \cdot \mathrm{d}\boldsymbol{s}.$$

上面关于平面上对坐标的曲线积分的定义，可以类似地推广到空间有向光滑曲线弧 Γ 的情形，即有

$$\int_\Gamma P(x, y, z)\mathrm{d}x = \lim_{\lambda \to 0}\sum_{i=1}^{n} P(\xi_i, \eta_i, \zeta_i)\Delta x_i,$$

$$\int_\Gamma Q(x, y, z)\mathrm{d}y = \lim_{\lambda \to 0}\sum_{i=1}^{n} Q(\xi_i, \eta_i, \zeta_i)\Delta y_i,$$

$$\int_\Gamma R(x, y, z)\mathrm{d}z = \lim_{\lambda \to 0}\sum_{i=1}^{n} R(\xi_i, \eta_i, \zeta_i)\Delta z_i.$$

类似地，空间的三个对坐标的曲线积分之和，也可以写成组合的形式，即有

$$\begin{aligned}&\int_\Gamma P(x, y, z)\mathrm{d}x + Q(x, y, z)\mathrm{d}y + R(x, y, z)\mathrm{d}z \\ =& \int_\Gamma P(x, y, z)\mathrm{d}x + \int_\Gamma Q(x, y, z)\mathrm{d}y + \int_\Gamma R(x, y, z)\mathrm{d}z.\end{aligned}$$

如果 L(或 Γ)是分段光滑的，规定函数在有向曲线弧 L(或 Γ)上对坐标的曲线积分等于在光滑的各段上对坐标的曲线积分之和.

根据对坐标的曲线积分的定义，也可以得到与定积分相类似的性质. 例如

(1) $\int_L kP(x, y)\mathrm{d}x = k\int_L P(x, y)\mathrm{d}x$; $\int_L kQ(x, y)\mathrm{d}y = k\int_L Q(x, y)\mathrm{d}y$($k$ 为常数).

(2) $\int_L [P_1(x, y) \pm P_2(x, y)]\mathrm{d}x = \int_L P_1(x, y)\mathrm{d}x \pm \int_L P_2(x, y)\mathrm{d}x$,

$$\int_L [Q_1(x, y) \pm Q_2(x, y)]\mathrm{d}y = \int_L Q_1(x, y)\mathrm{d}y \pm \int_L Q_2(x, y)\mathrm{d}y.$$

(3) 设 L 由有向曲线弧 L_1 和 L_2 所组成，则有

$$\int_L P\mathrm{d}x+Q\mathrm{d}y=\int_{L_1}P\mathrm{d}x+Q\mathrm{d}y+\int_{L_2}P\mathrm{d}x+Q\mathrm{d}y.$$

此性质也可以推广到 L 是由有限多个有向曲线弧 $L_1, L_2, \cdots, L_k$ 所组成的情形，即有

$$\int_L P\mathrm{d}x+Q\mathrm{d}y=\int_{L_1}P\mathrm{d}x+Q\mathrm{d}y+\int_{L_2}P\mathrm{d}x+Q\mathrm{d}y+\cdots+\int_{L_k}P\mathrm{d}x+Q\mathrm{d}y.$$

(4) 设 L 是有向曲线弧，$-L$ 是与 L 方向相反的同一曲线弧，则有

$$\int_{-L}P(x, y)\mathrm{d}x=-\int_L P(x, y)\mathrm{d}x,\ \int_{-L}Q(x, y)\mathrm{d}y=-\int_L Q(x, y)\mathrm{d}y.$$

这是因为改变积分弧段的方向，也就改变了定义式(10.7)中 Δx_i，Δy_i 的符号，所以有上面的结论. 把上面的两式合并起来，也可写成

$$\int_{-L}P(x, y)\mathrm{d}x+Q(x, y)\mathrm{d}y=-\int_L P(x, y)\mathrm{d}x+Q(x, y)\mathrm{d}y. \tag{10.8}$$

公式(10.8)表明，当积分弧段的方向改变时，对坐标的曲线积分要改变符号. 因此，对坐标的曲线积分与积分弧段的方向有关，这是与对弧长的曲线积分不同之处.

10.2.2 对坐标的曲线积分的计算法

定理 设有向曲线弧 $L(\widehat{AB})$ 由参数方程

$$\begin{cases}x=\varphi(t),\\ y=\psi(t)\end{cases}$$

给出，且满足下列条件：

(1) L 的起点 A 及终点 B 分别对应参数值 α 及 β(这里，α 不一定小于 β)；

(2) 函数 $\varphi(t)$，$\psi(t)$ 在以 α 及 β 为端点的闭区间上具有一阶连续导数(保证 L 是光滑的)，且 $\varphi'^2(t)+\psi'^2(t)\neq 0$；

(3) 当参数 t 由 α 变到 β 时，点 $M(x, y)$ 从点 A 到点 B 描出有向曲线弧 L；

(4) 函数 $P(x, y)$，$Q(x, y)$ 在 L 上连续，则对坐标的曲线积分 $\int_L P(x, y)\mathrm{d}x$ 及 $\int_L Q(x, y)\mathrm{d}y$ 可以化为定积分，且分别有

$$\begin{aligned}\int_L P(x, y)\mathrm{d}x&=\int_\alpha^\beta P[\varphi(t), \psi(t)]\varphi'(t)\mathrm{d}t,\\ \int_L Q(x, y)\mathrm{d}y&=\int_\alpha^\beta Q[\varphi(t), \psi(t)]\psi'(t)\mathrm{d}t.\end{aligned} \tag{10.9}$$

或者,把式(10.9)中的两式合起来写成

$$\int_L P(x, y)\mathrm{d}x + Q(x, y)\mathrm{d}y = \int_\alpha^\beta \left\{P[\varphi(t), \psi(t)]\varphi'(t) + Q[\varphi(t), \psi(t)]\psi'(t)\right\}\mathrm{d}t. \tag{10.9'}$$

定理证明从略.

注意　公式(10.9′)或式(10.9)中右端定积分的下限 α 是对应于曲线弧 L 的起点的参数值,而上限 β 是对应于 L 的终点的参数值,α 不一定小于 β.

公式(10.9)表明,计算对坐标的曲线积分 $\int_L P(x, y)\mathrm{d}x + Q(x, y)\mathrm{d}y$ 时,只要把 x, y, $\mathrm{d}x$, $\mathrm{d}y$ 依次用 $\varphi(t)$,$\psi(t)$,$\varphi'(t)\mathrm{d}t$,$\psi'(t)\mathrm{d}t$ 分别代入,然后,从 L 的起点所对应的参值 α 到终点所对应的参数值 β 作定积分即可.

如果 L 由直角坐标方程 $y=y(x)$ 给出,且 $y'(x)$ 连续,则可取 x 为参数,把 L 用参数方程

$$\begin{cases} x = x, \\ y = y(x) \end{cases} \quad (x \text{ 从 } a \text{ 变到 } b)$$

来表示. 公式(10.9)成为

$$\int_L P(x, y)\mathrm{d}x + Q(x, y)\mathrm{d}y = \int_a^b \left\{P[x, y(x)] + Q[x, y(x)]y'(x)\right\}\mathrm{d}x. \tag{10.10}$$

这里,下限 a 是对应于 L 的起点的 x 值,上限 b 是对应于 L 的终点的 x 值.

类似地,如果 L 由方程 $x=x(y)$ 给出,且 $x'(y)$ 连续,则可取 y 为参数,把 L 用参数方程

$$\begin{cases} x = x(y), \\ y = y \end{cases} \quad (y \text{ 从 } c \text{ 变到 } d)$$

来表示,公式(10.9)成为

$$\int_L P(x, y)\mathrm{d}x + Q(x, y)\mathrm{d}y = \int_c^d \left\{P[x(y), y]x'(y) + Q[x(y), y]\right\}\mathrm{d}y. \tag{10.11}$$

这里,下限 c 是对应于 L 的起点的 y 值,上限 d 是对应于 L 的终点的 y 值.

公式(10.9)也可以推广到空间光滑曲线 Γ,由参数方程

$$\begin{cases} x = \varphi(t), \\ y = \psi(t), \quad (t \text{ 从 } \alpha \text{ 变到 } \beta) \\ z = \omega(t) \end{cases}$$

给出的情形,类似地可得

$$\int_L P(x, y, z)\mathrm{d}x + Q(x, y, z)\mathrm{d}y + R(x, y, z)\mathrm{d}z$$
$$= \int_\alpha^\beta \left\{P[\varphi(t), \psi(t), \omega(t)]\varphi'(t) + Q[\varphi(t), \psi(t), \omega(t)]\psi'(t) + R[\varphi(t), \psi(t), \omega(t)]\omega'(t)\right\}\mathrm{d}t. \tag{10.12}$$

这里,下限 α 是对应于 Γ 的起点的参数值,上限 β 是对应于 Γ 的终点的参数值.

例 1 计算$\int_L xy\mathrm{d}x$,其中,L 是椭圆$\dfrac{x^2}{a^2}+\dfrac{y^2}{b^2}=1$ 从点 $A(a, 0)$ 到点 $B(-a, 0)$ 在 x 轴上方的曲线弧(图 10-7).

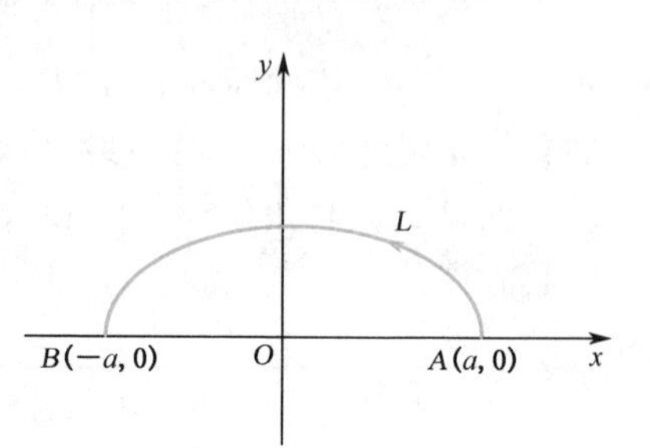

图 10-7

解 利用椭圆的参数方程,L 可表示为

$$\begin{cases} x = a\cos t, \\ y = b\sin t \end{cases} \quad (t \text{ 由 } 0 \text{ 变到 } \pi).$$

现在,$P(x, y)=xy$,$Q(x, y)=0$. 由公式(10.9′)或公式(10.9)得

$$\int_L xy\mathrm{d}x = \int_0^\pi (a\cos t)(b\sin t)(-a\sin t)\mathrm{d}t = -a^2b\int_0^\pi \sin^2 t\mathrm{d}(\sin t)$$
$$= -a^2b\left[\frac{1}{3}\sin^3 t\right]_0^\pi = 0.$$

例 2 计算$\int_L (x-y)\mathrm{d}y$,其中,L 为抛物线 $y=x^2$ 上从点 $A(-1, 1)$ 到点 $B(1, 1)$ 的一段弧(图 10-8).

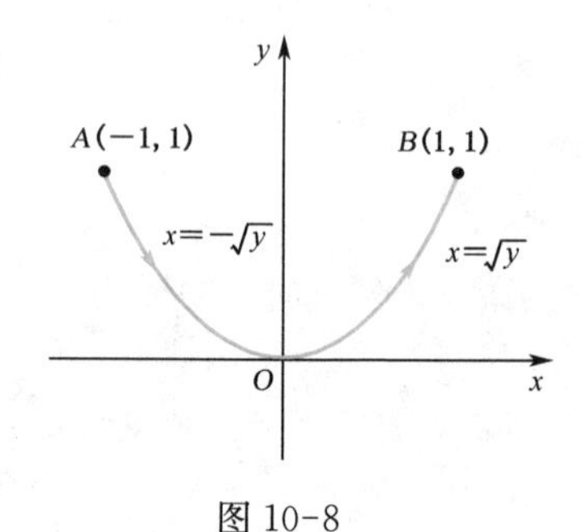

图 10-8

解法 1 取 x 为参数,则 L 可表示为

$$\begin{cases} x = x, \\ y = x^2 \end{cases} \quad (x \text{ 由 } -1 \text{ 变到 } 1).$$

现在,$P(x, y)=0$,$Q(x, y)=x-y$. 由公式(10.10)可得

$$\int_L (x-y)\mathrm{d}y = \int_{-1}^1 (x-x^2)2x\mathrm{d}x = 2\int_{-1}^1 (x^2-x^3)\mathrm{d}x$$
$$= 2\int_{-1}^1 x^2\mathrm{d}x - 2\int_{-1}^1 x^3\mathrm{d}x = 4\int_0^1 x^2\mathrm{d}x = \frac{4}{3}\left[x^3\right]_0^1 = \frac{4}{3}.$$

解法 2 取 y 为参数,由于 $x=\pm\sqrt{y}$ 不是单值的,所以要把 L 分成$\overset{\frown}{AO}$和$\overset{\frown}{OB}$两部

分，它们可分别表示为

$$\overset{\frown}{AO}:\begin{cases}x=-\sqrt{y},\\ y=y\end{cases}\quad(y\text{ 由 1 变到 0})；\quad \overset{\frown}{OB}:\begin{cases}x=\sqrt{y},\\ y=y\end{cases}\quad(y\text{ 由 0 变到 1}).$$

根据对坐标的曲线积分的性质(3)及计算公式(10.11)，可得

$$\begin{aligned}\int_L(x-y)\mathrm{d}y&=\int_{\overset{\frown}{AO}}(x-y)\mathrm{d}y+\int_{\overset{\frown}{OB}}(x-y)\mathrm{d}y=\int_1^0(-\sqrt{y}-y)\mathrm{d}y+\int_0^1(\sqrt{y}-y)\mathrm{d}y\\&=\int_0^1(\sqrt{y}+y)\mathrm{d}y+\int_0^1(\sqrt{y}-y)\mathrm{d}y=2\int_0^1\sqrt{y}\mathrm{d}y=\frac{4}{3}\left[y^{\frac{3}{2}}\right]_0^1=\frac{4}{3}.\end{aligned}$$

从本例来看，解法 1 要比解法 2 简便些. 因此，适当地选取参数，把曲线弧 L 用参数方程来表示，这对于计算曲线积分的繁简是很有影响的.

例 3　计算 $I=\int_L(x^2-y)\mathrm{d}x+(y^2+x)\mathrm{d}y$，其中，$L$(图 10-9) 为

(1) 从点 $A(0, a)$到点 $B(a, 0)$的圆弧$\overset{\frown}{AB}$；

(2) 从点 $A(0, a)$到点 $B(a, 0)$的折线段 AOB.

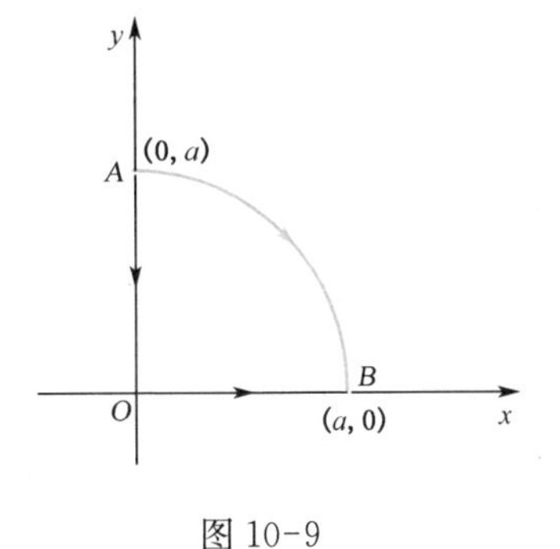

图 10-9

解　(1) 利用圆的参数方程，$L_{\overset{\frown}{AB}}$ 可表示为

$$\begin{cases}x=a\cos t,\\ y=a\sin t\end{cases}\quad\left(t\text{ 由}\frac{\pi}{2}\text{ 变到 0}\right).$$

由公式(10.9)得

$$\begin{aligned}I&=\int_{\overset{\frown}{AB}}(x^2-y)\mathrm{d}x+(y^2+x)\mathrm{d}y\\&=\int_{\frac{\pi}{2}}^0[(a^2\cos^2 t-a\sin t)(-a\sin t)+(a^2\sin^2 t+a\cos t)(a\cos t)]\mathrm{d}t\\&=a^3\int_0^{\frac{\pi}{2}}\cos^2 t\sin t\mathrm{d}t-a^2\int_0^{\frac{\pi}{2}}\sin^2 t\mathrm{d}t-a^3\int_0^{\frac{\pi}{2}}\sin^2 t\cos t\mathrm{d}t-a^2\int_0^{\frac{\pi}{2}}\cos^2 t\mathrm{d}t\\&=-a^3\int_0^{\frac{\pi}{2}}\cos^2 t\mathrm{d}(\cos t)-a^3\int_0^{\frac{\pi}{2}}\sin^2 t\mathrm{d}(\sin t)-a^2\int_0^{\frac{\pi}{2}}\mathrm{d}t\\&=-a^3\left[\frac{1}{3}\cos^3 t\right]_0^{\frac{\pi}{2}}-a^3\left[\frac{1}{3}\sin^3 t\right]_0^{\frac{\pi}{2}}-a^2\cdot\frac{\pi}{2}\\&=\frac{a^3}{3}-\frac{a^3}{3}-\frac{\pi}{2}a^2=-\frac{\pi}{2}a^2.\end{aligned}$$

(2) $L=AO+OB$，而 AO 与 OB 可分别表示为

$$AO:\begin{cases}x=0,\\ y=y\end{cases}\quad(y\text{ 由 }a\text{ 变到 0})；\quad OB:\begin{cases}x=x,\\ y=0\end{cases}\quad(x\text{ 由 0 变到 }a).$$

因此，在 AO 上，$\mathrm{d}x=0$；在 OB 上，$\mathrm{d}y=0$. 于是

$$I=\int_{AOB}(x^2-y)\mathrm{d}x+(y^2+x)\mathrm{d}y$$
$$=\int_{AO}(x^2-y)\mathrm{d}x+(y^2+x)\mathrm{d}y+\int_{OB}(x^2-y)\mathrm{d}x+(y^2+x)\mathrm{d}y$$
$$=\int_a^0(y^2+0)\mathrm{d}y+\int_0^a(x^2-0)\mathrm{d}x=-\int_0^a y^2\mathrm{d}y+\int_0^a x^2\mathrm{d}x=0.$$

从例 3 看出,虽然两个曲线积分的被积函数相同,起点和终点也相同,但沿不同路径得出的积分值并不相等.

例 4 计算 $I=\int_L y^2\mathrm{d}x+2xy\mathrm{d}y$,其中 L(图 10-10) 为

(1) 直线 $y=x$ 上从 $O(0,\ 0)$ 到 $B(1,\ 1)$ 的一段;

(2) 抛物线 $x=y^2$ 上从 $O(0,\ 0)$ 到 $B(1,\ 1)$ 的一段弧;

(3) 有向折线段 OAB,这里,O, A, B 依次是点 $(0,\ 0)$,$(1,\ 0)$,$(1,\ 1)$.

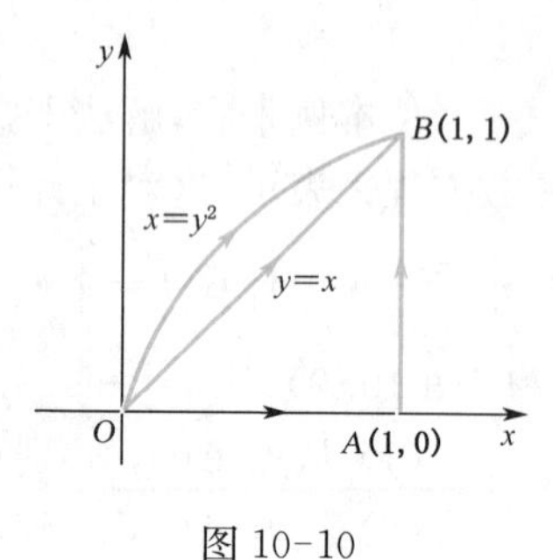

图 10-10

解 (1) 取 x 为参数,L 可表示为

$$OB:\begin{cases}x=x,\\ y=x\end{cases}\quad (x\text{ 由 }0\text{ 变到 }1).$$

这时,$\mathrm{d}y=\mathrm{d}x$. 于是,由公式(10.10)得

$$I=\int_{OB}y^2\mathrm{d}x+2xy\mathrm{d}y=\int_0^1(x^2+2x\cdot x)\mathrm{d}x=3\int_0^1 x^2\mathrm{d}x=\Big[x^3\Big]_0^1=1.$$

(2) 取 y 为参数,L 可表示为

$$\overset{\frown}{OB}:\begin{cases}x=y^2,\\ y=y\end{cases}\quad (y\text{ 由 }0\text{ 变到 }1).$$

这时,$\mathrm{d}x=2y\mathrm{d}y$. 于是,由公式(10.11)得

$$I=\int_{\overset{\frown}{OB}}y^2\mathrm{d}x+2xy\mathrm{d}y=\int_0^1(y^2\cdot 2y+2y^2\cdot y)\mathrm{d}y=4\int_0^1 y^3\mathrm{d}y=\Big[y^4\Big]_0^1=1.$$

(3) $L=OA+AB$,其中,OA 与 AB 可分别表示为

$$OA:\begin{cases}x=x,\\ y=0\end{cases}\quad (x\text{ 由 }0\text{ 变到 }1);\quad AB:\begin{cases}x=1,\\ y=y\end{cases}\quad (y\text{ 由 }0\text{ 变到 }1).$$

因此,在 OA 上,$\mathrm{d}y=0$;在 AB 上,$\mathrm{d}x=0$. 于是

$$I=\int_{OAB}y^2\mathrm{d}x+2xy\mathrm{d}y=\int_{OA}y^2\mathrm{d}x+2xy\mathrm{d}y+\int_{AB}y^2\mathrm{d}x+2xy\mathrm{d}y$$
$$=\int_0^1 0\mathrm{d}x+\int_0^1 2y\mathrm{d}y=0+\Big[y^2\Big]_0^1=1.$$

从例 4 看出，虽然沿不同路径，只要起点与终点相同，被积函数相同的曲线积分的值可以相等. 关于对坐标的曲线积分只与起、终点有关而与路径无关的问题，将在 10.3 节中详细讨论.

例 5　计算 $I=\int_{\Gamma}x^3\mathrm{d}x+3y^2z\mathrm{d}y-x^2y\mathrm{d}z$，其中，$\Gamma$ 是从点 $A(1,\ 1,\ 1)$ 到点 $B(3,\ 2,\ 1)$ 的直线段 AB.

解　利用空间直线的对称式方程，可得 AB 的直线方程为

$$\frac{x-1}{3-1}=\frac{y-1}{2-1}=\frac{z-1}{1-1},\quad 即\quad \frac{x-1}{2}=\frac{y-1}{1}=\frac{z-1}{0}.$$

化为参数方程，得

$$\begin{cases}x=1+2t,\\ y=1+t,\\ z=1\end{cases}\quad (t\ 由\ 0\ 变到\ 1).$$

注意到 $\mathrm{d}x=2\mathrm{d}t,\mathrm{d}y=\mathrm{d}t,\mathrm{d}z=0$，所以，由公式(10.12)得

$$\begin{aligned}I&=\int_{\Gamma}x^3\mathrm{d}x+3y^2z\mathrm{d}y-x^2y\mathrm{d}z=\int_0^1\Big[(1+2t)^3\cdot 2+3(1+t)^2\Big]\mathrm{d}t\\&=\int_0^1(5+18t+27t^2+16t^3)\mathrm{d}t=\Big[5t+9t^2+9t^3+4t^4\Big]_0^1=27.\end{aligned}$$

例 6　设一个质点在点 $M(x,\ y)$ 处受到力 $\boldsymbol{F}$ 的作用，力 $\boldsymbol{F}$ 的大小与点 M 到原点 O 的距离成正比（比例系数 $k>0$），力 $\boldsymbol{F}$ 的方向与向径 $\overrightarrow{OM}$ 的方向相反. 求质点由点 $A(2,\ -3)$ 沿抛物线 $y=1-x^2$ 移动到点 $B(0,1)$（图 10-11）时，力 $\boldsymbol{F}$ 所作的功.

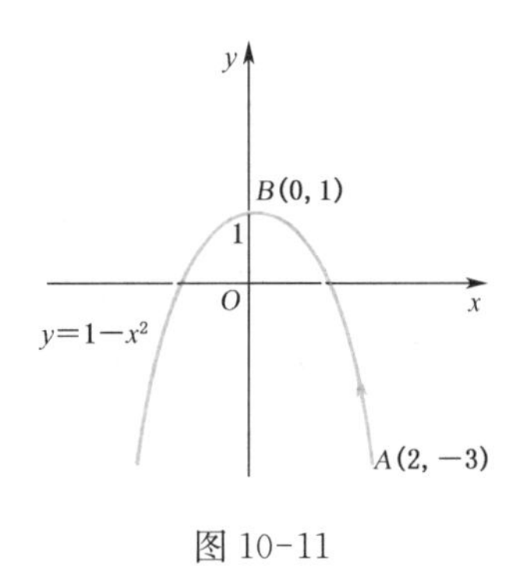

图 10-11

解　由于向径 $\overrightarrow{OM}=x\boldsymbol{i}+y\boldsymbol{j}$，故与 $\overrightarrow{OM}$ 反方向的单位向量为 $\boldsymbol{e}=-\frac{x}{\sqrt{x^2+y^2}}\boldsymbol{i}-\frac{y}{\sqrt{x^2+y^2}}\boldsymbol{j}$，而力 $\boldsymbol{F}$ 的模 $|\boldsymbol{F}|=k\sqrt{x^2+y^2}$，于是 $\boldsymbol{F}=|\boldsymbol{F}|\boldsymbol{e}=-kx\boldsymbol{i}-ky\boldsymbol{j}$. 取 x 为参数，则弧 $\overset{\frown}{AB}$ 的参数方程为 $x=x,y=1-x^2$（起点 A 对应的参数 $x=2$，终点 B 对应的参数 $x=0$），力 $\boldsymbol{F}$ 所做的功为

$$\begin{aligned}W&=\int_{\overset{\frown}{AB}}-kx\mathrm{d}x-ky\mathrm{d}y=\int_2^0\Big[-kx-k(1-x^2)(-2x)\Big]\mathrm{d}x\\&=k\int_2^0(x-2x^3)\mathrm{d}x=k\Big[\frac{x^2}{2}-\frac{x^4}{2}\Big]_2^0=6k.\end{aligned}$$

10.2.3　两类曲线积分之间的关系

设 L 是有向、光滑的平面曲线弧，点 $M(x,\ y)$ 是 L 上任意一点，角 $\alpha(x,\ y)$ 和

$\beta(x, y)$是在点M处的切向量$\boldsymbol{\tau}$($\boldsymbol{\tau}$的正向与L的走向一致)的方向角(图10-12),则有

$$\int_L P(x, y)\mathrm{d}x + Q(x, y)\mathrm{d}y = \int_L [P(x, y)\cos\alpha + Q(x, y)\cos\beta]\mathrm{d}s. \tag{10.13}$$

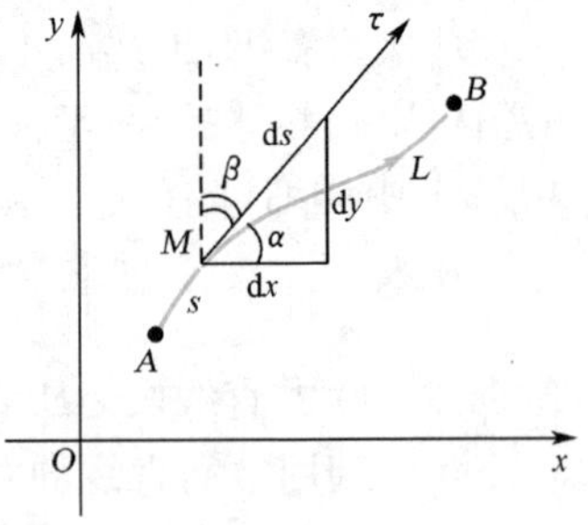

图 10-12

这就是平面曲线弧L上的两类曲线积分之间的关系式. 其中,$\cos\alpha$,$\cos\beta$是有向曲线弧L上点$M(x, y)$处切向量的方向余弦,$\cos\alpha = \dfrac{\mathrm{d}x}{\mathrm{d}s}$,$\cos\beta = \dfrac{\mathrm{d}y}{\mathrm{d}s}$(图10-12). 公式(10.13)证明从略.

类似地,空间的有向光滑曲线弧Γ上的两类曲线积分之间有如下关系:

$$\int_L P(x, y, z)\mathrm{d}x + Q(x, y, z)\mathrm{d}y + R(x, y, z)\mathrm{d}z = \int_\Gamma [P(x, y, z)\cos\alpha + Q(x, y, z)\cos\beta + R(x, y, z)\cos\gamma]\mathrm{d}s, \tag{10.14}$$

其中,$\alpha = \alpha(x, y, z)$,$\beta = \beta(x, y, z)$,$\gamma = \gamma(x, y, z)$为有向曲线弧Γ上点$M(x, y, z)$处、方向与Γ走向一致的切向量的方向角,$\cos\alpha$,$\cos\beta$,$\cos\gamma$是该切向量的方向余弦(证明从略).

例7 设L为沿抛物线$y = x^2$上从点(0,0)到点(1,1)的一段曲线弧,把对坐标的曲线积分$\int_\Gamma P(x, y)\mathrm{d}x + Q(x, y)\mathrm{d}y$化为对弧长的曲线积分.

解 由$y = x^2$,得$y' = 2x$,$\mathrm{d}s = \sqrt{1 + y'^2}\mathrm{d}x = \sqrt{1 + 4x^2}\mathrm{d}x$. 故得切线向量的方向余弦为

$$\cos\alpha = \frac{\mathrm{d}x}{\mathrm{d}s} = \frac{\mathrm{d}x}{\sqrt{1 + 4x^2}\mathrm{d}x} = \frac{1}{\sqrt{1 + 4x^2}},$$

$$\cos\beta = \frac{\mathrm{d}y}{\mathrm{d}s} = \frac{2x\mathrm{d}x}{\sqrt{1 + 4x^2}\mathrm{d}x} = \frac{2x}{\sqrt{1 + 4x^2}}.$$

由公式(10.13)得

$$\int_L P(x, y)\mathrm{d}x + Q(x, y)\mathrm{d}y = \int_L \left[P(x, y)\frac{1}{\sqrt{1 + 4x^2}} + Q(x, y)\frac{2x}{\sqrt{1 + 4x^2}}\right]\mathrm{d}s$$

$$= \int_L \frac{P + 2xQ}{\sqrt{1 + 4x^2}}\mathrm{d}s.$$

习题 10.2

1. 计算$\int_L y^2\mathrm{d}x$,其中,L 分别为

(1) 半径为 a、圆心在原点、按逆时针方向绕行的上半圆周;

(2) 从点 $A(a,\ 0)$沿 x 轴到点 $B(-a,\ 0)$的直线段.

2. 计算$\int_L xy\mathrm{d}x+(y-x)\mathrm{d}y$,其中,$L$ 分别为

(1) 直线 $y=2x$ 上从点 $O(0,\ 0)$到点 $B(1,\ 2)$的直线段;

(2) 抛物线 $y=2x^2$ 上从点 $O(0,\ 0)$到点 $B(1,\ 2)$的一段弧;

(3) 有向折线段 OAB,点 O, A, B 依次是$(0,\ 0)$, $(0,\ 2)$, $(1,\ 2)$.

3. 计算$\oint_L x\mathrm{d}y-y\mathrm{d}x$,其中,$L$ 是由直线$\dfrac{x}{2}+\dfrac{y}{3}=1$及两条坐标轴所围成的区域的整个边界(按逆时针方向绕行).

4. 计算$\oint_L \dfrac{(x+y)\mathrm{d}x-(x-y)\mathrm{d}y}{x^2+y^2}$,其中,$L$ 为圆周 $x^2+y^2=a^2$(按逆时针方向绕行).

5. $\int_L xy\mathrm{d}x$,其中,L 是抛物线 $y^2=x$ 从 $A(1,\ -1)$ 到 $B(1,\ 1)$ 的一段弧.

6. 计算$\int_\Gamma x\mathrm{d}x+y\mathrm{d}y+(x+y-1)\mathrm{d}z$,其中,$\Gamma$ 是从点$(1,\ 1,\ 1)$ 到点$(2,\ 3,\ 4)$ 的直线段.

7. 计算$\int_\Gamma y\mathrm{d}x+z\mathrm{d}y+x\mathrm{d}z$,其中,$\Gamma$ 是依参数 t 增加方向形成的(空间)螺旋线:$x=a\cos t$, $y=a\sin t$, $z=bt$ $(0\leqslant t\leqslant 2\pi)$.

8. 设力 $\boldsymbol{F}$ 的大小为常量 f,方向与 x 轴的正向一致,一质点在力 $\boldsymbol{F}$ 的作用下沿上半圆弧 $y=\sqrt{R^2-x^2}$ 自点 $A(R,\ 0)$移动到点 $B(0,\ R)$,求力 $\boldsymbol{F}$ 所作的功 W.

9. 设有一质点,受变力 $\boldsymbol{F}=-x\boldsymbol{i}-y\boldsymbol{j}$ 的作用,求此质点沿椭圆$\dfrac{x^2}{a^2}+\dfrac{y^2}{b^2}=1$ 从点 $A(a,\ 0)$移动到点 $B(0,\ b)$时力 $\boldsymbol{F}$ 所作的功.

10. 设 L 为 xOy 平面上从点$(0,\ 0)$ 到点$(1,\ 1)$ 的直线段,把对坐标的曲线积分$\int_L P(x,\ y)\mathrm{d}x+Q(x,\ y)\mathrm{d}y$ 化成对弧长的曲线积分.

答　案

1. (1) $-\dfrac{4}{3}a^3$;　(2) 0.　2. (1) $\dfrac{5}{3}$;　(2) $\dfrac{7}{6}$;　(3) 3.

3. 6.　4. -2π.　5. $\dfrac{4}{5}$.　6. 13.　7. $-\pi a^2$.　8. $\boldsymbol{F}=f\boldsymbol{i}$, $W=-fR$.

9. $W=\dfrac{1}{2}(a^2-b^2)$. $\left[\text{提示:椭圆弧的参数方程为 } x=a\cos t,\ y=b\sin t\left(t \text{ 由 } 0 \text{ 到} \dfrac{\pi}{2}\right).\right]$

10. $\int_L \dfrac{P(x,\ y)+Q(x,\ y)}{\sqrt{2}}\mathrm{d}s$.

10.3 格林公式及平面上曲线积分与路径无关的条件

10.3.1 格林公式

二重积分与平面上的曲线积分都是化为定积分来计算的,那么,它们二者之间能否通过定积分而联系起来呢?本目介绍的格林公式将指出,在满足有关条件下,平面闭区域 D 上的二重积分可以化为沿区域 D 的边界曲线 L 正向的曲线积分,这就明确了曲线积分与二重积分之间的联系.

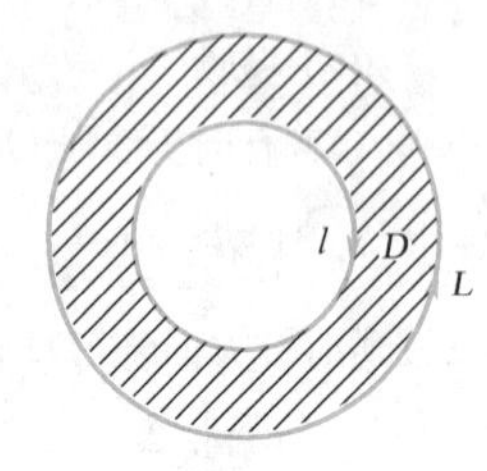

图 10-13

首先,规定平面区域 D 的边界曲线 L 的正向如下:当行人沿 L 的这个方向前进时,区域 D 内靠近它的那一部分总是位于它的左侧. 例如,对于两个同心圆所围成的环形区域 D(图 10-13)来说,外圈 L 和内圈 l 是区域 D 的边界曲线,外圈 L 的正向是逆时针方向,而内圈 l 的正向是顺时针方向.

下面简单介绍平面单连通与多连通区域的概念.

设平面区域 D 内任一闭曲线所围成的区域都仍属于 D,则称 D 为平面**单连通区域**,否则称为**多(或复)连通区域**. 形象化地说,平面单连通区域是不含有"洞眼"的区域,多连通区域是含有"洞眼"(包括一点构成的"洞眼")的区域. 如图 10-14(a)所示是单连通区域,而图 10-14(b)是多连通区域.

(a) 单连通区域　　(b) 多连通区域

图 10-14

现在证明下面的定理.

定理 1　设闭区域 D 是由光滑或分段光滑的曲线 L 所围成,函数 $P(x, y)$ 及 $Q(x, y)$ 在 D 上具有一阶连续偏导数,则有**格林**(Green)**公式**:

$$\oint_L P\mathrm{d}x + Q\mathrm{d}y = \iint_D \left(\frac{\partial Q}{\partial x} - \frac{\partial P}{\partial y}\right)\mathrm{d}x\mathrm{d}y. \tag{10.15}$$

其中,L 是区域 D 的取正向的整个边界曲线.

证明　由于

$$\oint_L P\mathrm{d}x + Q\mathrm{d}y = \oint_L P\mathrm{d}x + \oint_L Q\mathrm{d}y,$$

$$\iint_D \left(\frac{\partial Q}{\partial x}-\frac{\partial P}{\partial y}\right)\mathrm{d}x\mathrm{d}y=\iint_D \frac{\partial Q}{\partial x}\mathrm{d}x\mathrm{d}y-\iint_D \frac{\partial P}{\partial y}\mathrm{d}x\mathrm{d}y,$$

比较上面两式的右端可知,要证明式(10.15)成立,只需分别证明

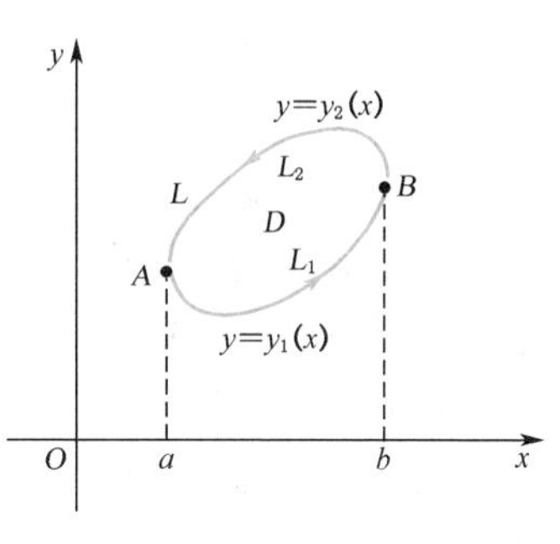

图 10-15

$$\oint_L P\mathrm{d}x=-\iint_D \frac{\partial P}{\partial y}\mathrm{d}x\mathrm{d}y,\quad \oint_L Q\mathrm{d}y=\iint_D \frac{\partial Q}{\partial x}\mathrm{d}x\mathrm{d}y$$

成立,然后两端分别相加即可.

(i) 设区域 D 的边界曲线 L 与平行于坐标轴而穿过 D 的内部的直线相交不多于两点. 如果区域 D 是介于直线 $x=a$ 与 $x=b(a<b)$ 之间,D 的边界线 L 是由 L_1 与 L_2 所组成(图 10-15),且 L_1 与 L_2 可分别用参数方程表示为

$$L_1:\begin{cases}x=x,\\ y=y_1(x)\end{cases}\quad (x\text{ 由 }a\text{ 变到 }b),$$

$$L_2:\begin{cases}x=x,\\ y=y_2(x)\end{cases}\quad (x\text{ 由 }b\text{ 变到 }a).$$

于是,由对坐标的曲线积分的性质及计算法得

$$\begin{aligned}\oint_L P\mathrm{d}x&=\int_{L_1}P\mathrm{d}x+\int_{L_2}P\mathrm{d}x=\int_a^b P[x,\ y_1(x)]\mathrm{d}x+\int_b^a P[x,\ y_2(x)]\mathrm{d}x\\&=\int_a^b P[x,\ y_1(x)]\mathrm{d}x-\int_a^b P[x,\ y_2(x)]\mathrm{d}x\\&=-\int_a^b\{P[x,\ y_2(x)]-P[x,\ y_1(x)]\}\mathrm{d}x.\end{aligned}$$

另外,因为$\dfrac{\partial P}{\partial y}$连续,所以,根据二重积分的计算法,有

$$\begin{aligned}\iint_D \frac{\partial P}{\partial y}\mathrm{d}x\mathrm{d}y&=\int_a^b\mathrm{d}x\int_{y_1(x)}^{y_2(x)}\frac{\partial P(x,\ y)}{\partial y}\mathrm{d}y=\int_a^b\Big[P(x,\ y)\Big]_{y_1(x)}^{y_2(x)}\mathrm{d}x\\&=\int_a^b\{P[x,\ y_2(x)]-P[x,\ y_1(x)]\}\mathrm{d}x.\end{aligned}$$

因此

$$-\iint_D \frac{\partial P}{\partial y}\mathrm{d}x\mathrm{d}y=\oint_L P\mathrm{d}x.$$

类似地可证

$$\iint_D \frac{\partial Q}{\partial x}\mathrm{d}x\mathrm{d}y=\oint_L Q\mathrm{d}y.$$

合并以上两式,即得公式(10.15).

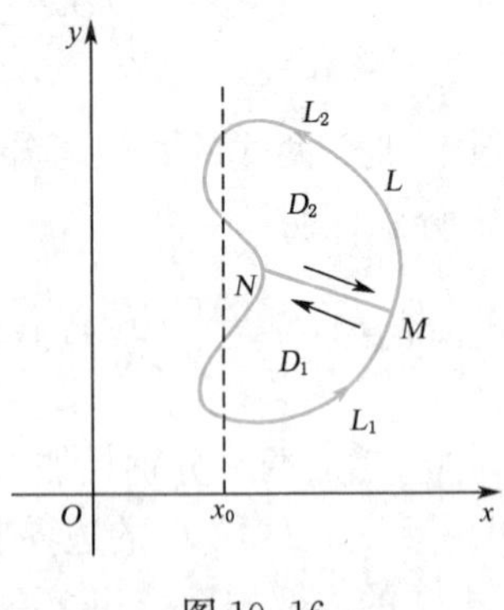

图 10-16

(ii) 设区域 D 的边界曲线 L 与平行于坐标轴而穿过区域 D 内部的直线相交多于两点. 对于这种情形,一般可以在区域 D 内引进一条或几条辅助曲线,把 D 分成有限个部分区域,使得每个部分区域的边界曲线与平行于坐标轴的直线相交都不多于两点. 于是,对于每个部分区域,都可应用情形(i)中已证得的公式(10.15),然后把得到的等式相加,并注意到相加时在引进的辅助曲线上的曲线积分,由于方向一正一反都相互抵消了,这样便可证明格林公式(10.15)对于情形(ii)中的区域也是成立的. 例如,就图 10-16 来说,图中画出的平行于 y 轴的直线 $x=x_0$ 就与区域 D 的边界曲线相交于四点. 为此,引进一条辅助线 MN,把 D 分成 D_1 和 D_2 两个部分区域,使得在 D_1 与 D_2 上都能使用公式(10.15),从而得到两个等式:

$$\iint_{D_1}\left(\frac{\partial Q}{\partial x}-\frac{\partial P}{\partial y}\right)\mathrm{d}x\mathrm{d}y=\oint_{L_1+MN}P\mathrm{d}x+Q\mathrm{d}y=\int_{L_1}P\mathrm{d}x+Q\mathrm{d}y+\int_{MN}P\mathrm{d}x+Q\mathrm{d}y,$$

$$\iint_{D_2}\left(\frac{\partial Q}{\partial x}-\frac{\partial P}{\partial y}\right)\mathrm{d}x\mathrm{d}y=\oint_{L_2+NM}P\mathrm{d}x+Q\mathrm{d}y=\int_{L_2}P\mathrm{d}x+Q\mathrm{d}y+\int_{NM}P\mathrm{d}x+Q\mathrm{d}y.$$

由于

$$\int_{NM}P\mathrm{d}x+Q\mathrm{d}y=-\int_{MN}P\mathrm{d}x+Q\mathrm{d}y$$

[参看 10.2 节中的公式(10.8)],所以,把前两式相加,并注意到区域 D 的边界曲线 $L=L_1+L_2$,即得

$$\begin{aligned}\iint_{D}\left(\frac{\partial Q}{\partial x}-\frac{\partial P}{\partial y}\right)\mathrm{d}x\mathrm{d}y&=\int_{L_1}P\mathrm{d}x+Q\mathrm{d}y+\int_{L_2}P\mathrm{d}x+Q\mathrm{d}y\\&=\oint_{L_1+L_2}P\mathrm{d}x+Q\mathrm{d}y=\oint_{L}P\mathrm{d}x+Q\mathrm{d}y.\end{aligned}$$

这就证明了公式(10.15)对于图 10-16 中的区域 D 也是成立的.

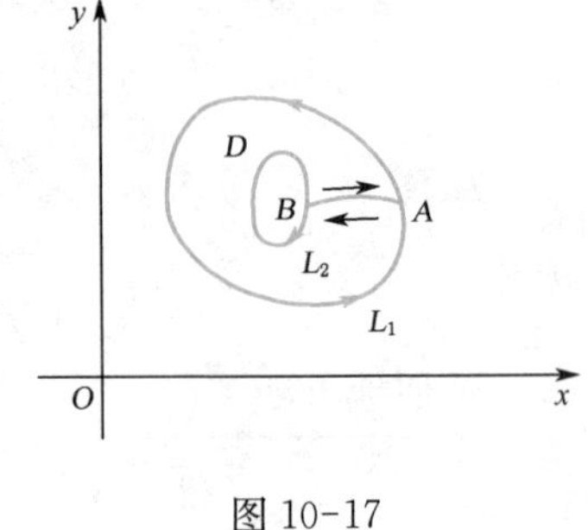

图 10-17

(iii) 设 D 是平面上的多连通区域(图 10-17),可用一条辅助曲线 $\widehat{AB}$ 把区域 D 的边界曲线 L_1 与 L_2 连接起来. 设想沿 $\widehat{AB}$ 用剪刀把区域 D 剪开,则以闭曲线 $L_1+\widehat{AB}+L_2+\widehat{BA}$ 所围成的闭区域就成了一个单连通区域. 应用上面已证得的格林公式(10.15),便得

$$\oint_{L_1+\widehat{AB}+L_2+\widehat{BA}}P\mathrm{d}x+Q\mathrm{d}y=\iint_{D}\left(\frac{\partial Q}{\partial x}-\frac{\partial P}{\partial y}\right)\mathrm{d}x\mathrm{d}y,$$

即
$$\int_{L_1} P\mathrm{d}x+Q\mathrm{d}y+\int_{L_2} P\mathrm{d}x+Q\mathrm{d}y+\int_{\overparen{AB}} P\mathrm{d}x+Q\mathrm{d}y+\int_{\overparen{BA}} P\mathrm{d}x+Q\mathrm{d}y$$
$$=\iint\limits_D\left(\frac{\partial Q}{\partial x}-\frac{\partial P}{\partial y}\right)\mathrm{d}x\mathrm{d}y.$$

由于
$$\int_{\overparen{BA}} P\mathrm{d}x+Q\mathrm{d}y=-\int_{\overparen{AB}} P\mathrm{d}x+Q\mathrm{d}y,$$

故得
$$\int_{L_1} P\mathrm{d}x+Q\mathrm{d}y+\int_{L_2} P\mathrm{d}x+Q\mathrm{d}y=\iint\limits_D\left(\frac{\partial Q}{\partial x}-\frac{\partial P}{\partial y}\right)\mathrm{d}x\mathrm{d}y,$$

即
$$\oint_L P\mathrm{d}x+Q\mathrm{d}y=\iint\limits_D\left(\frac{\partial Q}{\partial x}-\frac{\partial P}{\partial y}\right)\mathrm{d}x\mathrm{d}y,$$

其中,$L=L_1+L_2$ 是区域 D 的取正向的整个边界曲线. 这就证明了格林公式(10.15)对于图 10-17 所示的多连通区域也是成立的.

下面来举几个应用格林公式计算对坐标的曲线积分的例子.

例 1 设 L 是任意一条平面光滑有向闭曲线,证明
$$\oint_L 2xy\mathrm{d}x+x^2\mathrm{d}y=0.$$

证明 现在,$P=2xy$, $Q=x^2$,则
$$\frac{\partial Q}{\partial x}-\frac{\partial P}{\partial y}=2x-2x=0.$$

于是,若记 D 为闭曲线 L 所围成的区域,不妨设 D 的边界曲线 L 取正方向,则由公式(10.15)得
$$\oint_L 2xy\mathrm{d}x+x^2\mathrm{d}y=\iint\limits_D 0\mathrm{d}x\mathrm{d}y=0.$$

例 2 利用格林公式计算$\oint_L x^2y\mathrm{d}x+y^2\mathrm{d}y$,其中,$L$ 是由曲线 $y^3=x^2$ 与直线 $y=x$ 所围成的区域 D 的正向边界曲线.

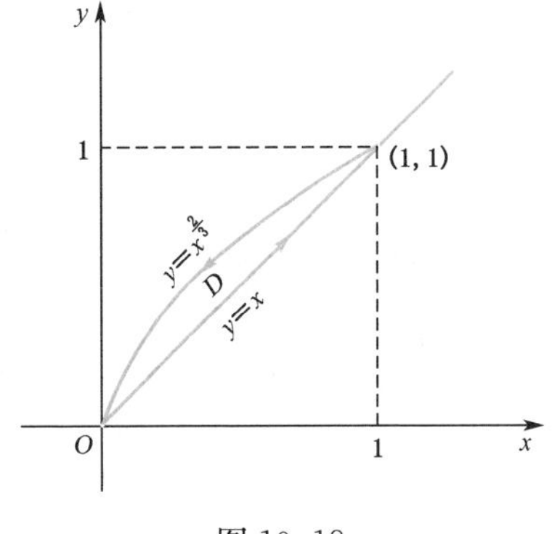

图 10-18

解 画出闭曲线 L 及其所围成的区域 D 的图形(图 10-18). 现在,$P(x, y)=x^2y$, $Q(x, y)=y^2$,则
$$\frac{\partial P}{\partial y}=x^2,\quad \frac{\partial Q}{\partial x}=0,\quad \frac{\partial Q}{\partial x}-\frac{\partial P}{\partial y}=-x^2.$$

于是,由公式(10.15)得

$$\oint_L x^2 y\mathrm{d}x + y^2\mathrm{d}y = -\iint_D x^2\mathrm{d}x\mathrm{d}y = -\int_0^1\mathrm{d}x\int_x^{x^{\frac{2}{3}}} x^2\mathrm{d}y = -\int_0^1 x^2(x^{\frac{2}{3}} - x)\mathrm{d}x$$
$$= -\int_0^1 (x^{\frac{8}{3}} - x^3)\mathrm{d}x = -\left[\frac{3}{11}x^{\frac{11}{3}} - \frac{1}{4}x^4\right]_0^1 = -\frac{1}{44}.$$

从上面两个例子可以看到,计算对坐标的曲线积分时,如果积分曲线弧 L 是闭曲线,有时可用格林公式化为二重积分,使计算变得简便些.但是,如果 L 不是闭曲线,或者被积函数 $P(x, y)$ 及 $Q(x, y)$ 不满足格林公式中的条件,那么,就不能直接使用格林公式.请看下面的例子.

例 3 计算 $I = \int_{\widehat{AnB}} (\mathrm{e}^x\sin 2y - y)\mathrm{d}x + (2\mathrm{e}^x\cos 2y - 1)\mathrm{d}y$,其中,积分路径 $\widehat{AnB}$ 为单位圆 $x^2 + y^2 = 1$ 从点 $A(1, 0)$ 到点 $B(-1, 0)$ 的上半圆周.

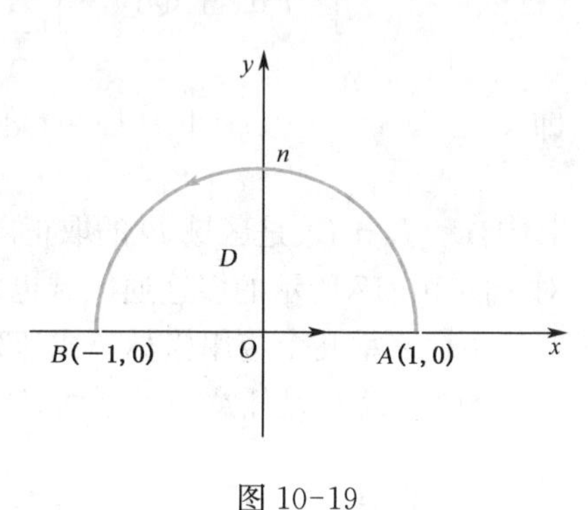

图 10-19

解 如图 10-19 所示,积分路径 $\widehat{AnB}$ 不是闭曲线,故不能直接使用格林公式.但是,如果补上有向线段 BOA(在 x 轴上自点 B 到点 A 的那一段),那么,$\widehat{AnB} + BOA$ 就是上半圆区域 D 的边界的正向闭曲线,在 D 内就可以应用格林公式(10.15).

令 $P = \mathrm{e}^x\sin 2y - y$, $Q = 2\mathrm{e}^x\cos 2y - 1$,则

$$\frac{\partial P}{\partial y} = 2\mathrm{e}^x\cos 2y - 1, \qquad \frac{\partial Q}{\partial x} = 2\mathrm{e}^x\cos 2y,$$
$$\frac{\partial Q}{\partial x} - \frac{\partial P}{\partial y} = 2\mathrm{e}^x\cos 2y - (2\mathrm{e}^x\cos 2y - 1) = 1.$$

于是,由公式(10.15)得

$$\oint_{\widehat{AnB}+BOA} (2\mathrm{e}^x\sin 2y - y)\mathrm{d}x + (2\mathrm{e}^x\cos 2y - 1)\mathrm{d}y = \iint_D 1\mathrm{d}x\mathrm{d}y = \frac{\pi}{2},$$

即
$$I + \int_{BOA} (\mathrm{e}^x\sin 2y - y)\mathrm{d}x + (2\mathrm{e}^x\cos 2y - 1)\mathrm{d}y = \frac{\pi}{2}.$$

由于有向线段 BOA 可表示为 $y = 0$(x 由 -1 变到 1),则

$$\int_{BOA} (\mathrm{e}^x\sin 2y - y)\mathrm{d}x + (2\mathrm{e}^x\cos 2y - 1)\mathrm{d}y = \int_{-1}^1 (\mathrm{e}^x\sin 0 - 0)\mathrm{d}x = 0,$$

所以

$$I = \frac{\pi}{2} - \int_{BOA} (\mathrm{e}^x\sin 2y - y)\mathrm{d}x + (2\mathrm{e}^x\cos 2y - 1)\mathrm{d}y = \frac{\pi}{2} - 0 = \frac{\pi}{2}.$$

例4 计算 $I=\oint_L \frac{y\mathrm{d}x-x\mathrm{d}y}{x^2+y^2}$,其中,$L$ 为

(1) 圆心在点(1, 1)的单位圆周 $(x-1)^2+(y-1)^2=1$ 的逆时针方向;

(2) 圆心在原点(0, 0)的单位圆周 $x^2+y^2=1$ 的逆时针方向;

(3) 闭折线 $|x|+|y|=1$ 的逆时针方向.

解 在本例中,$P(x, y)=\frac{y}{x^2+y^2}$, $Q(x, y)=\frac{-x}{x^2+y^2}$,

$$\frac{\partial P}{\partial y}=\frac{x^2-y^2}{(x^2+y^2)^2}=\frac{\partial Q}{\partial x} \quad (x^2+y^2\neq 0).$$

(1) 若 L 为 $(x-1)^2+(y-1)^2=1$ 的正向[图 10-20(a)],则由 L 所围成的闭区域 D 为 $\{(x, y)\mid(x-1)^2+(y-1)^2\leqslant 1\}$. 因为在 D 内,$P(x, y)$ 及 $Q(x, y)$ 都具有一阶连续偏导数 $\frac{\partial P}{\partial y}$ 及 $\frac{\partial Q}{\partial x}$,所以由格林公式(10.15),可得

$$I=\oint_L \frac{y\mathrm{d}x-x\mathrm{d}y}{x^2+y^2}=\iint_D 0\mathrm{d}x\mathrm{d}y=0.$$

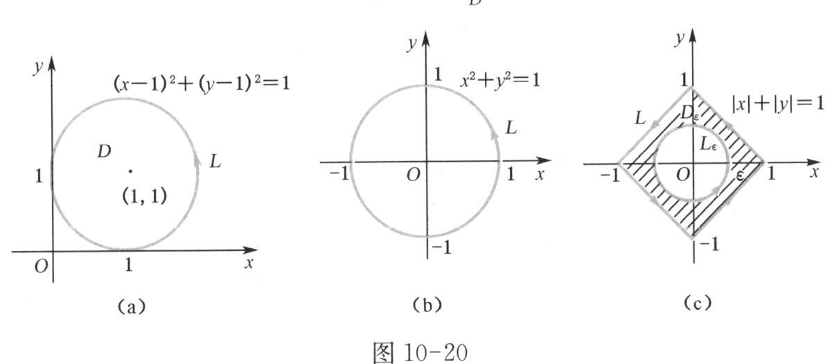

图 10-20

(2) 若 L 为 $x^2+y^2=1$ 的正向[图 10-20(b)],则由 L 所围成的闭区域 $D=\{(x, y)\mid x^2+y^2\leqslant 1\}$,而原点 $O(0, 0)$ 在区域 D 内,函数 $P(x, y)$,$Q(x, y)$ 及其偏导数 $\frac{\partial P}{\partial y}$,$\frac{\partial Q}{\partial x}$ 在原点(0, 0)处均不连续,故不满足格林公式的条件,不能直接使用格林公式(10.15) 来计算. 这时,可利用 10.2 节中关于对坐标的曲线积分的计算法来计算. 因为积分路径为 L 的正向,故它可表示为参数方程:

$$x=\cos t, \qquad y=\sin t \qquad (t \text{ 由 } 0 \text{ 变到 } 2\pi).$$

由公式(10.9)得

$$I=\oint_L \frac{y\mathrm{d}x-x\mathrm{d}y}{x^2+y^2}=\int_0^{2\pi}\frac{\sin t(\cos t)'-\cos t(\sin t)'}{\cos^2 t+\sin^2 t}\mathrm{d}t=-\int_0^{2\pi}\mathrm{d}t=-2\pi.$$

(3) 若 L 为闭折线 $|x|+|y|=1$ 的正向[图 10-20(c)],则因原点 $O(0, 0)$ 在 L 所围成的区域 D 内,与第(2) 小题同理,不能直接使用格林公式(10.15). 在本例中,

可以考虑以原点为中心，在 D 内作一个半径为 $\varepsilon\left(取\ \varepsilon<\frac{\sqrt{2}}{2}\right)$ 的小圆周 $L_\varepsilon: x^2+y^2=\varepsilon^2$，并取 L_ε 为逆时针方向[图 10-20(c)]. 记 L 与 L_ε 所围成的区域 D_ε[图10-20(c) 中影线部分]，则 P, Q 在区域 D_ε 上具有一阶连续偏导数，在区域 D_ε 上应用格林公式(10.15)，得

$$\oint_{L+(-L_\varepsilon)}\frac{y\mathrm{d}x-x\mathrm{d}y}{x^2+y^2}=\iint_{D_\varepsilon}\left(\frac{\partial Q}{\partial x}-\frac{\partial P}{\partial y}\right)\mathrm{d}x\mathrm{d}y=\iint_{D_\varepsilon}0\mathrm{d}x\mathrm{d}y=0,$$

即
$$\oint_L\frac{y\mathrm{d}x-x\mathrm{d}y}{x^2+y^2}-\oint_{L_\varepsilon}\frac{y\mathrm{d}x-x\mathrm{d}y}{x^2+y^2}=0,$$

因此

$$I=\oint_L\frac{y\mathrm{d}x-x\mathrm{d}y}{x^2+y^2}=\oint_{L_\varepsilon}\frac{y\mathrm{d}x-x\mathrm{d}y}{x^2+y^2}.$$

L_ε 的参数方程可表为 $x=\varepsilon\cos t, y=\varepsilon\sin t$($t$ 由 0 变到 2π)，故由公式(10.9) 得

$$I=\oint_{L_\varepsilon}\frac{y\mathrm{d}x-x\mathrm{d}y}{x^2+y^2}=\int_0^{2\pi}\frac{\varepsilon^2\left[\sin t\left(\cos t\right)'-\cos t\left(\sin t\right)'\right]}{\varepsilon^2\left(\cos^2 t+\sin^2 t\right)}\mathrm{d}t=-\int_0^{2\pi}\mathrm{d}t=-2\pi.$$

注意　由于把闭折线 $|x|+|y|=1$ 化为参数方程表示较为复杂，故在本例的第(3)小题中不宜采用第(2)小题中的计算方法.

作为格林公式的一个简单的应用，在公式(10.15)中取 $P=-y, Q=x$，则

$$\oint_L x\mathrm{d}y-y\mathrm{d}x=\iint_D(1+1)\mathrm{d}x\mathrm{d}y=2\iint_D\mathrm{d}x\mathrm{d}y.$$

上式右端是区域 D 的面积 A 的两倍，因此有

$$\boxed{A=\frac{1}{2}\oint_L x\mathrm{d}y-y\mathrm{d}x.}\tag{10.16}$$

例 5　求椭圆 $x=a\cos t, y=b\sin t(0\leqslant t\leqslant 2\pi)$ 所围成图形的面积 A.

解　根据公式(10.16)，有

$$A=\frac{1}{2}\oint_L x\mathrm{d}y-y\mathrm{d}x=\frac{1}{2}\int_0^{2\pi}(ab\cos^2 t+ab\sin^2 t)\mathrm{d}t=\frac{1}{2}ab\int_0^{2\pi}\mathrm{d}t=\pi ab.$$

10.3.2　平面上曲线积分与路径无关的条件

在 10.2 节中已经看到，对于不同的积分路径，例 3 的曲线积分值与积分路径有关，而例 4 的曲线积分值却与积分的路径无关，只与起点和终点有关. 这是不是偶然

的呢?究竟在什么条件下,曲线积分$\int_L P\mathrm{d}x+Q\mathrm{d}y$的值只与起点和终点有关而与积分的路径无关呢?下面来讨论这个问题.

要讨论平面上曲线积分$\int_L P\mathrm{d}x+Q\mathrm{d}y$与路径无关的问题,首先要明确什么叫做曲线积分$\int_L P\mathrm{d}x+Q\mathrm{d}y$与路径无关.

设G是一个开区域,函数$P(x, y)$,$Q(x, y)$在区域G内具有一阶连续偏导数.如果对于G内任意指定的两点A,B以及G内从点A到点B的任意两条曲线L_1,L_2(图 10-21),等式

$$\int_{L_1} P\mathrm{d}x+Q\mathrm{d}y=\int_{L_2} P\mathrm{d}x+Q\mathrm{d}y \quad (10.17)$$

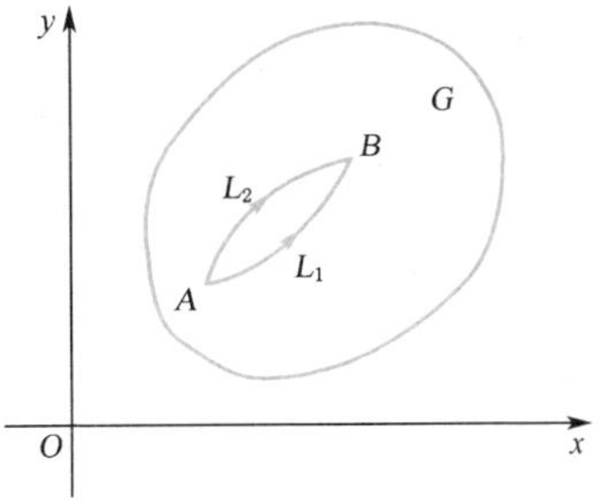

恒成立,则称曲线积分$\int_L P\mathrm{d}x+Q\mathrm{d}y$在$G$内与路径无关[1],否则称与路径有关.

图 10-21

如上所述,如果曲线积分$\int_L P\mathrm{d}x+Q\mathrm{d}y$与路径无关,则有式(10.17)成立(图 10-21),即

$$\int_{L_1} P\mathrm{d}x+Q\mathrm{d}y=\int_{L_2} P\mathrm{d}x+Q\mathrm{d}y.$$

由于
$$\int_{L_2} P\mathrm{d}x+Q\mathrm{d}y=-\int_{-L_2} P\mathrm{d}x+Q\mathrm{d}y,$$

所以
$$\int_{L_1} P\mathrm{d}x+Q\mathrm{d}y+\int_{-L_2} P\mathrm{d}x+Q\mathrm{d}y=0,$$

即
$$\oint_{L_1+(-L_2)} P\mathrm{d}x+Q\mathrm{d}y=0,$$

这里,$L_1+(-L_2)$是一条有向闭曲线.因此,在区域G内由曲线积分与路径无关可推得在G内沿闭曲线的曲线积分为零.反过来,如果在区域G内沿任意闭曲线的曲线积分为零,按上述步骤倒推回去,也可推得在G内曲线积分与路径无关.因此,得到一个重要的结论:曲线积分$\int_L P\mathrm{d}x+Q\mathrm{d}y$在$G$内与路径无关,等价于沿$G$内任意闭曲线$C$的曲线积分$\oint_C P\mathrm{d}x+Q\mathrm{d}y$等于零.

函数$P(x, y)$,$Q(x, y)$满足什么条件时,曲线积分$\int_L P\mathrm{d}x+Q\mathrm{d}y$才与路径无关

---

① 这时,曲线积分又可记作$\int_{(x_0, y_0)}^{(x_1, y_1)} P\mathrm{d}x+Q\mathrm{d}y$,而$(x_0, y_0)$和$(x_1, y_1)$分别是任意曲线$L$的起点和终点的坐标.

呢?下面介绍一个定理,给出曲线积分$\int_L P\mathrm{d}x+Q\mathrm{d}y$与路径无关的充分必要条件.

定理 2 设G是一个单连通区域,函数$P(x,y)$,$Q(x,y)$在G内具有一阶连续偏导数,则曲线积分$\int_L P\mathrm{d}x+Q\mathrm{d}y$在$G$内与路径无关(或沿$G$内任意闭曲线的曲线积分等于零)的充分必要条件是等式

$$\boxed{\frac{\partial P}{\partial y}=\frac{\partial Q}{\partial x}} \tag{10.18}$$

在G内恒成立.

定理的证明从略.

例 6 验证曲线积分$\int_L(6xy^2+4x^3)\mathrm{d}x+(6x^2y+3y^2)\mathrm{d}y$在全平面内与积分路径无关,而只与起点及终点有关.设L是从点$O(0,0)$沿曲线$y=\sin x$到点$B\left(\frac{\pi}{2},1\right)$的一段弧(图 10-22),计算这段弧$L$上的曲线积分的值.

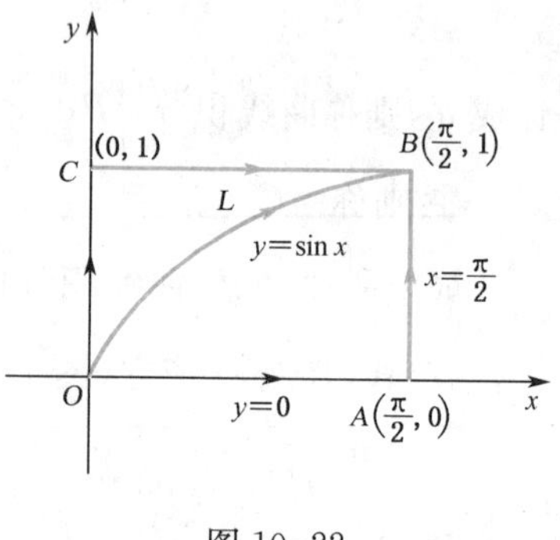

图 10-22

解 这里,$P=6xy^2+4x^3$,$Q=6x^2y+3y^2$,

$$\frac{\partial P}{\partial y}=\frac{\partial Q}{\partial x}=12xy.$$

可见,在整个xOy平面上,P,Q有连续偏导数,且$\frac{\partial P}{\partial y}=\frac{\partial Q}{\partial x}$处处成立;而整个$xOy$平面是单连通区域,因此,所给的曲线积分在$xOy$平面上与积分路径无关,只与起点及终点有关.为计算方便起见,可取折线OAB替代曲线$y=\sin x$为积分路径(图 10-22).

在OA上,它的方程是$y=0$,从而$\mathrm{d}y=0$;在AB上,它的方程是$x=\frac{\pi}{2}$,从而$\mathrm{d}x=0$.于是有

$$\begin{aligned}&\int_L(6xy^2+4x^3)\mathrm{d}x+(6x^2y+3y^2)\mathrm{d}y\\&=\int_{OA}(6xy^2+4x^3)\mathrm{d}x+(6x^2y+3y^2)\mathrm{d}y+\int_{AB}(6xy^2+4x^3)\mathrm{d}x+(6x^2y+3y^2)\mathrm{d}y\\&=\int_0^{\frac{\pi}{2}}4x^3\mathrm{d}x+\int_0^1\left[6\left(\frac{\pi}{2}\right)^2y+3y^2\right]\mathrm{d}y=\left[x^4\right]_0^{\frac{\pi}{2}}+\left[\frac{3\pi^2}{4}y^2+y^3\right]_0^1\\&=\frac{\pi^4}{16}+\frac{3}{4}\pi^2+1.\end{aligned}$$

注意 本例如用对坐标的曲线积分计算法直接计算,就要复杂得多(不妨可以试

试看),而利用曲线积分与路径无关,选取平行于坐标轴的折线 OAB(或 OCB)作为积分路径,就可以使计算简便些.

例7 验证在整个 xOy 平面内,曲线积分 $I=\int_{(0,0)}^{(0,\pi)} e^x\left(\cos y\,dx-\sin y\,dy\right)$ 与路径无关,并计算其值.

解 这里,$P(x, y)=e^x\cos y$, $Q(x, y)=-e^x\sin y$,因为

$$\frac{\partial P}{\partial y}=-e^x\sin y=\frac{\partial Q}{\partial x},$$

在整个 xOy 平面内成立,从而可知,所给曲线积分在整个 xOy 平面内与路径无关.

取由起点 $A(0, 0)$到终点 $B(0, \pi)$的直线段 AB 为积分路径,则在 AB 上 $x=0$, $dx=0$,于是得

$$I=\int_0^{\pi}-e^0\sin y dy=-\int_0^{\pi}\sin y dy=\cos y\Big|_0^{\pi}=-2.$$

例8 计算 $I=\int_L(e^y+x)dx+(xe^y-2y)dy$,其中,$L$ 为过点 $O(0, 0)$, $A(0, 1)$, $B(1, 2)$ 三点所确定的圆周上的一段弧 $\overset{\frown}{OAB}$(图 10-23).

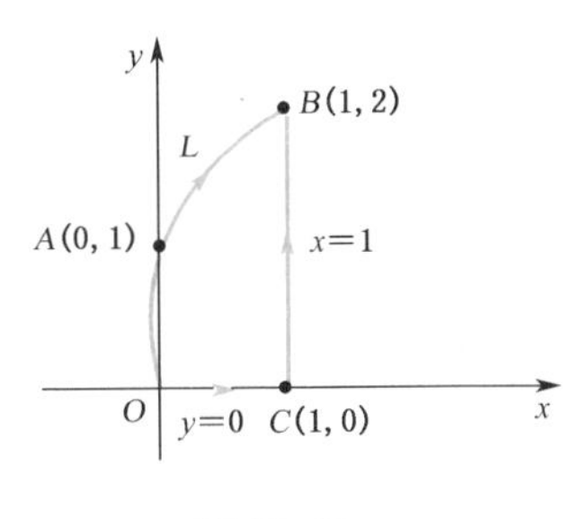

图 10-23

解 若直接用对坐标的曲线积分的计算法,则首先要建立过已知三点 $O(0, 0)$, $A(0, 1)$, $B(1, 2)$的圆的方程,显然,其计算是比较复杂的. 为此,先判别所给的曲线积分是否与路径无关.

这里,$P(x, y)=e^y+x$, $Q(x, y)=xe^y-2y$,由于

$$\frac{\partial P}{\partial y}=e^y=\frac{\partial Q}{\partial x}$$

在 xOy 全平面内成立,且$\frac{\partial P}{\partial y}$及$\frac{\partial Q}{\partial x}$在全平面内连续,而全平面是单连通区域,因此,所给的曲线积分在全平面内与路径无关. 为计算方便起见,可选取平行于坐标轴的折线 OCB[其中点 $C(1,0)$在 x 轴上](图 10-23)来代替 L 进行计算.

在 OC 上,它的方程为 $y=0$,从而 $dy=0$;在 CB 上,它的方程为 $x=1$,从而 $dx=0$. 于是得

$$\begin{aligned}I&=\int_{OC}(e^y+x)dx+(xe^y-2y)dy+\int_{CB}(e^y+x)dx+(xe^y-2y)dy\\&=\int_0^1(1+x)dx+\int_0^2(e^y-2y)dy=\left[x+\frac{x^2}{2}\right]_0^1+\left[e^y-y^2\right]_0^2\\&=e^2-\frac{7}{2}.\end{aligned}$$

习题 10.3

1. 利用格林公式计算曲线积分.

(1) $\oint_L (x-y)\mathrm{d}x+x\mathrm{d}y$,其中,$L$ 是由两坐标轴及直线 $x+y=1$ 所围成的三角形区域的正向边界;

(2) $\oint_L (x+y)\mathrm{d}x-(x-y)\mathrm{d}y$,其中,$L$ 为椭圆$\frac{x^2}{a^2}+\frac{y^2}{b^2}=1$ 的正向边界.

2. 利用格林公式计算曲线积分.

(1) $\int_L (\mathrm{e}^x\sin y-y)\mathrm{d}x+(\mathrm{e}^x\cos y-1)\mathrm{d}y$,其中,$L$ 是从点 $A(a,\ 0)$ 沿上半圆周 $y=\sqrt{ax-x^2}$ 到点 $O(0,\ 0)$ 的一段圆弧;

(2) $\int_L (2xy^3-y^2\cos x)\mathrm{d}x+(1-2y\sin x+3x^2y^2)\mathrm{d}y$,其中,$L$ 为抛物线 $2x=\pi y^2$ 由点 $O(0,\ 0)$ 到点 $A\left(\frac{\pi}{2},1\right)$ 的一段弧.

3. 利用曲线积分,求曲线所围成的图形面积.

(1) 星形线 $x=a\cos^3 t, y=a\sin^3 t$; (2) 椭圆 $9x^2+16y^2=144$.

4. 设 $I=\oint_L \frac{x\mathrm{d}y-y\mathrm{d}x}{x^2+y^2}$,其中,$L$ 为圆周 $x^2+y^2=a^2(a>0)$ 的正向. 试问:下面的计算对不对?为什么?应当怎样改正?

因为

$$\frac{\partial P}{\partial y}=\frac{\partial Q}{\partial x}=\frac{y^2-x^2}{(x^2+y^2)^2},\quad \frac{\partial Q}{\partial x}-\frac{\partial P}{\partial y}=0,$$

所以,由格林公式得

$$I=\iint_D 0\mathrm{d}x\mathrm{d}y=0,$$

其中,D 为 L 所围成的圆域.

5. 验证在整个 xOy 平面内,曲线积分 $\int_L (x+y)\mathrm{d}x+(x-y)\mathrm{d}y$ 与路径无关,并计算积分 $\int_{(1,\ 1)}^{(2,\ 3)} (x+y)\mathrm{d}x+(x-y)\mathrm{d}y$ 的值.

6. 验证在整个 xOy 平面内,曲线积分 $\int_{(0,\ 0)}^{\left(\frac{\pi}{2},\ \frac{\pi}{2}\right)} y\cos x\mathrm{d}x+\sin x\mathrm{d}y$ 与路径无关,并计算积分的值.

7. 利用曲线积分与路径无关的条件,计算曲线积分.

(1) $\int_L (1+x\mathrm{e}^{2y})\mathrm{d}x+(x^2\mathrm{e}^{2y}-y^2)\mathrm{d}y$,其中,$L$ 是从点 $O(0,\ 0)$ 经圆周 $(x-2)^2+y^2=4$ 的上半部分到点 $A(4,\ 0)$ 的一段弧;

(2) $\int_L \mathrm{e}^x(\cos y\mathrm{d}x-\sin y\mathrm{d}y)$,其中,$L$ 是从点 $O(0,\ 0)$ 到 $A\left(2,\ \frac{3}{2}\pi\right)$ 的任意曲线弧.

8. 设变力 $\boldsymbol{F}=(x+y^2)\boldsymbol{i}+(2xy-8)\boldsymbol{j}$,变力 $\boldsymbol{F}$ 构成了一个力场. 证明质点在此场内移动时场力 $\boldsymbol{F}$ 所做的功与路径无关,并求质点由点 $A(1,\ 1)$ 移动到点 $B(2,\ 3)$ 时场力 $\boldsymbol{F}$ 所做的功.

答　案

1. (1) 1；　(2) $-2\pi ab$.

2. (1) $\frac{\pi}{8}a^2$(提示：在 x 轴上作辅助路径 OA，构成正向闭曲线)；

(2) $\frac{\pi^2}{4}$(提示：作折线 ABO，其中，BO 在 y 轴上，$AB/\!/x$ 轴，构成正向闭曲线).

3. (1) $\frac{3}{8}\pi a^2$；　(2) 12π.

4. 不对，因 P, Q 在点 $O(0, 0)$ 处不连续，而点 $O\in D$，故不能直接使用格林公式，应采用类似于例 4(2)中介绍的方法，也可直接计算如下：

L 的参数方程为 $x=a\cos t$, $y=a\sin t$(t 由 0 到 2π)，所以

$$I=\int_0^{2\pi}\frac{a^2\cos^2 t+a^2\sin^2 t}{a^2}\mathrm{d}t=\int_0^{2\pi}\mathrm{d}t=2\pi.$$

5. $\frac{5}{2}$.　6. $\frac{\pi}{2}$.　7. (1) 12；(2) -1.　8. $W=\frac{5}{2}$.

10.4　对面积的曲面积分

曲面积分也有两类，就是对面积的曲面积分与对坐标的曲面积分. 它们的积分区域都是空间的曲面. 本节先讲对面积的曲面积分.

10.4.1　对面积的曲面积分的概念与性质

引例　质量分布非均匀的曲面形构件的质量.

设具有质量的曲面①形构件 Σ 的面密度 $\mu(x, y, z)$ 是曲面上点 (x, y, z) 的函数，要求此曲面形构件的质量.

由于面密度 $\mu(x, y, z)$ 不是常数，曲面 Σ 上的质量分布是不均匀的，所以仍要采用“分割、取近似、作和、取极限”的方法来计算.

(1) 分割　将曲面形构件 Σ 任意地分成 n 个小块 ΔS_i($i=1, 2, \cdots, n$)，并以 ΔS_i 表示这些小块曲面的面积.

(2) 取近似　在小块曲面 ΔS_i 上任取一点 $P_i(\xi_i, \eta_i, \zeta_i)$(图 10-24)，则此点处的面密度为 $\mu(\xi_i, \eta_i, \zeta_i)$. 在函数 $\mu(x, y, z)$ 连续的前提下，只要小块 ΔS_i 很小，就可以用 $\mu(\xi_i, \eta_i, \zeta_i)$ 近似代替 ΔS_i 上各点处的面密度，从而得到这小块曲面形构件的质量的近似值为

$$\Delta M_i\approx\mu(\xi_i, \eta_i, \zeta_i)\Delta S_i,\quad i=1, 2, \cdots, n.$$

---

① 以后都假定曲面的边界曲线是分段光滑的闭曲线且曲面有界.

(3) **作和** 将 n 个小块曲面形构件的质量的近似值加起来，得曲面形构件 Σ 的质量的近似值：

$$M \approx \sum_{i=1}^{n} \mu(\xi_i, \eta_i, \zeta_i) \Delta S_i.$$

(4) **取极限** 当 $n \to \infty$ 且 n 个小块曲面的直径[①]的最大值 $\lambda \to 0$ 时，若上式右端和式的极限存在，则称此极限为曲面形构件 Σ 的质量 M，即

$$M = \lim_{\lambda \to 0} \sum_{i=1}^{n} \mu(\xi_i, \eta_i, \zeta_i) \Delta S_i.$$

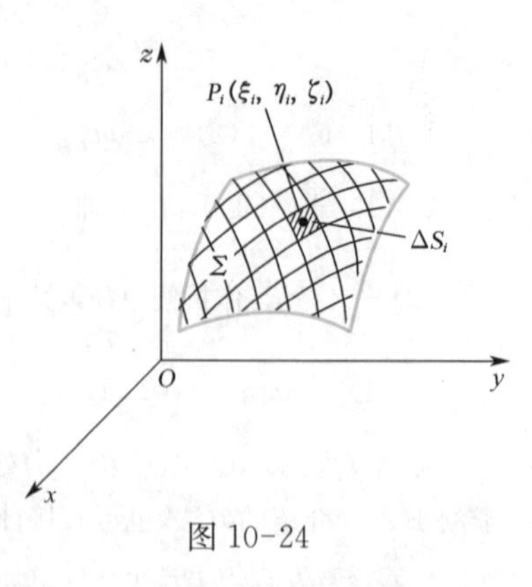

图 10-24

在其他实际问题的计算中，也会遇到这类和式的极限，抽去它们的具体意义，就得出对面积的曲面积分的概念.

为了叙述方便起见，先介绍什么叫做光滑曲面及分片光滑的曲面. 所谓**光滑曲面**，是指曲面上各点处都具有切平面，且当曲面上的点连续变动时，切平面也连续转动. 简单地说，光滑曲面是具有连续转动的切平面的曲面. 所谓**分片光滑的曲面**，是指由**有限个光滑的曲面连成的曲面**. 以后，总假定曲面是光滑的或分片光滑的.

定义 设曲面 Σ 是光滑的，函数 $f(x, y, z)$ 在 Σ 上有界. 把 Σ 任意地分成 n 个小块 $\Delta S_i (i = 1, 2, \cdots, n)$，且以 ΔS_i 表示第 i 小块曲面的面积. 在 ΔS_i 上任取一点 (ξ_i, η_i, ζ_i)，作和式 $\sum\limits_{i=1}^{n} f(\xi_i, \eta_i, \zeta_i) \cdot \Delta S_i$. 当所有小块曲面的直径的最大值 $\lambda \to 0$ 时，如果和式的极限

$$\lim_{\lambda \to 0} \sum_{i=1}^{n} f(\xi_i, \eta_i, \zeta_i) \Delta S_i$$

存在，则称此极限值为函数 $f(x, y, z)$ 在曲面 Σ 上**对面积的曲面积分**或**第一类曲面积分**，记作 $\iint\limits_{\Sigma} f(x, y, z) \mathrm{d}S$，即

$$\iint\limits_{\Sigma} f(x, y, z) \mathrm{d}S = \lim_{\lambda \to 0} \sum_{i=1}^{n} f(\xi_i, \eta_i, \zeta_i) \Delta S_i. \tag{10.19}$$

其中，$f(x, y, z)$ 称为**被积函数**，Σ 称为**积分曲面**，$\mathrm{d}S$ 称为曲面的**面积元素**.

当曲面 Σ 是闭曲面时，通常把曲面积分记作 $\oint\!\!\!\oint\limits_{\Sigma} f(x, y, z) \mathrm{d}S$.

按定义，引例中所求曲面形构件 Σ 的质量 M，就可以表示为面密度函数 $\mu(x, y, z)$ 在 Σ 上对面积的曲面积分：$M = \iint\limits_{\Sigma} \mu(x, y, z) \mathrm{d}S$. 当被积函数 $f(x, y, z) \equiv 1$ 时，对

① 曲面的直径是指曲面上任意两点间距离的最大值.

面积的曲面积分就表示曲面 Σ 的面积 A，即 $A=\iint\limits_{\Sigma}\mathrm{d}S$.

当 $f(x, y, z)$ 在光滑曲面 Σ 上连续时，对面积的曲面积分 $\iint\limits_{\Sigma}f(x, y, z)\mathrm{d}S$ 是存在的. 今后总是假定函数 $f(x, y, z)$ 在 Σ 上连续.

对面积的曲面积分的性质与对弧长的曲线积分的性质相类似. 例如

(1) $\iint\limits_{\Sigma}[k_1f_1(x, y, z)\pm k_2f_2(x, y, z)]\mathrm{d}S$

$=k_1\iint\limits_{\Sigma}f_1(x, y, z)\mathrm{d}S\pm k_2\iint\limits_{\Sigma}f_2(x, y, z)\mathrm{d}S$，其中，$k_1$，$k_2$ 为常数.

(2) 若光滑曲面 Σ 是由有限个曲面：Σ_1，Σ_2，…，Σ_k 所组成，则有

$$\iint\limits_{\Sigma}f(x, y, z)\mathrm{d}S=\iint\limits_{\Sigma_1}f(x, y, z)\mathrm{d}S+\iint\limits_{\Sigma_2}f(x, y, z)\mathrm{d}S+\cdots+\iint\limits_{\Sigma_k}f(x, y, z)\mathrm{d}S.$$

如果 Σ 是分片光滑的曲面，规定函数在 Σ 上的曲面积分等于函数在光滑的各片曲面上的曲面积分之和.

这个性质也表明曲面积分对于积分曲面具有可加性.

10.4.2 对面积的曲面积分的计算法

在对面积的曲面积分 $\iint\limits_{\Sigma}f(x, y, z)\mathrm{d}S$ 中，被积函数 $f(x, y, z)$ 虽然是三元函数，但是，因为点 (x, y, z) 是在曲面 Σ 上，所以，x，y，z 不是独立的，它们受曲面 Σ 的方程 $z=z(x, y)$ 限制，实际上，只依赖于两个自变量 x，y. 因此，有可能把曲面积分化为二重积分来计算. 下面给出对面积的曲面积分的计算法.

定理 设

(1) 曲面 Σ 的方程由单值函数 $z=z(x, y)$ 给出，Σ 在 xOy 面上的投影区域为 D_{xy}（图 10-25）；

(2) 函数 $z=z(x, y)$ 在 D_{xy} 上具有一阶连续偏导数（即 Σ 是光滑的）；

(3) $f(x, y, z)$ 在 Σ 上连续，则对面积的曲面积分 $\iint\limits_{\Sigma}f(x, y, z)\mathrm{d}S$ 可以化为二重积分，且有

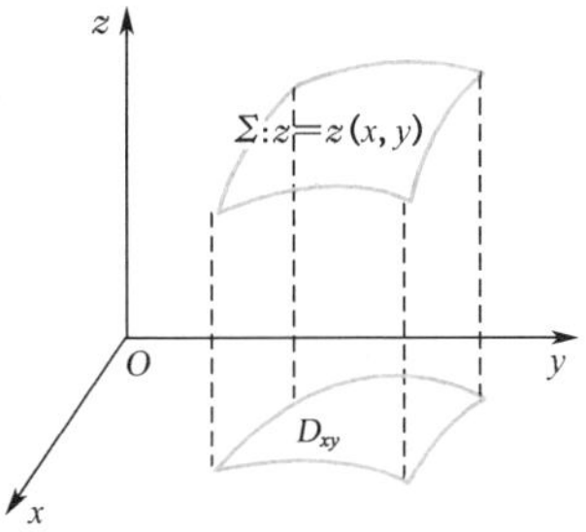

图 10-25

$$\iint\limits_{\Sigma}f(x, y, z)\mathrm{d}S=\iint\limits_{D_{xy}}f[x, y, z(x, y)]\sqrt{1+z'^2_x(x, y)+z'^2_y(x, y)}\,\mathrm{d}x\mathrm{d}y. \tag{10.20}$$

定理证明从略.

公式(10.20)就是把对面积的曲面积分化为二重积分计算的公式. 这公式是容易记忆的，因为曲面 Σ 的方程是 $z=z(x, y)$，而曲面的面积元素 dS 就是 $\sqrt{1+z'^2_x(x, y)+z'^2_y(x, y)}\,dxdy$. 在计算时，只要把变量 z 换为 $z(x, y)$，把 dS 换为 $\sqrt{1+z'^2_x+z'^2_y}\,dxdy$，再确定 Σ 在 xOy 面上的投影区域 D_{xy}，这样，就把对面积的曲面积分化为在 Σ 的投影区域 D_{xy} 上的二重积分了.

如果积分曲面 Σ 由方程 $x=x(y, z)$ 或 $y=y(x, z)$ 给出，也可类似地把对面积的曲面积分化为相应的二重积分，它们分别为

$$\iint_{\Sigma} f(x, y, z)dS=\iint_{D_{yz}} f[x(y, z), y, z]\sqrt{1+x'^2_y(y, z)+x'^2_z(y, z)}\,dydz$$

或

$$\iint_{\Sigma} f(x, y, z)dS=\iint_{D_{xz}} f[x, y(x, z), z]\sqrt{1+y'^2_x(x, z)+y'^2_z(x, z)}\,dxdz,$$

其中，D_{yz} 及 D_{xz} 分别为曲面 Σ 在 yOz 面及 xOz 面上的投影区域.

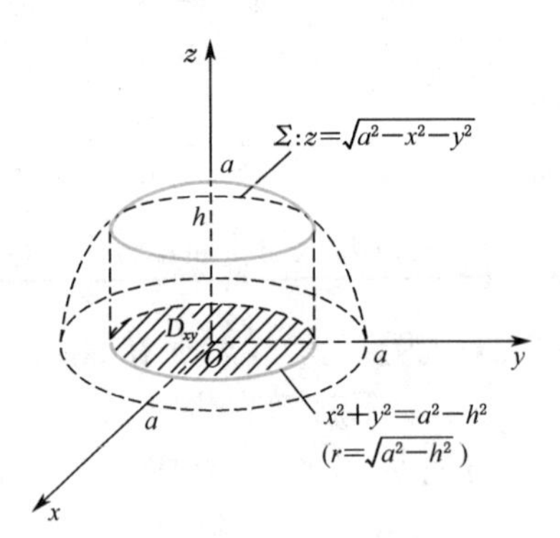

图 10-26

例 1 计算 $\iint_{\Sigma} z^2 dS$，其中，Σ 为球面 $x^2+y^2+z^2=a^2$ 被平面 $z=h(0<h<a)$ 截出的顶部(图 10-26).

解 Σ 的方程为

$$z=\sqrt{a^2-x^2-y^2},$$

它在 xOy 面上的投影区域 D_{xy} 为圆形区域：$x^2+y^2\leqslant a^2-h^2$. 又

$$\frac{\partial z}{\partial x}=\frac{-x}{\sqrt{a^2-x^2-y^2}},\quad \frac{\partial z}{\partial y}=\frac{-y}{\sqrt{a^2-x^2-y^2}},$$

$$\sqrt{1+z_x^2+z_y^2}=\sqrt{1+\left(\frac{-x}{\sqrt{a^2-x^2-y^2}}\right)^2+\left(\frac{-y}{\sqrt{a^2-x^2-y^2}}\right)^2}=\frac{a}{\sqrt{a^2-x^2-y^2}}.$$

根据公式(10.20)，有

$$\iint_{\Sigma} z^2 dS=\iint_{D_{xy}}(a^2-x^2-y^2)\cdot\frac{a}{\sqrt{a^2-x^2-y^2}}dxdy \quad \text{(二重积分)}$$

$$=a\iint_{D_{xy}}\sqrt{a^2-x^2-y^2}\,dxdy \quad \text{(化为极坐标)}$$

$$= a\iint\limits_{D_{xy}}\sqrt{a^2-r^2}\,r\mathrm{d}r\mathrm{d}\theta = a\int_0^{2\pi}\mathrm{d}\theta\int_0^{\sqrt{a^2-h^2}}(a^2-r^2)^{\frac{1}{2}}r\mathrm{d}r$$

$$= 2\pi a\left[-\frac{1}{2}\int_0^{\sqrt{a^2-h^2}}(a^2-r^2)^{\frac{1}{2}}\mathrm{d}(a^2-r^2)\right]$$

$$= -\pi a\left[\frac{2}{3}(a^2-r^2)^{\frac{3}{2}}\right]_0^{\sqrt{a^2-h^2}} = \frac{2}{3}\pi a(a^3-h^3).$$

例 2　计算$\iint\limits_{\Sigma}(x+y+z)\mathrm{d}S$，其中，$\Sigma$ 是圆锥面 $z=\sqrt{x^2+y^2}$ 介于平面 $z=1$ 及 $z=2$ 之间的部分(图 10-27).

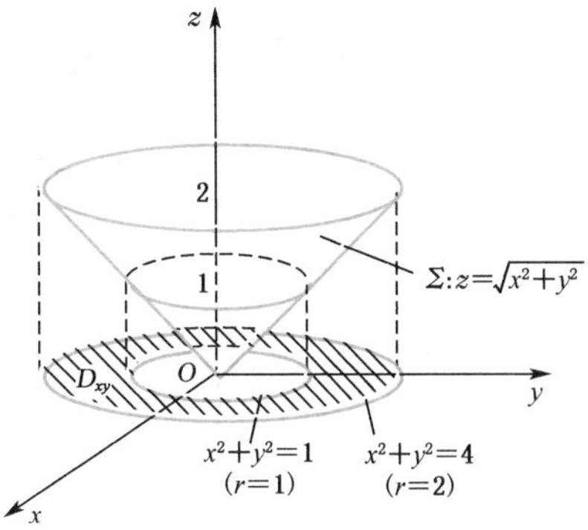

图 10-27

解　积分曲面 Σ 的方程为

$$z=\sqrt{x^2+y^2},$$

它在 xOy 面上的投影区域 D_{xy} 为圆环域：$1\leqslant x^2+y^2\leqslant 4$.

由于

$$\frac{\partial z}{\partial x}=\frac{x}{\sqrt{x^2+x^2}},\quad \frac{\partial z}{\partial y}=\frac{y}{\sqrt{x^2+y^2}},$$

$$\mathrm{d}S=\sqrt{1+z_x^2+z_y^2}\,\mathrm{d}x\mathrm{d}y=\sqrt{1+\left(\frac{x}{\sqrt{x^2+y^2}}\right)^2+\left(\frac{y}{\sqrt{x^2+y^2}}\right)^2}\,\mathrm{d}x\mathrm{d}y=\sqrt{2}\,\mathrm{d}x\mathrm{d}y,$$

所以

$$\iint\limits_{\Sigma}(x+y+z)\mathrm{d}S=\iint\limits_{D_{xy}}(x+y+\sqrt{x^2+y^2})\sqrt{2}\,\mathrm{d}x\mathrm{d}y \quad \text{(二重积分)}$$

$$=\sqrt{2}\iint\limits_{D_{xy}}(x+y+\sqrt{x^2+y^2})\mathrm{d}x\mathrm{d}y \quad \text{(化为极坐标)}$$

$$=\sqrt{2}\iint\limits_{D_{xy}}(r\cos\theta+r\sin\theta+r)r\mathrm{d}r\mathrm{d}\theta$$

$$=\sqrt{2}\int_0^{2\pi}(\cos\theta+\sin\theta)\mathrm{d}\theta\int_1^2 r^2\mathrm{d}r+\sqrt{2}\int_0^{2\pi}\mathrm{d}\theta\int_1^2 r^2\mathrm{d}r$$

$$=\sqrt{2}\Big[\sin\theta-\cos\theta\Big]_0^{2\pi}\left[\frac{r^3}{3}\right]_1^2+\sqrt{2}\cdot 2\pi\left[\frac{r^3}{3}\right]_1^2$$

$$=0+\frac{14\sqrt{2}}{3}\pi=\frac{14\sqrt{2}}{3}\pi.$$

例 3　计算$\oiint\limits_{\Sigma}xyz\,\mathrm{d}S$，其中，$\Sigma$ 是由平面$x=0$，$y=0$，$z=0$ 及 $x+y+z=1$ 所

围成的四面体的整个边界曲面(图 10-28).

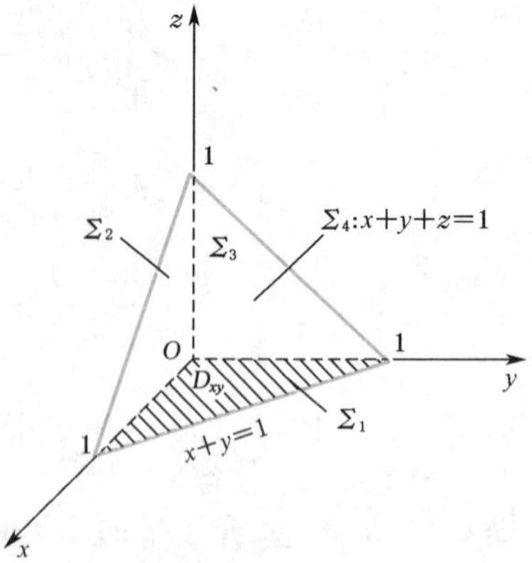

解　整个边界曲面 Σ 在平面 $z=0, y=0, x=0$ 及 $x+y+z=1$ 内的部分依次记为 Σ_1, Σ_2, Σ_3 及 Σ_4,那么

$$\oiint\limits_{\Sigma} xyz\mathrm{d}S=\iint\limits_{\Sigma_1} xyz\mathrm{d}S+\iint\limits_{\Sigma_2} xyz\mathrm{d}S+\iint\limits_{\Sigma_3} xyz\mathrm{d}S+\iint\limits_{\Sigma_4} xyz\mathrm{d}S.$$

由于在 Σ_1, Σ_2, Σ_3 上,被积函数 $f(x, y, z)=xyz$ 均为零,所以

$$\iint\limits_{\Sigma_1} xyz\mathrm{d}S=\iint\limits_{\Sigma_2} xyz\mathrm{d}S=\iint\limits_{\Sigma_3} xyz\mathrm{d}S=0.$$

图 10-28

在 Σ_4 上, $z=1-x-y$,所以

$$\sqrt{1+z_x^2+z_y^2}=\sqrt{1+(-1)^2+(-1)^2}=\sqrt{3}.$$

于是

$$\oiint\limits_{\Sigma} xyz\mathrm{d}S=\iint\limits_{\Sigma_4} xyz\mathrm{d}S=\iint\limits_{D_{xy}} \sqrt{3}xy(1-x-y)\mathrm{d}x\mathrm{d}y,$$

其中, D_{xy} 是 Σ_4 在 xOy 面上的投影区域,即由直线 $x=0$, $y=0$ 及 $x+y=1$ 所围成的区域(图 10-28 中影线部分). 因此

$$\begin{aligned}\oiint\limits_{\Sigma} xyz\mathrm{d}S&=\sqrt{3}\int_0^1 x\mathrm{d}x\int_0^{1-x} y(1-x-y)\mathrm{d}y=\sqrt{3}\int_0^1 x\left[(1-x)\frac{y^2}{2}-\frac{y^3}{3}\right]_{y=0}^{y=1-x}\mathrm{d}x\\&=\sqrt{3}\int_0^1 x\cdot\frac{(1-x)^3}{6}\mathrm{d}x=\frac{\sqrt{3}}{6}\int_0^1 (x-3x^2+3x^3-x^4)\mathrm{d}x=\frac{\sqrt{3}}{120}.\end{aligned}$$

例 4　求半径为 R 的上半球壳的质量,已知球壳上各点处的面密度在数量上等于该点到铅垂直径的距离.

解　取坐标系,如图 10-29 所示,则上半球面 Σ 的方程为

$$z=\sqrt{R^2-x^2-y^2},$$

面密度为 $\mu=\sqrt{x^2+y^2}$,上半球壳的质量为

$$M=\iint\limits_{\Sigma}\mu(x, y, z)\mathrm{d}S=\iint\limits_{\Sigma}\sqrt{x^2+y^2}\mathrm{d}S.$$

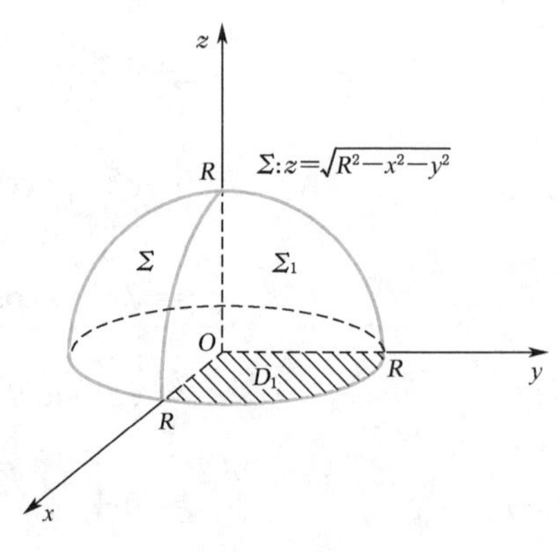

图 10-29

由于上半球壳关于 xOz 及 yOz 坐标面对称,而且密度函数是关于 x, y 的偶函

数，所以，整个上半球壳的质量等于第一卦限部分的球壳 Σ_1 的质量的 4 倍，即

$$M = 4\iint\limits_{\Sigma_1}\sqrt{x^2+y^2}\,\mathrm{d}S.$$

由 Σ_1 的方程 $z=\sqrt{R^2-x^2-y^2}$，得

$$\frac{\partial z}{\partial x}=\frac{-x}{\sqrt{R^2-x^2-y^2}},\quad \frac{\partial z}{\partial y}=\frac{-y}{\sqrt{R^2-x^2-y^2}},\quad \sqrt{1+z_x^2+z_y^2}=\frac{R}{\sqrt{R^2-x^2-y^2}}.$$

Σ_1 在 xOy 面上的投影区域 D_1 为第一象限内的 1/4 圆域：$x^2+y^2\leqslant R^2(x\geqslant 0,$ $y\geqslant 0)$（图 10-29 中影线部分）. 于是

$$\begin{aligned} M &= 4\iint\limits_{\Sigma_1}\sqrt{x^2+y^2}\,\mathrm{d}S = 4\iint\limits_{D_1}\sqrt{x^2+y^2}\,\frac{R}{\sqrt{R^2-x^2-y^2}}\mathrm{d}x\mathrm{d}y \\ &= 4R\iint\limits_{D_1}\frac{\sqrt{x^2+y^2}}{\sqrt{R-x^2-y^2}}\mathrm{d}x\mathrm{d}y \quad \text{（化为极坐标）} \\ &= 4R\iint\limits_{D_1}\frac{r}{\sqrt{R^2-r^2}}r\mathrm{d}r\mathrm{d}\theta = 4R\int_0^{\frac{\pi}{2}}\mathrm{d}\theta\int_0^R\frac{r^2}{\sqrt{R^2-r^2}}\mathrm{d}r \quad \text{（令 } r=R\sin t\text{）} \\ &= 2\pi R\int_0^{\frac{\pi}{2}}\frac{R^2\sin^2 t}{R\cos t}R\cos t\mathrm{d}t = 2\pi R^3\int_0^{\frac{\pi}{2}}\sin^2 t\mathrm{d}t \\ &= 2\pi R^3\times\frac{1}{2}\times\frac{\pi}{2}=\frac{1}{2}\pi^2R^3. \end{aligned}$$

例 5　证明：半径为 R 的球的表面积为 $A=4\pi R^2$.

证明　设上半球面 Σ 如图 10-29 所示，Σ 的方程为 $z=\sqrt{R^2-x^2-y^2}$. 由球面的对称性可知，球面面积 A 等于上半球面 Σ 在第一卦限部分的面积 A_1 的 8 倍. 若记 Σ_1 为 Σ 在第一卦限的部分，则它在 xOy 面上的投影区域为 D_1：$0\leqslant y\leqslant\sqrt{R^2-x^2}$，$0\leqslant x\leqslant R$（图 10-29），化为极坐标，可表示为 D_1：$0\leqslant r\leqslant R$，$0\leqslant\theta\leqslant\frac{\pi}{2}$. 由 $z=\sqrt{R^2-x^2-y^2}$ 可得

$$\frac{\partial z}{\partial x}=\frac{-x}{\sqrt{R^2-x^2-y^2}},\quad \frac{\partial z}{\partial y}=\frac{-y}{\sqrt{R^2-x^2-y^2}},$$

$$\sqrt{1+\left(\frac{\partial z}{\partial x}\right)^2+\left(\frac{\partial z}{\partial y}\right)^2}=\frac{R}{\sqrt{R^2-x^2-y^2}}.$$

于是，Σ_1 的面积为

$$A_1=\iint\limits_{\Sigma_1}\mathrm{d}S=\iint\limits_{D_1}\frac{R}{\sqrt{R^2-x^2-y^2}}\mathrm{d}x\mathrm{d}y \quad \text{（化为极坐标）}$$

$$= \iint_{D_1} \frac{R}{\sqrt{R^2 - r^2}} r\mathrm{d}r\mathrm{d}\theta = R\int_0^{\frac{\pi}{2}} \mathrm{d}\theta \int_0^R \frac{r}{\sqrt{R^2 - r^2}} \mathrm{d}r$$

$$= \frac{1}{2}\pi R\left[-\sqrt{R^2 - r^2}\right]_0^R = \frac{1}{2}\pi R^2.$$

因此,整个球的表面积为

$$A = 8A_1 = 4\pi R^2.$$

习题 10.4

1. 设有分布着质量的曲面 Σ,在任一点 (x, y, z) 处,它的面密度为 $\mu(x, y, z)$,用对面积的曲面积分分别表示:(1) 曲面 Σ 的质量;(2) 曲面 Σ 的质心坐标;(3) 曲面 Σ 对于 z 轴的转动惯量.

2. 计算 $\iint\limits_{\Sigma}\left(2x + \frac{4}{3}y + z\right)\mathrm{d}S$,其中,$\Sigma$ 为平面 $\frac{x}{2} + \frac{y}{3} + \frac{z}{4} = 1$ 在第一卦限的部分.

3. 计算 $\iint\limits_{\Sigma}(x^2 + y^2)\mathrm{d}S$,其中,$\Sigma$ 为抛物面 $z = 2 - (x^2 + y^2)$ 在 xOy 面上方的部分.

4. 计算 $\iint\limits_{\Sigma}(x + y + z)\mathrm{d}S$,其中,$\Sigma$ 为上半球面 $z = \sqrt{a^2 - x^2 - y^2}$.

5. 计算 $\oiint\limits_{\Sigma}(x^2 + y^2)\mathrm{d}S$,其中,$\Sigma$ 为锥面 $z = \sqrt{x^2 + y^2}$ 及平面 $z = 1$, $z = 2$ 所围成区域的整个边界曲面.

6. 求锥面 $\Sigma: z = \sqrt{x^2 + y^2}$ 被柱面 $x^2 + y^2 = 2ax$ 所截得的部分曲面的面积.

7. 求抛物面壳 $z = \frac{1}{2}(x^2 + y^2)(0 \leqslant z \leqslant 1)$ 的质量,此壳的面密度按规律 $\mu = z$ 变更.

答 案

1. (1) $M = \iint\limits_{\Sigma}\mu(x, y, z)\mathrm{d}S$; (2) 质心坐标:$\bar{x} = \frac{1}{M}\iint\limits_{\Sigma}x\mu(x, y, z)\mathrm{d}S$, $\bar{y} = \frac{1}{M}\iint\limits_{\Sigma}y\mu(x, y, z)\mathrm{d}S$, $\bar{z} = \frac{1}{M}\iint\limits_{\Sigma}z\mu(x, y, z)\mathrm{d}S$,其中,$M$ 是 Σ 的质量; (3) $I_z = \iint\limits_{\Sigma}(x^2 + y^2)\mu(x, y, z)\mathrm{d}S$.

2. $4\sqrt{61}$. 3. $\frac{149}{30}\pi$. 4. πa^3. 5. $\frac{17 + 15\sqrt{2}}{2}$. 6. $\sqrt{2}\pi a^2$. 7. $\left(\frac{4}{5}\sqrt{3} + \frac{2}{15}\right)\pi$.

10.5 对坐标的曲面积分

10.5.1 对坐标的曲面积分的概念与性质

在讨论对坐标的曲线积分时,由于它与积分路径的方向有关,因此,必须指定有向曲线弧的方向. 现在讨论对坐标的曲面积分时，由于它与曲面的侧有关，为此，必须先对曲面的侧作些说明.

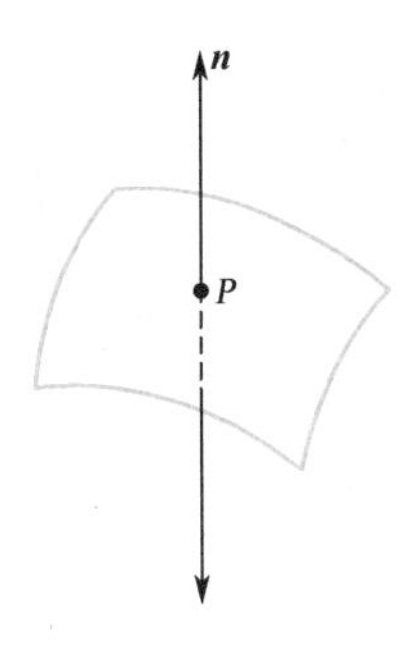

图 10-30

在曲面上任一点 P 处作曲面的法向量，它有两个指向，取定一个指向为 $\boldsymbol{n}$，当点 P 在曲面上不越过边界而任意连续变动又回到原来的位置时，法向量 $\boldsymbol{n}$ 还是原来的方向，这样的曲面称为双侧曲面(图10-30)，否则称为单侧曲面.

通常遇到的曲面都是双侧的. 例如，由方程 $z=z(x, y)$ 所表示的曲面，假定 z 轴铅直向上，它就有上侧与下侧之分；又例如，一张包围某一空间区域的闭曲面，就有外侧与内侧之分. 以后总假定所考虑的曲面是双侧的.

曲面的侧可以通过曲面上法向量的指向来确定. 例如，对于由单值函数 $z=z(x, y)$表示的曲面 Σ，如取它的法向量 $\boldsymbol{n}$ 的指向朝上(即 $\boldsymbol{n}$ 与 z 轴的正向成锐角)，就说是取定了曲面的上侧(图 10-31)；如取它的法向量 $\boldsymbol{n}$ 的指向朝下(即 $\boldsymbol{n}$ 与 z 轴的正向成钝角)，那么，就说是取定了曲面的下侧(图 10-32). 又如，对于闭曲面，取它的法向量 $\boldsymbol{n}$ 的指向朝外，就说是取定了曲面的外侧；如果取它的法向量 $\boldsymbol{n}$ 的指向朝内，就说是取定了曲面的内侧. 这种取定了法向量的指向亦即选定了侧的曲面，就称为有向曲面. 在讨论对坐标的曲面积分时，都是指有向曲面.

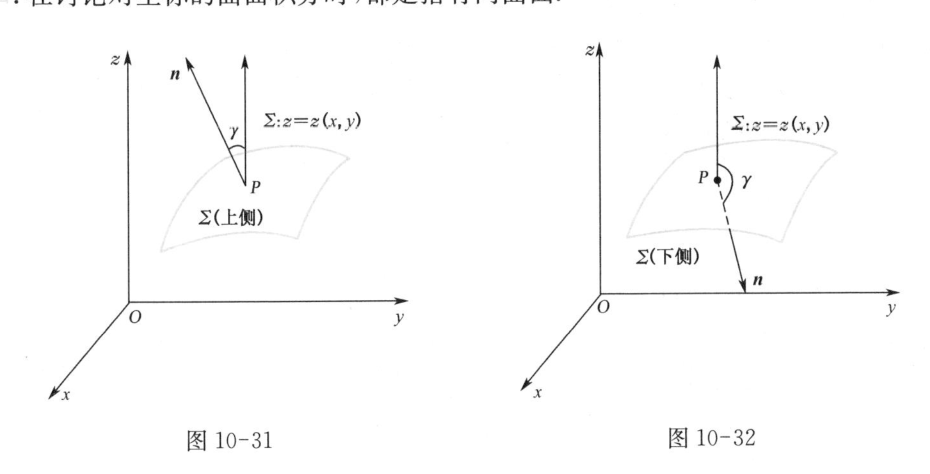

图 10-31　　　图 10-32

设 Σ 是光滑的有向曲面. 在 Σ 上取一小块曲面 ΔS，把 ΔS 投影到 xOy 面上得一投影区域，记这一投影区域的面积为$(\Delta\sigma)_{xy}$. 假定 ΔS 上各点处的法向量与 z 轴正向的夹角 γ 的余弦 $\cos\gamma$ 有相同的符号(即 $\cos\gamma$ 都是正的或都是负的). 规定 ΔS 在 xOy 面上的投影$(\Delta S)_{xy}$为

$$(\Delta S)_{xy}=\begin{cases}(\Delta\sigma)_{xy}, & \cos\gamma>0,\\ -(\Delta\sigma)_{xy}, & \cos\gamma<0,\\ 0, & \cos\gamma\equiv 0.\end{cases}$$

其中,$\cos\gamma = 0$,也就是$(\Delta\sigma)_{xy} = 0$的情形. ΔS在xOy面上的投影$(\Delta S)_{xy}$实际上就是ΔS在xOy面上的投影区域的面积赋以一定的正负号. 类似地可以规定ΔS在yOz面及zOx面上的投影$(\Delta S)_{yz}$及$(\Delta S)_{zx}$.

下面来看一个实例,然后引进对坐标的曲面积分的概念.

引例(单位时间内流向曲面一侧的流量问题) 设稳定流动的、且不可压缩的[1]流体(假定体密度$\rho = 1$)的速度场由

$$\boldsymbol{v}(x, y, z) = P(x, y, z)\boldsymbol{i} + Q(x, y, z)\boldsymbol{j} + R(x, y, z)\boldsymbol{k} \qquad (10.21)$$

给出,Σ是速度场中一片有向曲面,求在单位时间内流向Σ指定侧的流量Φ.

如果流体流过平面上面积为A的一个区域,且流体在该区域上各点处的流速$\boldsymbol{v}$为常向量,又设$\boldsymbol{e}_n$为该平面的单位法向量,那么,在单位时间内流过该区域的流量在数量上等于一个底面积为A、斜高为$|\boldsymbol{v}|$的斜柱体(图10-33)的体积,即

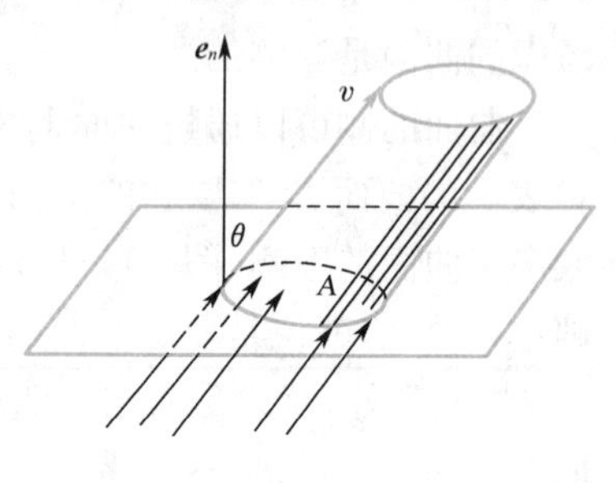

图 10-33

$$|\boldsymbol{v}|\cos\theta \cdot A = |\boldsymbol{v}||\boldsymbol{e}_n|\cos\theta \cdot A = (\boldsymbol{v} \cdot \boldsymbol{e}_n)A.$$

由于现在所考虑的不是平面区域而是一片曲面,且流速$\boldsymbol{v}$也不是常向量,因此,所需求的流量不能直接用上述方法计算. 但过去在引出各类积分概念的引例中曾多次使用过的"分割、取近似、作和、取极限"的方法,也可用来解决目前的问题.

(1) **分割** 把曲面Σ任意地分成n小块$\Delta S_i(i=1, 2, \cdots, n)$,且以$\Delta S_i$表示第$i$小块曲面的面积.

(2) **取近似** 在ΔS_i上任取一点(ξ_i, η_i, ζ_i),在Σ是光滑的和速度向量$\boldsymbol{v}$是连续的[即在式(10.21)中,$\boldsymbol{v}$的三个坐标$P(x, y, z)$, $Q(x, y, z)$, $R(x, y, z)$均是连续函数]前提下,只要ΔS_i的直径很小,就可以用点(ξ_i, η_i, ζ_i)处的流速

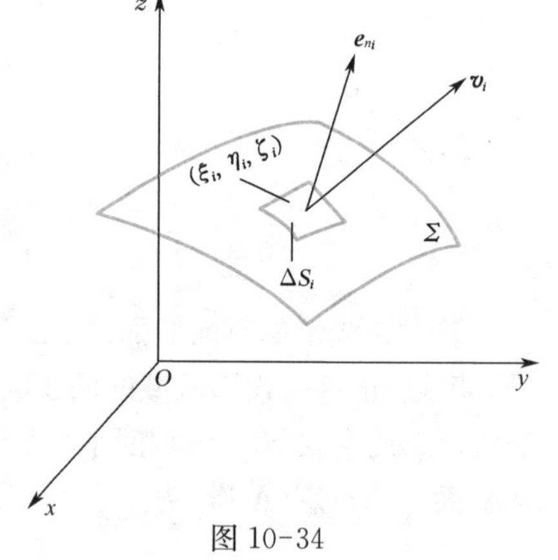

图 10-34

$$\boldsymbol{v}_i = \boldsymbol{v}(\xi_i, \eta_i, \zeta_i) = P(\xi_i, \eta_i, \zeta_i)\boldsymbol{i} + Q(\xi_i, \eta_i, \zeta_i)\boldsymbol{j} + R(\xi_i, \eta_i, \zeta_i)\boldsymbol{k}$$

近似代替ΔS_i上其他各点处的流速;以该点

[1] 所谓稳定流动的,是指流速与时间t无关;所谓不可压缩的,是指密度不随时间t及点的位置而改变.

(ξ_i, η_i, ζ_i)处曲面 Σ 的单位法向量

$$\boldsymbol{e}_{n_i} = \cos\alpha_i \boldsymbol{i} + \cos\beta_i \boldsymbol{j} + \cos\gamma_i \boldsymbol{k}$$

近似代替 ΔS_i 上其他各点处的单位法向量(图 10-34). 从而得到单位时间内通过第 i 小块曲面 ΔS_i,流向指定侧的流量的近似值为

$$\Delta\Phi_i \approx (\boldsymbol{v}_i \cdot \boldsymbol{e}_{n_i})\Delta S_i, \quad i = 1, 2, \cdots, n.$$

(3) 作和　把通过 n 个小块曲面的流量的近似值求和,即得流体在单位时间内通过曲面 Σ 的总流量的近似值为

$$\begin{aligned}\Phi &\approx \sum_{i=1}^{n}(\boldsymbol{v}_i \cdot \boldsymbol{e}_{n_i})\Delta S_i \\ &= \sum_{i=1}^{n}[P(\xi_i, \eta_i, \zeta_i)\cos\alpha_i + Q(\xi_i, \eta_i, \zeta_i)\cos\beta_i + R(\xi_i, \eta_i, \zeta_i)\cos\gamma_i]\Delta S_i.\end{aligned}$$

注意到

$$\cos\alpha_i \Delta S_i \approx (\Delta S_i)_{yz} \quad (\Delta S_i \text{ 在 } yOz \text{ 面上的投影}),$$

$$\cos\beta_i \Delta S_i \approx (\Delta S_i)_{zx} \quad (\Delta S_i \text{ 在 } zOx \text{ 面上的投影}),$$

$$\cos\gamma_i \Delta S_i \approx (\Delta S_i)_{xy} \quad (\Delta S_i \text{ 在 } xOy \text{ 面上的投影}),$$

因此,上式可以写成

$$\Phi \approx \sum_{i=1}^{n}[P(\xi_i, \eta_i, \zeta_i)(\Delta S_i)_{yz} + Q(\xi_i, \eta_i, \zeta_i)(\Delta S_i)_{zx} + R(\xi_i, \eta_i, \zeta_i)(\Delta S_i)_{xy}].$$

(4) 取极限　令 n 个小块曲面 $\Delta S_i(i=1, 2, \cdots, n)$的直径的最大值 $\lambda \to 0$ 时,若上面和式的极限存在,则称此极限为单位时间内流向曲面一侧的流量 Φ,即

$$\begin{aligned}\Phi = \lim_{\lambda\to 0}\sum_{i=1}^{n}[&P(\xi_i, \eta_i, \zeta_i)(\Delta S_i)_{yz} + Q(\xi_i, \eta_i, \zeta_i)(\Delta S_i)_{zx} + \\ &R(\xi_i, \eta_i, \zeta_i)(\Delta S_i)_{xy}].\end{aligned}$$

类似于这样的和式极限还会在其他实际问题的计算中遇到,抽去它们的具体意义,就得到下列对坐标的曲面积分的概念.

定义　设 Σ 为光滑的有向曲面,函数 $R(x, y, z)$ 在 Σ 上有界. 把 Σ 任意地分成 n 个小块曲面 $\Delta S_i(i = 1, 2, \cdots, n)$,且以 ΔS_i 表示第 i 小块曲面的面积,ΔS_i 在 xOy 面上的投影为$(\Delta S_i)_{xy}$. 在 ΔS_i 上任取一点(ξ_i, η_i, ζ_i), 并作和式 $\sum_{i=1}^{\pi} R(\xi_i, \eta_i, \zeta_i)(\Delta S_i)_{xy}$. 当所有小块曲面直径的最大值 $\lambda \to 0$ 时,如果和式的极限

$$\lim_{\lambda \to 0} \sum_{i=1}^{n} R(\xi_i, \eta_i, \zeta_i)(\Delta S_i)_{xy}$$

存在,则称此极限值为函数$R(x, y, z)$在有向曲面Σ上对坐标x, y的曲面积分或第二类曲面积分,记作$\iint\limits_{\Sigma} R(x, y, z)\mathrm{d}x\mathrm{d}y$,即

$$\iint\limits_{\Sigma} R(x, y, z)\mathrm{d}x\mathrm{d}y = \lim_{\lambda \to 0} \sum_{i=1}^{n} R(\xi_i, \eta_i, \zeta_i)(\Delta S_i)_{xy}, \tag{10.22}$$

其中,$R(x, y, z)$称为被积函数,Σ称为积分曲面.

类似地,可以定义:

函数$P(x, y, z)$在有向曲面Σ上对坐标y, z的曲面积分$\iint\limits_{\Sigma} P(x, y, z)\mathrm{d}y\mathrm{d}z$为

$$\iint\limits_{\Sigma} P(x, y, z)\mathrm{d}y\mathrm{d}z = \lim_{\lambda \to 0} \sum_{i=1}^{n} P(\xi_i, \eta_i, \zeta_i)(\Delta S_i)_{yz};$$

函数$Q(x, y, z)$在有向曲面Σ上对坐标z, x的曲面积分$\iint\limits_{\Sigma} Q(x, y, z)\mathrm{d}z\mathrm{d}x$为

$$\iint\limits_{\Sigma} Q(x, y, z)\mathrm{d}z\mathrm{d}x = \lim_{\lambda \to 0} \sum_{i=1}^{n} Q(\xi_i, \eta_i, \zeta_i)(\Delta S_i)_{zx}.$$

当$P(x, y, z)$, $Q(x, y, z)$, $R(x, y, z)$在光滑的有向曲面Σ上连续时,对坐标的曲面积分是存在的. 在今后的讨论中,总是假定函数$P(x, y, z)$, $Q(x, y, z)$, $R(x, y, z)$在Σ上连续.

在实际应用中,经常出现的是下面合并的形式:

$$\iint\limits_{\Sigma} P(x, y, z)\mathrm{d}y\mathrm{d}z + \iint\limits_{\Sigma} Q(x, y, z)\mathrm{d}z\mathrm{d}x + \iint\limits_{\Sigma} R(x, y, z)\mathrm{d}x\mathrm{d}y.$$

为简便起见,可以把它写成组合的形式:

$$\iint\limits_{\Sigma} P(x, y, z)\mathrm{d}y\mathrm{d}z + Q(x, y, z)\mathrm{d}z\mathrm{d}x + R(x, y, z)\mathrm{d}x\mathrm{d}y.$$

于是,引例中所求的单位时间内流向Σ指定侧的流量Φ可表示为

$$\Phi = \iint\limits_{\Sigma} P(x, y, z)\mathrm{d}y\mathrm{d}z + Q(x, y, z)\mathrm{d}z\mathrm{d}x + R(x, y, z)\mathrm{d}x\mathrm{d}y.$$

对坐标的曲面积分具有与对坐标的曲线积分相类似的一些性质. 例如

(1) 设Σ由Σ_1和Σ_2所组成,则

$$\iint_{\Sigma} P\mathrm{d}y\mathrm{d}z+Q\mathrm{d}z\mathrm{d}x+R\mathrm{d}x\mathrm{d}y=\iint_{\Sigma_1} P\mathrm{d}y\mathrm{d}z+Q\mathrm{d}z\mathrm{d}x+R\mathrm{d}x\mathrm{d}y+\iint_{\Sigma_2} P\mathrm{d}y\mathrm{d}z+Q\mathrm{d}z\mathrm{d}x+R\mathrm{d}x\mathrm{d}y. \tag{10.23}$$

公式(10.23)可以推广到Σ由有限个有向曲面Σ_1, Σ_2, …, Σ_n所组成的情形.

(2) 设Σ是有向曲面,$-\Sigma$表示与Σ取相反侧的有向曲面,则

$$\left.\begin{aligned}\iint_{-\Sigma} P(x, y, z)\mathrm{d}y\mathrm{d}z&=-\iint_{\Sigma} P(x, y, z)\mathrm{d}y\mathrm{d}z,\\ \iint_{-\Sigma} Q(x, y, z)\mathrm{d}z\mathrm{d}x&=-\iint_{\Sigma} Q(x, y, z)\mathrm{d}z\mathrm{d}x,\\ \iint_{-\Sigma} R(x, y, z)\mathrm{d}x\mathrm{d}y&=-\iint_{\Sigma} R(x, y, z)\mathrm{d}x\mathrm{d}y.\end{aligned}\right\} \tag{10.24}$$

式(10.24)表示,当积分曲面改变为相反侧时,对坐标的曲面积分要改变符号.因此,对坐标的曲面积分与有向曲面的侧有关,必须注意积分曲面所取的侧.

10.5.2 对坐标的曲面积分的计算法

下面以$\iint\limits_{\Sigma} R(x, y, z)\mathrm{d}x\mathrm{d}y$为例来说明对坐标的曲面积分的计算法.

与对面积的曲面积分相类似,由于点(x, y, z)在曲面Σ上,变量x, y, z受曲面Σ的方程$z=z(x, y)$所限制,被积函数$R(x, y, z)=R[x, y, z(x, y)]$实际上只是$x$, y的二元函数,所以曲面积分$\iint\limits_{\Sigma} R(x, y, z)\mathrm{d}x\mathrm{d}y$也有可能化为二重积分来计算.

定理 设

(1) 积分曲面Σ是有向曲面,它的方程是由单值函数$z=z(x, y)$给出,Σ在xOy面上的投影区域为D_{xy};

(2) 函数$z=z(x, y)$在D_{xy}上具有一阶连续偏导数(即Σ是光滑的);

(3) 函数$R(x, y, z)$在Σ上连续,则对坐标x, y的曲面积分$\iint\limits_{\Sigma} R(x, y, z)\mathrm{d}x\mathrm{d}y$可以化为二重积分,且有

$$\boxed{\iint_{\Sigma} R(x, y, z)\mathrm{d}x\mathrm{d}y=\pm\iint_{D_{xy}} R[x, y, z(x, y)]\mathrm{d}x\mathrm{d}y.} \tag{10.25}$$

其中,当Σ取上侧($\cos\gamma>0$)时,右端二重积分前取正号;当Σ取下侧($\cos\gamma<0$)时,右端取负号.

定理证明从略.

类似地,如果 Σ 由单值函数 $x=x(y,z)$ 给出,Σ 在 yOz 面上的投影区域为 D_{yz},则

$$\iint_{\Sigma} P(x,y,z)\mathrm{d}y\mathrm{d}z = \pm\iint_{D_{yz}} P[x(y,z),y,z]\mathrm{d}y\mathrm{d}z. \tag{10.26}$$

其中,当 Σ 取前侧($\cos\alpha>0$)时,右端取正号;当 Σ 取后侧($\cos\alpha<0$)时,右端取负号.

如果 Σ 由单值函数 $y=y(z,x)$ 给出,Σ 在 zOx 面上的投影区域为 D_{zx},则有

$$\iint_{\Sigma} Q(x,y,z)\mathrm{d}z\mathrm{d}x = \pm\iint_{D_{zx}} Q[x,y(z,x),z]\mathrm{d}z\mathrm{d}x. \tag{10.27}$$

其中,当 Σ 取右侧($\cos\beta>0$)时,右端取正号;当 Σ 取左侧($\cos\beta<0$)时,右端取负号。

例 1 计算 $\iint_{\Sigma} z\,\mathrm{d}x\mathrm{d}y$,其中,$\Sigma$ 是球面 $x^2+y^2+z^2=a^2(x\geqslant 0,\ y\geqslant 0)$ 的外侧.

解 把 Σ 分为 Σ_1 和 Σ_2 两部分,Σ_1 的方程为

$$z=-\sqrt{a^2-x^2-y^2},$$

Σ_2 的方程为

$$z=\sqrt{a^2-x^2-y^2},$$

如图 10-35 所示. 于是

$$\iint_{\Sigma} z\,\mathrm{d}x\mathrm{d}y = \iint_{\Sigma_1} z\,\mathrm{d}x\mathrm{d}y + \iint_{\Sigma_2} z\,\mathrm{d}x\mathrm{d}y,$$

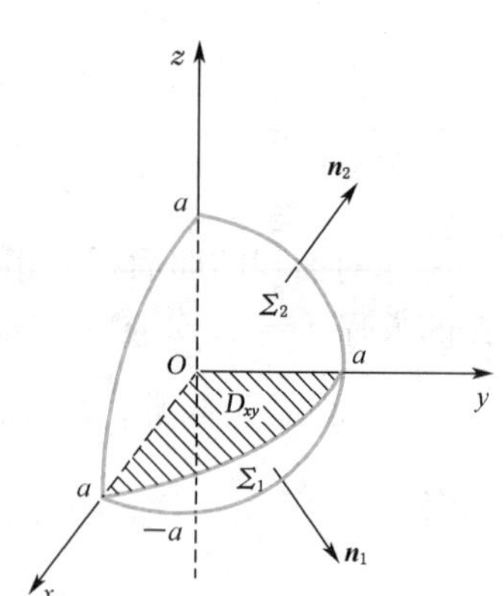

图 10-35

其中,Σ_1 取下侧,Σ_2 取上侧,且 Σ_1,Σ_2 在 xOy 面的投影区域均为 $D_{xy}=\{(x,y)\mid x^2+y^2\leqslant a^2,\ x\geqslant 0,\ y\geqslant 0\}$. 由公式(10.25)可得

$$\begin{aligned}\iint_{\Sigma} z\,\mathrm{d}x\mathrm{d}y &= \iint_{\Sigma_1} z\,\mathrm{d}x\mathrm{d}y + \iint_{\Sigma_2} z\,\mathrm{d}x\mathrm{d}y \\ &= -\iint_{D_{xy}} \left(-\sqrt{a^2-x^2-y^2}\right)\mathrm{d}x\mathrm{d}y + \iint_{D_{xy}} \sqrt{a^2-x^2-y^2}\,\mathrm{d}x\mathrm{d}y \\ &= 2\iint_{D_{xy}} \sqrt{a^2-x^2-y^2}\,\mathrm{d}x\mathrm{d}y \quad \text{(化为极坐标)} \\ &= 2\iint_{D_{xy}} \sqrt{a^2-r^2}\,r\,\mathrm{d}r\mathrm{d}\theta\end{aligned}$$

$$=2\int_0^{\frac{\pi}{2}}\mathrm{d}\theta\int_0^a\sqrt{a^2-r^2}\,r\mathrm{d}r=\frac{\pi}{2}\left[-\frac{2}{3}(a^2-r^2)^{\frac{3}{2}}\right]_0^a=\frac{\pi}{3}a^3.$$

例 2　计算 $\iint\limits_{\Sigma}x^2z\mathrm{d}y\mathrm{d}z+z\mathrm{d}x\mathrm{d}y$，其中，$\Sigma$ 是圆柱面 $x^2+y^2=a^2$ 在第一卦限被平面 $z=0$ 与 $z=h(h>0)$ 所截得的部分曲面的外侧(图 10-36).

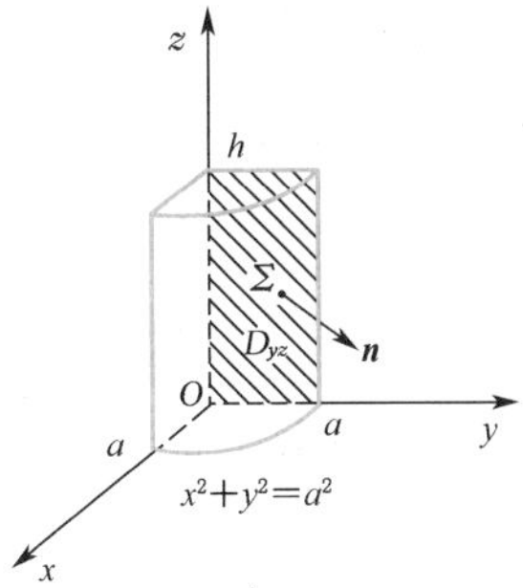

图 10-36

解　Σ 在 xOy 面的投影是圆弧，即投影为零，故 $\iint\limits_{\Sigma}z\mathrm{d}x\mathrm{d}y=0$. 下面再计算曲面积分 $\iint\limits_{\Sigma}x^2z\mathrm{d}y\mathrm{d}z$. 由于 Σ 在 yOz 面上的投影是矩形区域 D_{yz}：$0\leqslant y\leqslant a$，$0\leqslant z\leqslant h$，Σ 取前侧，且 Σ 的方程为 $x=\sqrt{a^2-y^2}$，$(y,z)\in D_{yz}$. 于是

$$\iint\limits_{\Sigma}x^2z\mathrm{d}y\mathrm{d}z=\iint\limits_{D_{yz}}(a^2-y^2)z\mathrm{d}y\mathrm{d}z=\int_0^h z\mathrm{d}z\int_0^a(a^2-y^2)\mathrm{d}y$$

$$=\left[\frac{z^2}{2}\right]_0^h\cdot\left[a^2y-\frac{1}{3}y^3\right]_0^a=\frac{1}{3}a^3h^2.$$

所以

$$\iint\limits_{\Sigma}x^2z\mathrm{d}y\mathrm{d}z+z\mathrm{d}x\mathrm{d}y=\frac{1}{3}a^3h^2+0=\frac{1}{3}a^3h^2.$$

例 3　设流体的流速场为

$$\boldsymbol{v}=xy\boldsymbol{i}+yz\boldsymbol{j}+zx\boldsymbol{k},$$

求在单位时间内流体流过第一卦限内球面 $x^2+y^2+z^2=1$ 的外侧的流量 Φ.

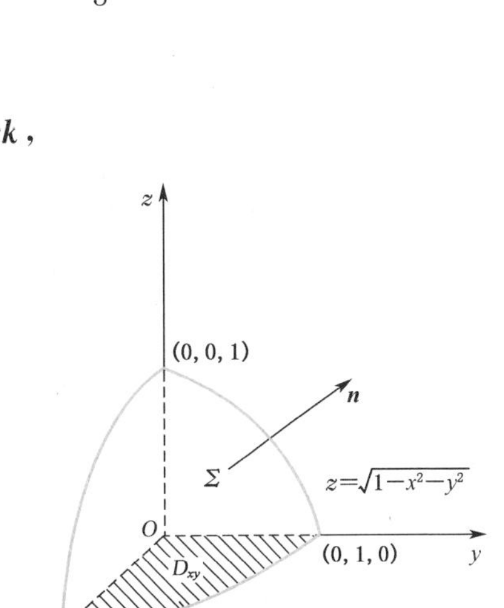

图 10-37

解　流量

$$\Phi=\iint\limits_{\Sigma}xy\mathrm{d}y\mathrm{d}z+yz\mathrm{d}z\mathrm{d}x+zx\mathrm{d}x\mathrm{d}y,$$

其中，Σ 取球面 $x^2+y^2+z^2=1(x\geqslant0,\ y\geqslant0,\ z\geqslant0)$(图 10-37)的外侧.

利用对称性(这里的对称性是指被积函数中 x，y，z 的地位是相当的，且 Σ 在三个坐标面上的投影区域也是相同的)可知

$$\iint\limits_{\Sigma}xy\mathrm{d}y\mathrm{d}z=\iint\limits_{\Sigma}yz\mathrm{d}z\mathrm{d}x=\iint\limits_{\Sigma}zx\mathrm{d}x\mathrm{d}y,$$

因此，只要计算其中的一项 $\iint\limits_{\Sigma}zx\mathrm{d}x\mathrm{d}y$，然后乘以 3 即可.

Σ 的方程为 $z=\sqrt{1-x^2-y^2}$，它在 xOy 面上的投影区域为 $D_{xy}:0\leqslant x\leqslant 1,\ 0\leqslant y\leqslant\sqrt{1-x^2}$. 对球面取外侧就相当于对 Σ 取上侧(Σ 的法向量与 z 轴的夹角 γ 为锐角，$\cos\gamma>0$)，故得

$$
\begin{aligned}
\iint_{\Sigma} zx\,\mathrm{d}x\mathrm{d}y &= \iint_{D_{xy}} \sqrt{1-x^2-y^2}\,x\,\mathrm{d}x\mathrm{d}y \quad \text{(二重积分)}\\
&= \iint_{D_{xy}} r\cos\theta\sqrt{1-r^2}\,r\mathrm{d}r\mathrm{d}\theta \quad \text{(化为极坐标)}\\
&= \int_0^{\frac{\pi}{2}}\cos\theta\mathrm{d}\theta\int_0^1 r^2\sqrt{1-r^2}\,\mathrm{d}r \quad (\text{令 } r=\sin t)\\
&= [\sin\theta]_0^{\frac{\pi}{2}}\int_0^{\frac{\pi}{2}}\sin^2 t\cos^2 t\,\mathrm{d}t\\
&= \frac{1}{4}\int_0^{\frac{\pi}{2}}\sin^2 2t\mathrm{d}t = \frac{1}{4}\int_0^{\frac{\pi}{2}}\frac{1-\cos 4t}{2}\mathrm{d}t = \frac{1}{8}\left[t-\frac{1}{4}\sin 4t\right]_0^{\frac{\pi}{2}} = \frac{\pi}{16}.
\end{aligned}
$$

于是，所求流量为

$$
\Phi = 3\iint_{\Sigma} zx\,\mathrm{d}x\mathrm{d}y = \frac{3}{16}\pi.
$$

10.5.3 两类曲面积分之间的关系

设 Σ 是有向光滑曲面，点 $M(x,y,z)$ 是 Σ 上任意一点，$\alpha(x,y,z)$，$\beta(x,y,z)$，$\gamma(x,y,z)$ 是在点 M 处，Σ 指定侧的法线向量 $\boldsymbol{n}$ 的方向角，函数 $P(x,y,z)$，$Q(x,y,z)$，$R(x,y,z)$ 在 Σ 上连续，则有

$$
\boxed{
\begin{aligned}
\iint_{\Sigma} P(x,y,z)\mathrm{d}y\mathrm{d}z &= \iint_{\Sigma} P(x,y,z)\cos\alpha\mathrm{d}S,\\
\iint_{\Sigma} Q(x,y,z)\mathrm{d}z\mathrm{d}x &= \iint_{\Sigma} Q(x,y,z)\cos\beta\mathrm{d}S,\\
\iint_{\Sigma} R(x,y,z)\mathrm{d}x\mathrm{d}y &= \iint_{\Sigma} R(x,y,z)\cos\gamma\mathrm{d}S.
\end{aligned}
} \tag{10.28}
$$

通常，将式(10.28)中的三式合并，简写为

$$
\boxed{\iint_{\Sigma} P\mathrm{d}y\mathrm{d}z + Q\mathrm{d}z\mathrm{d}x + R\mathrm{d}x\mathrm{d}y = \iint_{\Sigma}(P\cos\alpha + Q\cos\beta + R\cos\gamma)\mathrm{d}S.} \tag{10.29}
$$

这就是两类曲面积分之间的关系式，其中，$\cos\alpha$，$\cos\beta$，$\cos\gamma$ 为有向曲面 Σ 上

点 M 处按指定侧向的法线向量的方向余弦(证明从略).

习题 10.5

1. 计算 $\iint\limits_{\Sigma} xyz\mathrm{d}x\mathrm{d}y$,其中,$\Sigma$ 是球面 $x^2+y^2+z^2=1$ 的外侧在 $x\geqslant 0$, $y\geqslant 0$ 的部分.

2. 计算 $\iint\limits_{\Sigma} x^2\mathrm{d}y\mathrm{d}z+y^2\mathrm{d}z\mathrm{d}x+z^2\mathrm{d}x\mathrm{d}y$,其中,$\Sigma$ 是以点 $(0, 0, 1)$,$(0, 1, 0)$ $(1, 0, 0)$ 为顶点的三角形平面的上侧.

3. 计算 $\iint\limits_{\Sigma} x\mathrm{d}y\mathrm{d}z+y\mathrm{d}z\mathrm{d}x+z\mathrm{d}x\mathrm{d}y$,其中,$\Sigma$ 是柱面 $x^2+y^2=1$ 被平面 $z=0$ 及 $z=3$ 所截得的第一卦限内的部分曲面的外侧.

4. 计算 $\oiint\limits_{\Sigma} \dfrac{\mathrm{e}^z}{\sqrt{x^2+y^2}}\mathrm{d}x\mathrm{d}y$,其中,$\Sigma$ 为锥面 $z=\sqrt{x^2+y^2}$ 及平面 $z=1$, $z=2$ 所围成的空间区域的整个边界曲面的外侧.

5. 计算 $\oiint\limits_{\Sigma} (x+y+z)\mathrm{d}x\mathrm{d}y+(y-z)\mathrm{d}y\mathrm{d}z+(x+z)\mathrm{d}z\mathrm{d}x$,其中,$\Sigma$ 为立方体 $0\leqslant x\leqslant 1$, $0\leqslant y\leqslant 1$, $0\leqslant z\leqslant 1$ 表面的外侧.

6. 已知流体的速度场为 $\boldsymbol{v}=xy\boldsymbol{i}+yz\boldsymbol{j}+xz\boldsymbol{k}$,试求流体在单位时间内流过球面 $x^2+y^2+z^2=1$ 在第一卦限的部分曲面的外侧的流量(流体的体密度为 1).

7. 把对坐标的曲面积分

$$\iint\limits_{\Sigma} P(x, y, z)\mathrm{d}y\mathrm{d}z+Q(x, y, z)\mathrm{d}z\mathrm{d}x+R(x, y, z)\mathrm{d}x\mathrm{d}y$$

化成对面积的曲面积分,其中,Σ 是平面 $3x+2y+2\sqrt{3}z=6$ 在第一卦限部分的上侧.

答　案

1. $\dfrac{2}{15}$.　2. $\dfrac{1}{4}$.　3. $\dfrac{3}{2}\pi$.　4. $2\pi\mathrm{e}^2$.　5. 1.　6. $\dfrac{3}{16}\pi$.

7. $\iint\limits_{\Sigma}\left(\dfrac{3}{5}P+\dfrac{2}{5}Q+\dfrac{2\sqrt{3}}{5}R\right)\mathrm{d}S$(提示:平面的法向量 $\boldsymbol{n}=\{3, 2, 2\sqrt{3}\}$,再求出它的方向余弦).

10.6　高斯公式

在 10.3 节中已经看到,格林公式建立了平面区域 D 上的二重积分与沿 D 的边界曲线 L 上的曲线积分之间的联系.类似地,高斯公式将建立空间区域 Ω 上的三重积分与 Ω 的边界曲面 Σ 上的曲面积分之间的联系.

高斯公式可叙述为下面的定理.

定理　设空间闭区域 Ω 是由光滑或分片光滑的闭曲面 Σ 所围成,函数 $P(x, y,$

z), $Q(x, y, z)$, $R(x, y, z)$在Ω上具有一阶连续偏导数,则有

$$\iiint\limits_{\Omega}\left(\frac{\partial P}{\partial x}+\frac{\partial Q}{\partial y}+\frac{\partial R}{\partial z}\right)\mathrm{d}V=\oiint\limits_{\Sigma}P\,\mathrm{d}y\mathrm{d}z+Q\mathrm{d}z\mathrm{d}x+R\mathrm{d}x\mathrm{d}y \tag{10.30}$$

或

$$\iiint\limits_{\Omega}\left(\frac{\partial P}{\partial x}+\frac{\partial Q}{\partial y}+\frac{\partial R}{\partial z}\right)\mathrm{d}V=\oiint\limits_{\Sigma}(P\cos\alpha+Q\cos\beta+R\cos\gamma)\mathrm{d}S. \tag{10.30'}$$

这里,式(10.30)中的曲面积分取闭曲面Σ的外侧,$\cos\alpha$, $\cos\beta$, $\cos\gamma$是Σ上点(x, y, z)处按指定侧的法向量的方向余弦.公式(10.30)或公式(10.30′)称为**高斯(Gauss)公式**.①

证明 由10.5节公式(10.29)可知,公式(10.30)及式(10.30′)的右边是相等的,因此,只要证明公式(10.30).

设区域Ω在xOy面上的投影区域为D_{xy}.假设穿过Ω内部且平行于z轴的直线与Ω的边界曲面Σ相交不多于两点.这样,可设Σ由Σ_1和Σ_2所组成(图10-38),其中,Σ_1和Σ_2分别由方程$z=z_1(x, y)$和$z=z_2(x, y)$给定,这里,$z_1(x, y)\leqslant z_2(x, y)$,$\Sigma_1$取下侧,$\Sigma_2$取上侧.

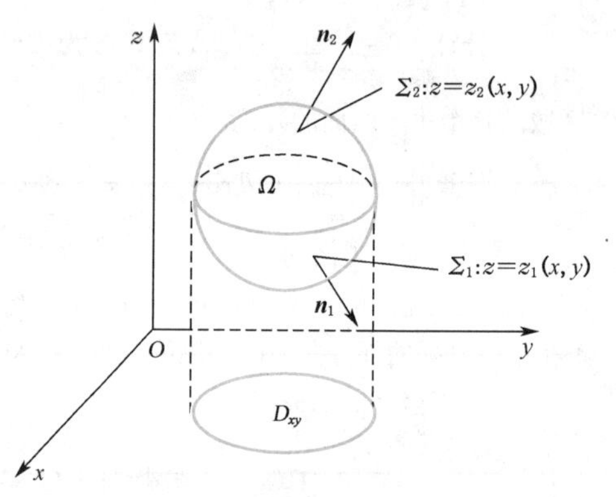

图10-38

根据三重积分的计算法,有

$$\iiint\limits_{\Omega}\frac{\partial R}{\partial z}\mathrm{d}V=\iint\limits_{D_{xy}}\left[\int_{z_1(x,y)}^{z_2(x,y)}\frac{\partial R}{\partial z}\mathrm{d}z\right]\mathrm{d}x\mathrm{d}y$$

$$=\iint\limits_{D_{xy}}\{R[x, y, z_2(x, y)]-R[x, y, z_1(x, y)]\}\mathrm{d}x\mathrm{d}y. \tag{10.31}$$

另外,根据对坐标的曲面积分的性质及计算法,由于Σ_1取下侧,而Σ_2取上侧,所以有

$$\oiint\limits_{\Sigma}R(x, y, z)\mathrm{d}x\mathrm{d}y=\iint\limits_{\Sigma_1}R(x, y, z)\mathrm{d}x\mathrm{d}y+\iint\limits_{\Sigma_2}R(x, y, z)\mathrm{d}x\mathrm{d}y$$

$$=-\iint\limits_{D_{xy}}R[x, y, z_1(x, y)]\,\mathrm{d}x\mathrm{d}y+\iint\limits_{D_{xy}}R[x, y, z_2(x, y)]\,\mathrm{d}x\mathrm{d}y$$

$$=\iint\limits_{D_{xy}}\{R[x, y, z_2(x, y)]-R[x, y, z_1(x, y)]\}\mathrm{d}x\mathrm{d}y. \tag{10.32}$$

① 有的书上也把此公式叫做**奥斯特洛格拉特斯基公式**(简称**奥氏公式**).

比较式(10.31)与式(10.32)，得

$$\iiint_{\Omega} \frac{\partial R}{\partial z} \mathrm{d}V = \oiint_{\Sigma} R(x, y, z) \mathrm{d}x\mathrm{d}y.$$

同理可证

$$\iiint_{\Omega} \frac{\partial P}{\partial x} \mathrm{d}V = \oiint_{\Sigma} P(x, y, z) \mathrm{d}y\mathrm{d}z,$$

$$\iiint_{\Omega} \frac{\partial Q}{\partial y} \mathrm{d}V = \oiint_{\Sigma} Q(x, y, z) \mathrm{d}z\mathrm{d}x.$$

把以上三式两边分别相加，即得高斯公式(10.30).

如果曲面 Σ 与穿过区域 Ω 内部且平行于坐标轴的直线相交多于两点时，则可仿照平面情形的格林公式证明中类似的方法，引进几个辅助曲面，把 Ω 分为有限个区域，使得每个区域都满足上面证明中所假设的条件，并注意到沿同一个辅助曲面相反两侧的曲面积分的绝对值相等而符号相反，相加时正好抵消，就不难证明公式(10.30) 对于一般的空间闭区域也是成立的.

例 1　利用高斯公式计算曲面积分

$$I = \oiint_{\Sigma} y(x - z)\mathrm{d}y\mathrm{d}z + x^2 \mathrm{d}z\mathrm{d}x + (y^2 + xz)\mathrm{d}x\mathrm{d}y.$$

其中，Σ 是边长为 a 的正六面体表面的外侧(图 10-39).

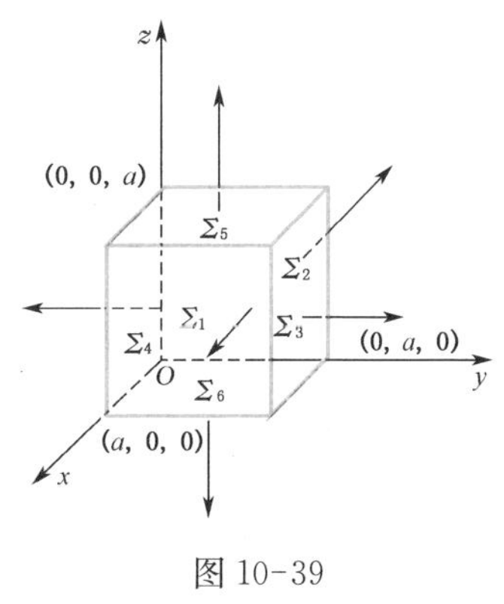

图 10-39

解　因为 Σ 是分片光滑的闭曲面，并取它的外侧积分，而且在所给的曲面积分中，有

$$P = y(x - z), \quad Q = x^2, \quad R = y^2 + xz,$$

$$\frac{\partial P}{\partial x} = y, \quad \frac{\partial Q}{\partial y} = 0, \quad \frac{\partial R}{\partial z} = x,$$

它们在闭曲面 Σ 所围成的正六面体区域 Ω 上都是连续的，可以用高斯公式来计算.

利用公式(10.30)，得

$$\begin{aligned} I &= \iiint_{\Omega} \left(\frac{\partial P}{\partial x} + \frac{\partial Q}{\partial y} + \frac{\partial R}{\partial z} \right) \mathrm{d}V = \iiint_{\Omega} (y + x)\mathrm{d}x\mathrm{d}y\mathrm{d}z \\ &= \int_0^a \mathrm{d}z \int_0^a \mathrm{d}y \int_0^a (y + x)\mathrm{d}x = \int_0^a \mathrm{d}z \int_0^a \left(ay + \frac{a^2}{2} \right) \mathrm{d}y \\ &= a\left(\frac{a^3}{2} + \frac{a^3}{2} \right) = a^4. \end{aligned}$$

例 2　利用高斯公式计算曲面积分

$$I = \oiint_{\Sigma} (x - y)\mathrm{d}x\mathrm{d}y + x(y - z)\mathrm{d}y\mathrm{d}z + (x + z)\mathrm{d}z\mathrm{d}x.$$

其中,Σ 为圆柱面 $x^2+y^2=1$ 及平面 $z=0$, $z=3$ 所围成的空间区域 Ω 的整个边界曲面的外侧(图 10-40).

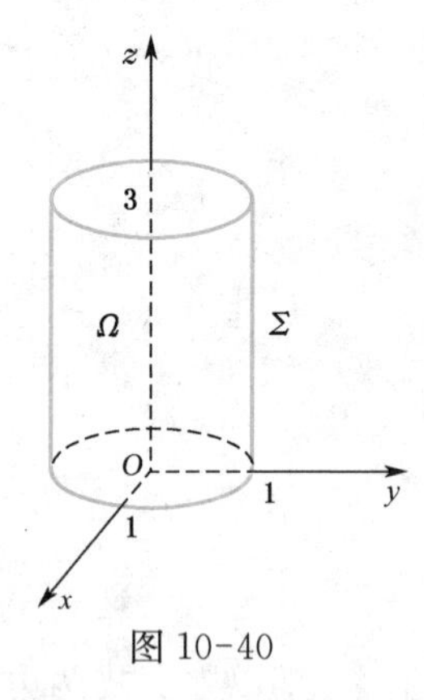

图 10-40

解　现在,因

$$P=x(y-z),\quad Q=x+z,\quad R=x-y,$$

$$\frac{\partial P}{\partial x}=y-z,\quad \frac{\partial Q}{\partial y}=0,\quad \frac{\partial R}{\partial z}=0.$$

它们在闭曲面 Σ 所围成的区域 Ω 上都是连续的,且 Σ 取外侧积分,故可以用高斯公式来计算. 利用公式(10.30)所给的曲面积分化为三重积分,再利用柱面坐标计算,可得

$$\begin{aligned}I&=\iiint_{\Omega}(y-z)\mathrm{d}x\mathrm{d}y\mathrm{d}z=\iiint_{\Omega}(r\sin\theta-z)r\mathrm{d}r\mathrm{d}\theta\mathrm{d}z\\&=\int_0^{2\pi}\mathrm{d}\theta\int_0^1 r\mathrm{d}r\int_0^3(r\sin\theta-z)\mathrm{d}z=\int_0^{2\pi}\mathrm{d}\theta\int_0^1 r\left[(r\sin\theta)z-\frac{z^2}{2}\right]_0^3\mathrm{d}r\\&=\int_0^{2\pi}\mathrm{d}\theta\int_0^1\left(3r^2\sin\theta-\frac{9}{2}r\right)dr=\int_0^{2\pi}\left[r^3\sin\theta-\frac{9}{4}r^2\right]_0^1\mathrm{d}\theta\\&=\int_0^{2\pi}\left(\sin\theta-\frac{9}{4}\right)\mathrm{d}\theta=-\frac{9}{2}\pi.\end{aligned}$$

例 3　利用高斯公式计算曲面积分

$$I=\iint_{\Sigma}xz\,\mathrm{d}y\mathrm{d}z+yz\,\mathrm{d}z\mathrm{d}x+z^2\,\mathrm{d}x\mathrm{d}y,$$

其中,Σ 是圆锥面 $z=\sqrt{x^2+y^2}$ 被平面 $z=1$ 所截得的部分曲面的下侧(图 10-41).

解　Σ 不是封闭曲面,补上平面 Σ_1: $z=1$(Σ_1 取上侧),则由高斯公式得

$$\begin{aligned}&\oiint_{\Sigma+\Sigma_1}xz\,\mathrm{d}y\mathrm{d}z+yz\,\mathrm{d}z\mathrm{d}x+z^2\,\mathrm{d}x\mathrm{d}y\\&=\iiint_{\Omega}\left[\frac{\partial(xz)}{\partial x}+\frac{\partial(yz)}{\partial y}+\frac{\partial(z^2)}{\partial z}\right]\mathrm{d}V\\&=\iiint_{\Omega}(z+z+2z)\mathrm{d}V\\&=\iiint_{\Omega}4z\mathrm{d}V\xlongequal{\text{化为柱面坐标}}\int_0^{2\pi}\mathrm{d}\theta\int_0^1 r\mathrm{d}r\int_r^1 4z\mathrm{d}z\\&=2\pi\int_0^1 r[2z^2]_r^1\mathrm{d}r=2\pi\int_0^1(2r-2r^3)\mathrm{d}r\\&=2\pi\left[r^2-\frac{1}{2}r^4\right]_0^1=\pi.\end{aligned}$$

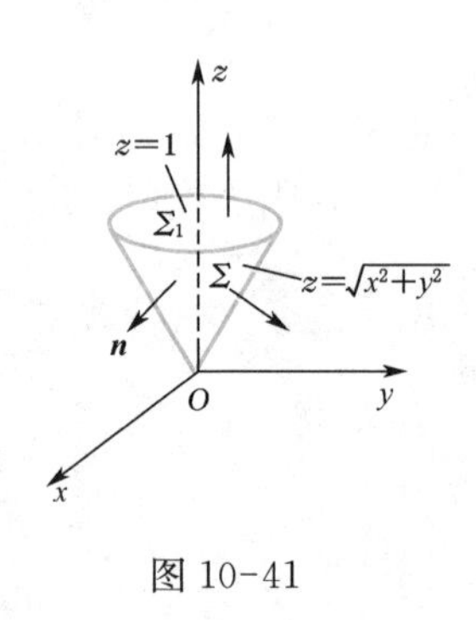

图 10-41

由于 $I=\oiint\limits_{\Sigma+\Sigma_1}-\iint\limits_{\Sigma_1}=\pi-\iint\limits_{\Sigma_1}$，故仅要计算

$$\iint\limits_{\Sigma_1}xz\,\mathrm{d}y\mathrm{d}z+yz\,\mathrm{d}z\mathrm{d}x+z^2\,\mathrm{d}x\mathrm{d}y.$$

Σ_1 在 yOz 面及 zOx 面的投影均为直线段，即投影皆为零，于是有 $\iint\limits_{\Sigma_1}xz\,\mathrm{d}y\mathrm{d}z=0$，$\iint\limits_{\Sigma_1}yz\,\mathrm{d}z\mathrm{d}x=0$. Σ_1：$z=1$（取上侧）在 xOy 面上的投影区域是圆域 $x^2+y^2\leqslant1$，化成极坐标，即 $0\leqslant\theta\leqslant2\pi$，$0\leqslant r\leqslant1$. 于是

$$\iint\limits_{\Sigma_1}z^2\,\mathrm{d}x\mathrm{d}y=\iint\limits_{D_{xy}}\mathrm{d}x\mathrm{d}y=\pi\times1^2=\pi.$$

所以

$$I=\pi-\pi=0.$$

本例说明，当 Σ 不是封闭曲面时，可以适当地补上某些辅助曲面，使它们构成封闭曲面，取外侧的曲面积分，从而可以利用高斯公式化为计算三重积分，最后再减去在所补上的辅助曲面上的曲面积分的值.

习题 10.6

1. 利用高斯公式计算 $\oiint\limits_{\Sigma}x^2\,\mathrm{d}y\mathrm{d}z+y^2\,\mathrm{d}z\mathrm{d}x+z^2\,\mathrm{d}x\mathrm{d}y$，其中，$\Sigma$ 为平面 $x=0$，$y=0$，$z=0$，$x=a$，$y=a$，$z=a(a>0)$ 所围成的立体表面的外侧.

2. 利用高斯公式计算 $\oiint\limits_{\Sigma}x^3\,\mathrm{d}y\mathrm{d}z+y^3\,\mathrm{d}z\mathrm{d}x+z^3\,\mathrm{d}x\mathrm{d}y$，其中，$\Sigma$ 为球面 $x^2+y^2+z^2=a^2$ 的外侧.

3. 利用高斯公式计算 $\oiint\limits_{\Sigma}xz\,\mathrm{d}x\mathrm{d}y+yz\,\mathrm{d}z\mathrm{d}x$，其中，$\Sigma$ 是抛物面 $z=\frac{1}{2}(x^2+y^2)$ 和平面 $z=2$ 所围成的立体表面的外侧.

4. 利用高斯公式计算 $\oiint\limits_{\Sigma}xz^2\,\mathrm{d}y\mathrm{d}z+(x^2y-xz^3)\,\mathrm{d}z\mathrm{d}x+(2xy^2+y^2z)\,\mathrm{d}x\mathrm{d}y$，其中，$\Sigma$ 为上半圆锥面 $z=\sqrt{x^2+y^2}$ 与平面 $z=1$ 所围成的立体表面的外侧.

5. 利用高斯公式计算 $\iint\limits_{\Sigma}y\,\mathrm{d}y\mathrm{d}z+x\,\mathrm{d}z\mathrm{d}x+z\,\mathrm{d}x\mathrm{d}y$，其中，$\Sigma$ 是上半球面 $z=\sqrt{1-x^2-y^2}$ 的上侧.

答　案

1. $3a^4$.　　2. $\frac{12}{5}\pi a^5$.　　3. $\frac{16}{3}\pi$.　　4. $\frac{3}{10}\pi$.　　5. $\frac{2}{3}\pi$.

复习题 10

(A)

1. 计算对弧长的曲线积分.

(1) $\int_L (x^2+y^2)\mathrm{d}s$,其中,$L$ 为曲线 $x=a(\cos t+t\sin t)$, $y=a(\sin t-t\cos t)(0\leqslant t\leqslant 2\pi)$;

(2) $\int_L \frac{\mathrm{d}s}{x-y}$,其中,$L$ 是介于直线 $y=\frac{x}{2}-2$ 上两点 $(0,-2)$ 及 $(4,0)$ 间的线段;

(3) $\oint_L x\mathrm{d}s$,其中,L 是由直线 $y=x$ 及抛物线 $y=x^2$ 所围成的区域的整个边界;

(4) $\oint_L \sqrt{x^2+y^2}\mathrm{d}s$,其中,$L$ 为圆周 $x^2+y^2=ax(a>0)$;

(5) $\int_\Gamma x^2yz\mathrm{d}s$,其中,$\Gamma$ 为折线 $ABCD$,这里的 A, B, C, D 依次为 $(0,0,0)$, $(0,0,2)$, $(1,0,2)$, $(1,3,2)$.

2. 计算对坐标的曲线积分.

(1) $\int_L (x^2-2xy)\mathrm{d}x+(y^2-2xy)\mathrm{d}y$,其中,$L$ 为抛物线 $y=x^2$ 上从点 $(-1,1)$ 到点 $(1,1)$ 的一段弧;

(2) $\oint_L x\mathrm{d}y-y\mathrm{d}x$,其中,$L$ 是直线 $x=0$, $y=0$, $x=3$ 及 $y=5$ 所围成的区域的整个边界(按逆时针方向绕行);

(3) $\int_L \frac{x^2\mathrm{d}y-y^2\mathrm{d}x}{x^{\frac{5}{3}}+y^{\frac{5}{3}}}$,其中,$L$ 为星形线 $\begin{cases}x=a\cos^3 t,\\ y=a\sin^3 t\end{cases}(a>0)$ 上自点 $A(a,0)$ 到点 $B(0,a)$ 的一段弧;

(4) $\oint_\Gamma \mathrm{d}x-\mathrm{d}y+y\mathrm{d}z$,其中,$\Gamma$ 为有向闭折线 $ABCA$,这里的 A, B, C 依次为 $(1,0,0)$, $(0,1,0)$, $(0,0,1)$;

(5) $\int_\Gamma (y^2-z^2)\mathrm{d}x+2yz\mathrm{d}y-x^2\mathrm{d}z$,其中,$\Gamma$ 为曲线 $x=t$, $y=t^2$, $z=t^3$ 从 $t=0$ 到 $t=1$ 的一段弧.

3. 利用格林公式计算曲线积分.

(1) $\oint_L (x+y)\mathrm{d}x+(x-y)\mathrm{d}y$,其中,$L$ 是方程 $|x|+|y|=1$ 的图形所围成的顺时针方向的闭路;

(2) $\oint_L (x^2y\cos x+2xy\sin x-y^2\mathrm{e}^x)\mathrm{d}x+(x^2\sin x-2y\mathrm{e}^x)\mathrm{d}y$,其中,$L$ 为正向星形线 $x^{\frac{2}{3}}+y^{\frac{2}{3}}=a^{\frac{2}{3}}(a>0)$;

(3) $\int_L (x^2-y)\mathrm{d}x-(x+\sin^2 y)\mathrm{d}y$,其中,$L$ 是在圆周 $x^2+y^2=2x$ 上由点 $(0,0)$ 到点 $(1,1)$ 的一段弧;

(4) $\oint_L \frac{(x+y)\mathrm{d}x-(x-y)\mathrm{d}y}{x^2+y^2}$,其中,$L$ 是圆环域:$a^2\leqslant x^2+y^2\leqslant b^2(a>0,b>0)$ 的整个正向边界.

4. 利用曲线积分计算星形线 $x=a\cos^3 t$，$y=a\sin^3 t$ 所围成的图形的面积.

5. 利用曲线积分与路径无关的条件,计算曲线积分.

(1) $\int_L (x^2+y^2)(x\mathrm{d}x+y\mathrm{d}y)$,其中,$L$ 是从点$(0, 0)$沿抛物线 $y=x^2$ 到点$(1, 1)$的弧段;

(2) $\int_L \left(\ln\dfrac{y}{x}-1\right)\mathrm{d}x+\dfrac{x}{y}\mathrm{d}y$,其中,$L$ 是从点$(1, 1)$到点$(3, 3\mathrm{e})$的不与 x 轴及 y 轴相交的任意曲线弧.

6. 证明曲线积分在整个 xOy 平面内与路径无关,并计算积分值.

(1) $\int_{(1,0)}^{(2,1)}(2xy-y^4+3)\mathrm{d}x+(x^2-4xy^3)\mathrm{d}y$;

(2) $\int_{(1,2)}^{(3,4)}(6xy^2-y^3)\mathrm{d}x+(6x^2y-3xy^2)\mathrm{d}y$.

7. 选取 λ 的值,使 $I=\int_L (x^4+4xy^\lambda)\mathrm{d}x+(6x^{\lambda-1}y^2-5y^4)\mathrm{d}y$ 在整个 xOy 平面内与路径无关,并求当 L 的起、终点分别为$(0, 0)$,$(1, 2)$时此积分的值.

8. 计算 $\int_L \dfrac{x\mathrm{d}y-y\mathrm{d}x}{x^2+y^2}$,其中,$L$ 为

(1) 不包围也不通过原点的任一闭曲线;

(2) 以原点为中心、以 a 为半径的正向圆周;

(3) 包围原点的任意正向闭曲线.

9. 计算曲面积分.

(1) $\iint_\Sigma (2xy-2x^2-x+z)\mathrm{d}S$,其中,$\Sigma$ 为平面 $2x+2y+z=6$ 在第一卦限中的部分;

(2) $\iint_\Sigma \dfrac{1}{x^2+y^2+z^2}\mathrm{d}S$,其中,$\Sigma$ 是介于平面 $z=0$ 及 $z=H(H>0)$ 之间的圆柱面 $x^2+y^2=R^2$;

(3) $\iint_\Sigma z\mathrm{d}x\mathrm{d}y$,其中,$\Sigma$ 是锥面 $z=\sqrt{x^2+y^2}$ 在 $0\leqslant z\leqslant 1$ 部分的表面外侧;

(4) $\iint_\Sigma x^2\mathrm{d}y\mathrm{d}z+y^2\mathrm{d}z\mathrm{d}x+z^2\mathrm{d}x\mathrm{d}y$,其中,$\Sigma$ 是上半球面 $x^2+y^2+z^2=a^2(z\geqslant 0)$ 的下侧.

10. 当 Σ 为 xOy 面内的一个区域时,对面积的曲面积分 $\iint_\Sigma f(x, y, z)\mathrm{d}S$ 与二重积分有什么关系?对坐标的曲面积分 $\iint_\Sigma R(x, y, z)\mathrm{d}x\mathrm{d}y$ 与二重积分有什么关系?

11. 利用高斯公式计算 $\oiint_\Sigma yz\mathrm{d}x\mathrm{d}y+xz\mathrm{d}y\mathrm{d}z+xy\mathrm{d}z\mathrm{d}x$,其中,$\Sigma$ 为圆柱面 $x^2+y^2=R^2$ 及平面 $x=0$,$y=0$,$z=0$,$z=H(H>0)$ 所围成的在第一卦限内的区域的整个边界曲面的外侧.

12. 利用高斯公式计算曲面积分 $\iint_\Sigma x\mathrm{d}y\mathrm{d}z+y\mathrm{d}z\mathrm{d}x+z\mathrm{d}x\mathrm{d}y$,其中,$\Sigma$ 为上半球面 $z=\sqrt{R^2-x^2-y^2}$ 的上侧.

(B)

1. 是非题

(1) 设函数 $f(x, y)$在有向曲线弧 L 上连续,则

① $\int_{-L} f(x, y)\mathrm{d}s=\int_L f(x, y)\mathrm{d}s$; (　　)

② $\int_{-L} f(x, y)\mathrm{d}x = \int_L f(x, y)\mathrm{d}x$. ( )

(2) 设函数 $f(x, y)$ 在 L 上连续,其中,$L: y = y_0, 0 \leqslant x \leqslant 1$,则 $\int_L f(x, y)\mathrm{d}s = \int_0^1 f(x, y_0)\mathrm{d}x$. ( )

(3) 设 L 为 $y^2 = 4x$ 上自 $A(1, 2)$ 到 $O(0, 0)$ 的弧段,则

$$\int_L y\mathrm{d}s = \int_2^0 y\sqrt{1 + \left(\frac{y}{2}\right)^2}\mathrm{d}y = \frac{4}{3}(1 - 2\sqrt{2}). \quad (\quad)$$

(4) 设 L 为抛物线 $y = x^2$ 从点 $A(1, 1)$ 到点 $O(0, 0)$ 的一段,则 $\int_L y\mathrm{d}x + x\mathrm{d}y = \int_0^1 x^2\mathrm{d}x + \int_0^1 2x^2\mathrm{d}x = 1$. ( )

(5) 设 $I = \oint_C \frac{-y}{x^2 + y^2}\mathrm{d}x + \frac{x}{x^2 + y^2}\mathrm{d}y$,其中,$C$ 为曲线 $x^2 + y^2 = 1$ 的正向,则由格林公式得 $I = 0$. ( )

(6) 设 $I = \iint\limits_{\Sigma} z\mathrm{d}x\mathrm{d}y$,其中,$\Sigma$ 为球面 $x^2 + y^2 + z^2 = a^2$,积分沿上半球面的上侧及下半球面的上侧,则 $I = 0$. ( )

(7) 设 Σ 为分片光滑的闭曲面的外侧,则

$$\oint\!\!\!\oint_{\Sigma} x\mathrm{d}y\mathrm{d}z = \oint\!\!\!\oint_{\Sigma} y\mathrm{d}z\mathrm{d}x = \oint\!\!\!\oint_{\Sigma} z\mathrm{d}x\mathrm{d}y = \frac{1}{3}\oint\!\!\!\oint_{\Sigma} x\mathrm{d}y\mathrm{d}z + y\mathrm{d}z\mathrm{d}x + z\mathrm{d}x\mathrm{d}y. \quad (\quad)$$

(8) 设 $I = \oint\!\!\!\oint_{\Sigma} x^2 z\mathrm{d}x\mathrm{d}y + y^2 x\mathrm{d}y\mathrm{d}z + z^2 y\mathrm{d}z\mathrm{d}x$,其中,$\Sigma$ 是球面 $x^2 + y^2 + z^2 = a^2$ 的外侧,则由高斯公式得

$$I = \iiint\limits_{\Omega}(x^2 + y^2 + z^2)\mathrm{d}x\mathrm{d}y\mathrm{d}z = \iiint\limits_{\Omega} a^2\mathrm{d}V = \frac{4}{3}\pi a^5. \quad (\quad).$$

(9) 设 Σ 表示半球面 $x^2 + y^2 + z^2 = R^2, z \geqslant 0$ 的上侧,则 $\iint\limits_{\Sigma} z\mathrm{d}x\mathrm{d}y$ 之值等于半球体 $x^2 + y^2 + z^2 \leqslant R^2, z \geqslant 0$ 的体积. ( ).

2. 选择题

(1) 设具有质量的曲线弧 L 的参数方程为

$$\begin{cases} x = t, \\ y = \dfrac{t^2}{2}, \quad (0 \leqslant t \leqslant 1), \\ z = \dfrac{t^3}{3} \end{cases}$$

其线密度为 $\mu = \sqrt{2y}$,则它的质量 M 为 ( ).

(A) $\int_0^1 t^2\sqrt{1 + t^2 + t^4}\mathrm{d}t$ (B) $\int_0^1 t\sqrt{1 + t^2 + t^4}\mathrm{d}t$

(C) $\int_0^1 \sqrt{1 + t^2 + t^4}\mathrm{d}t$ (D) $\int_0^1 \sqrt{t}\sqrt{1 + t^2 + t^4}\mathrm{d}t$

(2) 设 L 为抛物线 $y^2 = x$ 从点 $(1, -1)$ 到点 $(1, 1)$ 的弧段,函数 $f(x, y)$ 在 L 上连续,则

$\int_L f(x, y)\mathrm{d}x$ 的值为 ( ).

(A) $2\int_1^0 f(x, \sqrt{x})\mathrm{d}x$ (B) $\int_1^0 f(x, -\sqrt{x})\mathrm{d}x+\int_0^1 f(x, \sqrt{x})\mathrm{d}x$

(C) $2\int_0^1 f(x, -\sqrt{x})\mathrm{d}x$ (D) $\int_0^1 f(x, -\sqrt{x})\mathrm{d}x+\int_0^1 f(x, \sqrt{x})\mathrm{d}x$

(3) 设曲线弧 L 为$x^2+y^2=ax(a>0)$从点 $A(a, 0)$到点 $O(0, 0)$的上半圆弧,则 $\int_L(\mathrm{e}^x\sin y-ay+a)\mathrm{d}x+(\mathrm{e}^x\cos y-a)\mathrm{d}y$ 的值为 ( ).

(A) $-\frac{\pi a^3}{8}-a^2$ (B) $\frac{\pi a^3}{8}$ (C) $\frac{\pi a^3}{8}-a^2$ (D) $-\frac{\pi a^3}{8}$

(4) 设 $I=\oint_C\frac{x\mathrm{d}y-y\mathrm{d}x}{x^2+y^2}$,又$\frac{\partial P}{\partial y}=\frac{\partial Q}{\partial x}=\frac{y^2-x^2}{(x^2+y^2)^2}$,则 ( ).

(A) 对任意光滑闭曲线 C,$I=0$

(B) 在光滑闭曲线 C 所围的区域内不含原点时,$I=0$

(C) 由于$\frac{\partial Q}{\partial x}$与$\frac{\partial P}{\partial y}$在原点不存在,所以,对任意光滑闭曲线 C,$I\neq0$

(D) 当光滑闭曲线 C 所围的区域内包含原点时,$I=0$,不包含原点时,$I\neq0$

(5) 设 $I=\iint_\Sigma\mathrm{d}S$,其中 Σ 为 $z=2-(x^2+y^2)$ 在 xOy 平面上方部分的曲面,则 ( ).

(A) $\int_0^{2\pi}\mathrm{d}\theta\int_0^1\sqrt{1+4r^2}\,r\mathrm{d}r$ (B) $\int_0^{2\pi}\mathrm{d}\theta\int_0^2(2-r^2)\sqrt{1+4r^2}\,r\mathrm{d}r$

(C) $\int_0^{2\pi}\mathrm{d}\theta\int_0^{\sqrt{2}}\sqrt{1+4r^2}\,r\mathrm{d}r$ (D) $\int_0^{2\pi}\mathrm{d}\theta\int_0^2\sqrt{1+4r^2}\,r\mathrm{d}r$

(6) 设 Σ 为球面 $x^2+y^2+z^2=1$ 的外侧,Σ_1 为该球面的上半球面的上侧,则下列等式成立的是 ( ).

(A) $\iint_\Sigma z\mathrm{d}S=2\iint_{\Sigma_1}z\mathrm{d}S$ (B) $\iint_\Sigma z\mathrm{d}x\mathrm{d}y=2\iint_{\Sigma_1}z\mathrm{d}x\mathrm{d}y$

(C) $\iint_\Sigma 1\mathrm{d}x\mathrm{d}y=2\iint_{\Sigma_1}\mathrm{d}x\mathrm{d}y$ (D) $\iint_\Sigma z^2\mathrm{d}x\mathrm{d}y=2\iint_{\Sigma_1}z^2\mathrm{d}x\mathrm{d}y$

(7) 已知闭曲面 Σ 取外侧,若 Σ 所围立体的体积为 V,则 V 为 ( ).

(A) $\oiint_\Sigma x\mathrm{d}y\mathrm{d}z+y\mathrm{d}z\mathrm{d}x+z\mathrm{d}x\mathrm{d}y$ (B) $\oiint_\Sigma(x+y)\mathrm{d}y\mathrm{d}z+(y+z)\mathrm{d}z\mathrm{d}x+(z+x)\mathrm{d}x\mathrm{d}y$

(C) $\oiint_\Sigma(x+y+z)(\mathrm{d}y\mathrm{d}z+\mathrm{d}z\mathrm{d}x+\mathrm{d}x\mathrm{d}y)$ (D) $\oiint_\Sigma\frac{1}{3}(x+y+z)(\mathrm{d}y\mathrm{d}z+\mathrm{d}z\mathrm{d}x+\mathrm{d}x\mathrm{d}y)$

答 案

(A)

1. (1) $2\pi^2a^3(1+2\pi^2)$; (2) $\sqrt{5}\ln2$; (3) $\frac{1}{12}(5\sqrt{5}+6\sqrt{2}-1)$; (4) $2a^2$; (5) 9.

2. (1) $-\frac{14}{15}$; (2) 30; (3) $\frac{3}{16}\pi a^{\frac{4}{3}}$; (4) $\frac{1}{2}$; (5) $\frac{1}{35}$.

3. (1) 0; (2) 0; (3) $\frac{1}{4}\sin2-\frac{7}{6}$; (4) 0.

4. $\frac{3}{8}\pi a^2$.　　5. (1) 1；(2) 3.　　6. (1) 5；(2) 236.　　7. $\lambda=3, I=-\frac{79}{5}$.

8. (1) 0；(2) 2π(提示：不能用格林公式，要化为定积分直接计算)；(3) 2π[提示：在 L 所围成的区域内作一个与 L 不相交的圆 $x^2+y^2=a^2$，利用多连通区域上的格林公式及(2)的结果].

9. (1) $-\frac{27}{4}$；(2) $2\pi\arctan\frac{H}{R}$；(3) $-\frac{2\pi}{3}$；(4) $-\frac{\pi}{2}a^4$.

10. $\iint\limits_{\Sigma} f(x,y,z)\mathrm{d}S=\iint\limits_{D_{xy}} f(x,y,0)\mathrm{d}x\mathrm{d}y$；$\iint\limits_{\Sigma} f(x,y,z)\mathrm{d}x\mathrm{d}y=\pm\iint\limits_{D_{xy}} f(x,y,0)\mathrm{d}x\mathrm{d}y$.

其中，上式右端当 Σ 取上侧时为正号，当 Σ 取下侧时为负号；D_{xy} 为 Σ 在 xOy 面上所占的区域.

11. $R^2H(\frac{2R}{3}+\frac{\pi H}{8})$.　　12. $2\pi R^2$.

(B)

1. (1) ① √；② ×.　(2) √.　(3) ×.　(4) ×.　(5) ×.　(6) √.　(7) ×.　(8) ×.　(9) √.

2. (1) B；(2) B；(3) C；(4) B；(5) C；(6) B；(7) D.

第 11 章

无 穷 级 数

无穷级数是高等数学中的一个重要组成部分，它包括常数项级数和函数项级数两大类. 本书对于函数项级数只讨论它的两种特殊情形——幂级数和傅里叶级数. 利用幂级数或傅里叶级数可以表达某些函数，从而可以进一步研究函数性质并进行函数值的近似计算等.

由于常数项级数是函数项级数的基础，因此，本章先讨论常数项级数，主要介绍常数项级数的一些基本概念、基本性质及常用的审敛法. 然后再介绍幂级数，着重讨论它的收敛区间以及将函数展开成幂级数的问题. 最后讨论有着广泛应用的一类函数项级数——傅里叶级数.

11.1 常数项级数的概念和性质

11.1.1 常数项级数及其收敛与发散的概念

在进行数量运算时，常有一个从近似到精确的过程. 例如，计算循环小数 $0.\dot{3}$ 的值，初学时只知道计算的方法是

$$0.\dot{3}=\frac{3}{9}=\frac{1}{3}.$$

至于这种计算方法的理论依据在当时是不得而知的. 但是，利用极限概念，不难推得以上计算的结果.

因为

$$\begin{aligned}0.\dot{3}&=0.333\,3\cdots=0.3+0.03+0.003+0.000\,3+\cdots\\&=\frac{3}{10}+\frac{3}{10^2}+\frac{3}{10^3}+\frac{3}{10^4}+\cdots,\end{aligned}$$

这就是一个“无限多个数相加求和”的问题，它是一个无穷级数. 若取此级数的前 n 项和，分别记作

$$s_1=\frac{3}{10},\ s_2=\frac{3}{10}+\frac{3}{10^2},\ s_3=\frac{3}{10}+\frac{3}{10^2}+\frac{3}{10^3},\ \cdots,$$

$$s_n=\frac{3}{10}+\frac{3}{10^2}+\frac{3}{10^3}+\cdots+\frac{3}{10^n},\ \cdots.$$

它们分别都可以作为 $0.\dot{3}$ 的近似值. 显然,随着项数 n 的增大,这种近似的精确度也就越高. 因此,当 $n\to\infty$ 时,取 s_n 的极限,便可得到 $0.\dot{3}$ 的精确值,即

$$0.\dot{3}=\lim_{n\to\infty}s_n=\lim_{n\to\infty}\left(\frac{3}{10}+\frac{3}{10^2}+\cdots+\frac{3}{10^n}\right)$$

$$=\lim_{n\to\infty}\frac{\frac{3}{10}\left(1-\frac{1}{10^n}\right)}{1-\frac{1}{10}}=\lim_{n\to\infty}\frac{3}{9}\left(1-\frac{1}{10^n}\right)=\frac{3}{9}=\frac{1}{3}.$$

像上述问题中出现的用无限多个数依次相加的式子来表示某个量的问题,就是下面要讨论的常数项级数. 为了进一步了解它的意义和性质,先引入常数项级数及其收敛与发散的概念.

定义 1 设有一个数列

$$u_1,\ u_2,\ \cdots,\ u_n,\ \cdots,$$

把它们的各项依次用加号连接起来的表达式,记作

$$\sum_{n=1}^{\infty}u_n=u_1+u_2+\cdots+u_n+\cdots, \tag{11.1}$$

则称此表达式为**常数项级数**,简称**级数**. 其中,$u_1,\ u_2,\ \cdots,\ u_n,\ \cdots$ 称为级数的**项**,第 n 项称为级数的**一般项**或**通项**.

注意 定义 1 只是说,常数项级数是一个由形式上无限多个数依次相加的表达式,至于这个表达式是否一定有和? 如果有,这个“和”怎么计算? 这些都是不明确的. 为了进一步明确这些问题,给出级数(11.1)的收敛与发散的概念. 为此,先考虑级数(11.1)的前 n 项的和

$$s_n=u_1+u_2+\cdots+u_n,$$

称 s_n 为级数(11.1)的**部分和**. 当 n 依次取 1, 2, 3, …时,便可得到部分和数列:

$$s_1=u_1,\ s_2=u_1+u_2,\ s_3=u_1+u_2+u_3,\ \cdots,\ s_n=u_1+u_2+u_3+\cdots+u_n,\cdots.$$

自然地,把无限多个数的和的问题归结为部分和数列 $\{s_n\}$ 的极限问题.

定义 2 如果级数(11.1)的部分和数列 $\{s_n\}$ 当 n 无限增大时有极限 s,即 $\lim\limits_{n\to\infty}s_n=s$,则称级数(11.1)**收敛**,并称 s 为级数(11.1)的**和**,记为

$$\sum_{n=1}^{\infty}u_n=u_1+u_2+\cdots+u_n+\cdots=s.$$

如果部分和数列 $\{s_n\}$ 没有极限,则称级数(11.1)**发散**.

当级数(11.1)收敛时,级数(11.1)的和 s 与其部分和 s_n 的差值,记作

$$r_n = s - s_n = u_{n+1} + u_{n+2} + \cdots,$$

称为级数(11.1)的余项. 由于 $\lim\limits_{n\to\infty} s_n = s$，所以，$\lim\limits_{n\to\infty} r_n = \lim\limits_{n\to\infty}(s - s_n) = 0$. 因此，若用 s_n 作为 s 的近似值，即 $s \approx s_n$ 时，所产生的误差可用 $|r_n|$ 来表示.

例 1　判别级数 $\sum\limits_{n=1}^{\infty} \frac{1}{n(n+1)}$ 的敛散性.

解　由于级数的部分和数列 $\{s_n\}$ 的一般项

$$s_n = \frac{1}{1\times 2} + \frac{1}{2\times 3} + \cdots + \frac{1}{n(n+1)} = \frac{2-1}{1\times 2} + \frac{3-2}{2\times 3} + \cdots + \frac{(n+1)-n}{n(n+1)}$$

$$= \left(1 - \frac{1}{2}\right) + \left(\frac{1}{2} - \frac{1}{3}\right) + \cdots + \left(\frac{1}{n} - \frac{1}{n+1}\right) = 1 - \frac{1}{n+1},$$

而

$$\lim_{n\to\infty} s_n = \lim_{n\to\infty}\left(1 - \frac{1}{n+1}\right) = 1,$$

所以，级数 $\sum\limits_{n=1}^{\infty} \frac{1}{n(n+1)}$ 收敛，且其和 $s = 1$.

例 2　讨论等比级数(又称几何级数)

$$\sum_{n=0}^{\infty} aq^n = a + aq + aq^2 + \cdots + aq^{n-1} + \cdots \tag{11.2}$$

的敛散性，其中，$a \neq 0$，q 称为级数(11.2)的公比.

解　如果 $|q| \neq 1$，则部分和

$$s_n = a + aq + \cdots + aq^{n-1} = \frac{a - aq^n}{1-q} = \frac{a}{1-q}(1 - q^n).$$

(1) 当 $|q| < 1$ 时，由于 $\lim\limits_{n\to\infty} q^n = 0$，从而 $\lim\limits_{n\to\infty} s_n = \frac{a}{1-q}$，部分和数列的极限存在. 因此，级数(11.2)收敛，其和为 $\frac{a}{1-q}$.

(2) 当 $|q| > 1$ 时，由于 $\lim\limits_{n\to\infty} q^n = \infty$，从而 $\lim\limits_{n\to\infty} s_n = \infty$，部分和数列的极限不存在. 此时，级数(11.2)发散.

如果 $|q| = 1$，则当 $q = 1$ 时，$s_n = na$，$\lim\limits_{n\to\infty} s_n = \infty$，此时级数(11.2)发散；当 $q = -1$ 时，级数(11.2)成为

$$a - a + a - a + \cdots,$$

此时，部分和 s_n 随着 n 为奇数或为偶数时分别等于 a 或等于零. 由于 $a \neq 0$，所以 s_n 的极限不存在，故级数(11.2)发散.

综上所述，得到以下结论：当公比的绝对值 $|q| < 1$ 时，等比级数 $\sum\limits_{n=1}^{\infty} aq^n$ 收敛，且

其和为 $s=\dfrac{a}{1-q}$;当 $|q|\geqslant 1$ 时,等比级数 $\sum\limits_{n=1}^{\infty} aq^n$ 发散.

例 3 证明调和级数

$$\sum_{n=1}^{\infty}\frac{1}{n}=1+\frac{1}{2}+\frac{1}{3}+\cdots+\frac{1}{n}+\cdots \tag{11.3}$$

是发散的.

证明 利用反证法.假设级数(11.3)收敛,且其和为 s,则有 $\lim\limits_{n\to\infty}s_n=s$,$\lim\limits_{n\to\infty}s_{2n}=s$.从而有 $\lim\limits_{n\to\infty}(s_{2n}-s_n)=\lim\limits_{n\to\infty}s_{2n}-\lim\limits_{n\to\infty}s_n=s-s=0$.

因为

$$s_{2n}-s_n=\frac{1}{n+1}+\frac{1}{n+2}+\cdots+\frac{1}{2n}>\frac{n}{2n}=\frac{1}{2},$$

所以 $\lim\limits_{n\to\infty}(s_{2n}-s_n)\geqslant\lim\limits_{n\to\infty}\dfrac{1}{2}=\dfrac{1}{2}\neq 0$,这与上面的假设结果 $\lim\limits_{n\to\infty}(s_{2n}-s_n)=0$ 相矛盾.因此,调和级数(11.3)发散.

11.1.2 级数收敛的必要条件

定理 若级数 $\sum\limits_{n=1}^{\infty}u_n$ 收敛,则 $\lim\limits_{n\to\infty}u_n=0$.

证明 设级数收敛于和 s,即有 $\lim\limits_{n\to\infty}s_n=s$.由于 $u_n=s_n-s_{n-1}$,故有

$$\lim_{n\to\infty}u_n=\lim_{n\to\infty}(s_n-s_{n-1})=\lim_{n\to\infty}s_n-\lim_{n\to\infty}s_{n-1}=s-s=0.$$

由此定理立即可得如下的推论.

推论 若 $\lim\limits_{n\to\infty}u_n\neq 0$,则级数 $\sum\limits_{n=1}^{\infty}u_n$ 必定发散.

例 4 判别级数 $\sum\limits_{n=1}^{\infty}\dfrac{n}{n+2}$ 的敛散性.

解 级数的一般项为 $u_n=\dfrac{n}{n+2}$.由于

$$\lim_{n\to\infty}u_n=\lim_{n\to\infty}\frac{n}{n+2}=1\neq 0,$$

所以,由上述推论可知该级数发散.

注意 $\lim\limits_{n\to\infty}u_n=0$ 只是级数 $\sum\limits_{n=1}^{\infty}u_n$ 收敛的必要条件,而不是充分条件.换句话说,当 $\lim\limits_{n\to\infty}u_n=0$ 时,不能由此判定级数 $\sum\limits_{n=1}^{\infty}u_n$ 一定收敛.例如,调和级数(11.3)虽然满足收

敛的必要条件：$\lim\limits_{n\to\infty}u_n=\lim\limits_{n\to\infty}\frac{1}{n}=0$，但级数却是发散的.

11.1.3 级数的基本性质

根据级数敛散性的概念，不难得到下面几个关于级数的基本性质.

性质1 设 k 是不为零的常数，则级数 $\sum\limits_{n=1}^{\infty}ku_n$ 与 $\sum\limits_{n=1}^{\infty}u_n$ 有相同的敛散性. 如果级数 $\sum\limits_{n=1}^{\infty}u_n$ 收敛于和 s，则级数 $\sum\limits_{n=1}^{\infty}ku_n$ 收敛于和 ks，即 $\sum\limits_{n=1}^{\infty}ku_n=k\sum\limits_{n=1}^{\infty}u_n$.

证明 设级数 $\sum\limits_{n=1}^{\infty}u_n$ 与级数 $\sum\limits_{n=1}^{\infty}ku_n$ 的部分和分别为 s_n 与 σ_n，则有

$$\sigma_n=ku_1+ku_2+\cdots+ku_n=k(u_1+u_2+\cdots+u_n)=ks_n.$$

由于 $k\neq 0$，故极限 $\lim\limits_{n\to\infty}\sigma_n$ 与 $\lim\limits_{n\to\infty}s_n$ 同时存在或同时不存在，即级数 $\sum\limits_{n=1}^{\infty}ku_n$ 与级数 $\sum\limits_{n=1}^{\infty}u_n$ 同时收敛或同时发散.

若级数 $\sum\limits_{n=1}^{\infty}u_n$ 收敛于和 s，即 $\lim\limits_{n\to\infty}s_n=s$，则 $\lim\limits_{n\to\infty}\sigma_n=\lim\limits_{n\to\infty}ks_n=ks$. 这表明级数 $\sum\limits_{n=1}^{\infty}ku_n$ 收敛于 ks，即有 $\sum\limits_{n=1}^{\infty}ku_n=ks=k\sum\limits_{n=1}^{\infty}u_n$.

性质2 若级数 $\sum\limits_{n=1}^{\infty}u_n$ 与级数 $\sum\limits_{n=1}^{\infty}v_n$ 都收敛，则逐项相加或相减后所得的级数 $\sum\limits_{n=1}^{\infty}(u_n\pm v_n)$ 也收敛，且有

$$\sum_{n=1}^{\infty}(u_n\pm v_n)=\sum_{n=1}^{\infty}u_n\pm\sum_{n=1}^{\infty}v_n.$$

证明 设级数 $\sum\limits_{n=1}^{\infty}u_n$，$\sum\limits_{n=1}^{\infty}v_n$ 与 $\sum\limits_{n=1}^{\infty}(u_n\pm v_n)$ 的部分和分别为 s_n，σ_n 与 τ_n. 于是有

$$\begin{aligned}\tau_n&=(u_1\pm v_1)+(u_2\pm v_2)+\cdots+(u_n\pm v_n)\\&=(u_1+u_2+\cdots+u_n)\pm(v_1+v_2+\cdots+v_n)\\&=s_n\pm\sigma_n.\end{aligned}$$

由假设知，极限 $\lim\limits_{n\to\infty}s_n$ 与 $\lim\limits_{n\to\infty}\sigma_n$ 均存在，故极限 $\lim\limits_{n\to\infty}\tau_n$ 也存在，且有

$$\lim_{n\to\infty}\tau_n=\lim_{n\to\infty}s_n\pm\lim_{n\to\infty}\sigma_n.$$

上式表明，级数 $\sum\limits_{n=1}^{\infty}(u_n\pm v_n)$ 收敛，且有

$$\sum_{n=1}^{\infty}(u_n \pm v_n) = \sum_{n=1}^{\infty}u_n \pm \sum_{n=1}^{\infty}v_n.$$

利用类似的方法,可以证明下面的两个性质(证明从略).

性质 3　在级数的前面部分去掉或添加有限项,不会改变级数的敛散性;但是当级数收敛时,级数的和会改变.

性质 4　收敛级数的项任意加括号后所成的级数仍然收敛,且其和不变.

注意　性质 4 的逆命题不一定成立,即加括号的级数收敛,去括号后所得的级数却不一定收敛.例如,级数

$$(1-1)+(1-1)+\cdots+(1-1)+\cdots$$

的各项均为零,因此,它收敛于零.但去括号后所得的级数

$$1-1+1-1+\cdots+1-1+\cdots$$

却是发散的.这是因为它的部分和 s_n 随 n 为奇数或偶数时分别等于 1 或零,所以,$\lim\limits_{n\to\infty}s_n$ 不存在.

根据性质 4 可得如下的推论:如果加括号后所得的级数发散,则原来的级数也发散.事实上,假如原级数收敛,则由性质 4 知,加括号后的级数就应该是收敛的.它与假设矛盾.

例 5　判别级数

$$\frac{1}{6}+\frac{1}{9}+\frac{1}{12}+\frac{1}{15}+\cdots$$

的敛散性.

解　级数的一般项为

$$u_n = \frac{1}{3(n+1)},$$

由于级数 $\sum\limits_{n=1}^{\infty}\dfrac{1}{n+1}$ 是调和级数 $\sum\limits_{n=1}^{\infty}\dfrac{1}{n}$ 去掉首项,由性质 3 知,它是发散的.再由性质 1 知,级数 $\sum\limits_{n=1}^{\infty}\dfrac{1}{3(n+1)}$ 也发散.

例 6　判别级数

$$\left(\frac{1}{2}-\frac{1}{3}\right)+\left(\frac{1}{2^2}-\frac{1}{3^2}\right)+\cdots+\left(\frac{1}{2^n}-\frac{1}{3^n}\right)+\cdots$$

的敛散性.

解　因为级数

$$\sum_{n=1}^{\infty}\frac{1}{2^n} = \frac{1}{2}+\frac{1}{2^2}+\cdots+\frac{1}{2^n}+\cdots$$

和

$$\sum_{n=1}^{\infty}\frac{1}{3^n}=\frac{1}{3}+\frac{1}{3^2}+\cdots+\frac{1}{3^n}+\cdots$$

都是等比级数(11.2)中去掉第一项后 q 分别取$\frac{1}{2}$和$\frac{1}{3}$所得的级数. 而等比级数 $\sum_{n=0}^{\infty}\frac{1}{2^n}\left(公比的绝对值\ |q|=\frac{1}{2}<1\right)$ 和 $\sum_{n=0}^{\infty}\frac{1}{3^n}\left(公比的绝对值\ |q|=\frac{1}{3}<1\right)$ 都是收敛的,所以,由级数的性质3知,级数 $\sum_{n=1}^{\infty}\frac{1}{2^n}$ 和 $\sum_{n=1}^{\infty}\frac{1}{3^n}$ 也都收敛. 再由性质2知,两个收敛级数逐项相减,即得原级数 $\sum_{n=1}^{\infty}\left(\frac{1}{2^n}-\frac{1}{3^n}\right)$ 也收敛.

习题 11.1

1. 何谓级数 $\sum_{n=1}^{\infty}u_n$ 收敛或发散?什么叫级数的和?每个级数是否一定有和?

2. 级数 $\sum_{n=1}^{\infty}(\sqrt{n+1}-\sqrt{n})$ 的一般项是否趋于零?这个级数是否收敛?这个例子说明了什么?

3. 证明:如果级数 $\sum_{n=1}^{\infty}u_n$ 收敛,级数 $\sum_{n=1}^{\infty}v_n$ 发散,那么,级数 $\sum_{n=1}^{\infty}(u_n\pm v_n)$ 一定发散.

4. 等式 $\sum_{n=1}^{\infty}\left(\frac{1}{2^n}+\frac{1}{n}\right)=\sum_{n=1}^{\infty}\frac{1}{2^n}+\sum_{n=1}^{\infty}\frac{1}{n}$ 是否成立?为什么?

5. 根据级数的前几项的规律,写出它们的一般项.

(1) $2+\frac{5}{8}+\frac{8}{27}+\frac{11}{64}+\cdots$;

(2) $\frac{1}{2}+\frac{1\times4}{2\times7}+\frac{1\times4\times7}{2\times7\times12}+\frac{1\times4\times7\times10}{2\times7\times12\times17}+\cdots$;

(3) $\frac{2}{1}+\frac{1}{2}+\frac{4}{3}+\frac{3}{4}+\cdots$;

(4) $\frac{a^2}{3}-\frac{a^2}{5}+\frac{a^4}{7}-\frac{a^5}{9}+\cdots$.

6. 判别级数的敛散性.

(1) $\sum_{n=1}^{\infty}\left(1+\frac{1}{n}\right)^n$;

(2) $-\frac{2}{3}+\frac{2^2}{3^2}-\frac{2^3}{3^3}+\frac{2^4}{3^4}-\cdots$;

(3) $\sum_{n=1}^{\infty}\frac{1}{(2n-1)(2n+1)}$;

(4) $\sum_{n=1}^{\infty}\left(\frac{1}{3^n}-\frac{1}{n(n+1)}\right)$.

7. 试举例说明两个发散级数逐项相加或相减所得到的级数不一定发散.

答　案

1. 若级数 $\sum_{n=1}^{\infty}u_n$ 的部分和 s_n 的极限存在,则称此级数收敛,否则,称此级数发散. 当级数收敛时,则称此级数部分和的极限为级数的和. 不是所有的级数都有和,发散的级数没有和.

2. $u_n=(\sqrt{n+1}-\sqrt{n})=\frac{1}{\sqrt{n+1}+\sqrt{n}}\to0(n\to\infty)$,该级数的前 n 项和 $s_n=\sqrt{n+1}-\sqrt{1}$

$\to +\infty(n\to\infty)$,所以,级数发散. 这说明一般项 u_n 趋于零不是级数收敛的充分条件.

3. 用反证法. 因为如果它收敛,则由

$$\sum_{n=1}^{\infty}v_n=\sum_{n=1}^{\infty}[u_n-(u_n-v_n)]=\sum_{n=1}^{\infty}u_n-\sum_{n=1}^{\infty}(u_n-v_n)$$

或

$$\sum_{n=1}^{\infty}v_n=\sum_{n=1}^{\infty}[(u_n+v_n)-u_n]=\sum_{n=1}^{\infty}(u_n+v_n)-\sum_{n=1}^{\infty}u_n,$$

知级数 $\sum_{n=1}^{\infty}v_n$ 也收敛,这与已知条件矛盾.

4. 等式不成立. 因为级数 $\sum_{n=1}^{\infty}\frac{1}{n}$ 是发散的,等式两边均无意义.

5. (1) $u_n=\frac{3n-1}{n^3}$; (2) $u_n=\frac{1\times4\times7\times\cdots\times(3n-2)}{2\times7\times12\times\cdots\times(5n-3)}$;

(3) $u_n=\frac{n-(-1)^n}{n}$; (4) $u_n=(-1)^{n-1}\frac{a^{n+1}}{2n+1}$.

6. (1) 发散;(2) 收敛;(3) 收敛;(4) 收敛.

7. 例如,级数 $\sum_{n=1}^{\infty}\frac{1}{n}$ 与 $\sum_{n=1}^{\infty}\frac{1}{n+1}$ 都发散,但是,级数 $\sum_{n=1}^{\infty}\left(\frac{1}{n}-\frac{1}{n+1}\right)=\sum_{n=1}^{\infty}\frac{1}{n(n+1)}$ 却是收敛的.

11.2 常数项级数的审敛法

在上一节中,根据级数收敛与发散的定义,或利用等比级数、调和级数的敛散性结论及级数的基本性质,虽然也能判别一些级数的敛散性,但是这些方法只适用于某些简单而特殊的常数项级数. 因判别级数的收敛性是讨论常数项级数的首要问题,故在本节中将着重介绍常数项级数敛散性的一些判别法(或称审敛法).

11.2.1 正项级数的审敛法

1. 正项级数收敛的充分必要条件——基本定理

如果 $u_n\geqslant0(n=1,2,\cdots)$,则称级数

$$\sum_{n=1}^{\infty}u_n=u_1+u_2+\cdots+u_n+\cdots \tag{11.4}$$

为**正项级数**. 其部分和数列 $\{s_n\}$ 为

$$s_1=u_1,\ s_2=u_1+u_2,\ s_3=u_1+u_2+u_3,\ \cdots,\ s_n=u_1+u_2+\cdots+u_n,\ \cdots.$$

由于 $u_n\geqslant0(n=1,2,\cdots)$,所以有

$$s_1\leqslant s_2\leqslant\cdots\leqslant s_n\leqslant s_{n+1}\leqslant\cdots.$$

这表明正项级数(11.4)的部分和数列$\{s_n\}$是一个单调增加数列. 如果$\{s_n\}$有上界(即对于任何正整数n,存在正数M,使得$s_n \leqslant M$成立),那么,根据数列极限存在的单调有界准则知,数列$\{s_n\}$有极限,即$\lim\limits_{n\to\infty} s_n$存在,故正项级数(11.4)收敛.

反之,如果级数(11.4)收敛,即$\lim\limits_{n\to\infty} s_n$存在,此时数列$\{s_n\}$收敛,而收敛数列必有界,故收敛的正项级数(11.4)的部分和数列$\{s_n\}$是有界的.

综上讨论,可得下面的定理.

基本定理 正项级数$\sum\limits_{n=1}^{\infty} u_n$收敛的充分必要条件是它的部分和数列$\{s_n\}$有界.

由于这个定理是推导正项级数的其他审敛法的基础,故称此定理为基本定理. 由此基本定理,不难得到下面的推论.

推论 如果正项级数$\sum\limits_{n=1}^{\infty} u_n$的部分和数列$\{s_n\}$无界,则该级数必发散.

例1 证明:p-级数

$$\sum_{n=1}^{\infty} \frac{1}{n^p} = 1 + \frac{1}{2^p} + \frac{1}{3^p} + \cdots + \frac{1}{n^p} + \cdots, \tag{11.5}$$

其中,$p > 0$,且为常数. 当$p \leqslant 1$时,发散;当$p > 1$时,收敛.

证明 当$p = 1$时,p-级数就是调和级数,它是发散的.

当$p < 1$时,因为$n^p < n$, $\frac{1}{n^p} > \frac{1}{n}(n = 2, 3, \cdots)$,所以,$p$-级数[式(11.5)]的前$n$项和(部分和)

$$s_n = 1 + \frac{1}{2^p} + \frac{1}{3^p} + \cdots + \frac{1}{n^p} > 1 + \frac{1}{2} + \frac{1}{3} + \cdots + \frac{1}{n} = \sigma_n.$$

由于调和级数$\sum\limits_{n=1}^{\infty} \frac{1}{n}$发散(见11.1节例3),故由基本定理可知它的部分和数列$\{\sigma_n\}$无界,从而$\{s_n\}$也无界. 因此,由基本定理的推论知,当$p < 1$时,p-级数[式(11.5)]发散.

当$p > 1$时,设式(11.5)的级数部分和为s_n,因$u_n \geqslant 0$,故有$s_n < s_{2n+1}$. 由于

$$\begin{aligned} s_{2n+1} &= 1 + \frac{1}{2^p} + \frac{1}{3^p} + \frac{1}{4^p} + \frac{1}{5^p} + \cdots + \frac{1}{(2n)^p} + \frac{1}{(2n+1)^p} \\ &= 1 + \left[\frac{1}{2^p} + \frac{1}{4^p} + \cdots + \frac{1}{(2n)^p}\right] + \left[\frac{1}{3^p} + \frac{1}{5^p} + \cdots + \frac{1}{(2n+1)^p}\right] \\ &< 1 + 2\left[\frac{1}{2^p} + \frac{1}{4^p} + \cdots + \frac{1}{(2n)^p}\right] = 1 + \frac{2}{2^p}\left(1 + \frac{1}{2^p} + \cdots + \frac{1}{n^p}\right) = 1 + 2^{1-p} s_n. \end{aligned}$$

从而得

$$s_n < s_{2n+1} < 1 + 2^{1-p} s_n,$$

即
$$s_n < \frac{1}{1-2^{1-p}} \quad (n=1,\ 2,\ \cdots).$$

于是，p-级数[式(11.5)]的部分和数列$\{s_n\}$有界. 由基本定理知，p-级数[式(11.5)]收敛.

综上所述，当$p>1$时，p-级数收敛；当$p \leqslant 1$时，p-级数发散.

利用基本定理直接判别正项级数是否收敛，涉及如何判别级数的部分和数列是否有界，这一点往往是比较困难的. 因此，很有必要探讨正项级数敛散性的其他方便可行的判别法. 下面来介绍正项级数常用的两种审敛法——比较审敛法和比值审敛法.

2. 正项级数的比较审敛法及其极限形式

定理 1(比较审敛法) 设$\sum\limits_{n=1}^{\infty} u_n$与$\sum\limits_{n=1}^{\infty} v_n$是两个正项级数，且$u_n \leqslant v_n (n=1,\ 2,\ \cdots)$，那么

(1) 若级数$\sum\limits_{n=1}^{\infty} v_n$收敛，则级数$\sum\limits_{n=1}^{\infty} u_n$也收敛；

(2) 若级数$\sum\limits_{n=1}^{\infty} u_n$发散，则级数$\sum\limits_{n=1}^{\infty} v_n$也发散.

证明 设正项级数$\sum\limits_{n=1}^{\infty} u_n$与$\sum\limits_{n=1}^{\infty} v_n$的部分和分别为$s_n$与$\sigma_n$，由于$u_n \leqslant v_n (n=1,\ 2,\ \cdots)$，从而有$s_n \leqslant \sigma_n$.

(1) 当正项级数$\sum\limits_{n=1}^{\infty} v_n$收敛时，由基本定理知，它的部分和数列$\{\sigma_n\}$有界，从而数列$\{s_n\}$也有界，由基本定理知，正项级数$\sum\limits_{n=1}^{\infty} u_n$收敛.

(2) 用反证法. 假设级数$\sum\limits_{n=1}^{\infty} v_n$收敛，由于$u_n \leqslant v_n (n=1,\ 2,\ \cdots)$，由已证(1)的结果知，级数$\sum\limits_{n=1}^{\infty} u_n$也收敛，这与已知级数$\sum\limits_{n=1}^{\infty} u_n$发散相矛盾.

根据11.1节中所讲的级数的性质1和性质3，对级数的每一项同乘以不为零的常数k，以及去掉级数前面部分的有限项都不会改变级数的敛散性，因此，可得如下的推论.

推论 如果级数$\sum\limits_{n=1}^{\infty} v_n$收敛，并且从某项(如从第$N$项)起，$u_n \leqslant kv_n (k>0,\ n \geqslant N)$，则级数$\sum\limits_{n=1}^{\infty} u_n$也收敛；如果级数$\sum\limits_{n=1}^{\infty} v_n$发散，并且从某项(如从第$N$项)起，有$u_n \geqslant kv_n (k>0,\ n \geqslant N)$，则级数$\sum\limits_{n=1}^{\infty} u_n$也发散.

例 2 判别级数的敛散性.

(1) $\sum\limits_{n=1}^{\infty} \dfrac{1}{n^3+1}$; (2) $\sum\limits_{n=1}^{\infty} \dfrac{1}{\sqrt{n(n+1)}}$; (3) $\sum\limits_{n=1}^{\infty} \sin\dfrac{\pi}{3^n}$.

解 (1) 因为所给级数是正项级数,且其一般项 $u_n = \dfrac{1}{n^3+1} < \dfrac{1}{n^3} = v_n$,而级数 $\sum\limits_{n=1}^{\infty} v_n = \sum\limits_{n=1}^{\infty} \dfrac{1}{n^3}$ 是 $p = 3 > 1$ 的 p-级数,它是收敛的,所以由比较审敛法知,原级数 $\sum\limits_{n=1}^{\infty} \dfrac{1}{n^3+1}$ 也收敛.

(2) 由于所给级数是正项级数,且其一般项

$$u_n = \frac{1}{\sqrt{n(n+1)}} > \frac{1}{\sqrt{(n+1)(n+1)}} = \frac{1}{n+1} = v_n,$$

而级数 $\sum\limits_{n=1}^{\infty} v_n = \sum\limits_{n=1}^{\infty} \dfrac{1}{n+1}$ 是调和级数去掉首项,它是发散的. 再由比较审敛法知,原级数 $\sum\limits_{n=1}^{\infty} \dfrac{1}{\sqrt{n(n+1)}}$ 也发散.

(3) 因级数的一般项 $u_n = \sin\dfrac{\pi}{3^n}$,且 $u_n > 0 (n = 1, 2, \cdots)$,故所给级数为正项级数. 又因为当 $x > 0$ 时,$\sin x < x$,所以有

$$u_n = \sin\frac{\pi}{3^n} < \frac{\pi}{3^n} = v_n,$$

而级数 $\sum\limits_{n=1}^{\infty} v_n = \sum\limits_{n=1}^{\infty} \dfrac{\pi}{3^n}$ 是公比为 $q = \dfrac{1}{3} (|q| < 1)$ 的等比级数,它是收敛的. 再由比较审敛法知,原级数 $\sum\limits_{n=1}^{\infty} \sin\dfrac{\pi}{3^n}$ 也收敛.

从上面的例子中可看出,在使用比较审敛法时,常常要将所给的级数的一般项放大或缩小,使之成为敛散性已知的级数的一般项. 进行这项工作往往有一定的难度,在许多情况下,用下面的比较审敛法的极限形式更为简便.

定理 2(比较审敛法的极限形式) 设 $\sum\limits_{n=1}^{\infty} u_n$ 与 $\sum\limits_{n=1}^{\infty} v_n$ 是两个正项级数, 如果

$$\lim_{n\to\infty} \frac{u_n}{v_n} = l, \quad 0 < l < +\infty,$$

则级数 $\sum\limits_{n=1}^{\infty} u_n$ 与级数 $\sum\limits_{n=1}^{\infty} v_n$ 同时收敛或同时发散(证明从略).

例 3 判别级数的敛散性.

(1) $\sum_{n=1}^{\infty}\tan\frac{\pi}{n^2}$； (2) $\sum_{n=1}^{\infty}\frac{n+2}{2n^2+1}$.

解 (1) 级数的一般项 $u_n=\tan\frac{\pi}{n^2}\geqslant 0$,所给级数是正项级数. 因为当 $n\to\infty$ 时,$\tan\frac{\pi}{n^2}\sim\frac{\pi}{n^2}$,所以可取 $v_n=\frac{\pi}{n^2}$,则

$$\lim_{n\to\infty}\frac{u_n}{v_n}=\lim_{n\to\infty}\frac{\tan\frac{\pi}{n^2}}{\frac{\pi}{n^2}}=1>0,$$

而级数 $\sum_{n=1}^{\infty}\frac{\pi}{n^2}$ 是收敛的 p-级数($p=2$)的各项乘以常数 π 所得的级数,它是收敛的. 再由定理 2(比较审敛法的极限形式) 可知,原级数收敛.

(2) 级数的一般项 $u_n=\frac{n+2}{2n^2+1}>0$,所给级数是正项级数. 又因当 $n\to\infty$ 时,$\frac{n+2}{2n^2+1}$ 与 $\frac{1}{n}$ 是同阶无穷小,故可取 $v_n=\frac{1}{n}$,则

$$\lim_{n\to\infty}\frac{u_n}{v_n}=\lim_{n\to\infty}\frac{\frac{n+2}{2n^2+1}}{\frac{1}{n}}=\lim_{n\to\infty}\frac{n(n+2)}{2n^2+1}=\frac{1}{2}>0.$$

而级数 $\sum_{n=1}^{\infty}\frac{1}{n}$ 是发散的,再由比较审敛法的极限形式可知,原级数也发散.

3. 正项级数的比值审敛法

定理 3[比值审敛法——达朗贝尔(D'Alembert)判别法] 如果正项级数 $\sum_{n=1}^{\infty}u_n$ 的后项与前一项之比值的极限等于 ρ,即

$$\lim_{n\to\infty}\frac{u_{n+1}}{u_n}=\rho,$$

则 (1) 当 $\rho<1$ 时,级数收敛;

(2) 当 $\rho>1$ $\left(或\lim_{n\to\infty}\frac{u_{n+1}}{u_n}=+\infty\right)$时,级数发散;

(3) 当 $\rho=1$ 时,级数可能收敛也可能发散.

(证明从略.)

当 $\rho=1$ 时,级数可能收敛,也可能发散. 仅以式(11.5) 的 p-级数为例便可以说明. 因为不论 p 为何值时,均有

$$\lim_{n\to\infty}\frac{u_{n+1}}{u_n}=\lim_{n\to\infty}\frac{\frac{1}{(n+1)^p}}{\frac{1}{n^p}}=\lim_{n\to\infty}\left(\frac{n}{n+1}\right)^p=1.$$

但当 $p\leqslant 1$ 时，p-级数发散；当 $p>1$ 时，p-级数收敛. 由此可见，当 $\rho=1$ 时，不能判别级数的敛散性. 此时，比值审敛法失效.

例 4 判别正项级数的敛散性.

(1) $\sum\limits_{n=1}^{\infty}\dfrac{n^{100}}{2^n}$； (2) $\sum\limits_{n=1}^{\infty}\dfrac{n\cdot 3^n}{(n+10)^2}$.

解 (1) 由于

$$\frac{u_{n+1}}{u_n}=\frac{\dfrac{(n+1)^{100}}{2^{n+1}}}{\dfrac{n^{100}}{2^n}}=\frac{(n+1)^{100}}{2^{n+1}}\cdot\frac{2^n}{n^{100}}=\frac{1}{2}\left(\frac{n+1}{n}\right)^{100},$$

$$\lim_{n\to\infty}\frac{u_{n+1}}{u_n}=\lim_{n\to\infty}\frac{1}{2}\left(\frac{n+1}{n}\right)^{100}=\frac{1}{2}<1,$$

所以由比值审敛法知，所给级数收敛.

(2) 由于

$$\frac{u_{n+1}}{u_n}=\frac{\dfrac{(n+1)\cdot 3^{n+1}}{(n+11)^2}}{\dfrac{n\cdot 3^n}{(n+10)^2}}=\frac{(n+1)\cdot 3^{n+1}}{(n+11)^2}\cdot\frac{(n+10)^2}{n\cdot 3^n}$$

$$=3\left(1+\frac{1}{n}\right)\left(\frac{n+10}{n+11}\right)^2,$$

$$\lim_{n\to\infty}\frac{u_{n+1}}{u_n}=\lim_{n\to\infty}3\left(1+\frac{1}{n}\right)\left(\frac{n+10}{n+11}\right)^2=3>1,$$

所以由比值审敛法知，所给级数发散.

例 5 判别下列级数的敛散性.

(1) $\sum\limits_{n=1}^{\infty}=\dfrac{2^n}{n!}$； (2) $\sum\limits_{n=1}^{\infty}\sin\dfrac{\pi}{4^n}$； (3) $\sum\limits_{n=1}^{\infty}\dfrac{\sqrt[3]{n}}{(n+1)\sqrt{n}}$.

解 (1) 所给级数为正项级数. 由于

$$\frac{u_{n+1}}{u_n}=\frac{\dfrac{2^{n+1}}{(n+1)!}}{\dfrac{2^n}{n!}}=\frac{2^{n+1}}{(n+1)!}\cdot\frac{n!}{2^n}=\frac{2}{n+1},$$

$$\lim_{n\to\infty}\frac{u_{n+1}}{u_n}=\lim_{n\to\infty}\frac{2}{n+1}=0<1,$$

所以由比值审敛法知，所给级数收敛.

(2) 因 $0<\dfrac{\pi}{4^n}<\dfrac{\pi}{2}$，$\sin\dfrac{\pi}{4^n}>0(n=1,2,\cdots)$，故所给级数为正项级数. 由于当

$n\to\infty$ 时，$\sin\frac{\pi}{4^{n+1}}\sim\frac{\pi}{4^{n+1}}$，$\sin\frac{\pi}{4^n}\sim\frac{\pi}{4^n}$，从而有

$$\lim_{n\to\infty}\frac{u_{n+1}}{u_n}=\lim_{n\to\infty}\frac{\sin\frac{\pi}{4^{n+1}}}{\sin\frac{\pi}{4^n}}=\lim_{n\to\infty}\frac{\frac{\pi}{4^{n+1}}}{\frac{\pi}{4^n}}=\frac{1}{4}<1,$$

所以由比值审敛法知，所给级数收敛.

(3) 所给级数是正项级数. 由于

$$\frac{u_{n+1}}{u_n}=\frac{\sqrt[3]{n+1}}{(n+2)\sqrt{n+1}}\cdot\frac{(n+1)\sqrt{n}}{\sqrt[3]{n}}=\frac{n+1}{n+2}\sqrt[3]{\frac{n+1}{n}}\sqrt{\frac{n}{n+1}},$$

$$\lim_{n\to\infty}\frac{u_{n+1}}{u_n}=\lim_{n\to\infty}\left(\frac{n+1}{n+2}\sqrt[3]{\frac{n+1}{n}}\sqrt{\frac{n}{n+1}}\right)=1,$$

即 $\rho=1$. 此时，比值审敛法失效，改用比较审敛法. 由于

$$u_n=\frac{\sqrt[3]{n}}{(n+1)\sqrt{n}}<\frac{\sqrt[3]{n}}{n\sqrt{n}}=\frac{1}{n^{\frac{3}{2}-\frac{1}{3}}}=\frac{1}{n^{\frac{7}{6}}},$$

而 $\sum\limits_{n=1}^{\infty}\frac{1}{n^{\frac{7}{6}}}$ 是收敛的 p-级数 $\left(p=\frac{7}{6}>1\right)$，所以，由比较审敛法知，原级数也收敛.

11.2.2 任意项级数的审敛法

既含有正值项也含有负值项的级数，称为任意项级数. 现首先讨论形式比较简单且应用又较多的交错级数及其审敛法.

1. 交错级数及其审敛法

各项正、负相间的级数，称为交错级数. 它的一般形式可写成

$$\sum_{n=1}^{\infty}(-1)^{n-1}u_n=u_1-u_2+u_3-u_4+\cdots+(-1)^{n-1}u_n+\cdots \tag{11.6}$$

或

$$\sum_{n=1}^{\infty}(-1)^{n}u_n=-u_1+u_2-u_3+u_4-\cdots+(-1)^{n}u_n+\cdots, \tag{11.6$'$}$$

其中，$u_n>0(n=1,2,\cdots)$，$(-1)^{n-1}u_n$ 或 $(-1)^nu_n$ 分别为式(11.6)或式(11.6′)的级数的一般项.

由于式(11.6′)的级数各项同乘以常数 -1 后便得式(11.6)，故式(11.6)级数与式(11.6′)级数具有相同的敛散性. 因此，下面只就式(11.6)交错级数来讨论它的审敛法.

定理 4[莱布尼茨(Leibniz)准则] 如果式(11.6)交错级数满足条件：

(1) $u_n\geqslant u_{n+1}(n=1,2,3,\cdots)$；

(2) $\lim\limits_{n\to\infty}u_n=0$,

则式(11.6)交错级数收敛,且其和 $s\leqslant u_1$,余项的绝对值 $|r_n|\leqslant u_{n+1}$. 证明过程扫二维码.

莱布尼茨准则的证明*

例6 判别级数的敛散性.

(1) $\sum\limits_{n=1}^{\infty}(-1)^{n-1}\dfrac{1}{n}$; (2) $\sum\limits_{n=2}^{\infty}(-1)^{n}\dfrac{1}{\ln n}$;

(3) $\sum\limits_{n=1}^{\infty}(-1)^{n-1}\dfrac{n}{2n-1}$.

解 (1) 所给级数是交错级数,且 $u_n=\dfrac{1}{n}$. 因为

① $u_n=\dfrac{1}{n}>\dfrac{1}{n+1}=u_{n+1}$; ② $\lim\limits_{n\to\infty}u_n=\lim\limits_{n\to\infty}\dfrac{1}{n}=0$,

所以由莱布尼茨准则知,所给交错级数收敛,且其和 $s<1$.

(2) 所给级数是交错级数,且 $u_n=\dfrac{1}{\ln n}$. 因为

① $u_n=\dfrac{1}{\ln n}>\dfrac{1}{\ln(n+1)}=u_{n+1}$; ② $\lim\limits_{n\to\infty}u_n=\lim\limits_{n\to\infty}\dfrac{1}{\ln n}=0$,

所以由莱布尼茨准则知,所给交错级数收敛,且其和 $s<\dfrac{1}{\ln 2}$.

(3) 所给级数是交错级数,且 $u_n=\dfrac{n}{2n-1}$. 因为

$$① \ u_n-u_{n+1}=\frac{n}{2n-1}-\frac{n+1}{2n+1}=\frac{n(2n+1)-(2n-1)(n+1)}{(2n-1)(2n+1)}$$

$$=\frac{1}{(2n-1)(2n+1)}>0,$$

即有

$$u_n>u_{n+1},\quad n=1,2,\cdots.$$

② $\lim\limits_{n\to\infty}u_n=\lim\limits_{n\to\infty}\dfrac{n}{2n-1}=\dfrac{1}{2}\neq 0$. 此时,级数的一般项的极限 $\lim\limits_{n\to\infty}(-1)^{n-1}u_n=\lim\limits_{n\to\infty}(-1)^{n-1}\dfrac{n}{2n-1}$ 不存在,即不满足级数收敛的必要条件,所以该级数发散.

注意 使用莱布尼茨准则时,如果准则中的第二个条件: $\lim\limits_{n\to\infty}u_n=0$ 不满足,那么可以判定该交错级数发散. 但是,如果准则中的第一个条件: $u_n\geqslant u_{n+1}$ 不满足,则不能断定该交错级数一定发散. 例如,交错级数 $\sum\limits_{n=2}^{\infty}\dfrac{(-1)^n}{\sqrt{n+(-1)^n}}$,它满足第二个条件 $\lim\limits_{n\to\infty}u_n=0$,但它不满足准则中的第一个条件 $u_n\geqslant u_{n+1}$. 可由其他方法证明该级数是收敛的.

2. 任意项级数的收敛性——绝对收敛与条件收敛

对于任意项级数

$$\sum_{n=1}^{\infty} u_n = u_1 + u_2 + \cdots + u_n + \cdots, \tag{11.7}$$

其中，$u_n(n=1, 2, \cdots)$ 为任意实数. 该级数各项取绝对值所成的级数：

$$\sum_{n=1}^{\infty} |u_n| = |u_1| + |u_2| + \cdots + |u_n| + \cdots \tag{11.8}$$

式(11.8)级数也简称为式(11.7)级数的绝对值级数. 它们之间的收敛性关系有如下的定理.

定理 5　若级数的绝对值级数收敛，则级数也收敛.

证明过程扫二维码.

定理 5 的证明*

这个定理可以把许多任意项级数的收敛性判别问题，转化为正项级数收敛性的判别问题.

一般地，如果级数 $\sum_{n=1}^{\infty} u_n$ 的绝对值级数 $\sum_{n=1}^{\infty} |u_n|$ 收敛，则称级数 $\sum_{n=1}^{\infty} u_n$ 为**绝对收敛级数**；如果级数 $\sum_{n=1}^{\infty} |u_n|$ 发散，而级数 $\sum_{n=1}^{\infty} u_n$ 收敛，则称级数 $\sum_{n=1}^{\infty} u_n$ 为**条件收敛级数**.

定理 5 表明，若绝对值级数收敛，则原级数必定收敛. 但是，若绝对值级数发散，却不能断定原级数发散.

例 7　判别下列级数是否收敛？如果收敛，则说明是绝对收敛还是条件收敛.

(1) $\sum_{n=1}^{\infty} \frac{\sin n\alpha}{(\ln 3)^n}$；　　(2) $\sum_{n=1}^{\infty} (-1)^{n-1} \frac{1}{\sqrt{n}}$.

解　(1) 所给级数的绝对值级数为 $\sum_{n=1}^{\infty} \left|\frac{\sin n\alpha}{(\ln 3)^n}\right|$. 由于 $\left|\frac{\sin n\alpha}{(\ln 3)^n}\right| \leqslant \frac{1}{(\ln 3)^n}$，又因为 $\ln 3 > 1$，所以，级数 $\sum_{n=1}^{\infty} \frac{1}{(\ln 3)^n}$ 是公比 $q = \frac{1}{\ln 3}(|q| < 1)$ 的等比级数，它是收敛的. 由正项级数的比较审敛法知，上面的绝对值级数 $\sum_{n=1}^{\infty} \left|\frac{\sin n\alpha}{(\ln 3)^n}\right|$ 也收敛. 再由定理 5 知，原级数 $\sum_{n=1}^{\infty} \frac{\sin n\alpha}{(\ln 3)^n}$ 收敛，且是绝对收敛的.

(2) 所给级数是交错级数，其中，$u_n = \frac{1}{\sqrt{n}}$ 满足下列条件：

① $u_n = \frac{1}{\sqrt{n}} > \frac{1}{\sqrt{n+1}} = u_{n+1}$；　　② $\lim\limits_{n\to\infty} u_n = \lim\limits_{n\to\infty} \frac{1}{\sqrt{n}} = 0$，

故由莱布尼茨准则可知，所给交错级数是收敛的.

由于所给级数的绝对值级数 $\sum_{n=1}^{\infty}\left|(-1)^{n-1}\frac{1}{\sqrt{n}}\right|=\sum_{n=1}^{\infty}\frac{1}{\sqrt{n}}$，它是发散的 p-级数 $\left(p=\frac{1}{2}<1\right)$，所以原级数是条件收敛的.

绝对收敛级数有许多重要性质是条件收敛级数所没有的，下面给出其中的两个性质但不加证明.

性质 1 绝对收敛级数可以任意交换各项的位置而不改变其收敛性与级数的和.

性质 2 两个绝对收敛级数的乘积所成的级数也是绝对收敛的，且其和等于这两个级数的和的乘积.

所谓两个级数 $\sum_{n=1}^{\infty}u_n$ 与 $\sum_{n=1}^{\infty}v_n$ 的乘积，是指按下面方法规定的级数：

$$\begin{aligned}\sum_{n=1}^{\infty}u_n\cdot\sum_{n=1}^{\infty}v_n &= u_1v_1+(u_1v_2+u_2v_1)+(u_1v_3+u_2v_2+u_3v_1)+\cdots+\\&\quad(u_1v_n+u_2v_{n-1}+\cdots+u_nv_1)+\cdots\\&=\sum_{n=1}^{\infty}(u_1v_n+u_2v_{n-1}+\cdots+u_nv_1).\end{aligned}$$

此级数也称为级数 $\sum_{n=1}^{\infty}u_n$ 与 $\sum_{n=1}^{\infty}v_n$ 的**柯西乘积**.

习题 11.2

1. 用比较审敛法或其极限形式判别级数的敛散性.

(1) $\sum_{n=1}^{\infty}\frac{1}{(n+1)(n+3)}$；　(2) $\sum_{n=1}^{\infty}\frac{1}{(n+1)\sqrt{n}}$；

(3) $\sum_{n=1}^{\infty}\frac{1}{\ln(n+1)}$；　(4) $\sum_{n=1}^{\infty}\frac{n+1}{n^2+2}$；

(5) $\sum_{n=1}^{\infty}\frac{\cos^2\frac{n\pi}{2}}{3^n}$；　(6) $\sum_{n=1}^{\infty}\frac{1}{\sqrt{n(n+2)}}$.

2. 用比值审敛法判别级数的敛散性.

(1) $\sum_{n=1}^{\infty}\frac{2^n}{n\cdot 3^n}$；　(2) $\sum_{n=1}^{\infty}\frac{2^n\cdot n!}{n^n}$；

(3) $\sum_{n=1}^{\infty}4^n\sin\frac{\pi}{3^n}$；　(4) $\sum_{n=1}^{\infty}\frac{n^2\cdot 2^n}{3^n}$；

(5) $\sum_{n=1}^{\infty}\frac{5^n}{n!}$；　(6) $\sum_{n=1}^{\infty}\frac{10^n}{n^{10}}$.

3. 用适当的方法判别级数的敛散性.

(1) $\sum_{n=1}^{\infty}\frac{1}{n}\tan\frac{1}{n}$;　　(2) $\sum_{n=1}^{\infty}\frac{n^2\sin^2\frac{n\pi}{2}}{3^n}$;

(3) $\sum_{n=1}^{\infty}\frac{n-\sqrt{n}}{2n-1}$;　　(4) $\sum_{n=1}^{\infty}\frac{1\times3\times5\times\cdots\times(2n-1)}{3\times6\times9\times\cdots\times3n}$.

4. 判别下列交错级数是否收敛. 如果收敛,请判别是绝对收敛还是条件收敛.

(1) $\sum_{n=1}^{\infty}(-1)^{n-1}\frac{1}{\sqrt[3]{n}}$;　　(2) $\sum_{n=1}^{\infty}(-1)^{n-1}\frac{1}{3\times2^n}$;

(3) $\sum_{n=1}^{\infty}(-1)^{n-1}\frac{1}{(2n-1)!}$;　　(4) $\sum_{n=1}^{\infty}(-1)^{n-1}e^{\frac{1}{n}}$.

5. 讨论级数 $\sum_{n=1}^{\infty}\frac{n^n}{a^n n!}(a>0$ 且 $a\neq e)$ 的敛散性.

答　案

1. (1) 收敛;(2) 收敛;(3) 发散;(4) 发散;(5) 收敛;(6) 发散.
2. (1) 收敛;(2) 收敛;(3) 发散;(4) 收敛;(5) 收敛;(6) 发散.
3. (1) 收敛;(2) 收敛;(3) 发散;(4) 收敛.
4. (1) 条件收敛;(2) 绝对收敛;(3) 绝对收敛;(4) 发散.
5. 当 $a>e$ 时,级数收敛;当 $a<e$ 时,级数发散.

11.3　函数项级数的概念与幂级数

前面讨论了常数项级数,但在科学技术的理论与实践中,用得更多的是函数项级数. 本节主要讨论函数项级数的一般概念及幂级数的收敛性.

11.3.1　函数项级数的概念

设 $u_1(x), u_2(x), \cdots, u_n(x), \cdots$ 是定义在区间 I 上的函数列,则

$$u_1(x)+u_2(x)+\cdots+u_n(x)+\cdots \tag{11.9}$$

称为在区间 I 上的函数项级数,有时也简称级数,记为 $\sum_{n=1}^{\infty}u_n(x)$.

对于区间 I 上的某一个值 x_0,函数项级数对应一个常数项级数

$$u_1(x_0)+u_2(x_0)+\cdots+u_n(x_0)+\cdots. \tag{11.10}$$

如果常数项级数收敛,则称 x_0 为函数项级数的收敛点;如果常数项级数发散,则称 x_0 为函数项级数的发散点.

显然,区间 I 的每一个点对于函数项级数来说,不是它的收敛点,就是它的发散点. 级数的收敛点的全体称为它的收敛域,发散点的全体称为它的发散域.

对应于收敛域上的每一点 x,函数项级数成为一个收敛的常数项级数,因而有一

个确定的和 $s(x)$. 因此,在收敛域上,函数项级数的和是 x 的函数 $s(x)$,称 $s(x)$ 为函数项级数的和函数,并记为

$$s(x)=\sum_{n=1}^{\infty}u_n(x)=u_1(x)+u_2(x)+\cdots u_n(x)+\cdots \quad (x\text{ 在收敛域上}).$$

例如,公比为 x 的等比级数

$$\sum_{n=0}^{\infty}x^n=1+x+x^2+\cdots+x^n+\cdots \tag{11.11}$$

是一个在区间 $(-\infty,+\infty)$ 上的函数项级数. 根据11.1节例2的讨论知,当 $|x|<1$ 时,该级数收敛;当 $|x|\geqslant 1$ 时,该级数发散. 因此,式(11.11)函数项级数的收敛域为开区间 $(-1,1)$,发散域为 $(-\infty,-1]$ 及 $[1,+\infty)$. 对于任一点 $x\in(-1,1)$,等比级数的和为 $\frac{1}{1-x}$,故得式(11.11)等比级数在收敛域 $(-1,1)$ 上的和函数为 $\frac{1}{1-x}$,即

$$s(x)=\sum_{n=0}^{\infty}x^n=\frac{1}{1-x},\quad x\in(-1,1).$$

与讨论常数项级数类似,若记式(11.9)函数项级数的前 n 项部分和为 $s_n(x)$,则在式(11.9)函数项级数的收敛域上,有

$$\lim_{n\to\infty}s_n(x)=s(x).$$

此时,

$$r_n(x)=s(x)-s_n(x)$$

称为式(11.9)函数项级数的余项. 当然,只有当 x 在收敛域上时 $r_n(x)$ 才有意义,并且有

$$\lim_{n\to\infty}r_n(x)=0.$$

11.3.2 幂级数及其收敛性

如果函数项级数的各项都是由幂函数所构成,则称此函数项级数为幂级数. 幂级数是函数项级数中一类重要而又常见的函数项级数.

形如

$$\sum_{n=0}^{\infty}a_n(x-x_0)^n=a_0+a_1(x-x_0)+a_2(x-x_0)^2+\cdots+a_n(x-x_0)^n+\cdots \tag{11.12}$$

的函数项级数,称为$(x-x_0)$的幂级数,其中,常数$a_0, a_1, a_2, \cdots, a_n, \cdots$称为幂级数的系数.

当$x_0=0$时,式(11.12)变为

$$\sum_{n=0}^{\infty} a_n x^n = a_0 + a_1 x + a_2 x^2 + \cdots + a_n x^n + \cdots, \tag{11.13}$$

称为x的幂级数.如果作自变量代换,令$x-x_0=z$,则式(11.12)就变为

$$\sum_{n=0}^{\infty} a_n z^n = a_0 + a_1 z + a_2 z^2 + \cdots + a_n z^n + \cdots, \tag{11.13$'$}$$

这就是幂级数的形式,只不过是把变量x换成了z而已.因此,下面只需着重讨论幂级数的收敛性.

容易看出,幂级数在$x=0$处总是收敛的.讨论幂级数的收敛性,主要是要探讨它在除$x=0$外还有哪些收敛点,这些收敛点的范围是否为一个区间,若是区间,又如何求得?

从上面几何级数的例子中看到,它的收敛域是一个以原点为中心的区间$(-1, 1)$.这是否具有普遍意义呢?由下面的定理可知,这个结论对于一般的幂级数(11.13)也是成立的.

定理1(阿贝尔(Abel)定理) 如果幂级数在$x_0(x_0 \neq 0)$处收敛,则对一切适合不等式$|x|<|x_0|$的x,幂级数绝对收敛;如果幂级数在x_0处发散,则对一切适合不等式$|x|>|x_0|$的x,幂级数发散.

证明过程扫二维码.

阿贝尔定理的证明*

阿贝尔定理揭示了幂级数的收敛域在数轴上的分布情况,它可以分成下列三种情形:

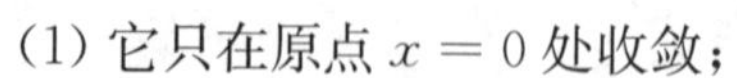
(1) 它只在原点$x=0$处收敛;

(2) 它在整个数轴上都收敛;

(3) 它在数轴上除原点外,既有收敛点,又有发散点.

前两种情形的收敛域是明确的.对于第(3)种情形,设x_0与x_1分别是幂级数(11.13)的收敛点与发散点.阿贝尔定理指出,幂级数(11.13)在以原点为中心、半径为$|x_0|$的开区间$(-|x_0|, |x_0|)$内是绝对收敛的,而在与原点的距离大于$|x_1|$的范围内是发散的.这说明在原点与收敛点之间不可能有发散点.当从原点出发沿数轴向右移动时,起初只遇到收敛点,后来只遇到发散点,而这两部分的分界点P则可能是收敛点,也可能是发散点.从原点沿数轴向左移动时的情形也是如此,设其分界点为P'.分界点P与P'位于原点的两侧,则由阿贝尔定理可知,P与P'到原点的距离是相等的(图11-1).

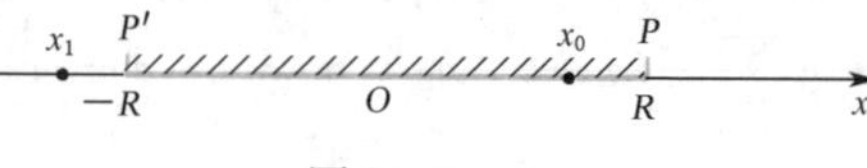

图11-1

从上面的讨论,得到关于幂级数的收敛域的重要**结论**:如果幂级数除了原点

外，既有收敛点，又有发散点，则必存在正数 R，使得：

当 $|x|<R$ 时，幂级数绝对收敛；

当 $|x|>R$ 时，幂级数发散；

当 $|x|=R$ 时，即当 $x=R$ 或 $x=-R$ 时，幂级数可能收敛，也可能发散.

称这样的正数 R 为幂级数的收敛半径；称开区间 $(-R, R)$ 为幂级数的收敛区间，特别地，当幂级数在整个数轴上都收敛时，规定收敛半径 $R=+\infty$，收敛区间为 $(-\infty, +\infty)$；当幂级数只在 $x=0$ 处收敛时，规定收敛半径 $R=0$，它不能构成收敛区间.

下面讨论如何求幂级数的收敛半径.

定理 2　如果幂级数的各项系数 $a_n (n=0, 1, \cdots)$ 至多只有有限个为零，且后项系数与前一项系数之比的绝对值的极限存在(或为无穷大)，即

$$\lim_{n\to\infty}\left|\frac{a_{n+1}}{a_n}\right|=\rho,$$

则其收敛半径 R 为

(1) 当 $\rho\neq 0$ 时，$R=\dfrac{1}{\rho}$；

(2) 当 $\rho=0$ 时，$R=+\infty$；

(3) 当 $\rho=+\infty$ 时，$R=0$.

(证明从略.)

例 1　求下列幂级数的收敛半径及收敛区间.

(1) $\displaystyle\sum_{n=1}^{\infty}(-1)^{n-1}\frac{x^n}{\sqrt{n}}$；　　(2) $\displaystyle\sum_{n=0}^{\infty}\frac{x^n}{n!}$　(规定 $0!=1$).

解　(1) 因为 $a_n=(-1)^{n-1}\dfrac{1}{\sqrt{n}}$，

$$\rho=\lim_{n\to\infty}\left|\frac{a_{n+1}}{a_n}\right|=\lim_{n\to\infty}\left|\frac{(-1)^n\frac{1}{\sqrt{n+1}}}{(-1)^{n-1}\frac{1}{\sqrt{n}}}\right|=\lim_{n\to\infty}\frac{\sqrt{n}}{\sqrt{n+1}}=1,$$

所以，收敛半径 $R=1$，收敛区间为 $(-1, 1)$.

(2) 因为 $a_n=\dfrac{1}{n!}$，

$$\rho=\lim_{n\to\infty}\left|\frac{a_{n+1}}{a_n}\right|=\lim_{n\to\infty}\frac{\frac{1}{(n+1)!}}{\frac{1}{n!}}=\lim_{n\to\infty}\frac{1}{n+1}=0,$$

所以，收敛半径 $R=+\infty$，收敛区间为 $(-\infty, +\infty)$.

例 2 求幂级数$\sum\limits_{n=0}^{\infty}\frac{n!}{2^n}x^n$的收敛半径.

解 由于$a_n=\frac{n!}{2^n}$,

$$\rho=\lim_{n\to\infty}\left|\frac{a_{n+1}}{a_n}\right|=\lim_{n\to\infty}\frac{(n+1)!}{2^{n+1}}\cdot\frac{2^n}{n!}=\lim_{n\to\infty}\frac{n+1}{2}=+\infty,$$

所以,收敛半径$R=0$,即所给幂级数只在$x=0$处收敛.

例 3 求幂级数$\sum\limits_{n=1}^{\infty}\frac{1}{n4^n}x^{2n-1}$的收敛区间.

解 这个幂级数不含x的偶次项,即所有x的偶次项系数$a_{2n}=0(n=1,2,\cdots)$,它不符合定理2的条件(至多只有有限个$a_n=0$),故不能用定理2求收敛半径.先对幂级数的各项取绝对值,再用正项级数的比值审敛法.此时

$$\lim_{n\to\infty}\frac{|u_{n+1}|}{|u_n|}=\lim_{n\to\infty}\frac{|x^{2n+1}|}{(n+1)4^{n+1}}\cdot\frac{n4^n}{|x^{2n-1}|}=\lim_{n\to\infty}\frac{n}{4(n+1)}|x|^2=\frac{|x|^2}{4}.$$

所以,当$\frac{|x|^2}{4}<1$,即$|x|<2$时,幂级数绝对收敛;当$\frac{|x|^2}{4}>1$,即$|x|>2$时,幂级数发散.故收敛半径$R=2$,收敛区间为$(-2,2)$.

注意 如果忽视了所给级数是缺项的幂级数,而直接利用定理2,得

$$\rho=\lim_{n\to\infty}\left|\frac{a_{n+1}}{a_n}\right|=\lim_{n\to\infty}\frac{n\cdot 4^n}{(n+1)4^{n+1}}=\lim_{n\to\infty}\frac{n}{4(n+1)}=\frac{1}{4},$$

便会错误地得到收敛半径$R=4$,收敛区间为$(-4,4)$.

例 4 求幂级数$\sum\limits_{n=1}^{\infty}\frac{(-1)^{n-1}}{2^{2n-1}}(x+3)^n$的收敛区间.

解 作代换$z=x+3$,原级数成为

$$\sum_{n=1}^{\infty}\frac{(-1)^{n-1}}{2^{2n-1}}z^n.$$

先求此标准形幂级数的收敛区间.由于$a_n=\frac{(-1)^{n-1}}{2^{2n-1}}$,

$$\rho=\lim_{n\to\infty}\left|\frac{a_{n+1}}{a_n}\right|=\lim_{n\to\infty}\left|\frac{(-1)^n}{2^{2n+1}}\cdot\frac{2^{2n-1}}{(-1)^{n-1}}\right|=\frac{1}{4},$$

所以,收敛半径$R=4$.上述标准形幂级数的收敛区间为$(-4,4)$.

由$-4<z<4$,即$-4<x+3<4$,解得$-7<x<1$.故得原幂级数的收敛区间为$(-7,1)$.

11.3.3 幂级数的运算

1. 代数运算

设幂级数

$$\sum_{n=0}^{\infty} a_n x^n = a_0 + a_1 x + a_2 x^2 + \cdots + a_n x^n + \cdots = s_1(x), \quad -R_1 < x < R_1 \tag{11.14}$$

与

$$\sum_{n=0}^{\infty} b_n x^n = b_0 + b_1 x + b_2 x^2 + \cdots + b_n x^n + \cdots = s_2(x), \quad -R_2 < x < R_2 \tag{11.15}$$

的收敛半径分别为 R_1 与 R_2，记 R_1 与 R_2 中较小的一个为 R，即 $R = \min\{R_1, R_2\}$，则在它们的公共收敛区间 $(-R, R)$ 内，有

(1)
$$\begin{aligned}
&\sum_{n=0}^{\infty} a_n x^n \pm \sum_{n=0}^{\infty} b_n x^n \\
&= \sum_{n=0}^{\infty} (a_n \pm b_n) x^n \\
&= (a_0 \pm b_0) + (a_1 \pm b_1)x + (a_2 \pm b_2)x^2 + \cdots + (a_n \pm b_n)x^n + \cdots \\
&= s_1(x) \pm s_2(x);
\end{aligned} \tag{11.16}$$

(2)
$$\begin{aligned}
&\left(\sum_{n=0}^{\infty} a_n x^n\right)\left(\sum_{n=0}^{\infty} b_n x^n\right) \\
&= (a_0 + a_1 x + a_2 x^2 + \cdots + a_n x^n + \cdots)(b_0 + b_1 x + b_2 x^2 + \cdots + b_n x^n + \cdots) \\
&= a_0 b_0 + (a_0 b_1 + a_1 b_0)x + \cdots + (a_0 b_n + a_1 b_{n-1} + \cdots + a_{n-1} b_1 + a_n b_0)x^n + \cdots \\
&= s_1(x) s_2(x).
\end{aligned} \tag{11.17}$$

由于在 $(-R_1, R_1)$ 与 $(-R_2, R_2)$ 的公共收敛区间 $(-R, R)$ 内，幂级数(11.14)与(11.15)都绝对收敛，故由级数的性质 2 知，式(11.16)对任何 $x \in (-R, R)$ 都成立. 再根据绝对收敛级数的性质 2 知，幂级数(11.14)与(11.15)的乘积在 $(-R, R)$ 内也绝对收敛，且有式(11.17)成立.

2. 分析运算(证明从略)

设幂级数 $\sum_{n=0}^{\infty} a_n x^n$ 在收敛区间 $(-R, R)$ 内的和函数为 $s(x)$，即

$$s(x) = \sum_{n=0}^{\infty} a_n x^n, \quad -R < x < R,$$

则有(1) $s(x)$ 在$(-R, R)$ 内是连续的；

(2) $s(x)$ 在$(-R, R)$ 内可导，且有逐项求导公式：

$$s'(x)=\left(\sum_{n=0}^{\infty}a_nx^n\right)'=\sum_{n=0}^{\infty}(a_nx^n)'=\sum_{n=1}^{\infty}na_nx^{n-1}; \qquad (11.18)$$

(3) $s(x)$ 在$(-R, R)$ 内可积，且有逐项积分公式：

$$\int_0^x s(x)\mathrm{d}x=\int_0^x\left(\sum_{n=0}^{\infty}a_nx^n\right)\mathrm{d}x=\sum_{n=0}^{\infty}\int_0^x a_nx^n\mathrm{d}x=\sum_{n=0}^{\infty}\frac{a_n}{n+1}x^{n+1}. \qquad (11.19)$$

此外，幂级数经逐项求导或逐项积分后所得到的幂级数与原来的幂级数有相同的收敛半径，并且，公式(11.18)与公式(11.19)在右端幂级数的收敛区间上仍然成立.

利用幂级数的逐项求导或逐项积分运算，可以求出一些简单幂级数在其收敛区间内的和函数.

例 5 求幂级数

$$\sum_{n=1}^{\infty}(-1)^{n-1}\frac{x^{2n-1}}{2n-1}=x-\frac{x^3}{3}+\frac{x^5}{5}-\frac{x^7}{7}+\cdots+(-1)^{n-1}\frac{x^{2n-1}}{2n-1}+\cdots$$

在其收敛区间内的和函数.

解 容易求得所给幂级数的收敛区间为$(-1, 1)$. 设此幂级数在其收敛区间$(-1, 1)$ 内的和函数为 $s(x)$，即

$$\begin{aligned}s(x)&=\sum_{n=1}^{\infty}(-1)^{n-1}\frac{x^{2n-1}}{2n-1}\\&=x-\frac{x^3}{3}+\frac{x^5}{5}-\frac{x^7}{7}+\cdots+(-1)^{n-1}\frac{x^{2n-1}}{2n-1}+\cdots, \quad -1\leqslant x\leqslant 1.\end{aligned}$$

将上式逐项求导，并利用等比级数求和的公式，有

$$\begin{aligned}s'(x)&=\sum_{n=1}^{\infty}(-1)^{n-1}x^{2n-2}=1-x^2+x^4-x^6+\cdots+(-1)^{n-1}x^{2n-2}+\cdots\\&=\frac{1}{1-(-x^2)}=\frac{1}{1+x^2}, \quad x\in(-1, 1).\end{aligned}$$

再将上式对 x 从 0 到 $x(-1<x<1)$ 积分，得

$$\int_0^x s'(x)\mathrm{d}x=\int_0^x\frac{1}{1+x^2}\mathrm{d}x=\arctan x,$$

即
$$s(x)-s(0)=\arctan x.$$

由于 $s(0)=0$，故得所求幂级数的和函数为

$$s(x)=\sum_{n=1}^{\infty}(-1)^{n-1}\frac{x^{2n-1}}{2n-1}=\arctan x, \quad -1\leqslant x\leqslant 1.$$

注意 当 $x=\pm1$ 时，由于上式中间的级数都收敛，右端函数 $\arctan x$ 都有定义且连续（即在 $x=1$ 处左连续，在 $x=-1$ 处右连续），故在 $x=\pm1$ 处等式都成立.

利用幂级数的和函数，可以求得某些常数项级数的和. 例如，在上式中令 $x=1$，可得级数

$$\sum_{n=1}^{\infty}(-1)^{n-1}\frac{1}{2n-1}=s(1)=\arctan 1=\frac{\pi}{4},$$

即
$$1-\frac{1}{3}+\frac{1}{5}-\frac{1}{7}+\cdots+(-1)^{n-1}\frac{1}{2n-1}+\cdots=\frac{\pi}{4}.$$

例 6 求幂级数 $\sum\limits_{n=0}^{\infty}(2n+1)x^{2n}$ 在其收敛区间 $(-1,\ 1)$ 内的和函数，并求级数 $\sum\limits_{n=0}^{\infty}\frac{2n+1}{2^n}$ 的和.

解 设所给幂级数在其收敛区间 $(-1,\ 1)$ 内的和函数为 $s(x)$，即

$$s(x)=\sum_{n=0}^{\infty}(2n+1)x^{2n},\quad -1<x<1.$$

将上式两端对 x 从 0 到 x 积分，得

$$\int_0^x s(x)\mathrm{d}x=\int_0^x\sum_{n=0}^{\infty}(2n+1)x^{2n}\mathrm{d}x=\sum_{n=0}^{\infty}\int_0^x(2n+1)x^{2n}\mathrm{d}x$$

$$=\sum_{n=0}^{\infty}x^{2n+1}=x+x^3+x^5+\cdots=\frac{x}{1-x^2}.$$

为求得 $s(x)$，可再对上式两端求导，得

$$\left[\int_0^x s(x)\mathrm{d}x\right]'=\left(\frac{x}{1-x^2}\right)'=\frac{(1-x^2)-x(-2x)}{(1-x^2)^2}=\frac{1+x^2}{(1-x^2)^2},$$

即
$$s(x)=\frac{1+x^2}{(1-x^2)^2}.$$

故所求幂级数的和函数为

$$s(x)=\sum_{n=0}^{\infty}(2n+1)x^{2n}=\frac{1+x^2}{(1-x^2)^2},\quad -1<x<1.$$

注 当 $x=\pm1$ 时，上式中间的幂级数成为常数项级数 $\sum\limits_{n=0}^{\infty}(2n+1)$，它是发散的. 因此，上式成立区间不包含端点 $x=\pm1$.

在上面的结果中，令 $x=\frac{1}{\sqrt{2}}$ 代入，即得所求级数的和为

$$\sum_{n=0}^{\infty}\frac{2n+1}{2^n}=s\left(\frac{1}{\sqrt{2}}\right)=\left.\frac{1+x^2}{(1-x^2)^2}\right|_{x=\frac{1}{\sqrt{2}}}=6.$$

习题 11.3

1. 求幂级数的收敛半径及收敛区间.

(1) $\sum_{n=1}^{\infty}\frac{(-1)^{n-1}}{n}x^n$;　　(2) $\sum_{n=1}^{\infty}\frac{2^n}{n+2}x^n$;

(3) $\sum_{n=1}^{\infty}\frac{\sqrt{n}}{4^n}x^n$;　　(4) $\sum_{n=1}^{\infty}\frac{x^n}{n\cdot 3^n}$;

(5) $\sum_{n=0}^{\infty}(-1)^n\frac{x^{n+1}}{2^n(n+1)}$;　　(6) $\sum_{n=1}^{\infty}\frac{x^n}{2\times 4\times 6\times\cdots\times(2n)}$;

(7) $\sum_{n=1}^{\infty}(-1)^n\frac{x^{2n}}{5^n}$;　　(8) $\sum_{n=1}^{\infty}(-1)^{n-1}\frac{(x+2)^n}{n}$.

2. 求幂级数在其收敛区间内的和函数.

(1) $\sum_{n=0}^{\infty}(-1)^n\frac{x^{n+1}}{2^n(n+1)}$ $(|x|<2)$;　　(2) $\sum_{n=1}^{\infty}(n+1)x^n$ $(|x|<1)$.

3. 求幂级数 $\sum_{n=1}^{\infty}\frac{x^{2n-1}}{2n-1}$ 在其收敛区间 $(|x|<1)$ 内的和函数,并计算级数 $\sum_{n=1}^{\infty}\frac{1}{(2n-1)2^n}$ 的和.

答　案

1. (1) $R=1$, $(-1,1)$;　　(2) $R=\frac{1}{2}$, $\left(-\frac{1}{2},\frac{1}{2}\right)$;

(3) $R=4$, $(-4,4)$;　　(4) $R=3$, $(-3,3)$;

(5) $R=2$, $(-2,2)$;　　(6) $R=+\infty$, $(-\infty,+\infty)$;

(7) $R=\sqrt{5}$, $(-\sqrt{5},\sqrt{5})$;　　(8) $R=1$, $(-3,-1)$.

2. (1) $s(x)=2\ln(2+x)-2\ln 2$ $(-2<x<2)$;

(2) $s(x)=\frac{x(2-x)}{(1-x)^2}$ $(-1<x<1)$.

3. $s(x)=\frac{1}{2}\ln\frac{1+x}{1-x}$ $(-1<x<1)$; $\sum_{n=1}^{\infty}\frac{1}{(2n-1)2^n}=\frac{\sqrt{2}}{2}\ln(1+\sqrt{2})$.

11.4 把函数展开成幂级数及其应用

在 11.3 节中曾讨论过求幂级数在其收敛区间内的和函数的问题. 现在要讨论相反的问题,对于给定的函数 $f(x)$,能否存在一个幂级数以 $f(x)$ 为它的和函数?如果能找到这样的幂级数,且用它来表示函数 $f(x)$,那么,这就是把已知函数 $f(x)$ 展开(或表示)成幂级数. 本节将讨论函数应具备什么条件才能展开成幂级数及如何展开的方法等问题. 为此,下面先来简单介绍泰勒公式.

11.4.1 泰勒公式

定理 1(泰勒(Taylor)中值定理) 如果函数 $f(x)$ 在点 x_0 的某邻域内具有直到 $(n+1)$ 阶的导数,则在该邻域内,有

$$f(x)=f(x_0)+f'(x_0)(x-x_0)+\frac{f''(x_0)}{2!}(x-x_0)^2+\cdots+\frac{f^{(n)}(x_0)}{n!}(x-x_0)^n+R_n(x), \tag{11.20}$$

其中

$$R_n(x)=\frac{f^{n+1}(\xi)}{(n+1)!}(x-x_0)^{n+1},\quad \xi \text{ 介于 } x_0 \text{ 与 } x \text{ 之间}.$$

式(11.20)称为函数 $f(x)$ 按 $(x-x_0)$ 幂展开的 **n 阶泰勒公式**,$R_n(x)$ 的表达式称为函数 $f(x)$ 的**拉格朗日型余项**(证明从略).

特别地,若在泰勒中值定理中令 $x_0=0$,则有

$$f(x)=f(0)+f'(0)x+\frac{f''(0)}{2!}x^2+\cdots+\frac{f^{(n)}(0)}{n!}x^n+R_n(x), \tag{11.21}$$

其中,余项

$$R_n(x)=\frac{f^{(n+1)}(\xi)}{(n+1)!}x^{n+1},\quad \xi \text{ 介于 } 0 \text{ 与 } x \text{ 之间},$$

或表示为

$$R_n(x)=\frac{f^{(n+1)}(\theta x)}{(n+1)!}x^{n+1},\quad 0<\theta<1.$$

式(11.21)称为函数 $f(x)$ 的 n 阶**麦克劳林(Maclaurin)公式**.

在 $f(x)$ 的 n 阶泰勒公式中,若记

$$s_{n+1}(x)=f(x_0)+f'(x_0)(x-x_0)+\frac{f''(x_0)}{2!}(x-x_0)^2+\cdots+\frac{f^{(n)}(x_0)}{n!}(x-x_0)^n,$$

则

$$f(x)=s_{n+1}(x)+R_n(x). \tag{11.22}$$

其中,$s_{n+1}(x)$ 是 $(x-x_0)$ 的 n 次多项式.

如果用多项式 $s_{n+1}(x)$ 近似表示函数 $f(x)$,即 $f(x)\approx s_{n+1}(x)$,则产生的误差为 $|R_n(x)|$. 若当 n 越来越大且 $n\to\infty$ 时,$|R_n(x)|$ 越来越小且 $|R_n(x)|\to 0$,则可以通过提高 $s_{n+1}(x)$ 的幂次来减小误差. 显然,当 $n\to\infty$ 时,n 次多项式 $s_{n+1}(x)$ 就变成 $(x-x_0)$ 的幂级数.

例 1　写出函数 $f(x)=e^x$ 展开到 n 阶的麦克劳林公式.

解　先求 $f(x)=e^x$ 的各阶导数:

$$f'(x)=f''(x)=\cdots=f^{(n)}(x)=e^x.$$

于是 $$f(0)=f'(0)=f''(0)=\cdots=f^{(n)}(0)=e^0=1.$$

把这些值代入式(11.20),并注意到 $f^{(n+1)}(\theta x)=e^{\theta x}$,便得

$$e^x=1+x+\frac{x^2}{2!}+\cdots+\frac{x^n}{n!}+\frac{e^{\theta x}}{(n+1)!}x^{n+1},\quad 0<\theta<1,\tag{11.23}$$

这就是函数 e^x 展开到 n 阶的麦克劳林公式.

由式(11.23)可得,用 x 的 n 次多项式近似表示 e^x 的公式:

$$e^x\approx 1+x+\frac{x^2}{2!}+\cdots+\frac{x^n}{n!}.$$

这时,所产生的误差为

$$|R_n(x)|=\left|\frac{e^{\theta x}}{(n+1)!}x^{n+1}\right|<\frac{e^{|x|}}{(n+1)!}|x|^{n+1}.$$

若取 $x=1$,则得无理数 e 的近似值为

$$e\approx 1+1+\frac{1}{2!}+\frac{1}{3!}+\cdots+\frac{1}{n!},$$

其误差为

$$|R_n|<\frac{e}{(n+1)!}<\frac{3}{(n+1)!}.$$

当 $n=9$ 时,可算出 $e\approx 1+1+\frac{1}{2!}+\frac{1}{3!}+\cdots+\frac{1}{9!}\approx 2.718\,281$,其误差为不超过百万分之一,即

$$|R_9|<\frac{3}{10!}=\frac{3}{3\,628\,800}<10^{-6}.$$

例 2　写出函数 $f(x)=\sin x$ 展开到 n 阶的麦克劳林公式.

解　先求 $f(x)=\sin x$ 的各阶导数:

$$f'(x)=\cos x=\sin\left(x+\frac{\pi}{2}\right),\quad f''(x)=\cos\left(x+\frac{\pi}{2}\right)=\sin\left(x+2\times\frac{\pi}{2}\right),$$

$$f'''(x)=\cos\left(x+2\times\frac{\pi}{2}\right)=\sin\left(x+3\times\frac{\pi}{2}\right),\ \cdots,\ f^{(n)}(x)=\sin\left(x+n\times\frac{\pi}{2}\right).$$

于是 $f(0)=0$, $f'(0)=1$, $f''(0)=0$, $f'''(0)=-1$, $f^{(4)}(0)=0$, $\cdots$,它们依次循环地取 0, 1, 0, -1. 将这些值代入公式(11.21)(取 $n=2m$),即得函数 $\sin x$ 的 $2m$ 阶

麦克劳林公式：

$$\sin x = x - \frac{x^3}{3!} + \frac{x^5}{5!} - \cdots + (-1)^{m-1}\frac{x^{2m-1}}{(2m-1)!} + R_{2m}(x), \qquad (11.24)$$

其中，
$$R_{2m}(x) = \frac{\sin\left[\theta x + (2m+1)\frac{\pi}{2}\right]}{(2m+1)!}x^{2m+1} \quad (0 < \theta < 1).$$

由上式可得用 x 的多项式近似表示函数 $\sin x$ 的公式：

$$\sin x \approx x - \frac{x^3}{3!} + \frac{x^5}{5!} - \cdots + (-1)^{m-1}\frac{x^{2m-1}}{(2m-1)!},$$

其误差为
$$|R_{2m}(x)| \leqslant \frac{|x|^{2m+1}}{(2m+1)!}.$$

若取 $m = 1$，则得近似公式：$\sin x \approx x$. 这就是在微分应用中提到的近似公式. 在这里还可以估计出其误差为

$$|R_2(x)| \leqslant \frac{|x|^3}{3!} = \frac{|x|^3}{6}.$$

若取 $m = 2$，则得近似公式：$\sin x \approx x - \frac{x^3}{3!}$. 其误差为

$$|R_4(x)| \leqslant \frac{|x|^5}{5!} = \frac{|x|^5}{120}.$$

显然，当 $|x|$ 很小时，上面的误差 $|R_4(x)|$ 比 $|R_2(x)|$ 要小得多.

11.4.2 泰勒级数

定义 若函数 $f(x)$ 在点 x_0 的某邻域内具有任意阶导数，则称幂级数

$$f(x_0) + f'(x_0)(x - x_0) + \frac{f''(x_0)}{2!}(x - x_0)^2 + \cdots + \frac{f^{(n)}(x_0)}{n!}(x - x_0)^n + \cdots \qquad (11.25)$$

为函数 $f(x)$ 的**泰勒级数**.

特别地，当 $x_0 = 0$ 时，称幂级数

$$f(0) + f'(0)x + \frac{f''(0)}{2!}x^2 + \cdots + \frac{f^{(n)}(0)}{n!}x^n + \cdots \qquad (11.26)$$

为函数 $f(x)$ 的**麦克劳林级数**.

容易看出，当 $x = x_0$ 时，$f(x)$ 的泰勒级数收敛，且收敛于 $f(x_0)$. 现在要问：除 x_0 外，对 x_0 的邻域内其他点 x，$f(x)$ 的泰勒级数是否也收敛，且收敛于 $f(x)$ 呢？要回答这个问题，有下面的定理.

定理 2 若函数 $f(x)$ 在点 x_0 的某邻域内具有任意阶导数，则在该邻域内 $f(x)$ 的泰勒级数收敛于 $f(x)$ 的充分必要条件：对于该邻域内的任意一点 x，均有

$$\lim_{n\to\infty} R_n(x) = 0,$$

其中，$R_n(x)$ 是 $f(x)$ 的 n 阶泰勒公式的余项.

证明 由式(11.22)：$f(x) = s_{n+1}(x) + R_n(x)$，其中，$s_{n+1}(x)$ 又是 $f(x)$ 的泰勒级数的部分和.

必要性. 若 $f(x)$ 的泰勒级数收敛于 $f(x)$，则由级数收敛的概念可知，$\lim\limits_{n\to\infty} s_{n+1}(x) = f(x)$. 于是，得到

$$\lim_{n\to\infty} R_n(x) = \lim_{n\to\infty}[f(x) - s_{n+1}(x)] = f(x) - \lim_{n\to\infty} s_{n+1}(x) = 0.$$

充分性. 若 $\lim\limits_{n\to\infty} R_n(x) = 0$，则有

$$\lim_{n\to\infty} s_{n+1}(x) = \lim_{n\to\infty}[f(x) - R_n(x)] = f(x) - \lim_{n\to\infty} R_n(x) = f(x),$$

所以，$f(x)$ 的泰勒级数收敛于 $f(x)$. 定理证毕.

当 $f(x)$ 的泰勒级数在 x_0 的某邻域内收敛于 $f(x)$ 时，便得

$$\boxed{f(x) = f(x_0) + f'(x_0)(x - x_0) + \frac{f''(x_0)}{2!}(x - x_0)^2 + \cdots + \frac{f^{(n)}(x_0)}{n!}(x - x_0)^n + \cdots.} \tag{11.27}$$

式(11.27) 称为函数 $f(x)$ 在 x_0 的某邻域内的**泰勒级数展开式**. 此时，也说在该邻域内把函数 $f(x)$ 展开成了泰勒级数.

由于 $f(x)$ 的泰勒级数是 $x - x_0$ 的幂级数，所以，把 $f(x)$ 展开成泰勒级数也就是把 $f(x)$ 展开成 $x - x_0$ 的幂级数. 下面的定理表明，这种展开式是唯一的.

定理 3(展开式的唯一性) 如果函数 $f(x)$ 在 x_0 的某邻域内可以展开成 $x - x_0$ 的幂级数，即

$$f(x) = a_0 + a_1(x - x_0) + a_2(x - x_0)^2 + \cdots + a_n(x - x_0)^n + \cdots, \tag{11.28}$$

则式(11.28) 右端的幂级数就是 $f(x)$ 的泰勒级数.

证明 由于幂级数在收敛区间内可以逐项求导，所以有

$$f'(x) = a_1 + 2a_2(x - x_0) + \cdots + na_n(x - x_0)^{n-1} + \cdots;$$

$$f''(x) = 2!a_2 + 3!a_3(x - x_0) + \cdots + n(n-1)a_n(x - x_0)^{n-2} + \cdots;$$

$$f'''(x) = 3!a_3 + \cdots + n(n-1)(n-2)a_n(x - x_0)^{n-3} + \cdots;$$

$$\vdots$$

$$f^{(n)}(x) = n!a_n + (n+1)!a_{n+1}(x - x_0) + \cdots;$$

$$\vdots$$

将 $x = x_0$ 代入式(11.28)及上面各式，得

$$a_0 = f(x_0),\ a_1 = f'(x_0),\ a_2 = \frac{f''(x_0)}{2!},\ a_3 = \frac{f'''(x_0)}{3!},\ \cdots,\ a_n = \frac{f^{(n)}(x_0)}{n!},\ \cdots.$$

这就证明了式(11.28)右端是 $f(x)$ 在 $x = x_0$ 的某邻域内的泰勒级数.

特别地，当 $x_0 = 0$ 时，展开式(11.27)就成为

$$\boxed{f(x) = f(0) + f'(0)x + \frac{f''(0)}{2!}x^2 + \cdots + \frac{f^{(n)}(0)}{n!}x^n + \cdots.} \qquad (11.29)$$

上式右端的级数称为 $f(x)$ 的麦克劳林级数，它也是 x 的幂级数. 式(11.29)称为函数 $f(x)$ 的麦克劳林级数展开式. 由定理3知，把 $f(x)$ 展开成 x 的幂级数就是展开成 $f(x)$ 的麦克劳林级数. 因此，$f(x)$ 的麦克劳林级数在函数展开成幂级数中占有重要的地位.

11.4.3 把函数展开成幂级数

1. 直接展开法

用直接展开法把函数 $f(x)$ 展开成 x 的幂级数的步骤如下：

(1) 求出 $f(x)$ 的各阶导数 $f'(x),\ f''(x),\ \cdots,\ f^{(n)}(x),\ \cdots$.

(2) 求函数及其各阶导数在 $x = 0$ 处的值：

$$f(0),\ f'(0),\ f''(0),\ \cdots,\ f^{(n)}(0),\ \cdots,$$

如果某阶导数在 $x = 0$ 处的值不存在，则不能展开成 x 的幂级数.

(3) 写出 $f(x)$ 的麦克劳林级数：

$$f(0) + f'(0)x + \frac{f''(0)}{2!}x^2 + \cdots + \frac{f^{(n)}(0)}{n!}x^n + \cdots,$$

并求出收敛半径 R 与收敛区间.

(4) 考察在收敛区间内 $f(x)$ 的麦克劳林公式的余项 $R_n(x)$ 的极限

$$\lim_{n\to\infty} R_n(x) = \lim_{n\to\infty} \frac{f^{(n+1)}(\xi)}{(n+1)!}x^{n+1}, \quad \xi \text{ 介于 } 0 \text{ 与 } x \text{ 之间}$$

是否为零. 如果为零，则在第(3)步中写出的 $f(x)$ 的麦克劳林级数在其收敛区间内收敛于 $f(x)$，即可写成下面的等式：

$$f(x) = f(0) = f'(0)x + \frac{f''(0)}{2!}x^2 + \cdots + \frac{f^{(n)}(0)}{n!} + \cdots,$$

这就是展开式(11.29). 它就是所求函数 $f(x)$ 的幂级数展开式，或称为函数 $f(x)$ 的麦克劳林级数展开式.

例3 将 $f(x) = e^x$ 展开成 x 的幂级数.

解　由于 $f(0)=1$，$f(x)$ 的各阶导数为

$$f^{(n)}(x)=\mathrm{e}^x,\quad n=1,2,\cdots,$$

所以

$$f^{(n)}(0)=1,\quad n=1,2,\cdots.$$

于是，$f(x)=\mathrm{e}^x$ 的麦克劳林级数为

$$1+x+\frac{1}{2!}x^2+\cdots+\frac{1}{n!}x^n+\cdots.$$

它的收敛半径为 $R=+\infty$(见 11.3 节例 1(2))，收敛区间为$(-\infty,+\infty)$.

对于任意实数 x，由于 ξ 介于 0 与 x 之间，可表示为 $\xi=\theta x(0<\theta<1)$，故有

$$|R_n(x)|=\left|\frac{\mathrm{e}^{\theta x}}{(n+1)!}x^{n+1}\right|<\mathrm{e}^{|x|}\cdot\frac{|x|^{n+1}}{(n+1)!}.$$

对任何实数 x，由于级数 $\sum\limits_{n=0}^{\infty}\frac{|x|^{n+1}}{(n+1)!}$ 收敛(可利用正项级数的比值审敛法判别)，由级数收敛的必要条件知，$\lim\limits_{n\to\infty}\frac{|x|^{n+1}}{(n+1)!}=0$. 又因 $\mathrm{e}^{|x|}$ 是有限值，故得

$$\lim_{n\to\infty}\mathrm{e}^{|x|}\cdot\frac{|x|^{n+1}}{(n+1)!}=0.$$

根据极限存在的夹逼准则，从而有

$$\lim_{n\to\infty}|R_n(x)|=0.$$

因此，对任何实数 x，均有

$$\lim_{n\to\infty}R_n(x)=0.$$

于是，得展开式

$$\mathrm{e}^x=1+x+\frac{x^2}{2!}+\cdots+\frac{x^n}{n!}+\cdots,\quad -\infty<x<+\infty. \tag{11.30}$$

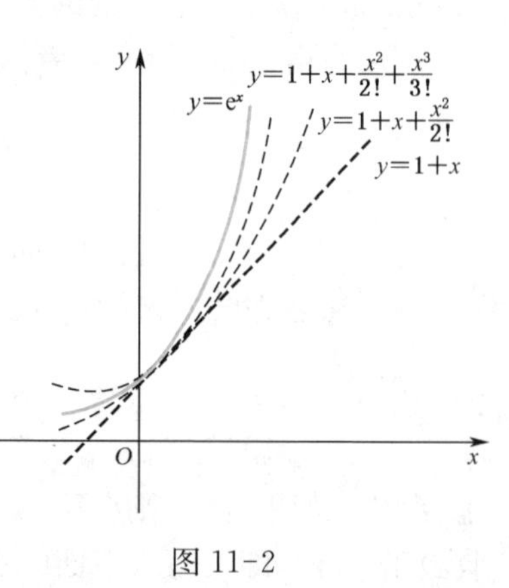

图 11-2

如果在 $x=0$ 处附近，用级数的前 n 项部分和(即多项式)来近似代替 e^x，则随着项数 n 的增大，它们就越来越接近于 e^x，如图 11-2 所示.

类似地，利用直接展开法还可以得到下列函数的麦克劳林级数展开式(推导从略)：

$$\sin x=x-\frac{x^3}{3!}+\frac{x^5}{5!}-\frac{x^7}{7!}+\cdots+(-1)^{n-1}\frac{x^{2n-1}}{(2n-1)!}+\cdots,\quad -\infty<x<+\infty. \tag{11.31}$$

$$(1+x)^m = 1 + mx + \frac{m(m-1)}{2!}x^2 + \cdots + \frac{m(m-1)\cdots(m-n+1)}{n!}x^n + \cdots,$$
$$-1 < x < 1,\ m \text{ 为实数}.$$

(11.32)

式(11.32)称为二项展开式. 当 m 是正整数时,式(11.32)就是代数中的二项式定理.

2. 间接展开法

上文用直接展开法将函数展开为 x 的幂级数时,要计算函数的 n 阶导数 $f^{(n)}(x)$,并且还要讨论余项 $R_n(x)$ 在收敛区间内是否趋于零. 这两项工作一般说来并不容易进行,特别是讨论 $R_n(x)$ 是否趋于零更为困难. 所以,在多数情况下,不用直接展开法,而是用间接展开法.

所谓间接展开法,就是利用一些已知的函数展开式及幂级数的运算(加法、减法、乘法、逐项求导与逐项积分等),通过将函数作适当的变形或变量代换,把函数展开成幂级数的方法. 用间接展开法往往比用直接展开法更为简便. 根据函数展开成幂级数的唯一性定理,可知这与用直接展开法所得的结果是一致的.

例 4　将函数 $\cos x$ 展开成 x 的幂级数.

解　因为 $\cos x = (\sin x)'$,所以利用已知的 $\sin x$ 的展开式,通过逐项求导,不难得到

$$\cos x = 1 - \frac{x^2}{2!} + \frac{x^4}{4!} - \cdots + (-1)^n \frac{x^{2n}}{(2n)!} + \cdots, \quad -\infty < x < +\infty.$$

(11.33)

例 5　将函数 $\ln(1+x)$ 展开成 x 的幂级数.

解　由于 $[\ln(1+x)]' = \dfrac{1}{1+x}$,在式(11.32)中取 $m=-1$,得

$$\frac{1}{1+x} = 1 - x + x^2 - x^3 + \cdots + (-1)^n x^n + \cdots, \quad -1 < x < 1. \quad (11.34)$$

将上式两边对 x 从 0 到 $x(-1<x<1)$ 逐项积分,得

$$\int_0^x \frac{1}{1+x}\mathrm{d}x = x - \frac{1}{2}x^2 + \frac{1}{3}x^3 - \cdots + \frac{(-1)^n}{n+1}x^{n+1} + \cdots, \quad -1 < x < 1,$$

即

$$\ln(1+x) = x - \frac{1}{2}x^2 + \frac{1}{3}x^3 - \cdots + \frac{(-1)^n}{n+1}x^{n+1} + \cdots, \quad -1 < x \leqslant 1.$$

(11.35)

注意　由于上式右端的级数在 $x=1$ 处收敛,且左边的函数在 $x=1$ 处左连续,所以,展开式在 $x=1$ 处也成立,取 $x=1$ 代入上式两端,得 $\ln 2=1-\frac{1}{2}+\frac{1}{3}-\frac{1}{4}+\cdots+\frac{(-1)^n}{n+1}+\cdots$.

例 6　将函数 $\arctan x$ 展开成 x 的幂级数.

解　由于

$$(\arctan x)'=\frac{1}{1+x^2},$$

故先将$\frac{1}{1+x^2}$ 展开成 x 的幂级数.

在式(11.34) 两边以 x^2 代 x,得

$$\frac{1}{1+x^2}=1-x^2+x^4-x^6+\cdots+(-1)^n x^{2n}+\cdots,\quad -1<x<1.$$

对上式两边从 0 到 $x(-1<x<1)$ 逐项积分,得

$$\boxed{\arctan x=x-\frac{1}{3}x^3+\frac{1}{5}x^5-\cdots+\frac{(-1)^n}{2n+1}x^{2n+1}+\cdots,\quad -1\leqslant x\leqslant 1.} \tag{11.36}$$

上面的展开式在 $x=\pm 1$ 处成立,其理由与例 5 的注意相类似.

下面介绍两个通过适当地变形后,将函数展开成$(x-x_0)$ 的幂级数的例子.

例 7　将函数 $\sin x$ 展开成$\left(x-\frac{\pi}{4}\right)$ 的幂级数.

解　由于

$$\begin{aligned}\sin x&=\sin\left[\left(x-\frac{\pi}{4}\right)+\frac{\pi}{4}\right]=\sin\frac{\pi}{4}\cos\left(x-\frac{\pi}{4}\right)+\cos\frac{\pi}{4}\sin\left(x-\frac{\pi}{4}\right)\\&=\frac{\sqrt{2}}{2}\left[\sin\left(x-\frac{\pi}{4}\right)+\cos\left(x-\frac{\pi}{4}\right)\right],\end{aligned}$$

在式(11.31) 及式(11.33) 中,把 x 换成 $x-\frac{\pi}{4}$,得

$$\sin\left(x-\frac{\pi}{4}\right)=\left(x-\frac{\pi}{4}\right)-\frac{1}{3!}\left(x-\frac{\pi}{4}\right)^3+\frac{1}{5!}\left(x-\frac{\pi}{4}\right)^5-\cdots,\quad -\infty<x<+\infty,$$

$$\cos\left(x-\frac{\pi}{4}\right)=1-\frac{1}{2!}\left(x-\frac{\pi}{4}\right)^2+\frac{1}{4!}\left(x-\frac{\pi}{4}\right)-\cdots,\quad -\infty<x+\infty,$$

故有

$$\sin x=\frac{\sqrt{2}}{2}\left[1+\left(x-\frac{\pi}{4}\right)-\frac{1}{2!}\left(x-\frac{\pi}{4}\right)^2-\frac{1}{3!}\left(x-\frac{\pi}{4}\right)^3+\frac{1}{4!}\left(x-\frac{\pi}{4}\right)^4+\frac{1}{5!}\left(x-\frac{\pi}{4}\right)^5-\cdots\right],\quad -\infty<x<+\infty.$$

例 8 将 $\frac{1}{x-2}$ 展开为 $(x+1)$ 的幂级数.

解 由于

$$\frac{1}{x-2}=\frac{-1}{2-x}=\frac{-1}{3-(x+1)}=\frac{-1}{3}\cdot\frac{1}{1-\left(\frac{x+1}{3}\right)}.$$

而

$$\frac{1}{1-x}=1+x+x^2+\cdots+x^n+\cdots,\quad -1<x<1.$$

将上式中的 x 换成 $\frac{x+1}{3}$,即得

$$\begin{aligned}\frac{1}{x-2}&=-\frac{1}{3}\left[1+\frac{x+1}{3}+\left(\frac{x+1}{3}\right)^2+\cdots+\left(\frac{x+1}{3}\right)^n+\cdots\right]\\&=-\left[\frac{1}{3}+\frac{1}{3^2}(x+1)+\frac{1}{3^3}(x+1)^2+\cdots+\frac{1}{3^{n+1}}(x+1)^n+\cdots\right].\end{aligned}$$

上式的成立区间为 $-1<\frac{x+1}{3}<1$,即 $-4<x<2$.

利用上面得到的已知函数的幂级数展开式,也可用于求某些幂级数在其收敛区间内的和函数. 请看下例.

例 9 求幂级数 $\sum_{n=1}^{\infty}\frac{1}{n!}x^{n+1}$ 在其收敛区间内的和函数 $s(x)$.

解 先求该幂级数的收敛区间. 由于

$$\rho=\lim_{n\to\infty}\left|\frac{a_{n+1}}{a_n}\right|=\lim_{n\to\infty}\frac{(n-1)!}{n!}=\lim_{n\to\infty}\frac{1}{n}=0,$$

所以,收敛半径 $R=+\infty$,收敛区间为 $(-\infty,+\infty)$.

利用幂级数的运算法则及 e^x 的展开公式(11.30),可得所给幂级数在其收敛区间内的和函数为

$$\begin{aligned}s(x)&=\sum_{n=1}^{\infty}\frac{1}{n!}x^{n+1}=x\sum_{n=1}^{\infty}\frac{x^n}{n!}=x\left(\sum_{n=0}^{\infty}\frac{x^n}{n!}-1\right)\\&=x(e^x-1),\quad -\infty<x<+\infty.\end{aligned}$$

11.4.4 函数的幂级数展开式的应用

内容请扫二维码.

函数的幂级数展开式的应用

习题 11.4

1. 写出函数的二阶麦克劳林公式.

(1) $f(x)=\tan x$;　　(2) $f(x)=\arctan x$.

2. 求函数 $f(x)=xe^{x}$ 的 n 阶麦克劳林公式.

3. 利用 e^{x} 的三阶麦克劳林公式,求$\sqrt{e}$ 的近似值(取两位小数),并估计误差 $|R_3|$.

4. 用间接方法将函数展开成 x 的幂级数,并指出展开式的成立区间.

(1) e^{x^2};　　(2) $e^{-\frac{x}{2}}$;

(3) $\dfrac{1}{(1-x)^2}$;　　(4) $\dfrac{1}{a+x}$;

(5) $\sin^2 x=\dfrac{1}{2}(1-\cos 2x)$;　　(6) $\ln(1-x)$;

(7) $\ln(3-x)$;　　(8) $\sqrt[3]{8+x}$.

5. 用间接方法将函数展开成$(x-1)$的幂级数,并指出展开式的成立区间.

(1) e^{x};　　(2) $\lg x$.

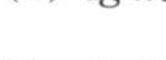

6. 用间接方法将 $\dfrac{1}{x}$ 展开成$(x-3)$的幂级数,并求其收敛区间.

7. 求幂级数 $\sum\limits_{n=0}^{\infty}\dfrac{\ln^n 2}{n!}x^n$ 的收敛区间,并求其在收敛区间内的和函数.

8. 题目请扫二维码.

习题 8

答　案

1. (1) $\tan x=x+R_2(x)$,其中,$R_2(x)=\dfrac{1+2\sin^2\theta x}{3\cos^4\theta x}x^3\quad(0<\theta<1)$;

(2) $\arctan x=x+R_2(x)$,其中,$R_2(x)=\dfrac{3(\theta x)^2-1}{3[1+(\theta x)^2]^3}x^3\quad(0<\theta<1)$.

2. $xe^{x}=x+x^2+\dfrac{1}{2!}x^3+\cdots+\dfrac{1}{(n-1)!}x^n+R_n(x)$,

其中,
$$R_n(x)=\frac{(n+1+\theta x)e^{\theta x}}{(n+1)!}x^{n+1}\quad(0<\theta<1).$$

3. $\sqrt{e}\approx 1+\dfrac{1}{2}+\dfrac{1}{2}\left(\dfrac{1}{2}\right)^2+\dfrac{1}{6}\left(\dfrac{1}{2}\right)^3\approx 1.65$, $|R_3|\leqslant\dfrac{e^{\frac{1}{2}}}{4!}\left(\dfrac{1}{2}\right)^4<\dfrac{4^{\frac{1}{2}}}{4!}\left(\dfrac{1}{2}\right)^4=\dfrac{1}{192}$.

4. (1) $e^{x^2}=\sum\limits_{n=0}^{\infty}\dfrac{x^{2n}}{n!}\quad(-\infty<x<+\infty)$;

(2) $e^{-\frac{x}{2}}=\sum\limits_{n=0}^{\infty}\dfrac{(-1)^n}{2^n n!}x^n\quad(-\infty<x<+\infty)$;

(3) $\dfrac{1}{(1-x)^2}=\left(\dfrac{1}{1-x}\right)'=\sum\limits_{n=1}^{\infty}nx^{n-1}=\sum\limits_{n=0}^{\infty}(n+1)x^n\quad(-1<x<1)$;

(4) $\frac{1}{a+x}=\frac{1}{a}\cdot\frac{1}{1+\frac{x}{a}}=\frac{1}{a}\sum_{n=0}^{\infty}(-1)^n\frac{x^n}{a^n}\quad(-|a|<x<|a|)$;

(5) $\sin^2 x=\frac{1}{2}(1-\cos 2x)=\frac{1}{2}-\frac{1}{2}\sum_{n=0}^{\infty}(-1)^n\frac{2^{2n}}{(2n)!}x^{2n}\quad(-\infty<x<+\infty)$;

(6) $\ln(1-x)=-\left(x+\frac{1}{2}x^2+\frac{1}{3}x^3+\cdots+\frac{1}{n+1}x^{n+1}+\cdots\right)\quad(-1\leqslant x<1)$;

(7) $\ln(3-x)=\ln 3\left(1-\frac{x}{3}\right)=\ln 3-\sum_{n=1}^{\infty}\frac{x^n}{n\cdot 3^n}\quad(-3\leqslant x<3)$;

(8) $\sqrt[3]{8+x}=2\left(1+\frac{x}{8}\right)^{\frac{1}{3}}=2\left(1+\frac{1}{3\times 8}x-\frac{1\times 2}{2!\times 3^2\times 8^2}x^2+\frac{1\times 2\times 5}{3!\times 3^3\times 8^3}x^3-\frac{1\times 2\times 5\times 8}{4!\times 3^4\times 8^4}x^4\right.$
$\left.+\cdots\right)\quad(-8<x<8)$.

5. (1) $e^x=e\cdot e^{x-1}=e\sum_{n=0}^{\infty}\frac{(x-1)^n}{n!}\quad(-\infty<x<+\infty)$;

(2) $\lg x=\frac{\ln x}{\ln 10}=\frac{1}{\ln 10}\ln[1+(x-1)]=\frac{1}{\ln 10}\sum_{n=1}^{\infty}(-1)^{n-1}\frac{(x-1)^n}{n}\quad(0<x\leqslant 2)$.

6. $\frac{1}{x}=\frac{1}{3+(x-3)}=\frac{1}{3}\cdot\frac{1}{1+\frac{x-3}{3}}=\sum_{n=0}^{\infty}\frac{(-1)^n}{3^{n+1}}(x-3)^n\quad(0<x<6)$.

7. $s(x)=e^{x\ln 2}=2^x\quad(-\infty<x<+\infty)$.

8. 请扫二维码.

习题8答案

11.5 周期为 2π 的函数的傅里叶级数

前两节讨论了一类特殊的函数项级数——幂级数.本节将介绍另一类函数项级数——傅里叶级数.它在科学和工程技术中,特别是在研究有关周期性现象或运动等方面具有广泛的应用.诸如,在电气工程中有关开关元件的频率性态,潮汐和水文预报的仪器构造等,都要用到有关傅里叶级数的理论.该理论的基本思想是,将无数个特定频率的周期函数,经叠加后来表示函数.

在本节首先介绍以 2π 为周期的函数的傅里叶级数,然后再讨论定义在某些特殊区间上的非周期函数展开成傅里叶级数的问题.

11.5.1 三角级数及三角函数系的正交性

形如

$$\frac{a_0}{2}+\sum_{n=1}^{\infty}(a_n\cos nx+b_n\sin nx)\tag{11.43}$$

的级数称为三角级数.其中,a_0, a_n, $b_n(n=1,2,\cdots)$均是常数,称为三角级数的系数.

容易看出,三角级数(11.43)是由函数列

$$1,\cos x,\sin x,\cos 2x,\sin 2x,\cdots,\cos nx,\sin nx,\cdots \tag{11.44}$$

分别乘以常数系数后再相加而成,此函数列又称为三角函数系.

三角函数系在区间$[-\pi,\ \pi]$上具有正交性.所谓三角函数系在区间$[-\pi,\ \pi]$上的正交性,是指三角函数系(11.44)中任何两个不同的函数的乘积在区间$[-\pi,\ \pi]$上的积分均为零,即有

$$\int_{-\pi}^{\pi}\cos nx\,\mathrm{d}x=0,\ \int_{-\pi}^{\pi}\sin nx\,\mathrm{d}x=0\quad (n=1,\ 2,\cdots);$$

$$\left.\begin{aligned}&\int_{-\pi}^{\pi}\cos mx\cos nx\,\mathrm{d}x=0,\\&\int_{-\pi}^{\pi}\sin mx\sin nx\,\mathrm{d}x=0\end{aligned}\right\}\quad (m,\ n=1,\ 2,\cdots,m\neq n);$$

$$\int_{-\pi}^{\pi}\cos mx\sin nx\,\mathrm{d}x=0\quad (m,\ n=1,\ 2,\cdots).$$

此外,在三角函数系(11.44)中,两个相同函数的乘积在区间$[-\pi,\ \pi]$上的积分不等于零,即有

$$\int_{-\pi}^{\pi}1^2\,\mathrm{d}x=2\pi;$$

$$\left.\begin{aligned}&\int_{-\pi}^{\pi}\cos^2 nx\,\mathrm{d}x=\pi,\\&\int_{-\pi}^{\pi}\sin^2 nx\,\mathrm{d}x=\pi\end{aligned}\right\}\quad (n=1,\ 2,\cdots).$$

上述这些等式都可以通过直接计算定积分加以验证(证明从略).

11.5.2 周期为 2π 的函数的傅里叶级数及其收敛性

设 $f(x)$是周期为 2π 的周期函数,先讨论下面的问题:如果函数 $f(x)$能够展开成三角级数,即

$$f(x)=\frac{a_0}{2}+\sum_{n=1}^{\infty}(a_n\cos nx+b_n\sin nx), \tag{11.45}$$

那么,上式右端三角级数的系数 a_0, a_n, b_n($n=1,\ 2,\cdots$)应如何确定?为此,假定式(11.45)右端的三角级数可以逐项积分.

为求 a_0,可对式(11.45)两边在区间$[-\pi,\ \pi]$上积分,得

$$\int_{-\pi}^{\pi}f(x)\,\mathrm{d}x=\frac{a_0}{2}\int_{-\pi}^{\pi}\mathrm{d}x+\sum_{n=1}^{\infty}\left(a_n\int_{-\pi}^{\pi}\cos nx\,\mathrm{d}x+b_n\int_{-\pi}^{\pi}\sin nx\,\mathrm{d}x\right).$$

由三角函数系的正交性知,上式右端括号中的两个积分均为零. 于是有

$$\int_{-\pi}^{\pi} f(x)\mathrm{d}x = \pi a_0, \quad 即 \quad a_0 = \frac{1}{\pi}\int_{-\pi}^{\pi} f(x)\mathrm{d}x.$$

为求 a_n,可在式(11.45)两边同乘以 $\cos mx$,并在区间$[-\pi, \pi]$上积分,得

$$\int_{-\pi}^{\pi} f(x)\cos mx\mathrm{d}x = \frac{a_0}{2}\int_{-\pi}^{\pi}\cos mx\mathrm{d}x + \sum_{n=1}^{\infty}\left(a_n\int_{-\pi}^{\pi}\cos mx\cos nx\mathrm{d}x + b_n\int_{-\pi}^{\pi}\cos mx\sin nx\mathrm{d}x\right).$$

由三角函数系的正交性知,上式右端,除和式的第一部分中当 $m=n$ 那一项积分等于 π 外,其余各项均为零,故有

$$\int_{-\pi}^{\pi} f(x)\cos mx\mathrm{d}x = a_n\int_{-\pi}^{\pi}\cos^2 nx\mathrm{d}x = a_n\pi.$$

由于 $m=n$,故得

$$a_n = \frac{1}{\pi}\int_{-\pi}^{\pi} f(x)\cos nx\mathrm{d}x, \quad n = 1, 2, \cdots.$$

特别地,当 $n=0$ 时,上式就是求 a_0 的式子.

同样地,为求 b_n,可在式(11.45)两边同乘以 $\sin mx$,再从 $-\pi$ 到 π 积分,类似地可得

$$b_n = \frac{1}{\pi}\int_{-\pi}^{\pi} f(x)\sin nx\mathrm{d}x, \quad n = 1, 2, \cdots.$$

从上面的讨论可知,如果函数 $f(x)$ 可以展开成三角级数,那么,这个三角级数的系数可唯一地表示为

$$\boxed{\begin{aligned} a_0 &= \frac{1}{\pi}\int_{-\pi}^{\pi} f(x)\mathrm{d}x; \\ a_n &= \frac{1}{\pi}\int_{-\pi}^{\pi} f(x)\cos nx\mathrm{d}x, \quad n = 1, 2, \cdots; \\ b_n &= \frac{1}{\pi}\int_{-\pi}^{\pi} f(x)\sin nx\mathrm{d}x, \quad n = 1, 2, \cdots. \end{aligned}} \tag{11.46}$$

如果上面各式中的积分均存在,则称系数由式(11.46)所确定的三角级数

$$\frac{a_0}{2} + \sum_{n=1}^{\infty}(a_n\cos nx + b_n\sin nx) \tag{11.47}$$

为函数 $f(x)$ 的**傅里叶(Fourier)级数**,其系数 a_0, a_n, $b_n(n=1, 2, \cdots)$称为函数 $f(x)$ 的**傅里叶系数**. 相应地,也称式(11.46)为函数 $f(x)$ 的**傅里叶系数公式**.

从上面的讨论可知,如果 $f(x)$ 是定义在$(-\infty, +\infty)$上周期为 2π 的函数,且它

在一个周期区间上可积,则它一定可以按公式(11.46)计算出系数 a_0, a_n, $b_n(n=1, 2, \cdots)$,从而作出 $f(x)$的傅里叶级数(11.47).然而,函数 $f(x)$的傅里叶级数是否一定收敛?如果该级数收敛,它是否一定收敛于函数 $f(x)$?一般地说,这两个问题的回答都不是肯定的.那么,要问:$f(x)$应具备什么条件才能保证它的傅里叶级数(11.47)一定收敛,而且收敛于 $f(x)$?下面给出的收敛定理(证明从略)回答了这个基本问题.

收敛定理(狄利克雷(Dirichlet)充分条件) 设 $f(x)$是周期为 2π 的周期函数,如果它在一个周期区间内满足条件:

(1) 连续或只有有限个第一类间断点,

(2) 至多只有有限个极值点(即不作无限次振荡),

则 $f(x)$的傅里叶级数(11.47)处处收敛,并且

(ⅰ) 当 x 是 $f(x)$的连续点时,级数收敛于 $f(x)$;

(ⅱ) 当 x 是 $f(x)$的间断点时,级数收敛于 $f(x)$的左、右极限的平均值

$$\frac{1}{2}[f(x^-)+f(x^+)].$$

11.5.3 把周期为 2π 的函数展开为傅里叶级数

由收敛定理可知,对于以 2π 为周期的函数 $f(x)$,只要满足收敛定理的条件,则在 $f(x)$的连续点 x 处,$f(x)$的傅里叶级数和 $s(x)$就等于 $f(x)$.此时,即有等式

$$f(x)=\frac{a_0}{2}+\sum_{n=1}^{\infty}(a_n\cos nx+b_n\sin nx) \tag{11.48}$$

成立.其中,系数 a_0, a_n 及 $b_n(n=1, 2,\cdots)$由 $f(x)$的傅里叶系数公式(11.46)确定.等式(11.48)就是$f(x)$的傅里叶级数展开式.

需要指出的是,当 x 是 $f(x)$ 的间断点时,如果 $f(x)$ 的傅里叶级数和 $s(x)=\frac{1}{2}[f(x^-)+f(x^+)]=f(x)$,即级数和恰好等于该点处的函数值,则在该间断点 x 处,$f(x)$ 的傅里叶级数展开式(11.48) 也有等式成立.

由上面的讨论可知,把以 2π 为周期的函数 $f(x)$ 展开成傅里叶级数的一般步骤如下:

(1) 检验 $f(x)$ 是否满足收敛定理的条件[①].若满足,则可把 $f(x)$ 展开成傅里叶级数.

---

① 为检验 $f(x)$ 是否满足收敛定理条件,一般可画出 $f(x)$ 的部分图形.因 $f(x)$ 是以 2π 为周期的函数,它在$(-\infty, +\infty)$ 上都有定义,故只需画出包括$(-\pi, \pi)$ 在内的 2 ~ 3 个周期区间上的函数图形即可.

(2) 根据 $f(x)$ 的傅里叶系数公式(11.46),计算 $f(x)$ 的傅里叶系数:a_0, a_n 及 $b_n(n=1, 2,\cdots)$.

(3) 利用收敛定理确定函数 $f(x)$ 的傅里叶级数展开式的成立区间(即形如式(11.48)的右端级数和 $s(x)=f(x)$ 的点 x 的全体),写出该展开式并注明展开式的成立区间.

例 1　设函数 $f(x)$ 是以 2π 为周期的周期函数,它在区间$[-\pi, \pi)$上的表达式为

$$f(x)=\begin{cases}x, & -\pi\leqslant x<0,\\ 0, & 0\leqslant x<\pi.\end{cases}$$

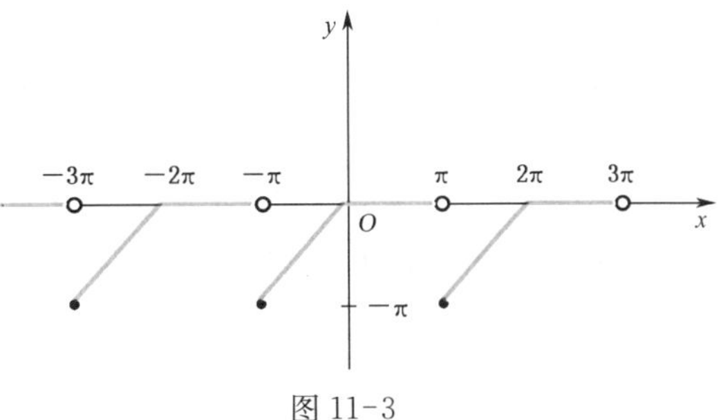

图 11-3

把函数 $f(x)$展开成傅里叶级数.

解　画出函数 $f(x)$的图形,如图 11-3 所示.由图看出,$f(x)$在区间$(-\pi, \pi)$内均连续,它满足收敛定理的条件,可以展开为傅里叶级数.

下面先来计算 $f(x)$的傅里叶系数.由公式(11.46)得

$$a_0=\frac{1}{\pi}\int_{-\pi}^{\pi}f(x)\mathrm{d}x=\frac{1}{\pi}\int_{-\pi}^{0}x\mathrm{d}x=\frac{1}{\pi}\left[\frac{x^2}{2}\right]_{-\pi}^{0}=-\frac{\pi}{2};$$

$$\begin{aligned}a_n&=\frac{1}{\pi}\int_{-\pi}^{\pi}f(x)\cos nx\,\mathrm{d}x=\frac{1}{\pi}\int_{-\pi}^{0}x\cos nx\,\mathrm{d}x=\frac{1}{\pi}\left[\frac{x\sin nx}{n}\right]_{-\pi}^{0}-\frac{1}{n\pi}\int_{-\pi}^{0}\sin nx\,\mathrm{d}x\\&=\frac{1}{n\pi}\left[\frac{\cos nx}{n}\right]_{-\pi}^{0}=\frac{1-(-1)^n}{n^2\pi}\quad(n=1, 2,\cdots);\end{aligned}$$

$$\begin{aligned}b_n&=\frac{1}{\pi}\int_{-\pi}^{\pi}f(x)\sin nx\,\mathrm{d}x=\frac{1}{\pi}\int_{-\pi}^{0}x\sin nx\,\mathrm{d}x=\frac{1}{\pi}\left[-\frac{x\cos nx}{n}\right]_{-\pi}^{0}+\frac{1}{n\pi}\int_{-\pi}^{0}\cos nx\,\mathrm{d}x\\&=\frac{1}{\pi}\left(-\frac{\pi\cos n\pi}{n}\right)=\frac{(-1)^{n+1}}{n}\quad(n=1, 2,\cdots).\end{aligned}$$

根据收敛定理及图 11-3 可知,当 $x\neq(2k-1)\pi(k=\pm1, \pm2,\cdots)$ 时,$f(x)$ 均连续,$f(x)$ 的傅里叶级数收敛于 $f(x)$;当 $x=(2k-1)\pi(k=\pm1, \pm2,\cdots)$ 时,因这些点均为 $f(x)$ 的间断点,故级数收敛于

$$\begin{aligned}\frac{1}{2}[f(x^-)+f(x^+)]&=\frac{1}{2}[f(-\pi^-)+f(-\pi^+)]=\frac{1}{2}[f(\pi^-)+f(-\pi^+)]\\&=\frac{1}{2}[0+(-\pi)]=-\frac{\pi}{2},\end{aligned}$$

即级数和 $s(x)=-\dfrac{\pi}{2}$,而 $f(x)$ 在这些点处的函数值为 $-\pi$.二者不相等,表明级数不收敛于 $f(x)$.

因此,所求 $f(x)$ 的傅里叶级数展开式为

$$f(x)=-\frac{\pi}{4}+\sum_{n=1}^{\infty}\left[\frac{1-(-1)^n}{n^2\pi}\cos nx+\frac{(-1)^{n+1}}{n}\sin nx\right]$$

$$(-\infty<x<+\infty, x\neq(2k-1)\pi,\ k=\pm1,\ \pm2,\ \cdots).$$

注意到

$$\frac{1-(-1)^n}{n^2\pi}=\begin{cases}\dfrac{2}{n^2\pi}, & \text{当 } n=2k-1(k=1,\ 2,\ \cdots)\text{ 为奇数时},\\ 0, & \text{当 } n=2k(k=1,\ 2,\ \cdots)\text{ 为偶数时}.\end{cases}$$

于是,上面的展开式也可表示为

$$f(x)=-\frac{\pi}{4}+\frac{2}{\pi}\sum_{k=1}^{\infty}\frac{1}{(2k-1)^2}\cos(2k-1)x+\sum_{n=1}^{\infty}\frac{(-1)^{n+1}}{n}\sin nx$$

$$(-\infty<x<+\infty,\ x\neq(2k-1)\pi,\ k=\pm1,\ \pm2,\ \cdots).$$

若在上式中令 $x=0$,由 $f(0)=0$,可得

$$0=-\frac{\pi}{4}+\frac{2}{\pi}\sum_{k=1}^{\infty}\frac{1}{(2k-1)^2}.$$

由此可得下列常数项级数的和为

$$\sum_{k=1}^{\infty}\frac{1}{(2k-1)^2}=1+\frac{1}{3^2}+\frac{1}{5^2}+\cdots+\frac{1}{(2k-1)^2}+\cdots=\frac{\pi^2}{8}.$$

例 2　设 $f(x)$ 是以 2π 为周期的函数,它在区间 $[-\pi,\ \pi)$ 上的表达式为

$$f(x)=\begin{cases}-\pi, & -\pi\leqslant x<0,\\ \pi, & 0\leqslant x<\pi.\end{cases}$$

将函数 $f(x)$ 展开成傅里叶级数.

解　函数 $f(x)$ 的图形如图 11-4 所示.

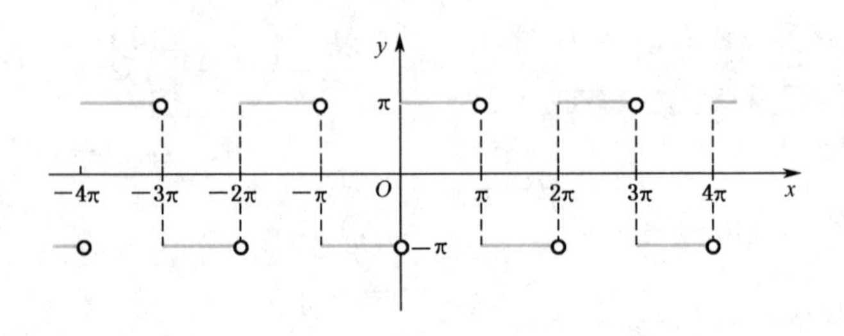

图 11-4

由图 11-4 看出,$f(x)$ 在区间 $(-\pi,\ \pi)$ 内,只有 $x=0$ 是 $f(x)$ 的第一类间断点,在

其他点 x 处，$f(x)$均连续，故 $f(x)$满足收敛定理条件，可以展开为傅里叶级数.

按公式(11-46)，可得 $f(x)$的傅里叶系数为

$$a_0=\frac{1}{\pi}\int_{-\pi}^{\pi}f(x)\mathrm{d}x=\frac{1}{\pi}\left[\int_{-\pi}^{0}(-\pi)\mathrm{d}x+\int_{0}^{\pi}\pi\mathrm{d}x\right]=0;$$

$$a_n=\frac{1}{\pi}\int_{-\pi}^{\pi}f(x)\cos nx\,\mathrm{d}x=\frac{1}{\pi}\left(-\int_{-\pi}^{0}\pi\cos nx\,\mathrm{d}x+\int_{0}^{\pi}\pi\cos nx\,\mathrm{d}x\right)$$

$$=-\frac{1}{n}[\sin nx]_{-\pi}^{0}+\frac{1}{n}[\sin nx]_{0}^{\pi}=0\quad(n=1,\ 2,\cdots);$$

$$b_n=\frac{1}{\pi}\int_{-\pi}^{\pi}f(x)\sin nx\,\mathrm{d}x=\frac{1}{\pi}\left(-\int_{-\pi}^{0}\pi\sin nx\,\mathrm{d}x+\int_{0}^{\pi}\pi\sin nx\,\mathrm{d}x\right)$$

$$=\frac{1}{n}[\cos nx]_{-\pi}^{0}-\frac{1}{n}[\cos nx]_{0}^{\pi}=\frac{2}{n}(1-\cos n\pi)$$

$$=\frac{2}{n}[1-(-1)^n]\quad(n=1,\ 2,\ 3,\cdots)$$

$$=\begin{cases}\dfrac{4}{n}, & \text{当 } n=2k-1(k=1,\ 2,\ 3\cdots)\text{ 为奇数时},\\ 0, & \text{当 } n=2k(k=1,\ 2,\ 3,\cdots)\text{ 为偶数时}.\end{cases}$$

由收敛定理及图 11-4 可知：

(1) 当 $x\neq k\pi(k=0,\pm 1,\pm 2,\cdots)$ 时，$f(x)$ 均连续，故 $f(x)$ 的傅里叶级数收敛于 $f(x)$；

(2) 当 $x=k\pi(k=0,\pm 1,\pm 2,\cdots)$ 时，$f(x)$ 不连续. 按间断点的情形可知，$f(x)$ 的傅里叶级数收敛于

$$\frac{1}{2}[f(x^-)+f(x^+)]=\frac{1}{2}[f(0^-)+f(0^+)]=\frac{1}{2}(-\pi+\pi)=0.$$

即级数和 $s(x)=0$，而 $f(x)$在这些点处的函数值为 $f(x)=\pi$ 或 $-\pi$. 二者不相等，故级数不收敛于 $f(x)$.

因此，所求 $f(x)$的傅里叶级数展开式为

$$f(x)=\frac{a_0}{2}+\sum_{n=1}^{\infty}(a_n\cos nx+b_n\sin nx)=2\sum_{n=1}^{\infty}\frac{1-(-1)^n}{n}\sin nx$$
$$(-\infty<x<+\infty,\ x\neq k\pi,\ k=0,\ \pm 1,\ \pm 2,\ \cdots),$$

或者表示为

$$f(x)=4\sum_{k=1}^{\infty}\frac{1}{2k-1}\sin(2k-1)x$$
$$=4\left[\sin x+\frac{1}{3}\sin 3x+\cdots+\frac{1}{2k-1}\sin(2k-1)x+\cdots\right]$$
$$(-\infty<x<+\infty,\ x\neq k\pi,\ k=0,\ \pm 1,\ \pm 2,\ \cdots).$$

从本例可以看到,如果把所给的函数看作是矩形波的波形函数(周期 $T=2\pi$,振幅 $A=\pi$,自变量 x 表示时间),那么上面所得到的展开式表明:矩形波是由一系列不同频率的正弦波叠加而成的,这些正弦波的频率依次为基波频率的奇数倍.

11.5.4 把定义在 $[-\pi, \pi]$ 上的函数展开为傅里叶级数

设 $f(x)$ 是定义在 $[-\pi, \pi]$ 上的非周期函数,并满足收敛定理的条件. 如果我们在 $(-\infty, +\infty)$ 上作一个周期为 2π 的函数 $F(x)$,使它在区间 $(-\pi, \pi]$ 上恒等于 $f(x)$①, 即

$$F(x) \equiv f(x), \ -\pi < x \leqslant \pi,$$

则这种拓广函数的方法,称为**周期延拓**(图 11-5,虚线为延拓后的图形).

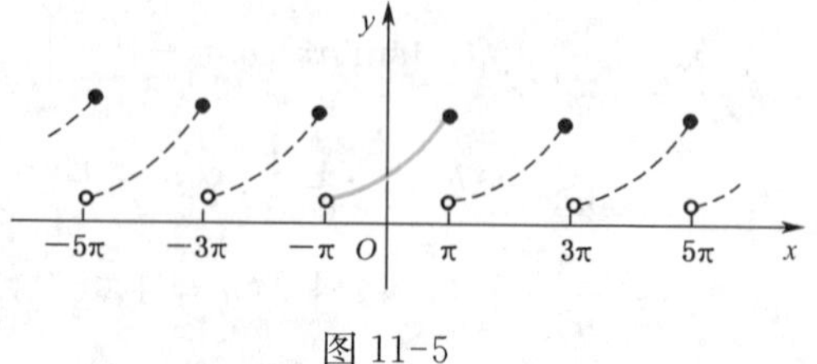

图 11-5

由于延拓后的函数 $F(x)$ 是周期为 2π 的周期函数,且满足收敛定理的条件,所以,它的傅里叶级数在 $F(x)$ 的连续点处收敛于 $F(x)$. 又因在 $(-\pi, \pi]$ 上 $F(x)=f(x)$,故若限制 x 在区间 $(-\pi, \pi]$ 上,则级数在 $f(x)$ 的连续点处就收敛于 $f(x)$,且由公式(11.46)可知,$F(x)$ 的傅里叶系数为

$$a_0 = \frac{1}{\pi}\int_{-\pi}^{\pi} F(x)\mathrm{d}x = \frac{1}{\pi}\int_{-\pi}^{\pi} f(x)\mathrm{d}x;$$

$$a_n = \frac{1}{\pi}\int_{-\pi}^{\pi} F(x)\cos nx\mathrm{d}x = \frac{1}{\pi}\int_{-\pi}^{\pi} f(x)\cos nx\mathrm{d}x, \quad n=1, 2, \cdots;$$

$$b_n = \frac{1}{\pi}\int_{-\pi}^{\pi} F(x)\sin nx\mathrm{d}x = \frac{1}{\pi}\int_{-\pi}^{\pi} f(x)\sin nx\mathrm{d}x, \quad n=1, 2, \cdots.$$

可见,$F(x)$ 与 $f(x)$ 具有相同的傅里叶系数.

综上分析可知,定义在 $[-\pi, \pi]$ 上的函数 $f(x)$,只要满足收敛定理的条件,则也能展开成傅里叶级数. 其展开的方法及所使用的公式与前面所讨论的以 2π 为周期的周期函数相同. 所不同的是,展开式的成立范围(即级数收敛于函数 $f(x)$ 的范围)必须限制 x 在区间 $[-\pi, \pi]$ 上讨论,因为在 $[-\pi, \pi]$ 外,$f(x)$ 是没有定义的. 在区间端点 $x=\pm\pi$ 处,根据收敛定理,级数收敛于

$$\frac{1}{2}\left[f(-\pi^+)+f(\pi^-)\right]$$

(图 11-5). 若上式等于 $f(\pi)$[或 $f(-\pi)$],则在 $x=\pi$(或 $x=-\pi$)处,级数收敛于 $f(x)$,展开式的成立区间就应包括端点 $x=\pi$(或 $x=-\pi$). 否则,级数就不收敛于

---

① 作以 2π 为周期的函数 $F(x)$ 时,也可使它在区间 $[-\pi, \pi)$ 上恒等于 $f(x)$,即 $F(x)=f(x)(-\pi\leqslant x<\pi)$.

$f(x)$，展开式的成立区间就不包括 $x=\pi$（或 $x=-\pi$）.

例3 把函数 $f(x)=|x|\ (-\pi\leqslant x\leqslant\pi)$ 展开成傅里叶级数.

解 因 $f(x)=|x|=\begin{cases}-x, & -\pi\leqslant x\leqslant 0,\\ x & 0<x\leqslant\pi,\end{cases}$ 故可画出 $f(x)$ 的图形，并对 $f(x)$ 作以 2π 为周期的周期延拓，如图 11-6 所示（图中虚线部分为延拓后的图形）. 由图可知，$f(x)=|x|$ 在 $(-\pi,\pi)$ 内满足收敛定理的条件，可以通过对 $f(x)$ 作以 2π 为周期的周期延拓，把 $f(x)$ 展开为傅里叶级数.

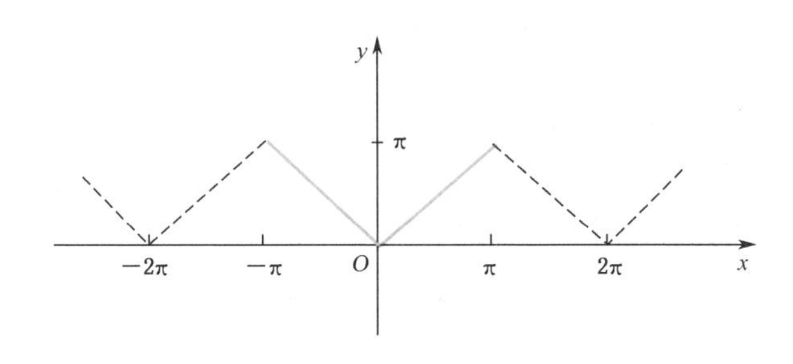

图 11-6

由公式(11.46)，可计算 $f(x)$ 的傅里叶系数如下：

$$a_0=\frac{1}{\pi}\int_{-\pi}^{\pi}f(x)\mathrm{d}x=\frac{1}{\pi}\int_{-\pi}^{0}(-x)\mathrm{d}x+\frac{1}{\pi}\int_{0}^{\pi}x\mathrm{d}x$$

$$=\frac{1}{\pi}\left[-\frac{x^2}{2}\right]_{-\pi}^{0}+\frac{1}{\pi}\left[\frac{x^2}{2}\right]_{0}^{\pi}=\pi;$$

$$a_n=\frac{1}{\pi}\int_{-\pi}^{\pi}f(x)\cos nx\mathrm{d}x=\frac{1}{\pi}\int_{-\pi}^{0}(-x)\cos nx\mathrm{d}x+\frac{1}{\pi}\int_{0}^{\pi}x\cos nx\mathrm{d}x$$

$$=-\frac{1}{\pi}\left[\frac{x\sin nx}{n}+\frac{\cos nx}{n^2}\right]_{-\pi}^{0}+\frac{1}{\pi}\left[\frac{x\sin nx}{n}+\frac{\cos nx}{n^2}\right]_{0}^{\pi}$$

$$=\frac{2}{n^2\pi}(\cos n\pi-1)=\frac{2}{n^2\pi}[(-1)^n-1],\quad n=1,2,\cdots;$$

$$b_n=\frac{1}{\pi}\int_{-\pi}^{\pi}f(x)\sin nx\mathrm{d}x=\frac{1}{\pi}\int_{-\pi}^{\pi}|x|\sin nx\mathrm{d}x=0,\quad n=1,2,\cdots.$$

[因 $f(x)=|x|$ 是偶函数，$|x|\sin nx$ 为奇函数.]

根据收敛定理并从图 11-6 可知，当 $x\in(-\pi,\pi)$ 时，$f(x)$ 均连续，$f(x)$ 的傅里叶级数收敛于 $f(x)$；当 $x=\pm\pi$ 时，上述级数收敛于

$$s(\pm\pi)=\frac{1}{2}[f(-\pi^+)+f(\pi^-)]=\frac{1}{2}(\pi+\pi)=\pi=f(\pm\pi).$$

因此，$f(x)$ 的傅里叶级数展开式为

$$f(x)=\frac{\pi}{2}+\sum_{n=1}^{\infty}\frac{2}{n^2\pi}[(-1)^n-1]\cos nx$$

$$=\frac{\pi}{2}-\frac{4}{\pi}\sum_{k=1}^{\infty}\frac{1}{(2k-1)^2}\cos(2k-1)x,\quad -\pi\leqslant x\leqslant\pi.$$

注　在端点 $x=\pm\pi$ 处,因 $f(x)$ 的傅里叶级数和 $s(\pm\pi)=\pi=f(\pm\pi)$,故所得展开式的成立区间包括区间的端点 $x=\pm\pi$.

习题 11.5

1. 函数 $f(x)$是周期为 2π 的周期函数,且满足收敛定理的条件.问:$f(x)$的傅里叶级数的和函数是否处处等于 $f(x)$?

2. 设 $f(x)$是周期为 2π 的周期函数,它在$(-\pi,\pi]$上的表达式为

$$f(x)=\begin{cases}-1, & -\pi<x\leqslant 0,\\ 1, & 0<x\leqslant\pi,\end{cases}$$

将 $f(x)$展开成傅里叶级数.

3. 设 $f(x)$是周期为 2π 的周期函数,它在$(-\pi,\pi]$上的表达式为

$$f(x)=\begin{cases}-\dfrac{x}{\pi}, & -\pi<x\leqslant 0,\\ \dfrac{2x}{\pi}, & 0<x\leqslant\pi,\end{cases}$$

将 $f(x)$展开成傅里叶级数.

4. 将函数 $f(x)=x+\pi(-\pi\leqslant x\leqslant\pi)$ 展开成傅里叶级数.

5. 将函数 $f(x)=\begin{cases}0, & -\pi\leqslant x\leqslant 0,\\ \pi-x, & 0<x\leqslant\pi\end{cases}$ 展开成傅里叶级数.

答　案

1. 不一定.只有当 x 是 $f(x)$ 的连续点时,或者当 x 是 $f(x)$ 的间断点,而级数和 $s(x)=\frac{1}{2}[f(x^-)+f(x^+)]$ 恰好等于函数 $f(x)$ 在该点 x 处定义的函数值时,那么,$f(x)$ 的傅里叶级数的和函数处处等于 $f(x)$.

2. $f(x)=\dfrac{4}{\pi}\sum\limits_{k=1}^{\infty}\dfrac{1}{(2k-1)}\sin(2k-1)x\quad(-\infty<x<+\infty,\ x\neq k\pi,\ k=0,\pm1,\pm2,\cdots)$.

3. $f(x)=\dfrac{3}{4}-\dfrac{6}{\pi^2}\sum\limits_{n=1}^{\infty}\dfrac{1}{(2n-1)^2}\cos(2n-1)x+\dfrac{1}{\pi}\sum\limits_{n=1}^{\infty}\dfrac{(-1)^{n-1}}{n}\sin nx\quad(-\infty<x<+\infty,$ $x\neq(2k+1)\pi,\ k=0,\pm1,\pm2,\cdots)$.

4. $f(x)=\pi+2\sum\limits_{n=1}^{\infty}(-1)^{n-1}\dfrac{1}{n}\sin nx\quad(-\pi<x<\pi)$.

5. $f(x)=\frac{\pi}{4}+\sum_{n=1}^{\infty}\left[\frac{1-(-1)^n}{\pi n^2}\cos nx+\frac{1}{n}\sin nx\right]\quad(-\pi\leqslant x\leqslant\pi,\ x\neq 0)$.

11.6 正弦级数和余弦级数

11.6.1 正弦级数和余弦级数

一般说来，一个函数的傅里叶级数既含有正弦项，又含有余弦项和常数项. 但是，也有一些函数的傅里叶级数只含有正弦项(见 11.5 节例 2)，或者只含有余弦项和常数项(见 11.5 节例 3). 一般地，在函数 $f(x)$的傅里叶级数中，只含有正弦项的级数

$$\sum_{n=1}^{\infty}b_n\sin nx$$

称为正弦级数；只含有常数项和余弦项的级数

$$\frac{a_0}{2}+\sum_{n=1}^{\infty}a_n\cos nx$$

称为余弦级数.

函数 $f(x)$的傅里叶级数是正弦级数还是余弦级数，一般都与函数 $f(x)$的奇偶性有关. 例如，在 11.5 节的例 2 中给出的函数 $f(x)$是奇函数，得到的傅里叶级数为正弦级数；例 3 中给出的函数 $f(x)$是偶函数，得到的傅里叶级数为余弦级数. 这种现象并非偶然. 因为在 $f(x)$的傅里叶系数公式(11.46)中，当 $f(x)$是奇函数时，则$f(x)\cos nx$ 也是奇函数，$f(x)$的傅里叶系数 $a_n=0(n=0,\ 1,\ 2,\ \cdots)$；当 $f(x)$是偶函数时，则 $f(x)\sin nx$ 是奇函数，$f(x)$的傅里叶系数 $b_n=0(n=1,\ 2,\ \cdots)$. 因此，可得如下的重要结论：

若 $f(x)$是以 2π 为周期的函数，且在一个周期区间内满足收敛定理的条件，则

(1) 当 $f(x)$是奇函数时，它的傅里叶级数为正弦级数：

$$\boxed{\sum_{n=1}^{\infty}b_n\sin nx,}\tag{11.49}$$

其中，系数

$$\boxed{b_n=\frac{2}{\pi}\int_0^{\pi}f(x)\sin nx\,\mathrm{d}x,\quad n=1,\ 2,\ \cdots.}\tag{11.50}$$

[因 $f(x)\sin nx$ 为偶函数，故 $b_n=\frac{1}{\pi}\int_{-\pi}^{\pi}f(x)\sin nx\,\mathrm{d}x=\frac{2}{\pi}\int_0^{\pi}f(x)\sin nx\,\mathrm{d}x$.]

(2) 当 $f(x)$是偶函数时，它的傅里叶级数为余弦级数：

$$\boxed{\frac{a_0}{2}+\sum_{n=1}^{\infty}a_n\cos nx,} \tag{11.51}$$

其中,系数 $$\boxed{a_n=\frac{2}{\pi}\int_0^{\pi}f(x)\cos nx\,\mathrm{d}x,\quad n=0,1,2,\cdots.} \tag{11.52}$$

[因 $f(x)\cos nx$ 为偶函数,故 $a_n=\frac{1}{\pi}\int_{-\pi}^{\pi}f(x)\cos nx\,\mathrm{d}x=\frac{2}{\pi}\int_0^{\pi}f(x)\cos nx\,\mathrm{d}x.$]

例 1　设 $f(x)$是以 2π 为周期的周期函数,它在区间$(-\pi,\pi]$上的表达式为

$$f(x)=\begin{cases}-1, & -\pi<x\leqslant 0,\\ 1, & 0<x\leqslant\pi.\end{cases}$$

将 $f(x)$展开成傅里叶级数.

解　画出 $f(x)$的图形,如图 11-7 所示.容易看出,$f(x)$满足收敛定理条件,且为奇函数,故可以展开成正弦级数.

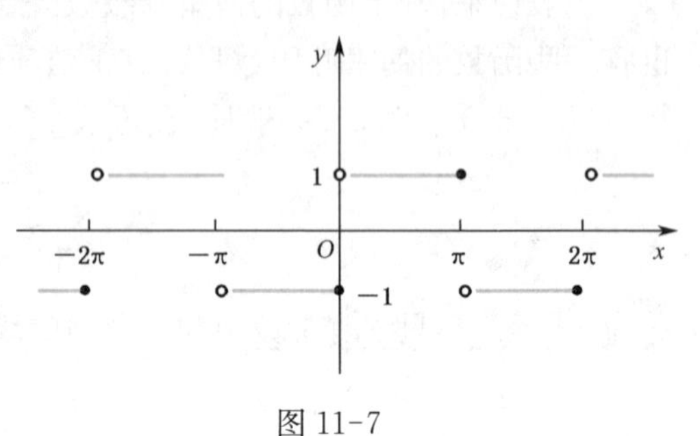

图 11-7

$f(x)$的正弦级数系数为

$$\begin{aligned}b_n&=\frac{2}{\pi}\int_0^{\pi}f(x)\sin nx\,\mathrm{d}x=\frac{2}{\pi}\int_0^{\pi}\sin nx\,\mathrm{d}x\\&=\frac{2}{n\pi}[-\cos nx]_0^{\pi}=\frac{2}{n\pi}[1-(-1)^n],\quad n=1,2,\cdots.\end{aligned}$$

由图 11-7 及收敛定理可知,当 $x\neq\pm k\pi(k=0,1,2,\cdots)$时,$f(x)$均连续,它的正弦级数收敛于 $f(x)$;当 $x=\pm k\pi(k=0,1,2,\cdots)$时,按间断点的情形,正弦级数收敛于

$$s(x)=\frac{1}{2}[f(0^-)+f(0^+)]=\frac{1}{2}(-1+1)=0\neq f(x),$$

即级数不收敛于 $f(x)$.

因此,所求函数 $f(x)$的傅里叶级数展开式为

$$f(x)=\frac{2}{\pi}\sum_{n=1}^{\infty}\frac{1-(-1)^n}{n}\sin nx$$

$$(-\infty<x<+\infty,\quad x\neq\pm k\pi,\quad k=0,1,2,\cdots),$$

或者表示为

$$f(x)=\frac{4}{\pi}\sum_{k=1}^{\infty}\frac{1}{2k-1}\sin(2k-1)x$$

$$(-\infty<x<+\infty,\quad x\neq\pm k\pi,\quad k=0,1,2,\cdots).$$

例 2 将函数 $f(x)=x^2(-\pi\leqslant x\leqslant\pi)$展开成傅里叶级数.

解 因所给函数 $f(x)=x^2$ 是定义在$[-\pi, \pi]$上的偶函数,且满足收敛定理的条件,故可通过对 $f(x)$作周期为 2π 的周期延拓,如图 11-8 所示(图中虚线部分为延拓后的图形),从而把函数 $f(x)$展开为余弦级数.

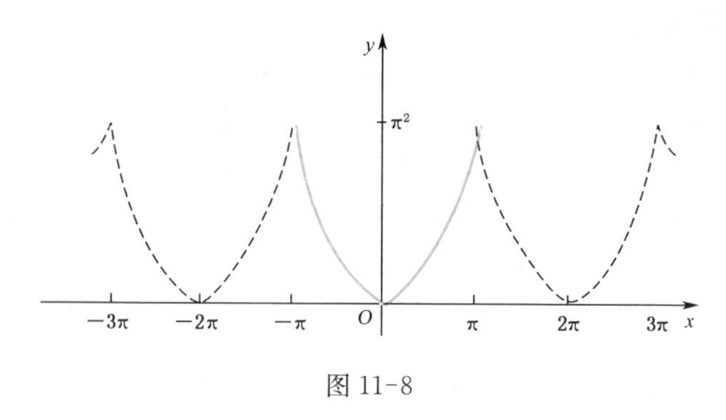

图 11-8

$f(x)$的余弦级数系数为

$$a_0=\frac{2}{\pi}\int_0^{\pi}f(x)\,\mathrm{d}x=\frac{2}{\pi}\int_0^{\pi}x^2\,\mathrm{d}x=\frac{2}{\pi}\left[\frac{x^3}{3}\right]_0^{\pi}=\frac{2}{3}\pi^2;$$

$$\begin{aligned}a_n&=\frac{2}{\pi}\int_0^{\pi}f(x)\cos nx\,\mathrm{d}x=\frac{2}{\pi}\int_0^{\pi}x^2\cos nx\,\mathrm{d}x\\&=\frac{2}{\pi}\left[\frac{x^2\sin nx}{n}+\frac{2x\cos nx}{n^2}-\frac{2\sin nx}{n^3}\right]_0^{\pi}\\&=\frac{4}{n^2}\cos n\pi=\frac{4}{n^2}(-1)^n,\quad n=1,2,\cdots.\end{aligned}$$

由图 11-8 及收敛定理可知,当 $x\in(-\pi, \pi)$时,因 $f(x)$连续,故 $f(x)$的余弦级数收敛于 $f(x)$;当 $x=\pm\pi$ 时,级数收敛于

$$s(\pm\pi)=\frac{1}{2}[f(-\pi^+)+f(\pi^-)]=\frac{1}{2}(\pi^2+\pi^2)=\pi^2=f(\pm\pi).$$

即在区间端点 $x=\pm\pi$ 处,上述级数也收敛于 $f(x)$. 所以,$f(x)$的傅里叶级数展开式的成立区间为$[-\pi, \pi]$.

因此,所求函数 $f(x)$的傅里叶级数展开式为

$$f(x)=\frac{\pi^2}{3}+4\sum_{n=1}^{\infty}\frac{(-1)^n}{n}\cos nx,\quad -\pi\leqslant x\leqslant\pi,$$

也可表示为

$$x^2=\frac{\pi^2}{3}+4\sum_{n=1}^{\infty}\frac{(-1)^n}{n}\cos nx,\quad -\pi\leqslant x\leqslant\pi.$$

11.6.2 把定义在[0, π]上的函数展开为正弦(或余弦)级数

设函数 $f(x)$定义在区间[0, π]上，且满足收敛定理的条件，可作一个定义在区间$(-\pi, \pi]$上的函数 $G(x)$，使它满足下列条件：

(1) 在区间[0, π]上，有 $G(x)\equiv f(x)$；

(2) 在区间$(-\pi, \pi)$内，$G(x)$是奇函数或偶函数.

当所作的函数 $G(x)$是奇函数时，把这种拓广函数的方法称为对 $f(x)$作奇延拓[①](图 11-9). 此时，$G(x)$的傅里叶级数是正弦级数. 由于 $G(x)=f(x)(0\leqslant x\leqslant\pi)$，所以，这个正弦级数在$(0, \pi)$内 $f(x)$的连续点处收敛于 $f(x)$，它的系数为

$$b_n=\frac{2}{\pi}\int_0^{\pi}G(x)\sin nx\,\mathrm{d}x=\frac{2}{\pi}\int_0^{\pi}f(x)\sin nx\,\mathrm{d}x,\quad n=1, 2, \cdots.$$

同样地，当所作的函数 $G(x)$是偶函数时，把这种拓广函数的方法称为对 $f(x)$作偶延拓(图 11-10). 此时，$G(x)$的傅里叶级数是余弦级数. 这个余弦级数在$(0, \pi)$内 $f(x)$的连续点处收敛于 $f(x)$，且它的系数为

$$a_0=\frac{2}{\pi}\int_0^{\pi}G(x)\,\mathrm{d}x=\frac{2}{\pi}\int_0^{\pi}f(x)\,\mathrm{d}x,$$

$$a_n=\frac{2}{\pi}\int_0^{\pi}G(x)\cos nx\,\mathrm{d}x=\frac{2}{\pi}\int_0^{\pi}f(x)\cos nx\,\mathrm{d}x,\quad n=1, 2, \cdots.$$

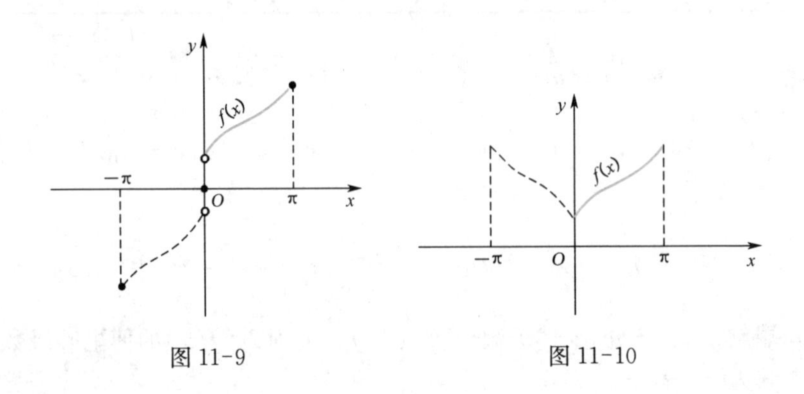

图 11-9　　图 11-10

由于函数 $f(x)$既可作奇延拓，又可作偶延拓，故定义在[0, π]上的函数 $f(x)$既可展开成正弦级数，又可展开成余弦级数. 级数的系数可按公式(11.50)或公式(11.52)来计算. 关于 $f(x)$的正弦(或余弦)级数展开式的成立区间，可利用收敛定理及类似于前面所学的方法进行讨论，只要限制 x 在区间[0, π]上即可.

---

① 当 $f(0)\neq 0$ 时，对 $f(x)$ 作奇延拓，规定 $G(0)=0$.

例 3 设

$$f(x)=\begin{cases}x, & 0\leqslant x\leqslant \dfrac{\pi}{2},\\ \dfrac{\pi}{2}, & \dfrac{\pi}{2}<x\leqslant \pi.\end{cases}$$

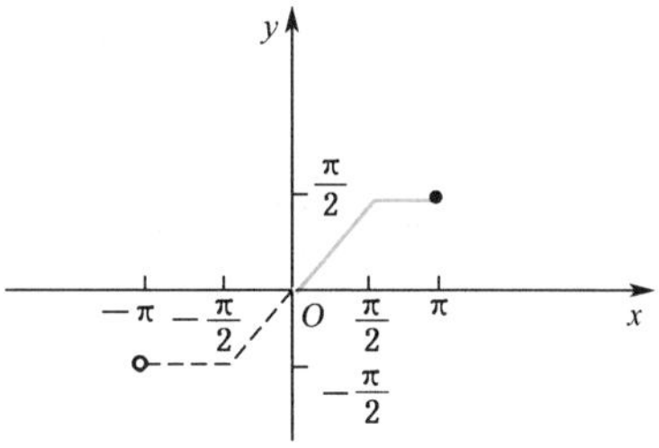

(1) 将函数 $f(x)$ 展开成正弦级数;(2) 将函数 $f(x)$ 展开成余弦级数.

图 11-11

解 (1) 由于要将 $f(x)$ 展开成正弦级数,故对函数 $f(x)$ 作奇延拓(图 11-11).

正弦级数的系数为

$$\begin{aligned}b_n&=\frac{2}{\pi}\int_0^{\pi}f(x)\sin nx\,\mathrm{d}x\\&=\frac{2}{\pi}\int_0^{\frac{\pi}{2}}x\sin nx\,\mathrm{d}x+\frac{2}{\pi}\int_{\frac{\pi}{2}}^{\pi}\frac{\pi}{2}\sin nx\,\mathrm{d}x\\&=\frac{2}{\pi}\left[\frac{1}{n^2}\sin nx-\frac{x}{n}\cos nx\right]_0^{\frac{\pi}{2}}-\left[\frac{1}{n}\cos nx\right]_{\frac{\pi}{2}}^{\pi}\\&=\frac{2}{n^2\pi}\sin\frac{n\pi}{2}-\frac{1}{n}\cos n\pi=\frac{2}{n^2\pi}\sin\frac{n\pi}{2}-\frac{(-1)^n}{n},\quad n=1,2,\cdots.\end{aligned}$$

由图 11-11 及收敛定理可知,函数 $f(x)$ 在区间 $(0,\pi)$ 内处处连续,所以,在 $(0,\pi)$ 内,$f(x)$ 的正弦级数收敛于 $f(x)$;在区间端点 $x=0$ 和 $x=\pi$ 处,级数都收敛于 0,而 $f(0)=0$,$f(\pi)=\dfrac{\pi}{2}$,故在 $x=0$ 处级数也收敛于 $f(x)$,而在 $x=\pi$ 处,级数不收敛于 $f(x)$. 故得 $f(x)$ 的正弦级数展开式成立的区间为 $[0,\pi)$.

因此,$f(x)$ 的正弦级数展开式为

$$f(x)=\sum_{n=1}^{\infty}\left[\frac{2}{n^2\pi}\sin\frac{n\pi}{2}-\frac{(-1)^n}{n}\right]\sin nx,\quad 0\leqslant x<\pi.$$

(2) 由于要将 $f(x)$ 展开成余弦级数,故对 $f(x)$ 作偶延拓(图 11-12).

余弦级数的系数为

$$\begin{aligned}a_0&=\frac{2}{\pi}\left(\int_0^{\frac{\pi}{2}}x\,\mathrm{d}x+\int_{\frac{\pi}{2}}^{\pi}\frac{\pi}{2}\mathrm{d}x\right)\\&=\frac{2}{\pi}\left(\frac{x^2}{2}\bigg|_0^{\frac{\pi}{2}}+\frac{\pi}{2}x\bigg|_{\frac{\pi}{2}}^{\pi}\right)=\frac{3\pi}{4};\end{aligned}$$

$$a_n=\frac{2}{\pi}\int_0^{\pi}f(x)\cos nx\,\mathrm{d}x$$

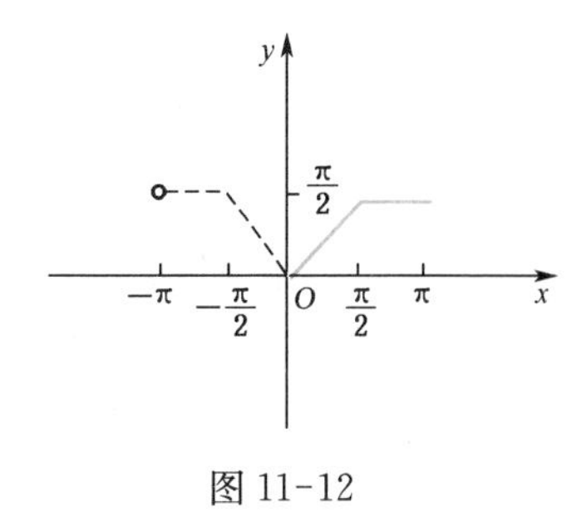

图 11-12

$$= \frac{2}{\pi}\int_0^{\frac{\pi}{2}} x\cos nx\,\mathrm{d}x + \frac{2}{\pi}\int_{\frac{\pi}{2}}^{\pi} \frac{\pi}{2}\cos nx\,\mathrm{d}x$$

$$= \frac{2}{\pi}\left[\frac{1}{n^2}\cos nx + \frac{x}{n}\sin nx\right]_0^{\frac{\pi}{2}} + \frac{1}{n}\sin nx\Big|_{\frac{\pi}{2}}^{\pi}$$

$$= \frac{2}{n^2\pi}\left(\cos\frac{n\pi}{2} - 1\right), \quad n = 1, 2, \cdots.$$

由图 11-12 及收敛定理可知,因函数 $f(x)$在区间$(0, \pi)$内连续,故 $f(x)$的余弦级数收敛于 $f(x)$;在端点 $x=0$ 和 $x=\pi$ 处,级数分别收敛于 0 和$\frac{\pi}{2}$,而 $f(0)=0$,$f(\pi)=\frac{\pi}{2}$,故在 $x=0$ 和 $x=\pi$ 处,级数也都收敛于 $f(x)$. 所以,在区间$[0, \pi]$上,级数收敛于 $f(x)$.

因此,所求函数 $f(x)$的余弦级数展开式为

$$f(x) = \frac{3}{8}\pi + \frac{2}{\pi}\sum_{n=1}^{\infty}\frac{1}{n^2}\left(\cos\frac{n\pi}{2} - 1\right)\cos nx, \quad 0 \leqslant x \leqslant \pi.$$

注意　将定义在$[0, \pi]$上的函数展开成正弦级数或余弦级数时,展开式成立的区间必须限制在区间$[0, \pi]$上,因为函数 $f(x)$在$[0, \pi]$之外是没有定义的.

习题 11.6

1. 将函数 $f(x) = x(-\pi \leqslant x \leqslant \pi)$ 展开成傅里叶级数.

2. 将函数 $f(x) = 2x^2(-\pi \leqslant x \leqslant \pi)$ 展开成傅里叶级数.

3. 将函数

$$f(x) = \begin{cases} -\dfrac{\pi + x}{2}, & -\pi \leqslant x < 0, \\ \dfrac{\pi - x}{2}, & 0 \leqslant x \leqslant \pi \end{cases}$$

展开成傅里叶级数.

4. 将函数

$$f(x) = \begin{cases} 1, & 0 \leqslant x \leqslant \dfrac{\pi}{2}, \\ 0, & \dfrac{\pi}{2} < x \leqslant \pi \end{cases}$$

分别展开成正弦级数及余弦级数.

5. 将函数 $f(x)=x+1(0\leqslant x\leqslant\pi)$分别展开成正弦级数及余弦级数.

答 案

1. $x=\sum_{n=1}^{\infty}(-1)^{n+1}\frac{2}{n}\sin nx \quad (-\pi<x<\pi)$.

2. $2x^2=\frac{2\pi^2}{3}+8\sum_{n=1}^{\infty}\frac{(-1)^n}{n^2}\cos nx \quad (-\pi\leqslant x\leqslant\pi)$.

3. $f(x)=\sum_{n=1}^{\infty}\frac{1}{n}\sin nx \quad (-\pi\leqslant x\leqslant\pi, x\neq 0)$.

4. 展开成正弦级数为 $f(x)=\frac{2}{\pi}\sum_{n=1}^{\infty}\frac{1}{n}\left(1-\cos\frac{n\pi}{2}\right)\sin nx \quad \left(0<x\leqslant\pi, x\neq\frac{\pi}{2}\right)$;

展开成余弦级数为 $f(x)=\frac{1}{2}+\frac{2}{\pi}\sum_{n=1}^{\infty}\frac{1}{n}\sin\frac{n\pi}{2}\cos nx \quad \left(0\leqslant x\leqslant\pi, x\neq\frac{\pi}{2}\right)$.

5. 展开成正弦级数为 $x+1=\frac{2}{\pi}\sum_{n=1}^{\infty}\frac{1-(-1)^n(\pi+1)}{n}\sin nx \quad (0<x<\pi)$;

展开成余弦级数为 $x+1=\frac{\pi+2}{2}+\frac{2}{\pi}\sum_{n=1}^{\infty}\frac{(-1)^n-1}{n}\cos nx \quad (0\leqslant x\leqslant\pi)$.

11.7 周期为 $2l$ 的函数的傅里叶级数

上面分别讨论了以 2π 为周期的函数以及定义在 $[-\pi, \pi]$ 与 $[0, \pi]$ 上的函数的傅里叶级数. 本节将讨论以 $2l$ 为周期的函数以及定义在 $[-l, l]$ 与 $[0, l]$ 上的函数的傅里叶级数. 其方法是，通过适当的变量代换，将这些函数分别化为以 2π 为周期的函数以及定义在 $[-\pi, \pi]$ 与 $[0, \pi]$ 上的函数，从而得到相应的傅里叶级数展开式.

设 $f(x)$ 是周期为 $2l$ 的周期函数，且在一个周期区间内可积. 令 $t=\frac{\pi}{l}x$，则 $x=\frac{l}{\pi}t$，且有

$$f(x)=f\left(\frac{l}{\pi}t\right)=F(t).$$

下面来验证 $F(t)$ 是周期为 2π 的周期函数. 注意到 $f(x)$ 的周期为 $2l$，即 $f(x+2l)=f(x)$. 故有

$$F(t+2\pi)=f\left[\frac{l}{\pi}(t+2\pi)\right]=f\left(\frac{l}{\pi}t+2l\right)=f(x+2l)=f(x)=F(t).$$

这表明 $F(t)$ 是以 2π 为周期的周期函数，它的傅里叶级数为

$$\frac{a_0}{2}+\sum_{n=1}^{\infty}(a_n\cos nt+b_n\sin nt),$$

其中,系数为

$$a_0=\frac{1}{\pi}\int_{-\pi}^{\pi}F(t)\mathrm{d}t,$$

$$a_n=\frac{1}{\pi}\int_{-\pi}^{\pi}F(t)\cos nt\,\mathrm{d}t,\quad n=1,2,\cdots,$$

$$b_n=\frac{1}{\pi}\int_{-\pi}^{\pi}F(t)\sin nt\,\mathrm{d}t,\quad n=1,2,\cdots.$$

在上面各式中将 $t=\frac{\pi}{l}x$ 代入,并注意到 $F(t)=f(x)$,$\mathrm{d}t=\frac{\pi}{l}\mathrm{d}x$;当 $t=-\pi$ 时,$x=-l$;当 $t=\pi$ 时,$x=l$. 于是,即得函数 $f(x)$ 的傅里叶级数为

$$\boxed{\frac{a_0}{2}+\sum_{n=1}^{\infty}\left(a_n\cos\frac{n\pi}{l}x+b_n\sin\frac{n\pi}{l}x\right),}\tag{11.53}$$

其中,系数为

$$\begin{aligned}a_0&=\frac{1}{l}\int_{-l}^{l}f(x)\mathrm{d}x;\\a_n&=\frac{1}{l}\int_{-l}^{l}f(x)\cos\frac{n\pi}{l}x\,\mathrm{d}x,\quad n=1,2,\cdots;\\b_n&=\frac{1}{l}\int_{-l}^{l}f(x)\sin\frac{n\pi}{l}x\,\mathrm{d}x,\quad n=1,2,\cdots.\end{aligned}\tag{11.54}$$

根据上面的讨论以及 11.5 节中的收敛定理,可以类似地得到如下的收敛定理.

定理 设 $f(x)$ 是以 $2l$ 为周期的周期函数,且在其一个周期区间内满足收敛定理的条件,则 $f(x)$ 的傅里叶级数处处收敛,并且

(1) 在 $f(x)$ 的连续点 x 处,级数收敛于 $f(x)$;

(2) 在 $f(x)$ 的间断点 x_0 处,级数收敛于 $f(x)$ 的左、右极限的平均值,即 $\frac{1}{2}[f(x_0^-)+f(x_0^+)]$.

特别地,如果 $f(x)$ 是以 $2l$ 为周期的周期函数,且在一个周期区间内满足收敛定理的条件,则

(1) 当 $f(x)$ 为奇函数时,它的傅里叶级数为正弦级数:

$$\boxed{\sum_{n=1}^{\infty}b_n\sin\frac{n\pi}{l}x,}\tag{11.55}$$

其中,系数

$$\boxed{b_n=\frac{2}{l}\int_0^{l}f(x)\sin\frac{n\pi}{l}x\,\mathrm{d}x,\quad n=1,2,\cdots.}\tag{11.56}$$

(2) 当 $f(x)$ 为偶函数时，它的傅里叶级数为余弦级数：

$$\boxed{\frac{a_0}{2}+\sum_{n=1}^{\infty}a_n\cos\frac{n\pi}{l}x,} \tag{11.57}$$

其中，系数 $$\boxed{a_n=\frac{2}{l}\int_0^l f(x)\cos\frac{n\pi}{l}x\mathrm{d}x,\quad n=0,1,2,\cdots.} \tag{11.58}$$

同样地，对于定义在 $[-l,\ l]$ 与 $[0,\ l]$ 上的函数，通过代换 $t=\frac{\pi}{l}x$，可分别化为定义在 $[-\pi,\ \pi]$ 与 $[0,\ \pi]$ 上的函数. 类似于 11.5 节和 11.6 节中的讨论，可以得到相应的傅里叶级数展开式，这里不再重复.

例 1 设函数 $f(x)$ 是周期为 4 的周期函数，它在区间 $[-2,\ 2)$ 上的表达式为

$$f(x)=\begin{cases}0, & -2\leqslant x<0,\\ 1, & 0\leqslant x<2.\end{cases}$$

将函数 $f(x)$ 展开成傅里叶级数.

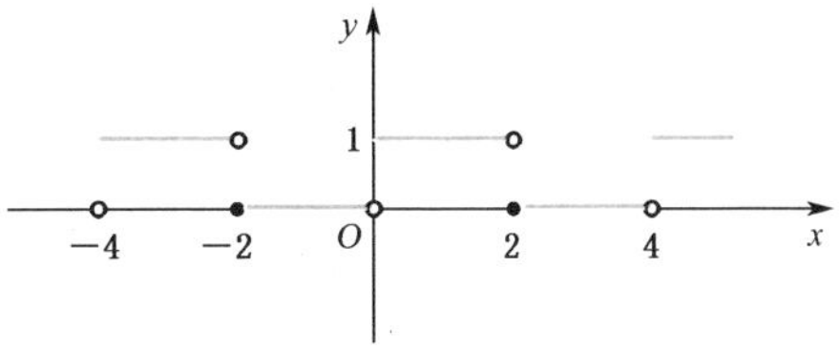

解 函数 $f(x)$ 的图形如图 11-13 所示. 由图可知，$f(x)$ 满足收敛定理的条件，可以展开为傅里叶级数.

图 11-13

由于 $2l=4,l=2$，按公式(11.54)，可得 $f(x)$ 的傅里叶系数为

$$\begin{aligned}a_0&=\frac{1}{l}\int_{-l}^{l}f(x)\mathrm{d}x=\frac{1}{2}\left(\int_{-2}^{0}0\mathrm{d}x+\int_0^2\mathrm{d}x\right)\\&=\frac{1}{2}\int_0^2\mathrm{d}x=1;\end{aligned}$$

$$\begin{aligned}a_n&=\frac{1}{l}\int_{-l}^{l}f(x)\cos\frac{n\pi}{l}x\mathrm{d}x=\frac{1}{2}\int_0^2\cos\frac{n\pi}{2}x\mathrm{d}x\\&=\frac{1}{2}\left[\frac{2}{n\pi}\sin\frac{n\pi}{2}x\right]_0^2=0,\quad n=1,2,\cdots;\end{aligned}$$

$$\begin{aligned}b_n&=\frac{1}{l}\int_{-l}^{l}f(x)\sin\frac{n\pi}{l}x\mathrm{d}x=\frac{1}{2}\int_0^2\sin\frac{n\pi}{2}x\mathrm{d}x\\&=\frac{1}{2}\left[\frac{-2}{n\pi}\cos\frac{n\pi}{2}x\right]_0^2=\frac{1}{n\pi}(1-\cos n\pi)\\&=\frac{1}{n\pi}[1-(-1)^n],\quad n=1,2,\cdots.\end{aligned}$$

根据收敛定理及图 11-13 可知，$f(x)$ 在 $x\neq 2k(k=0,\ \pm1,\ \pm2,\ \cdots)$ 处均连续，

它的傅里叶级数收敛于 $f(x)$;$f(x)$在 $x=2k(k=0, \pm1, \pm2,\cdots)$处间断,在这些间断点处,级数收敛于 $s(x)=\frac{1}{2}[f(0^-)+f(0^+)]=\frac{1}{2}(0+1)=\frac{1}{2}$,它不等于这些间断点处的函数值 0 或 1,故级数不收敛于 $f(x)$.

因此,所求函数 $f(x)$的傅里叶级数展开式为

$$f(x)=\frac{1}{2}+\frac{1}{\pi}\sum_{n=1}^{\infty}\frac{1-(-1)^n}{n}\sin\frac{n\pi}{2}x$$

$$(-\infty<x<+\infty,\ x\neq 2k,\ k=0,\ \pm1,\ \pm2,\ \cdots),$$

或者表示为

$$f(x)=\frac{1}{2}+\frac{2}{\pi}\sum_{k=1}^{\infty}\frac{1}{2k-1}\sin\frac{(2k-1)\pi}{2}x$$

$$(-\infty<x<+\infty,\ x\neq 2k,\ k=0,\ \pm1,\ \pm2,\ \cdots).$$

例 2 将函数 $f(x)=1+x\left(-\frac{1}{2}\leqslant x\leqslant\frac{1}{2}\right)$展开成傅里叶级数.

解 这里,$f(x)=1+x$ 是定义在 $\left[-\frac{1}{2}, \frac{1}{2}\right]$上的非周期函数,要将它展开成傅里叶级数,可先对 $f(x)$作以 $2l=1$ 为周期的周期延拓,如图 11-14 所示(图中虚线部分为延拓后的图形,取延拓后的周期函数的一个周期区间为$\left(-\frac{1}{2}, \frac{1}{2}\right]$).

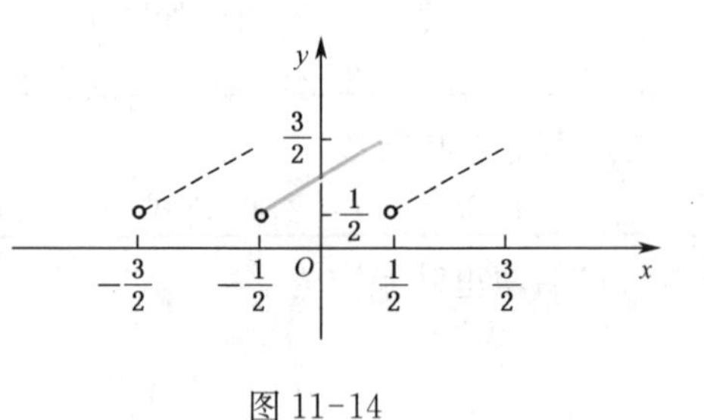

图 11-14

由于 $l=\frac{1}{2}$,根据公式(11.54),可得 $f(x)$的傅里叶系数为

$$a_0=2\int_{-\frac{1}{2}}^{\frac{1}{2}}(1+x)\mathrm{d}x=(1+x)^2\Big|_{-\frac{1}{2}}^{\frac{1}{2}}=2;$$

$$\begin{aligned}a_n&=2\int_{-\frac{1}{2}}^{\frac{1}{2}}(1+x)\cos 2n\pi x\mathrm{d}x\\&=4\int_0^{\frac{1}{2}}\cos 2n\pi x\mathrm{d}x+2\int_{-\frac{1}{2}}^{\frac{1}{2}}x\cos 2n\pi x\mathrm{d}x\\&=\frac{2}{n\pi}\sin 2n\pi x\Big|_0^{\frac{1}{2}}+0\quad(\text{因 } x\cos 2n\pi x \text{ 是奇函数})\\&=0,\quad n=1,\ 2,\ \cdots;\end{aligned}$$

$$b_n = 2\int_{-\frac{1}{2}}^{\frac{1}{2}}(1+x)\sin 2n\pi x\mathrm{d}x = 2\int_{-\frac{1}{2}}^{\frac{1}{2}}\sin 2n\pi x\mathrm{d}x + 2\int_{-\frac{1}{2}}^{\frac{1}{2}}x\sin 2n\pi x\mathrm{d}x$$

$$= 0 + 4\int_{0}^{\frac{1}{2}}x\sin 2n\pi x\mathrm{d}x \quad \text{(因 } \sin 2n\pi x \text{ 是奇函数,} x\sin 2n\pi x \text{ 是偶函数)}$$

$$= \left[-\frac{2}{n\pi}x\cos 2n\pi x + \frac{1}{n^2\pi^2}\sin 2n\pi x\right]_0^{\frac{1}{2}} = -\frac{l}{n\pi}\cos n\pi$$

$$= \frac{(-1)^{n+1}}{n\pi}, \quad n = 1, 2, \cdots.$$

根据收敛定理及图 11-14 可知,当 $x\in\left(-\frac{1}{2}, \frac{1}{2}\right)$时,$f(x)$连续,它的傅里叶级数收敛于 $f(x)$;在端点 $x=-\frac{1}{2}$和 $x=\frac{1}{2}$处,函数 $f(x)$均间断,级数均收敛于 $\frac{1}{2}\left[f\left(\frac{1}{2}^+\right)+f\left(\frac{1}{2}^-\right)\right]=\frac{1}{2}\left(\frac{1}{2}+\frac{3}{2}\right)=1$,它们与函数值 $f\left(-\frac{1}{2}\right)=\frac{1}{2}$和 $f\left(\frac{1}{2}\right)=\frac{3}{2}$都不相等,故级数都不收敛于 $f(x)$. 所以,$f(x)$的傅里叶级数展开式的成立区间为$\left(-\frac{1}{2}, \frac{1}{2}\right)$.

因此,所求函数 $f(x)$的傅里叶级数展开式为

$$f(x) = 1 + x = 1 + \frac{1}{\pi}\sum_{n=1}^{\infty}\frac{(-1)^{n+1}}{n}\sin 2n\pi x, \quad -\frac{1}{2} < x < \frac{1}{2}.$$

例 3 将函数 $f(x)=1-x(0\leqslant x\leqslant 1)$分别展开成正弦级数和余弦级数.

解 (1) 要把函数 $f(x)$展开成正弦级数,故对 $f(x)$作奇延拓,如图 11-15 所示. 显然,$f(x)$在$[0, 1]$上满足收敛定理的条件.

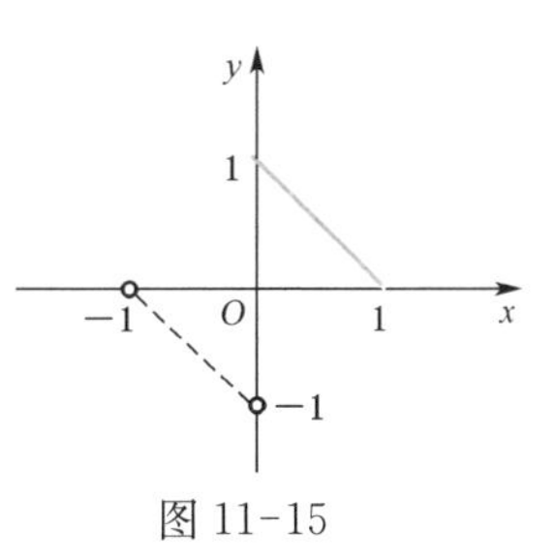

图 11-15

由于 $l=1$,按公式(11.56),可得 $f(x)$的正弦级数的系数为

$$b_n = \frac{2}{l}\int_0^l f(x)\sin\frac{n\pi}{l}x\mathrm{d}x = 2\int_0^1(1-x)\sin n\pi x\mathrm{d}x$$

$$= 2\left[-\frac{1}{n\pi}\cos n\pi x + \frac{1}{n\pi}x\cos n\pi x - \frac{1}{n^2\pi^2}\sin n\pi x\right]_0^1 = \frac{2(1-\cos n\pi)}{n\pi}$$

$$= \frac{2[1-(-1)^n]}{n\pi}, \quad n = 1, 2, \cdots.$$

根据收敛定理及图 11-15 可知,当 $x\in(0, 1)$时,函数 $f(x)$连续,$f(x)$的正弦级

数收敛于 $f(x)$；在端点 $x=0$ 和 $x=1$ 处，级数均收敛于 0，而 $f(0)=1, f(1)=0$. 从而可知，在 $x=1$ 处，级数收敛于 $f(x)$；在 $x=0$ 处，级数不收敛于 $f(x)$。所以，$f(x)$ 的正弦级数展开式的成立区间为 $(0, 1]$.

因此，所求函数 $f(x)$ 的正弦级数展开式为

$$f(x)=1-x=\frac{2}{\pi}\sum_{n=1}^{\infty}\frac{1-(-1)^n}{n}\sin n\pi x,\quad 0<x\leqslant 1,$$

或者表示为

$$f(x)=1-x=\frac{4}{\pi}\sum_{k=1}^{\infty}\frac{1}{2k-1}\sin(2k-1)\pi x,\quad 0<x\leqslant 1.$$

(2) 要把函数 $f(x)$ 展开成余弦级数，故对 $f(x)$ 作偶延拓，如图 11-16 所示.

由于 $l=1$，按公式(11.58)，可得 $f(x)$ 的余弦级数的系数为

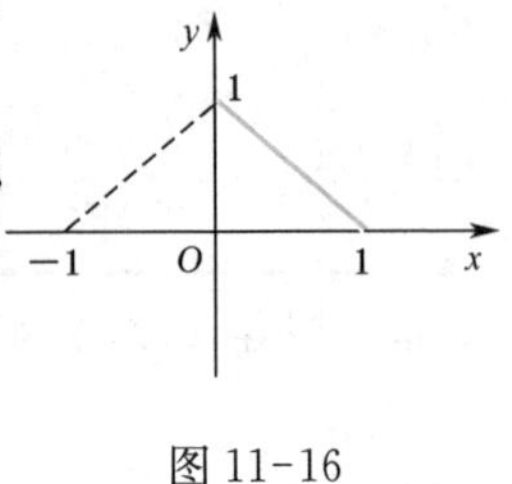

图 11-16

$$a_0=\frac{2}{l}\int_0^l f(x)\mathrm{d}x=2\int_0^1(1-x)\mathrm{d}x=2\left[-\frac{1}{2}(1-x)^2\right]_0^1$$
$$=1;$$

$$a_n=\frac{2}{l}\int_0^f f(x)\cos\frac{n\pi}{l}x\,\mathrm{d}x=2\int_0^1(1-x)\cos n\pi x\mathrm{d}x$$
$$=2\left[\frac{1}{n\pi}\sin n\pi x-\frac{1}{n\pi}x\sin n\pi x-\frac{1}{n^2\pi^2}\cos n\pi x\right]_0^1$$
$$=\frac{2}{n^2\pi^2}(1-\cos n\pi)=\frac{2[1-(-1)^n]}{n^2\pi^2},\quad n=1, 2, \cdots.$$

根据收敛定理及图 11-16 可知，当 $x\in(0, 1)$ 时，函数 $f(x)$ 连续，$f(x)$ 的余弦级数收敛于 $f(x)$；在端点 $x=0$ 处，级数和 $s(0)=1=f(0)$；在端点 $x=1$ 处，级数和 $s(1)=0=f(1)$，故得 $f(x)$ 的余弦级数展开式的成立区间为 $[0, 1]$.

因此，所求函数 $f(x)$ 的余弦级数展开式为

$$f(x)=1-x=\frac{1}{2}+\frac{2}{\pi^2}\sum_{n=1}^{\infty}\frac{1-(-1)^n}{n^2}\cos n\pi x,\quad 0\leqslant x\leqslant 1,$$

或者表示为

$$f(x)=1-x=\frac{1}{2}+\frac{4}{\pi^2}\sum_{k=1}^{\infty}\frac{1}{(2k-1)^2}\cos(2k-1)\pi x,\quad 0\leqslant x\leqslant 1.$$

习题 11.7

1. 设 $f(x)$是周期为 4 的函数,它在一个周期区间$(-2, 2]$上的表达式为 $f(x)=2-x(-2<x\leqslant 2)$,将 $f(x)$展开成傅里叶级数.

2. 将函数

$$f(x)=\begin{cases} x, & -\frac{1}{2}<x<0, \\ 0, & 0\leqslant x\leqslant \frac{1}{2} \end{cases}$$

展开成傅里叶级数.

3. 将函数

$$f(x)=\begin{cases} 2x+1, & -3\leqslant x<0, \\ 1, & 0\leqslant x\leqslant 3 \end{cases}$$

展开成傅里叶级数.

4. 将函数

$$f(x)=\begin{cases} x, & 0\leqslant x\leqslant 1, \\ 2-x, & 1<x\leqslant 2 \end{cases}$$

分别展开成正弦级数和余弦级数.

答 案

1. $f(x)=2+\frac{4}{\pi}\sum_{n=1}^{\infty}\frac{(-1)^n}{n}\sin\frac{n\pi}{2}x \quad (-\infty<x<+\infty,\ x\neq 4k+2,\ k=0, \pm 1, \pm 2, \cdots)$.

2. $f(x)=\frac{-1}{8}+\sum_{n=1}^{\infty}\left\{\frac{[1-(-1)^n]}{2n^2\pi^2}\cos 2n\pi x+\frac{(-1)^n}{2n\pi}\sin 2n\pi x\right\} \quad \left(-\frac{1}{2}<x<\frac{1}{2}\right)$.

3. $f(x)=\frac{-1}{2}+\sum_{n=1}^{\infty}\left\{\frac{6[1-(-1)^n]}{n^2\pi^2}\cos\frac{n\pi x}{3}+\frac{6}{n\pi}(-1)^{n-1}\sin\frac{n\pi x}{3}\right\} \quad (-3<x<3)$.

4. 展开成正弦级数为 $f(x)=\frac{8}{\pi^2}\sum_{n=1}^{\infty}\frac{1}{n^2}\sin\frac{n\pi}{2}\sin\frac{n\pi}{2}x \quad (0\leqslant x\leqslant 2)$;

展开成余弦级数为 $f(x)=\frac{1}{2}+\frac{4}{\pi^2}\sum_{n=1}^{\infty}\frac{1}{n^2}\left[2\cos\frac{n\pi}{2}-(-1)^n-1\right]\cos\frac{n\pi}{2}x \quad (0\leqslant x\leqslant 2)$.

复习题 11

(A)

1. 根据级数的收敛与发散的定义及级数的性质,判别级数的敛散性.

(1) $\sum_{n=1}^{\infty}\ln\left(1+\frac{1}{n}\right)$;　(2) $\sum_{n=1}^{\infty}\left(\frac{1}{\sqrt{n}}-\frac{1}{\sqrt{n+1}}\right)$;　(3) $\sum_{n=1}^{\infty}\left(\frac{1}{2^n}+\frac{1}{10n}\right)$.

2. 用适当的方法判别级数的敛散性.

(1) $\sum_{n=1}^{\infty}\frac{\sin\frac{\pi}{2n}}{n^3}$;　　(2) $\sum_{n=1}^{\infty}\frac{n\cos^2\frac{n\pi}{3}}{2^n}$;

(3) $\sum_{n=1}^{\infty}\frac{1}{\sqrt{n+3}}$;　　(4) $\sum_{n=1}^{\infty}\frac{1}{na+b}(a>0,\ b>0)$;

(5) $\sum_{n=1}^{\infty}\frac{1}{n+\sqrt[n]{n}}$;　　(6) $\sum_{n=1}^{\infty}\frac{n}{n^3+n-1}$.

3. 讨论级数$\sum_{n=1}^{\infty}\frac{1}{1+a^n}(a>0)$的敛散性.

4. 判别级数是否收敛？若收敛，是绝对收敛还是条件收敛？

(1) $\sum_{n=1}^{\infty}(-1)^{n-1}\frac{1}{2n-1}$;　　(2) $\sum_{n=1}^{\infty}(-1)^{n-1}\frac{1}{n(n+1)^2}$.

5. 级数$\frac{1}{x}+\frac{1}{2x^2}+\frac{1}{3x^3}+\cdots+\frac{1}{nx^n}+\cdots$是不是幂级数?是不是函数项级数?当$x=-1$及$x=\frac{1}{2}$时，该级数是否收敛?

6. 求幂级数的收敛区间.

(1) $\sum_{n=0}^{\infty}\frac{n+1}{2^n}x^n$;　　(2) $\sum_{n=1}^{\infty}\frac{3^n+(-2)^n}{n}x^n$;

(3) $\sum_{n=1}^{\infty}(-1)^{n-1}\frac{(x+3)^n}{\sqrt{n}}$;　　(4) $\sum_{n=1}^{\infty}\frac{(-1)^{n-1}}{3^n\sqrt{n}}x^{2n-1}$.

7. 求幂级数在其收敛区间内的和函数.

(1) $\sum_{n=1}^{\infty}\frac{n+1}{n!}x^n\quad(-\infty<x<+\infty)$;　　(2) $\sum_{n=1}^{\infty}\frac{x^n}{n}\quad(-1<x<1)$.

8. 求幂级数$\sum_{n=0}^{\infty}\frac{x^{2n+1}}{2n+1}(-1<x<1)$在其收敛区间内的和函数，并求级数$\sum_{n=0}^{\infty}\frac{1}{(2n+1)2^{2n+1}}$的和.

9. 将函数$f(x)=\frac{x}{2-x-x^2}$展开成x的幂级数，并写出展开式的成立区间.

10. 将函数$f(x)=\ln x$展开成$(x-2)$的幂级数，并写出展开式的成立区间.

11. 设f(x)是周期为2π的函数，它在$[-\pi,\pi)$上的表达式为

$$f(x)=\begin{cases}0, & -\pi\leqslant x\leqslant 0,\\ 1, & 0<x<\pi.\end{cases}$$

将函数展开为傅里叶级数，并利用展开式求级数$\sum_{k=1}^{\infty}\frac{(-1)^{k-1}}{2k-1}$的和.

12. 将函数

$$f(x)=\begin{cases}-\frac{\pi+x}{2}, & -\pi\leqslant x<0,\\ \frac{\pi-x}{2}, & 0\leqslant x\leqslant\pi\end{cases}$$

展开为傅里叶级数.

13. 将函数

$$f(x)=\begin{cases}\dfrac{6}{\pi}x, & 0\leqslant x<\dfrac{\pi}{2},\\ 6-\dfrac{6}{\pi}x, & \dfrac{\pi}{2}\leqslant x\leqslant\pi\end{cases}$$

展开为正弦级数.

14. 将函数 $f(x)=2+|x|(-1\leqslant x\leqslant 1)$ 展开成傅里叶级数.

15. 将函数 $f(x)=e^x(0\leqslant x\leqslant 1)$ 展开为正弦级数.

16. 将函数 $f(x)=x+1(0\leqslant x\leqslant 2)$ 展开为余弦级数.

(B)

1. 单项选择题

(1) 级数 $\sum_{n=1}^{\infty}(-a)^{n-1}(a>1)$ 的前 n 项部分和数列的极限为 ( ).

(A) a　　(B) $-a$　　(C) 0　　(D) 不存在

(2) 级数 $1+\left(\frac{1}{2}\right)^2+\left(\frac{1}{3}\right)^2+\cdots+\left(\frac{1}{n}\right)^2+\cdots$ 是 ( ).

(A) 幂级数　　(B) p 级数　　(C) 等比级数　　(D) 调和级数

(3) 若 $\lim_{n\to\infty}u_n=0$,则级数 $\sum_{n=1}^{\infty}u_n$ ( ).

(A) 一定收敛　　(B) 一定发散　　(C) 一定条件收敛　　(D) 可能收敛也可能发散

(4) 正项级数 $\sum_{n=1}^{\infty}u_n$ 收敛的( )是前 n 项部分和数列 $\{s_n\}$ 有界.

(A) 必要条件　　(B) 充分条件　　(C) 充要条件　　(D) 无关条件

(5) 当下列条件( )成立时,级数 $\sum_{n=1}^{\infty}u_n$ 收敛.

(A) $\lim_{n\to\infty}\frac{u_{n+1}}{u_n}<1$　　(B) 部分和数列 $\{s_n\}$ 有界

(C) $\lim_{n\to\infty}u_n=0$　　(D) $\lim_{n\to\infty}(u_1+u_2+\cdots+u_n)$ 存在

(6) 当下列条件( )成立时,级数 $\sum_{n=1}^{\infty}\frac{a}{q^n}$ 收敛(a 为常数).

(A) $q<1$　　(B) $|q|<1$　　(C) $q>-1$　　(D) $|q|>1$

(7) 若级数 $\sum_{n=1}^{\infty}u_n$ 收敛,则下列级数中收敛的是 ( ).

(A) $\sum_{n=1}^{\infty}\frac{u_n}{100}$　　(B) $\sum_{n=1}^{\infty}(u_n+100)$

(C) $\sum_{n=1}^{\infty}\frac{100}{u_n}$　　(D) $\sum_{n=1}^{\infty}(u_n-100)$

(8) 若 p 满足条件( ),则级数 $\sum_{n=1}^{\infty}\frac{1}{n^{p-1}}$ 一定收敛.

(A) $p>1$　　(B) $p<1$　　(C) $p>2$　　(D) $1<p<2$

(9) 在下列级数中,发散的是 ( ).

(A) $\sum_{n=1}^{\infty}\frac{3}{2^n}$ (B) $\sum_{n=1}^{\infty}(-1)^{n-1}\frac{1}{\sqrt{n}}$

(C) $\sum_{n=1}^{\infty}\frac{n}{3n^3+1}$ (D) $\sum_{n=1}^{\infty}\frac{1}{\sqrt[3]{n\sqrt{n+1}}}$

(10) 设 $q>0$,正项级数 $\sum_{n=0}^{\infty}(n+1)(2q)^n$ 收敛,则由比值审敛法可确定出 ( ).

(A) $q<2$ (B) $q<\frac{1}{2}$ (C) $q\leqslant 2$ (D) $q\leqslant\frac{1}{2}$

(11) 下列级数中,绝对收敛的是 ( ).

(A) $\sum_{n=1}^{\infty}\frac{(-1)^{n-1}}{n}$ (B) $\sum_{n=1}^{\infty}(-1)^{n-1}\frac{n}{2n-1}$

(C) $\sum_{n=1}^{\infty}\frac{(-1)^{n-1}}{\sqrt{n}}$ (D) $\sum_{n=1}^{\infty}\frac{(-1)^{n-1}}{n^2}$

(12) 下列级数中,条件收敛的是 ( ).

(A) $\sum_{n=1}^{\infty}\frac{(-1)^{n-1}}{\sqrt{n}}$ (B) $\sum_{n=1}^{\infty}(-1)^{n-1}\left(\frac{2}{3}\right)^n$

(C) $\sum_{n=1}^{\infty}(-1)^{n-1}\frac{n}{\sqrt{2^n+1}}$ (D) $\sum_{n=1}^{\infty}\frac{(-1)^{n-1}}{\sqrt{2n^3+4}}$

(13) 幂级数 $x-\frac{x^3}{5}+\frac{x^5}{5}-\frac{x^7}{7}+\cdots+(-1)^{n-1}\frac{x^{2n-1}}{2n-1}+\cdots$ 的收敛区间是 ( ).

(A) $[-1, 1]$ (B) $[-1, 1)$

(C) $(-1, 1]$ (D) $(-1, 1)$

(14) 幂级数 $\sum_{n=0}^{\infty}(-1)^n\frac{x^{2n}}{n!}$ 在 $(-\infty, +\infty)$ 上的和函数是 $s(x)=$ ( ).

(A) e^{-x^2} (B) e^{x^2} (C) $-e^{-x^2}$ (D) $-e^{x^2}$

(15) $a^x(a>0, a\neq 1)$ 展开为 x 的幂级数,其展开式 a^x 为( ) $(-\infty<x<+\infty)$.

(A) $\sum_{n=0}^{\infty}\frac{x^n}{n!}$ (B) $\sum_{n=0}^{\infty}(-1)^n\frac{x^n}{n!}$

(C) $\sum_{n=0}^{\infty}\frac{(x\ln a)^n}{n!}$ (D) $\sum_{n=1}^{\infty}\frac{(x\ln a)^n}{n}$

2. 填空题

(1) 设级数 $\sum_{n=1}^{\infty}u_n$ 收敛,且其和为 s,又,a 是不为零的常数,则级数 $\sum_{n=1}^{\infty}au_n=$ ________.

(2) 等比级数 $\sum_{n=1}^{\infty}q^{n-1}$ 当________时收敛,其和为 $s=$ ________,$\sum_{n=0}^{\infty}\left(\frac{3}{4}\right)^n=$ ________.

(3) 级数 $\sum_{n=1}^{\infty}\frac{(-1)^{n-1}}{n^{p-3}}$ 当________时绝对收敛,当________时条件收敛,当________时发散.

(4) 交错级数 $\sum_{n=1}^{\infty}(-1)^{n-1}u_n(u_n>0)$ 当________时一定收敛,当________时一定发散.

(5) 设正项级数 $\sum_{n=1}^{\infty}u_n$ 及 $\sum_{n=1}^{\infty}v_n$ 满足 $u_n\leqslant v_n$(当 n 大于某个正整数 N 时),则当________时,级数 $\sum_{n=1}^{\infty}u_n$ 也收敛,当________时,级数 $\sum_{n=1}^{\infty}v_n$ 也发散.

(6) 在函数 $f(x)$ 的泰勒级数中，$(x-x_0)^3$ 的系数是________.

(7) 若 $\lim\limits_{n\to\infty}u_n \neq 0$，则级数 $\sum\limits_{n=1}^{\infty}u_n$ 必定________，从而可以判别级数 $0.001+\sqrt{0.001}+\sqrt[3]{0.001}+\cdots+\sqrt[n]{0.001}+\cdots$ 的敛散性是________的.

(8) 幂级数 $\sum\limits_{n=1}^{\infty}\dfrac{x^n}{n}$ 的收敛区间是________.

(9) 将函数 $\ln(1-x)$ 展开成 x 的幂级数，其展开式为 $\ln(1-x)=$ ________，展开式的成立区间是________.

(10) 幂级数 $\sum\limits_{n=0}^{\infty}\dfrac{x^n}{n!}$ 的和函数是 $s(x)=$ ________，其定义域是________；$\sum\limits_{n=0}^{\infty}\dfrac{(-2)^n}{n!}=$ ________，$\lim\limits_{n\to\infty}\dfrac{(-2)^n}{n!}=$ ________.

(11) 设 $f(x)$是周期为 2π 的周期函数，它在区间$(-\pi, \pi]$上的表达式为

$$f(x)=\begin{cases}-1, & -\pi<x<0,\\ 1+x^2, & 0\leqslant x\leqslant \pi,\end{cases}$$

则 $f(x)$ 的傅里叶级数收敛于 $f(x)$ 的区间是________.

(12) 设

$$f(x)=\begin{cases}x^2, & -2\leqslant x<0,\\ 1, & 0\leqslant x\leqslant 2,\end{cases}$$

则 $f(x)$的傅里叶级数在区间________上收敛于 $f(x)$.

(13) 设 $f(x)=1-x^2(0\leqslant x\leqslant 1)$，则 $f(x)$的正弦级数在区间________上收敛于 $f(x)$.

(14) 将周期函数 $f(t)=|E\sin t|$ $(E>0$，是常数) 展开成傅里叶级数，必定是________级数，其中，系数 $a_1=$ ________，该级数收敛于 $f(t)$ 的区间是________.

(15) 设 $f(x)$ 是周期为 2 的周期函数，它在区间$(-1, 1]$上的表达式为

$$f(x)=\begin{cases}2, & -1<x\leqslant 0,\\ x^2, & 0<x\leqslant 1,\end{cases}$$

则 $f(x)$ 的傅里叶级数在 $x=1$ 处收敛于________.

答 案

(A)

1. (1) 发散$\left[提示:\ln\left(1+\dfrac{1}{n}\right)=\ln\dfrac{n+1}{n}=\ln(n+1)-\ln n\right]$；(2) 收敛；
(3) 发散(提示：可用反证法及级数的性质 2).

2. (1) 收敛；(2) 收敛；(3) 发散；(4) 发散；(5) 发散；(6) 收敛.

3. 当 $0<a\leqslant 1$ 时，发散；当 $a>1$ 时，收敛.

4. (1) 条件收敛；(2) 绝对收敛.

5. 不是幂级数，是函数项级数$(x\neq 0)$. 该级数在 $x=-1$ 处收敛，在 $x=\dfrac{1}{2}$ 处发散.

6. (1) $(-2, 2)$；(2) $\left(-\dfrac{1}{3}, \dfrac{1}{3}\right)$；(3) $(-4, -2)$；(4) $(-\sqrt{3}, \sqrt{3})$.

7. (1) $s(x)=xe^x+e^x-1 \quad (-\infty<x<+\infty)$;(2) $s(x)=-\ln(1-x) \quad (-1<x<1)$.

8. $s(x)=\dfrac{1}{2}\ln\dfrac{1+x}{1-x} \quad (-1<x<1)$, $\displaystyle\sum_{n=0}^{\infty}\frac{1}{(2n+1)2^{2n+1}}=\frac{1}{2}\ln 3$.

9. $\dfrac{x}{2-x-x^2}=\dfrac{1}{3}\displaystyle\sum_{n=0}^{\infty}\left[1+\frac{(-1)^n}{2^{n+1}}\right]x^{n+1} \quad (-1<x<1)$ $\left[提示:\dfrac{x}{2-x-x^2}=\dfrac{x}{(1-x)(2+x)}=\dfrac{x}{3}\left(\dfrac{1}{1-x}+\dfrac{1}{2+x}\right)\right]$.

10. $\ln x=\ln 2+\displaystyle\sum_{n=1}^{\infty}\frac{(-1)^{n-1}}{n\cdot 2^n}(x-2)^n \quad (0<x\leqslant 4)$.

11. $$f(x)=\frac{1}{2}+\frac{1}{\pi}\sum_{n=1}^{\infty}\frac{1-(-1)^n}{n}\sin nx=\frac{1}{2}+\frac{2}{\pi}\sum_{k=1}^{\infty}\frac{1}{2k-1}\sin(2k-1)x$$
$$(-\infty<x<+\infty,\quad x\neq k\pi,\ k=0,\ \pm1,\ \pm2,\ \cdots).$$

在 $f(x)$ 的展开式中,令 $x=\dfrac{\pi}{2}$,可得 $\displaystyle\sum_{k=1}^{\infty}\frac{(-1)^{k-1}}{2k-1}=\frac{\pi}{4}$.

12. $f(x)=\displaystyle\sum_{n=1}^{\infty}\frac{1}{n}\sin nx \quad (-\pi\leqslant x\leqslant\pi,\ x\neq 0)$.

13. $f(x)=\dfrac{24}{\pi^2}\displaystyle\sum_{n=1}^{\infty}\frac{1}{n^2}\sin\frac{n\pi}{2}\sin nx \quad (0\leqslant x\leqslant\pi)$.

14. $2+|x|=\dfrac{5}{2}-\dfrac{4}{\pi^2}\displaystyle\sum_{n=1}^{\infty}\frac{\cos(2n-1)\pi x}{(2n-1)^2} \quad (-1\leqslant x\leqslant 1)$.

15. $e^x=\displaystyle\sum_{n=1}^{\infty}\frac{2n\pi}{1+n^2\pi}[1+(-1)^{n-1}e]\sin n\pi x \quad (0<x<1)$.

16. $x+1=2+\dfrac{4}{\pi^2}\displaystyle\sum_{n=1}^{\infty}\frac{(-1)^n-1}{n^2}\cos\frac{n\pi}{2}x \quad (0\leqslant x\leqslant 2)$,

或者 $$x+1=2-\frac{8}{\pi^2}\sum_{k=1}^{\infty}\frac{1}{(2k-1)^2}\cos\frac{(2k-1)\pi}{2}x \quad (0\leqslant x\leqslant 2).$$

(B)

1. (1) D; (2) B; (3) D; (4) C; (5) D; (6) D; (7) A; (8) C; (9) D; (10) B; (11) D; (12) A; (13) D; (14) A; (15) C.

2. (1) as; (2) $|q|<1$, $\dfrac{1}{1-q}$, 4; (3) $p>4$, $3<p\leqslant 4$, $p\leqslant 3$;

(4) $u_n\geqslant u_{n+1}(n=1,\ 2,\ \cdots)$ 且 $\lim\limits_{n\to\infty}u_n=0$, $\lim\limits_{n\to\infty}u_n\neq 0$; (5) $\displaystyle\sum_{n=1}^{\infty}v_n$ 收敛; $\displaystyle\sum_{n=1}^{\infty}u_n$ 发散;

(6) $\dfrac{f'''(x_0)}{3!}$; (7) 发散,发散; (8) $(-1,\ 1)$; (9) $-\displaystyle\sum_{n=1}^{\infty}\frac{x^n}{n} \quad (-1\leqslant x<1)$;

(10) e^x, $(-\infty,\ +\infty)$, e^{-2}, 0;

(11) $-\infty<x<+\infty, x\neq k\pi \quad (k=0,\ \pm1,\ \pm2,\ \cdots)$;

(12) $(-2,\ 0)\cup(0,\ 2)$; (13) $0<x\leqslant 1$;

(14) 余弦, $a_1=\dfrac{2}{\pi}\displaystyle\int_0^{\pi}|E\sin t|\cos t\,dt=0$, $(-\infty,\ +\infty)$;

(15) $\dfrac{3}{2}$.